水体污染控制与治理科技重大专项"十三五"成果系列丛书

北运河流域水质目标综合管理示范研究

（水环境承载力动态评估与预警技术标志性成果）

水环境承载力预警理论方法与实践

曾维华　等/著

中国环境出版集团·北京

图书在版编目（CIP）数据

水环境承载力预警理论方法与实践 / 曾维华等著.
-- 北京 ：中国环境出版集团, 2023.12
（水体污染控制与治理科技重大专项“十三五”成果系列丛书）
ISBN 978-7-5111-5634-1

Ⅰ. ①水… Ⅱ. ①曾… Ⅲ. ①水环境－环境承载力－预警系统－研究 Ⅳ. ①X143

中国国家版本馆 CIP 数据核字（2023）第 193352 号

审图号：GS 京（2023）1291 号

出 版 人　武德凯
责任编辑　宋慧敏　范云平
封面设计　宋　瑞

出版发行　中国环境出版集团
（100062　北京市东城区广渠门内大街 16 号）
网　　址：http://www.cesp.com.cn
电子邮箱：bjgl@cesp.com.cn
联系电话：010-67112765（编辑管理部）
发行热线：010-67125803，010-67113405（传真）
印　　刷　北京中科印刷有限公司
经　　销　各地新华书店
版　　次　2023 年 12 月第 1 版
印　　次　2023 年 12 月第 1 次印刷
开　　本　787×1092　1/16
印　　张　21　彩插 12
字　　数　445 千字
定　　价　85.00 元

《水环境承载力预警理论方法与实践》著作委员会

前 言

水是人类赖以生存的宝贵资源，是人类繁衍生息和社会文明进步的重要保障。然而，在过去很长的一段时间内，我国“高投入、高消耗、高排放”的粗放型经济增长方式导致水资源开发力度大、可持续利用水平低，加之环境保护意识薄弱、技术落后及投入不足，致使排入水体的污染负荷不断增加，水环境问题日趋加重，许多水系统的结构与功能已经遭到严重破坏。

随着社会经济的飞速发展、人口的持续增长以及城市化进程的不断加快，流域（区域）水资源短缺和水资源污染问题日益严重，人类活动给自然水系统带来的压力与水环境承载力之间的矛盾变得日益尖锐。人类对水资源的过度开采、滥用与对水环境的严重污染，打破了水系统的平衡循环状态，致使水环境承载力持续下降，自然水系统的功能和结构遭到破坏，无法为人类提供最基本的生态服务，严重危及人类赖以生存的水系统的持续健康发展，阻碍人类生态文明进程。水资源过度超采导致的地下水位持续下降以及水污染物排放导致的劣Ⅴ类黑臭水体频发等就是水环境承载力超载的表现。长期不合理的水资源开发利用使得水资源被过度消耗，人类活动给水系统带来的压力已经达到或超过水环境承载力。社会经济发展与水环境承载力不匹配是导致我国水环境问题的重要原因之一，水环境承载力超载已成为流域（区域）可持续发展的主要制约因素。流域水系统的承载状态是流域内建设项目环境影响评价和环境基础设施建设的重要参考；也是经济发展模式、产业结构调整与转型和空间布局优化等的科学依据之一；还是实施污染物排放总量控制、排污许可证制度和排污权交易等现代环境管理制度的决策依据和科学支撑。

由此可见，对流域水环境承载力预警是流域水环境规划与管理的重要依据，已引起相关领域学者的高度重视。在流域水环境承载力研究的早期阶段，无论是在研究领域，还是在实际应用过程中，更多关注的是水环境承载力的评估与调控。在水环境承载力评估的基础上，根据评估结果，提出相应水环境承载力双向调控措施或政策建议；或者通过模拟与优化调控，在水环境承载力约束下优化流域（区域）经济发展规模与结构，提出最佳水环境承载力调控方案。

近年来，党和国家对此也高度重视，在国家相关政策的推动下，水环境承载力监测预警得到前所未有的重视。早在2013年，党的十八届三中全会通过的《中共中央关于全面深化改革若干重大问题的决定》中就明确提出了建立资源环境承载能力监测预警机制的要求。2014年修订的《中华人民共和国环境保护法》第十八条提出："省级以上人民政府应当组织有关部门或者委托专业机构，对环境状况进行调查、评价，建立环境资源承载能力监测预警机制。"2015年，国务院印发的《水污染防治行动计划》（"水十条"）中明确提出："建立水资源、水环境承载能力监测评价体系，实行承载能力监测预警，已超过承载能力的地区要实施水污染物削减方案，加快调整发展规划和产业结构。"2016年，国家发展改革委联合12部委印发《资源环境承载能力监测预警技术方法（试行）》，阐述了资源环境承载能力监测预警的基本概念、技术流程、指标体系、指标算法与参考阈值、集成方法与类型划分等技术要点，指导各省（自治区、直辖市）形成承载能力监测预警长效机制。同年，国土资源部办公厅印发《国土资源环境承载力评价技术要求（试行）》，以土地资源、地质环境、地下水资源、矿产资源为主导要素，综合考虑生态状况和环境质量等要素，构建了统一规范的评价预警指标体系、技术流程，明确了工作内容、成果要求和应用方向等；水利部办公厅印发《全国水资源承载能力监测预警技术大纲（修订稿）》。2017年9月，中共中央办公厅、国务院办公厅印发《关于建立资源环境承载能力监测预警长效机制的若干意见》，提出要推动实现资源环境承载能力监测预警规范化、常态化、制度化，引导和约束各地严格按照资源环境承载能力谋划经济社会发展。水环境承载力预警是促进环境质量管理、"倒逼"经济发展方式转变的重要支撑手段，有助于各地制定科学合理的发展规划、实现可持续发展。

综上所述，自党的十八届三中全会提出建立资源环境承载能力监测预警机制以来，国家相关部门不断加强承载力监测预警的研究，并出台了相应预警技术方法与预警机制，水环境承载力监测预警已成为保障经济社会与环境协调发展的重要抓手。当前，流域水环境污染防治已进入以前瞻性预防为主、防治结合的综合治理阶段，流域水环境承载力预警显得尤为重要。

尽管如此，目前水环境承载力监测预警在我国尚处于探索阶段，很多理论还不健全，尚未形成一整套公认的可复制、可推广且科学的理论方法体系。虽然有不少学者在进行水环境承载力预警的研究，但是大多数研究还是停留在对水环境承载力现状的评价上，并没有起到预警作用；且存在预警概念内涵不清，警限、警度划分不科学，重预警、轻排警和预警技术方法未成体系等问题。因此，有必要进一步明确水环境承载力预警的内涵，针对不同时空尺度及其管理需求，提出水环境承载力预警方法体系，提升水生态环境规划管理能力。

为响应党中央、国务院关于水环境承载力监测预警的相关要求，针对目前水环境承载力监测预警在理论方法与实践中存在的不足与诸多问题，本书进行了研究和探讨。本书在系统归纳总结国内外水环境承载力监测预警相关研究成果与研究进展的基础上，发现其中存在的问题与不足；从理清水资源、水环境与水生态相关关系的角度入手，科学界定了水环境承载力与水环境承载力预警的概念和内涵，分析了水环境承载力预警的特点，构建了涵盖明确警义、识别警源、预测警情、判别警兆及评判警情、划分警限及界定警度、排除警情等多个步骤的预警框架体系；在此基础上，构建了基于景气指数与基于人工神经网络（Artificial Neural Network）的水环境承载力短期预警理论方法体系和基于系统动力学的中长期预警理论方法体系；构建了切实可行且科学合理的预警方法，对未来可能产生的水环境承载力超载状态进行预警，识别承载力的制约因素和薄弱环节，制定具有针对性的排警措施。

本书利用所建立的水环境承载力预警理论方法体系，在全国、京津冀区域以及北运河流域与黄河流域，开展了全国尺度、区域尺度与流域尺度的水环境承载力短期预警与中长期预警实证案例研究，对所构建的预警方法的科学性及普适性进行了实际验证，结果表明：所构建的水环境承载力预警理论方法体系解决了现有预警方法存在的不足与问题，科学可行，可以满足不同尺度水环境考核监管与规划的需求。依据不同尺度水环境承载力预警结果，本书分别提出了具有针对性的排警对策与措施，为确保流域（区域）水系统持续健康发展提供科学依据。

本书包括 14 章，第 1 章和第 2 章由曾维华、解钰茜、孙强、卓越、李瑞、张可欣、崔丹、王明阳、傅婕与马美若完成，第 3 章由曾维华、解钰茜、崔丹、吴昊完成，第 4 章由曾维华、张可欣完成，第 5 章由曾维华、陈馨、胡官正完成，第 6 章、第 7 章、第 9 章由曾维华、解钰茜、崔丹完成，第 8 章由曾维华、江小璇、解钰茜完成，第 10 章和第 11 章由曾维华、张可欣、曹若馨、王立婷完成，第 12 章和第 13 章由曾维华、陈馨、胡官正、马美若完成，第 14 章由曾维华、王明阳、解钰茜完成。全书最终由曾维华、解钰茜、胡官正、傅婕统稿，王东、蒋洪强、孙强、马冰然、卓越校稿。王明阳、傅婕、高涵、李晴、李少恒、李瑞、刘年磊、马鹏宇、吴文俊、徐雪飞、姚瑞华、张文静、何霄嘉、李佳颖、张瑞珈、冷卓纯、彭彦博、卓越、张立英（排名不分先后）参与了数据收集、方法体系构建与指标核算等工作。

本书是作者在对课题组承担的国家自然科学基金面上项目“城市水代谢系统辨识、模拟与优化调控方法集成——以北京市为例”（52270175），水体污染控制与治理科技重大专项（水专项）“北运河流域水质目标综合管理示范研究”（2018ZX07111003）、“滇池流域水污染控制环境经济政策综合示范”（2012ZX07102-002-05），国家重点研发计划项目“水环境承载力阈值界定及其监测预警技术研发与应用”（2016YFC050350403），以及生态环境部委托研究课题“多尺度水环境承载力评价、预警与分区管理研究”与“环境承载力监测预警方法与案例研究”等多个课题研究成果进行综合提炼整合的基础上完成的，并得到上述课题的资助。本书是研究团队集体智慧的结晶，同时还得益于北京师范大学环境学院求实创新的学术氛围，并通过与环境学院其他“973 计划”“863 计划”研究团队的学术交流，使学术思想得到启发和升华，在此一并表示衷心感谢。

本书侧重水环境承载力基础理论方法的构建与具体实践应用，可供从事环境科学研究的学者、水环境管理的工作者、高等学校与科研单位的老师与学生参考。由于著者水平和时间有限，书中不当之处在所难免，敬请读者批评指正。

作者

2023 年 1 月

目　录

上　篇　理论方法研究

下 篇 实证案例研究

上　篇

理论方法研究

第1章

绪 论

1.1 背景及意义

1.1.1 背景

1.1.1.1 水系统持续健康发展的需求与背景

随着社会经济的飞速发展，水资源短缺、水环境污染与水生态破坏等危及不同尺度水系统健康持续发展的问题越发严重；越来越多的学者与管理决策者意识到，人类社会经济活动规模必须控制在有限的水环境承载力阈值范围内，通过约束人类自身生产与生活行为，协调人类、环境和发展的关系，实现水系统协调健康持续发展。然而，我国长期以来的发展模式中，经济与社会发展依然优先于环境保护，制定的发展规划大多优先考虑经济发展目标；城市规划、土地利用规划与环境规划只能被动服从于社会经济发展规划目标（多属于经济约束型规划），这实际上与可持续发展理论是相悖的。社会经济发展目标与水环境承载力的不匹配已给我国造成了越来越多的水环境问题，如地下漏斗、水体富营养化与城市黑臭水体等。日益严重的水环境问题已影响了人民群众的生活水平，制约了我国经济的持续发展。如何在保证经济增速的前提下使水环境质量不发生显著下降，如何在提高人民群众生活水平的同时满足人民群众对水系统越来越高的要求已成为当前社会发展规划中亟待解决的首要问题。

随着流域水环境管治工作的重心由末端污染修复治理逐步转变为前瞻性预防，流域水环境承载力预警技术方法、体制机制的建立举足轻重。只有把经济社会发展限制在水环境承载力约束范围之内，才能保证水环境不被破坏，因此有必要提前预知经济社会发展对水环境造成的压力是否会超出其承载能力，而未来经济社会发展对水环境造成的压力又有其不确定性，构建合适有效的水环境承载力预警理论方法就显得尤为重要。水环境承载力预警已成为我国流域（区域）社会、经济与环境协调发展的重要抓手，同时也对流域水环境承载力预警提出了相应要求。通过水环境承载力预警，可以及时对流域（区域）水环境承载力承载状态进行预判，提前发出警告，继而分析超载的致因，提出排警措施，以避免水环境承载力超载导致的重大损失，确保不同尺度水系统协调持续发展。

1.1.1.2 政策需求与背景

国家各级管理部门越来越重视水环境保护工作，人民群众也意识到水环境问题事关自己的切身利益，需要国家各级管理部门切实行动，推进水环境保护工作。然而，目前水环境保护工作中前瞻性思维有待加强，城市化开发格局未充分考虑水环境和资源承载，结构性、布局性污染问题严重，使得水环境保护工作往往处于末端、被动局面。为此，我国水环境保护工作应该强化预防污染的理念，将经济社会发展目标控制在水环境承载力约束范围内，一旦出现或即将出现超载情况，及时报警。

由此可见，社会经济发展与水环境承载力不匹配是导致我国水环境问题的重要原因之一，水环境承载力超载已成为流域（区域）可持续发展的主要制约因素。党和国家对水环境承载力监测预警问题十分重视。早在 2013 年，党的十八届三中全会印发的《中共中央关于全面深化改革若干重大问题的决定》中就明确提出了建立资源环境承载能力监测预警机制的要求，对水土资源、环境容量和海洋资源超载区域实行限制性措施。2014 年修订的《中华人民共和国环境保护法》第十八条提出："省级以上人民政府应当组织有关部门或者委托专业机构，对环境状况进行调查、评价，建立环境资源承载能力监测预警机制。" 2015 年，国务院印发的《水污染防治行动计划》（"水十条"）中明确提出："建立水资源、水环境承载能力监测评价体系，实行承载能力监测预警，已超过承载能力的地区要实施水污染物削减方案，加快调整发展规划和产业结构。" 2016 年，国家发展改革委联合 12 部委印发《资源环境承载能力监测预警技术方法（试行）》，阐述了资源环境承载能力监测预警的基本概念、技术流程、指标体系、指标算法与参考阈值、集成方法与类型划分等技术要点，指导各省（自治区、直辖市）形成承载能力监测预警长效机制。同年，国土资源部办公厅印发《国土资源环境承载力评价技术要求（试行）》，以土地资源、地质环境、地下水资源、矿产资源为主导要素，综合考虑生态状况和环境质量等要素，构建了统一规范的评价预警指标体系、技术流程，明确了工作内容、成果要求和应用方向等；水利部办公厅印发《全国水资源承载能力监测预警技术大纲（修订稿）》。2017 年 9 月，中共中央办公厅、国务院办公厅印发《关于建立资源环境承载能力监测预警长效机制的若干意见》，提出要推动实现资源环境承载能力监测预警规范化、常态化、制度化，引导和约束各地严格按照资源环境承载能力谋划经济社会发展。我国经济已进入“新常态”发展阶段，必须走资源节约型与环境友好型的可持续发展道路。水环境承载力预警是促进环境质量管理、“倒逼”经济发展方式转变的重要支撑手段，有助于各地制定科学合理的发展规划，实现可持续发展。

1.1.1.3 科研需求与背景

目前，我国水环境承载力监测预警研究尚处于探索阶段，很多理论还不健全，尚未形成一整套公认的可复制、可推广且科学的水环境承载力监测预警理论方法体系。虽然有不少学者在进行水环境承载力预警的研究，但是大多数研究还是停留在对水环境承载力现状的评价上，并没有起到预警作用；且存在预警概念内涵不清，警限、警度划分不科学，重预警、轻排警和预警技术方法未成体系等问题。因此，有必要进一步明确水环境承载力预警内涵，针对不同时空尺度及其管理需求，提出水环境承载力预警方法体系，提升水生态环境规划管理能力。

目前，水环境承载力监测预警研究领域存在的具体问题包括以下几个方面。

（1）预警概念内涵不明确，很多“预警”仅停留在评价层面，缺乏对未来承载状态的预判

通过水专项相关课题研究发现：尽管我国学者及相关部门已广泛开展资源环境承载力预警技术方法与机制研究，但是很多研究并没有从已有预警概念、内涵及其理论方法入手，且受数据资料与技术方法的限制，很多预警工作仍停留在现状评价层面，混淆了预警与警情现状评价的概念，甚至借用水质评价方法开展水环境承载力超载状态预警，缺乏对未来承载力承载状态（人类活动给水系统带来的压力超过水系统自身承载力的程度）的预判，更谈不上提前警告及根据预警结果制定排警措施，没有实现真正意义上的预警。由于对承载力预警内涵与警义理解不清，很多研究以及发改、国土、水利与海洋等相关部门出台的资源环境承载力预警相关指导性政策文件所建立的承载力“预警”指标体系大多借鉴可持续发展状态综合评价，无法判断是对可持续发展状态（能力）的评价，还是对承载力超载风险的预警。

（2）尚未形成流域水环境承载力预警技术方法体系，缺乏具系统性、综合性的流域水环境承载力预警研究

尽管资源环境承载力预警工作已引起我国各级相关部门的高度重视，发改、国土、水利与海洋等相关部门都出台了资源环境承载力预警相关指导性政策文件，但是生态环境部尚未出台各要素的环境承载力预警指导政策性文件，流域水环境承载力预警技术方法体系与预警机制也在探讨之中。

另外，现有流域水环境承载力预警研究主要集中在水资源和水环境方面，缺乏对水

生态因素的考量，从“三水”（水环境治理、水生态修复和水资源保护）角度对流域水环境承载力进行系统性综合预警的研究较少。而流域水系统是一个包括水资源、水环境和水生态三个子系统的复合系统；流域水环境承载力是流域水系统在其结构不受破坏，可为人类生活、生产持续提供服务功能的前提下，所能承受的人类活动给其带来的压力（包括水资源消耗与水污染物排放等）的阈值，是水系统的自然属性。流域水环境承载力应包含水资源承载力、水环境容量与水生态承载力三个分量，是一个综合承载力概念。仅从水资源量短缺或水环境容量超载方面界定警情，无法全面客观地反映流域水系统的超载状态。

（3）警限与警度划分的科学性与实用性有待加强，应充分考虑流域水环境承载力阈值与相关规划目标

就目前流域水环境承载力的相关研究成果来看，由于不同研究构建的警情指标（承载力的阈值或综合承载指标）不同，警限划分与警度界定往往是基于流域本身水环境承载力预警结果的系统综合分析，或对标相关规划管理目标，尚未形成一套兼顾普适性、地区差异性的划分方法。

首先，流域水环境承载力预警样本只覆盖研究流域，无法涵盖全国乃至全球其他流域，不同警限和警度划分后的预警结果无法进行横向比较，由此导致预警结果有些偏颇。其次，流域水环境承载力概念的核心是“阈值”，若完全脱离“阈值”，得到的超载状态只是相对的，对流域水环境集成规划管理的指导意义将大打折扣。最后，无论是流域水生态功能区、水环境功能区，还是国土空间规划中的主体功能区划，不同功能区的水环境承载力约束力度不同。因此，有必要兼顾流域不同功能区的差异性，结合相应流域规划目标，科学划分警限，确定警区。

（4）流域水环境承载力预警的实际应用价值有待进一步挖掘，要充分重视预警成果落地，使其真正在流域水生态环境管理工作中起到应有的作用

到目前为止，尽管承载力预警研究取得了很大成效，但研究成果的实践推广有些滞后，在实际规划管理中没有起到应有的作用。以承载力评估为例，无论是国土空间规划“双评价”中的资源环境承载力评价，还是面向城市水生态环境考核工作的城市水环境承载力评价，都由于承载力概念内涵混乱、评价指标体系庞杂，导致评价结果的可解释性与合理性大打折扣，无法起到其在规划管理中的应有作用。流域水环境承载力预警更是如此，短期（年度）预警如何与流域水环境日常管理或应急管理结合起来，通过对承载力超载状态进行预判，提出排警措施，减少由于超载带来的损失？中长期预警如何与流域中长期规划结合，为其提供依据？这些都是摆在我们面前需要解决的问题。由此可见，流域水环境承载力预警的实际应用价值有待进一步挖掘，要充分重视预警成果落地，使其真正在流域水生态环境管理工作中起到应有的作用。

1.1.2 意义

1.1.2.1 理论意义

针对流域水环境承载力预警理论方法与实践研究中存在的问题，有必要科学界定流域水环境承载力预警的内涵，针对不同时空尺度及其管理需求，构建流域水环境承载力预警方法体系，提升流域水生态环境规划管理能力。

（1）明确流域水环境承载力预警的内涵与警义，构建科学合理的流域水环境承载力预警指标体系

针对水环境承载力预警的内涵与警义不明确、所构建预警指标体系无法客观表征水环境承载力预警的警义与警情问题，在明确水环境承载力预警概念内涵与警义的基础上，从水环境承载力承载状态角度出发，兼顾组成水系统的水资源、水环境、水生态三个子系统，构建科学合理的、可以客观表征水环境承载力预警警义与警情的水环境承载力预警指标体系。

（2）明确水环境承载力评价与预警的区别，强化警情预测、警兆判别及排警措施制定

目前实施的承载力预警多基于现状评价，即使融入趋势分析与恶化指标预测，也缺乏全面的警情预测、警兆判别及警度界定与警限划分，更谈不上排警措施。水环境承载力预警不同于现状或回顾性评价，是在未来超载警情预测与警兆判别的基础上，划分警限、界定警度、提出排警措施，以避免由于超载而导致严重损失。由此可见，警情预测、警兆判别与排警措施是流域水环境承载力预警的核心环节，也是目前我国水环境承载力预警体制机制建设中的薄弱环节，有必要加强相关技术方法研究。

（3）针对不同层面的流域水环境规划与管理需求，构建具有针对性、可推广、可复制的水环境承载力预警技术方法体系

如何将流域水环境承载力预警研究成果应用于流域水环境规划管理工作，是摆在我们面前无法回避的问题。流域水环境承载力预警警情是以压力超过承载力的程度，即承载状态指数来表征的。针对不同流域水环境规划管理需求，具体的数据收集与警情指数构建方式也有所不同。

针对一般的年度考核需求与宏观形势分析工作，可基于水资源公报、环境质量年报与统计年鉴等的统计数据，构造相对的水环境容量指数与超载指数来表征警情，利用基于景气指数或基于机器学习等的预警方法进行警情预测，以行政单元为预警单元进行预警。这种短期（年度）预警可用于流域可持续发展形势分析，即通过预判流域水环境承载力承载状态，对流域可持续发展态势进行系统分析。

针对流域水环境中长期规划，基于行政单元统计数据的水环境相对容量指数就显得过于粗糙。需要基于水污染控制单元，利用分布式水文模型与水环境质量模型，对水环境承载力各分量阈值进行定量核算，构造绝对的警情指数，分析流域水环境承载力超载警情爆发的先兆，利用系统动力学等手段对其承载状态及其趋势进行预测，并判别警兆、划分警限、界定警度。服务于流域水环境中长期规划的水环境承载力预警可为中长期流域规划情景模拟与方案筛选提供技术支撑。

（4）科学界定警情指数，合理划分警限、界定警度

划分警限、界定警度是实现及时有效预警的关键。对于相对警情指数，为解决流域横向预警对标问题，在划分警限、界定警度的过程中，首先需要扩大样本的覆盖范围，将全国最好水平样本与最差水平样本纳入预警样本；其次，在扩大样本基础上，对基于统计学的样本分布进行划分，或者以全国或全流域最差、最好或平均水平为依据，进行警限划分。对于绝对警情指数，可以根据水环境承载力的“阈值”核算结果，并兼顾流域相关规划、功能分区及规划目标的差异性，科学划分警限、界定警度。

1.1.2.2 实际应用价值

本书在系统归纳总结国内外水环境承载力监测预警相关研究成果与研究进展的基础上，发现其中存在的问题与不足；从理清水资源、水环境与水生态相关关系的角度入手，科学界定了水环境承载力与水环境承载力预警的概念和内涵，分析了水环境承载力预警的特点，构建了涵盖明确警义、识别警源、预测警情、判别警兆、评判警情、划分警限及界定警度、排除警情等多个步骤的预警框架体系；在此基础上，构建了水环境承载力短期预警理论方法体系与中长期预警理论方法体系；构建了切实可行且科学合理的水环境承载力预警方法，对未来可能会产生的水环境承载力超载状态进行预警，识别承载力的制约因素和薄弱环节，制定具有针对性的排警措施。

针对流域水环境承载力预警的规划管理需求以及数据来源的不同，本书所建立的技术方法包括面向行政单元与控制单元的水环境承载力预警理论方法体系。前者是面向流域水环境考核管理需求，基于统计数据，无须核算水资源供给能力与水环境容量等水环境承载力分量，而是通过构造水环境容量相对指数表征水环境容量的相对大小。后者是面向流域水系统规划；相较于面向流域水环境考核管理的基于行政单元的水环境承载力评价与预警，面向控制单元的要复杂得多，需要收集水文、气象数据，还需要在分布式水文模型与水环境质量模型构建基础上，核算水资源供给能力与水环境容量绝对量，并确定其在流域水污染控制单元中的空间分布特征；在此基础上，开展基于水污染控制单元的水环境承载力预警，为流域（区域）水环境管控分区与水系统规划提供科学依据。

利用所建立的水环境承载力预警理论方法体系，本书从全国尺度、京津冀区域尺度

以及北运河流域与黄河流域尺度，开展了全国尺度、区域尺度与流域尺度的水环境承载力短期预警与中长期预警实证案例研究，对所构建的水环境承载力预警方法的科学性及普适性进行了实际验证，结果表明：所构建的水环境承载力预警理论方法体系解决了现有预警方法存在的问题，科学可行，可以满足不同尺度水环境考核监管与规划的需求。依据不同尺度水环境承载力预警结果，本书分别提出了具有针对性的排警对策与措施，为确保流域（区域）水系统持续健康发展提供科学依据。

1.2 水环境承载力预警相关研究进展

1.2.1 水环境承载力研究进展

1.2.1.1 水环境承载力总体研究进展

水环境承载力是在一定时期内、一定技术经济条件下，流域（区域）天然水系统支撑某一社会经济系统人类活动（生产与生活）作用强度的阈值，天然水系统因其所具有的水环境承载力而能够支持人类生存与活动。对流域（区域）水环境承载力进行研究，一方面可以表征流域（区域）的社会经济与水环境系统的结构和特征；另一方面，可以评估该流域（区域）的人口、经济规模与水环境协调发展的情况，进一步可以此为依据，提出流域（区域）社会经济与水环境稳定、协调、可持续发展的总体战略。水环境承载力概念的提出，为资源环境和人类的生产生活搭建了桥梁，为人类协调自身发展与环境承载状态、确保水生态安全提供了准则。

关于水环境承载力的研究，早期以研究水环境承载力概念为主，之后随着研究的深入，学者开始尝试探索基于评价指标体系定量评估水环境承载力，水环境承载力的研究由探讨概念、内涵开始，逐渐走向构建定量化分析方法、预测评价模型。水环境承载力概念提出之后，各国研究机构与学者对水环境承载力开展了较为深入与细致的研究。Web of Science 数据库的统计结果表明（见图 1-1，数据截止到 2021 年），关于水环境承载力研究的论文最早出现在 1990 年，1996 年以后关于水环境承载力的论文发表数量快速增长。近年来，水环境承载力研究越来越受到科研工作者的关注，其中论文发表数量排名前三的国家分别是中国、美国、印度。中国对于水环境承载力的研究起步较美国和印度晚，但后期论文发表数量快速增长，2007 年反超美国和印度。

CNKI 数据库的统计数据表明（见图 1-2，数据截止到 2021 年），国内关于水环境承载力研究的论文发表数量整体呈现上升趋势。第一篇关于水环境承载力的中文核心期刊论文于 1994 年发表。按时间分布，可将我国水环境承载力的研究论文发表数量及分布

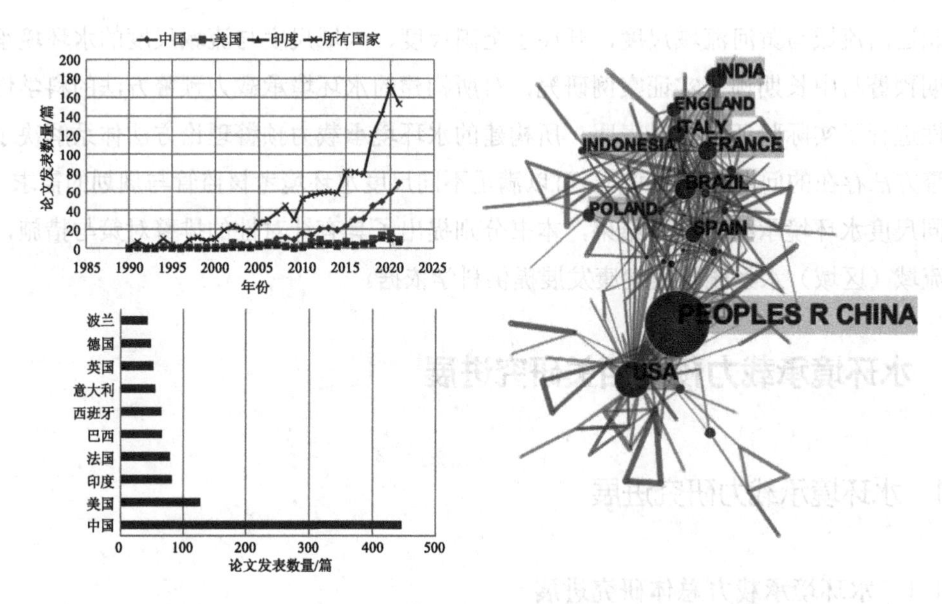

图 1-1 Web of Science 数据库水环境承载力研究论文发表概况

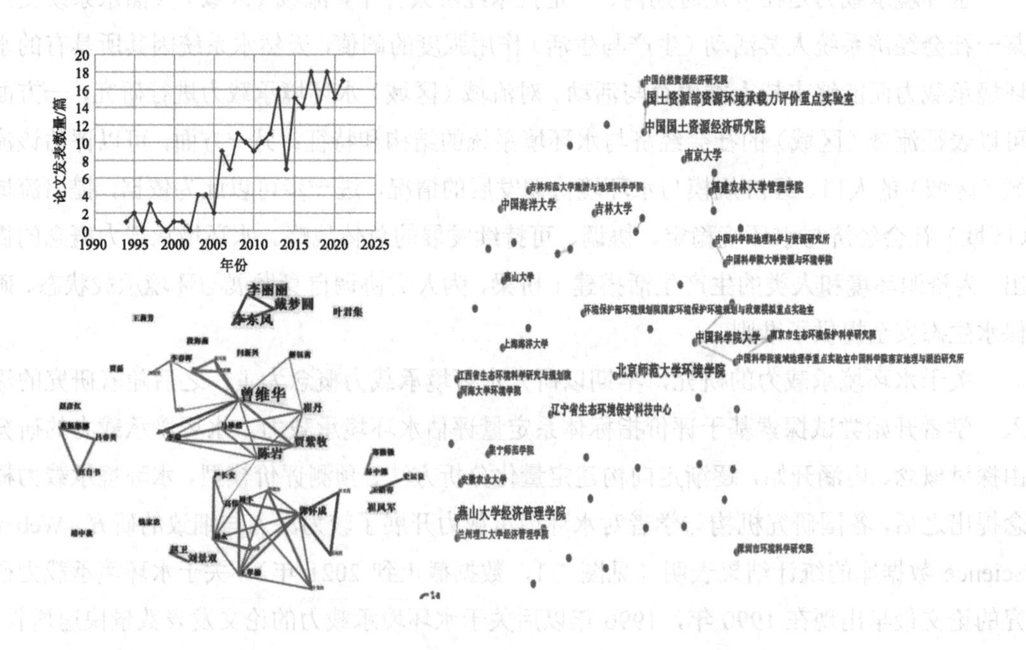

图 1-2 CNKI 数据库水环境承载力研究论文发表概况

期刊大体划分为三个阶段：1979—1993 年为酝酿期，这一时期尚未明确提出水环境承载力的概念，主要以容纳能力、生态极限等形式替代表征，多数研究为国家及区域层面宏观政策的支持，还未以学术论文形式呈现，研究方法以定性分析为主；1994—2010 年为平稳增长期，这一时期由于我国新经济开发区大量建设，亟待制定相应的水环境规划，为此多个相关国家“九五”攻关计划和自然科学基金项目陆续实施；2011—2021年为迅速增长期，这一时期受国家环境保护与治理政策的影响，相关自然科学基金项目数量增长明显。

水环境承载力的主要研究机构包括高校、中国科学院相关研究所和相关部委研究院所。其中，中国科学院地理科学与资源研究所在水环境承载力研究方面热度较大。另外，中国科学院大学资源与环境学院、中国科学院研究生院、其他研究单位（如北京师范大学、四川大学、北京大学、中国科学院大学等）也热度显著。

曾维华、陈岩、郭怀成等形成了各自的研究团队。其中，曾维华的团队合作网络规模最大，曾维华团队与多名学者之间存在合作关系。曾维华团队与陈岩团队、郭怀成团队也存在合作关系。

1.2.1.2 水环境承载力相关研究进展

随着研究的深入，我国学者近年来在水环境承载力理论与实践研究方面取得了较为丰硕的研究成果。早期水环境承载力研究以概念为主，主要分为三类。第一类水环境承载力概念：在一定时期内、一定技术经济条件下，流域（区域）天然水系统支撑某一社会经济系统人类活动（生产与生活）作用强度的阈值，天然水系统因其所具有的水环境承载力而能够支持人类生存与活动。第二类水环境承载力概念：水环境能够接纳污水与污染物的含量。例如，水利部原部长汪恕诚在2003年给出的水环境承载力定义为“在一定的水域，其水体能够继续被使用并仍保持良好生态系统时，所能够容纳污水及污染物的最大能力”。第三类环境承载力概念：在一定自然环境条件和特定的社会经济发展模式下，区域水环境对社会发展的支撑能力。

虽然水环境承载力研究在国内外都取得了一定进展，但当时的方法理论体系仍然不是很成熟，目前用于研究水环境承载力的方法有向量模法、主成分分析法、多目标决策分析法、模糊综合评价法、系统动力学模型、指标体系法等。向量模法首先要建立影响水环境承载力的指标体系，然后设置多个发展方案，这些发展方案分别对应着一个水环境承载力，然后对水环境承载力矢量的各分量指标进行归一化处理，归一化后得的矢量模可以表征相应方案的水环境承载力的大小。此方法得到的结果是无量纲的数值，由于在计算过程中忽略了向量的方向性，对结果有一定的影响（罗子云，2010）。主成分分析法是利用某种数理统计方法找出所研究系统中的主要因素及其因素之间的相互关系，将整个系统的多个指标转化为较少的几个综合指标，此方法在确定指标的权重时比较客观，避免了过多的主观性。此方法适用于某一地区某一年的水环境承载力空间差异的研究，不适用于研究不同年份水环境承载力的变化情况（廖文根，2002）。多目标决策分析法将水资源系统与社会经济系统作为整体来考虑，将研究整体分为多个模块，选择主要影响因子建立目标函数、约束条件，建立多种发展方案，计算每种发展方案对应的水环境承载力，然后对各发展方案进行权重分析，确定最优结果。此方法比较适合处理社会经济、生态资源等多目标群决策问题，其不足之处是刻画“经济—资源—生态”的内涵联系有一定的困难（蒋晓辉等，2001）。模糊综合评价法用模糊数学对影响水环境承载力的各因素进行单因素分析，然后给出总体的评价，比较全面地分析出区域水环境承载力的状况。此方法具有结果清晰、系统性强的特点，能较好地解决模糊的、难以量化的问题，适合解决各种非确定性的问题，尽管取大取小的运算法则会使部分信息丢失，对评判区域水环境承载力有一定的缺陷（高彦春，1997）。系统动力学方法深入到各个因子的相互联系，建立子系统，对相互联系的因子建立量化方程，调整参数，给出不同的发展方案，比较筛选不同方案的模拟结果，选出最优方案。此方法适用于宏观的中长期动态趋势研究，其不足之处是主观性比较强（郑治国等，2010）。指标体系法首先将影响水环境承载力的因素设定为指标，将所有指标进行分类，然后进行指标权重的确定。指标权重的确定是整个过程的关键，目前确定权重的主要方法有主成分分析法、层次分析法、德尔菲法、集对分析法。指标体系中的指标越多，越能够全面地分析水环境承载力的真实情况，但资料的收集、指标权重的确定也越麻烦，有可能对评价结果产生影响。所以指标选取的多少应该根据研究的具体需要而定。

1.2.2 水环境承载力评价研究进展

1.2.2.1 水环境承载力评价总体研究进展

水环境承载力评价是基于水环境系统，综合人口、经济、社会等多个因素，构建合理、科学、系统的指标体系，根据指标间的关联程度选择科学的评价方法，对水环境承载力进行评价。随着环境可持续发展研究的深入，国内外学者已在水环境承载力评价方面进行了大量探索，并将水环境承载力评价应用于流域（Wang et al.，2013）、湖泊（Ding et al.，2015）、城市（徐志青等，2019）和工业（张姗姗等，2017）等各个领域。

对 Web of Science 与 CNKI 数据库水环境承载力评价论文发表数量的统计结果表明，近年来水环境承载力评价研究越来越受到科研工作者的关注。其中，论文发表数量排名前三的国家分别是中国、美国、意大利（见图 1-3，数据截止到 2021 年），水环境承载力评价论文发表数量逐渐上升是在 1993 年之后，这是因为各国都开始关注水环境承载力在水环境管理中所具有的重要地位，因此进行了大量的探索。

国内的研究机构与学者对水环境承载力评价也进行了系统的深入研究。CNKI 核心数据库的统计数据表明，国内从事水环境承载力评价的机构主要有北京师范大学、中国科学院大学、中国环境科学研究院等科研机构与大学，其中北京师范大学环境学院和北京师范大学水科学研究院是发表论文最多的二级机构，表明北京师范大学在水环境承载力评价领域具有较强的优势。

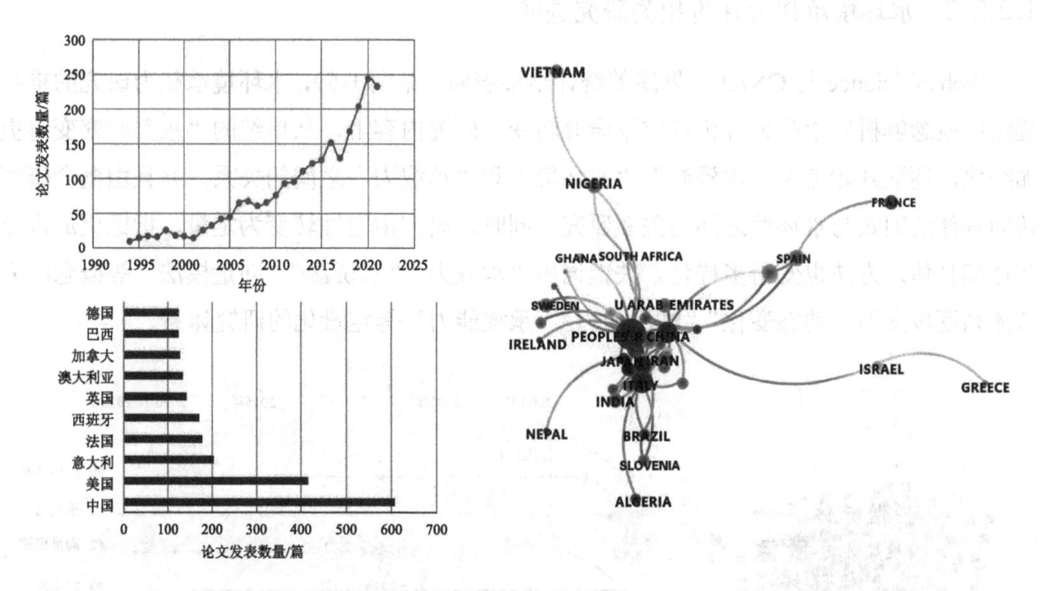

图 1-3 Web of Science 数据库水环境承载力评价论文发表数量与国家分布

国内学者在水环境承载力评价研究中形成了各自的研究团队（见图 1-4，数据截止到 2021 年）。其中，曾维华、周孝德、朱悦和席北斗等形成了各自的研究团队。曾维华团队与其他多个团队之间都存在合作关系。

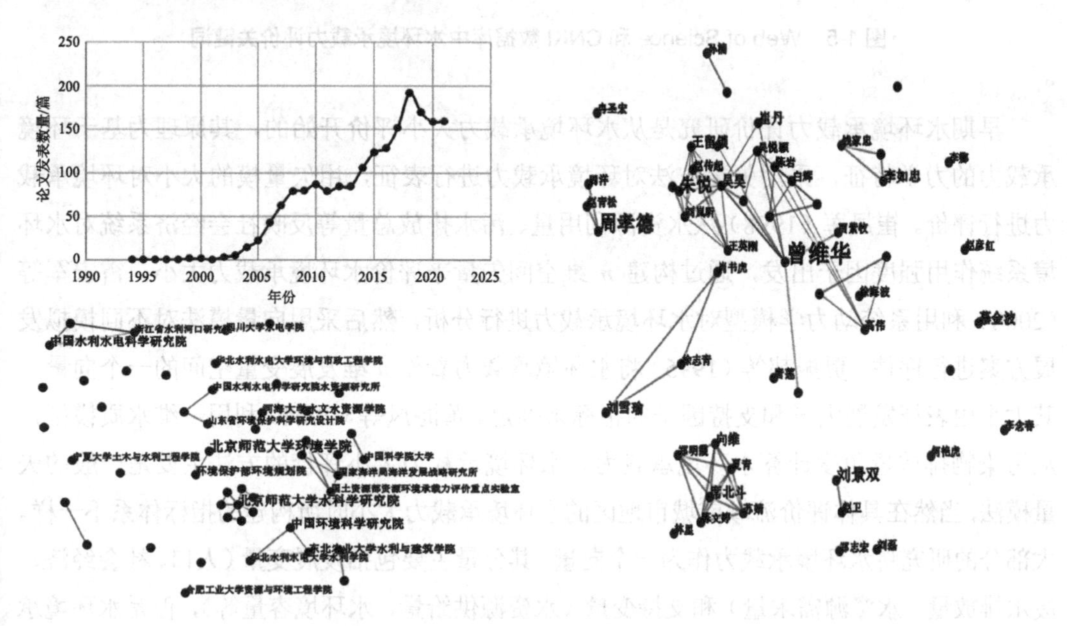

图 1-4 CNKI 数据库水环境承载力评价论文发表数量、研究团队与机构分布

1.2.2.2 水环境承载力评价相关研究进展

Web of Science 与 CNKI 数据库的统计结果表明（见图 1-5），水环境承载力研究的重心逐渐由概念解析向承载力评价等定量研究转变。研究内容上，从单纯的“水”研究变得更加细化，逐渐开始考虑“水资源”、“水环境”和“承载力”之间的关系，并且由概念研究转向具体的因素与水环境之间的关系研究；同时，研究由定性转变为定量，指标更加规范和详细具体，方法也变得多样化。关键词由“承载力”“水资源”“向量模法”等概念和方法体系逐步变为“动态变化”“纳污能力”“承载能力”等定量化的研究体系。

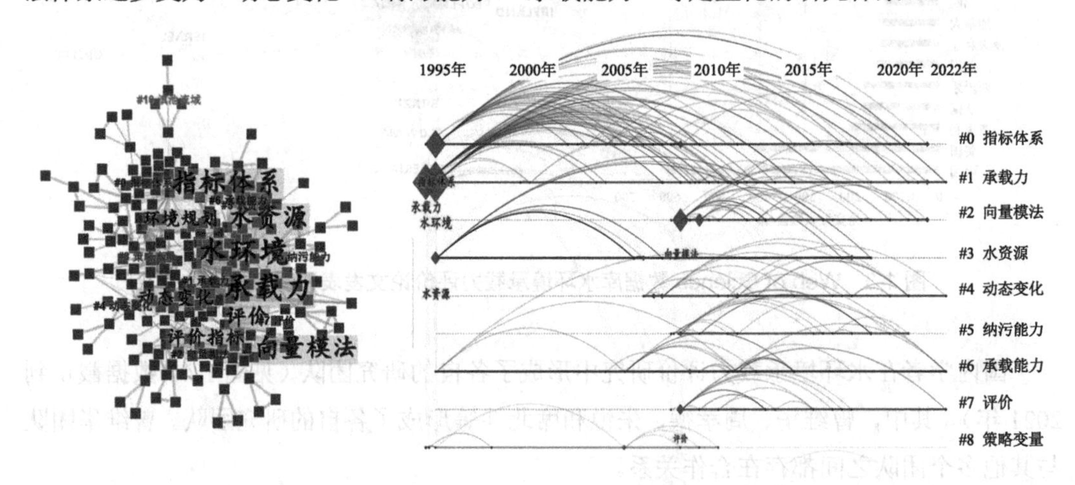

图 1-5 Web of Science 和 CNKI 数据库中水环境承载力评价关键词

早期水环境承载力评价研究是从水环境承载力大小评价开始的，其原理为基于环境承载力的力学特征，采用矢量方法对环境承载力进行表征，用矢量模的大小对环境承载力进行评价。崔凤军（1998）从水资源利用量、污水排放总量等反映社会经济系统对水环境系统作用强度因子出发，通过构建 n 维空间矢量来评价水环境承载力大小。雷宏军等（2008）利用系统动力学模型对水环境承载力进行分析，然后采用向量模法对不同模拟发展方案进行评估。贾振邦等（1995）将水环境承载力看作 n 维发展变量空间的一个向量，其大小由表征发展因子和支持因子的指标来确定。黄海凤等（2004）利用一维水质模型，从污染物排放量角度计算水环境承载力。水环境承载力大小评价的方法主要是一般的矢量模法，当然在具体评价流域或城市地区的水环境承载力大小时所构建的指标体系不一样。大部分的研究将水环境承载力作为一个向量，其分量主要包括发展变量（人口、社会经济、废水排放量、水资源需求量）和支持变量（水资源供给量、水环境容量等），但是水环境承载力大小主要是表征水环境对社会经济子系统的支持能力，是一种自然属性，其大小与发展变量无关。根据水环境承载力的定义，水环境承载力大小可以分为 3 个分量，即水环境容量、水资源供给量和水生态功能；利用矢量模法对水环境承载力大小进行评价。

在矢量模法评估的基础上，水环境承载力评价方法也多种多样。梁雪强（2003）从水环境压力（水资源利用量、利用效率、污水排放总量及污染程度等）和水环境承载力（资源供给、承纳污染）两个角度出发，利用矢量模法对水环境承载力进行评估。赵然杭等（2005）利用模糊优选理论模型，从水资源供给量、需水量、废水排放量等方面评估水环境承载力。白辉等（2016）采用层次分析法和向量模法相结合的方法，从社会经济、资源利用等角度综合构建了胶州市水环境承载力评估指标体系。王留锁（2018）从水环境对城市发展规模、产业结构及布局、城镇建设的支撑和约束双重角度出发，利用多目标优化模型对辽宁阜新市清河门区水环境承载力进行评估。黄睿智（2018）基于压力-状态-响应模型（PSR 模型），构建了水环境承载力评估指标体系，采用模糊综合评估法对南宁市的水环境承载力进行评估。贾紫牧等（2018）从水环境承载力大小、承载状态、水系统脆弱程度及承载力开发利用潜力 4 个角度构建了水环境承载力聚类分区指标体系。崔东文（2018）从水资源、水污染、社会经济角度构建了区域水环境承载力评估指标体系，利用水循环算法（WCA）优化 PP 模型最佳投影方向，提出 WCA-PP 水环境承载力动态评估模型。总的来说，水环境承载力评价方法主要有指标评价法、承载率评价法和多目标评价法等。指标评价法是目前应用较为广泛的评价方法，其评价模式主要有模糊综合评价法、状态空间法和主成分分析法等；承载率评价法引入了环境承载量（EBQ）和环境承载率（EBR）的概念，通过计算环境承载率来评价环境承载力的大小；多目标评价法综合考虑水环境各要素之间的作用关系，并在评价分析中综合考虑了不同目标和价值趋向，通过指标情景的设置，通过计算来比较和评价各策略下的水环境承载力。

随着对水环境承载力的研究逐渐深入，系统动态模拟与预测评估成为关注重点。李如忠（2006）依据随机性和模糊优选原理，建立了适用于多指标、多因素的区域水环境动态承载力评估数学模型；唐文秀（2010）基于系统动力学方法，建立了流域水环境承载力量化模型；梁静等（2017）结合郑州市“十三五”规划，构建了基于环境容量的水环境承载力综合评估体系，预测了在优化发展和强化发展两种情景下的郑州市水环境承载力改善情况；马涵玉等（2017）利用系统动力学模型，模拟预测在现状延续型、节约用水型、污染防治型和综合协调型 4 种情景模式下，2020 年成都市的水生态承载力。然而，目前对水环境承载力评价的研究大多是年度静态评价，无法表征水环境承载力的季节性以及水环境承载力承载状态的季节性动态变化。因此，必须基于水环境承载力的季节性特征，提出流域水环境承载力动态评价技术方法，并以此为工具识别流域水环境承载力承载状态的季节性特征，从而挖掘水环境承载力超载的原因及存在的问题，为流域水环境承载力季节性双向调控提供科学依据。

综上所述，目前水环境承载力评价研究指标的选取与建立比较完善，但是仍然存在以下不足。

一是概念界定不清，缺乏对水环境承载力的系统认知。尽管生物承载力、土地人口承载力等承载力概念的提出至今已有百年，环境承载力概念的提出也有30多年，但是目前对环境承载力概念的解读仍处于“百花齐放、百家争鸣”阶段，尚无统一认识。甚至有些学者仍将环境承载力与环境容量等同起来，由此造成很大歧义。目前开展的水环境承载力研究更多局限于单要素与个别分量，如水资源承载力或水环境容量，而缺乏对水环境承载力的系统认知，不能全面客观地反映流域水环境承载力大小、承载状态与开发利用潜力。即使有学者试图从水资源、水环境与水生态角度全面系统解析水系统，界定水环境承载力概念，但仍摆脱不了评价对象及目的不明确的问题，甚至用水质评价指数表征水环境承载力超载状态。

二是评价对象或目的不明确，指标体系构建过于随意，缺乏针对性与目的性。尽管很多学者延续“湄洲湾新经济开发区环境污染防治规划”课题提出的水环境承载力大小量化方法，但是评价目的大多不是承载力大小，而是承载状态。即使是承载状态评价，所建立的水环境承载力评价体系过于随意，缺乏针对性与目的性，如围绕“压力-状态-响应”等可持续发展状态（或能力）评价指标体系展开，而忽略了水环境承载力概念内涵及其承载状态表征。尽管流域水环境承载力承载状态评价从某个角度可以反映流域可持续发展状态，但是二者之间还是不能完全画等号。

三是评价指标体系庞杂，指标选取与权重确定过程过于主观片面，导致评价结果的可解释性不足。流域水环境承载力评价指标体系是评价工作的核心，要能够表征评价对象（承载力大小、承载状态与开发利用潜力）的特征，目前很多相关研究所建立的指标体系大多借鉴现有流域可持续发展或绿色发展等指标体系构建，由此导致评价指标体系庞杂，物理意义与指向性不明确，评价结果无法从水环境承载力概念内涵、承载状态及其开发利用潜力等方面解释。另外，尽管很多研究也采用聚类分析或主成分分析，定量筛选指标，但由于指标体系过于庞杂，筛选出的指标也未必能客观反映评价对象的特征。最后，在权重方面，目前仍有很多相关研究采用层次分析法（AHP）赋权，该方法过于主观，对专家选择、打分过程与一致性检验有严格要求，很多评价工作并未严格按照规则执行；即使采用熵权等客观权重赋权，权重的物理意义也不明确，很多评价工作也缺乏对水环境承载力大小、承载状态等物理意义的诠释，由此导致评价结果的可解释性不足。

四是评价分级标准的划分缺乏科学依据，评价结果可比性较差。除了大小量化与承载率等具有物理意义的量化指标，大多数水环境承载力评价属多属性评价，评价结果都是相对的；这就要求评价结果等级划分一定要有科学依据，否则将导致评价结果不合理且无法解释。目前很多水环境承载力评价结果等级划分过于随意，加之评价数据样本大多仅局限于评价区范围，不具整体代表性，由此导致评价结果不合理且无法与其他区域的评价结果比较分析。

五是亟待研发可推广、可复制、被广泛认可的流域水环境承载力评价技术规范。尽管关于流域水环境承载力的研究已有很多，无论是指标体系还是评价方法，都已经取得很多研究成果，但是很多研究被广泛质疑，评价方法的可推广、可复制与可重复性以及评价结果可解释性都不足。到目前为止，流域水环境承载力评价工作尚处于“百花齐放，百家争鸣”阶段，该领域尚未形成被广泛认可的、可推广的流域水环境承载力评价技术规范，这已严重制约我国流域水环境承载力评价工作的全面推广，且无法为各流域水环境监管考核提供技术支撑。

1.2.3 水环境承载力预警研究进展

1.2.3.1 预警来源及其演化历程

“预警”一词首先出现在军事领域。通过预警雷达、飞机和卫星等工具来预先发觉、评估和分析敌人的攻击信号，对其威胁程度进行判断，为指挥部门提前做好应对策略提供参考。随着预警在军事领域的发展，人们逐步把预警思想转向民用领域。最早的预警监测发生在宏观经济领域，源于1875年英国经济学家Jevons提出关于经济周期的理论假说——气象说（Knedlik，2014）。1909年，美国经济统计学家Babson提出关于美国宏观经济状况的第一个指示器——Babson 经济活动指数，并正式称对未来经济态势预测为“经济预警”。1917年，以H. M. Peasons为代表的哈佛研究会运用17项景气指标研究美国经济发展趋势，开启了西方关于预警的研究（徐美，2013）。预警思想和预警方法出现在20世纪40年代初期。随着雷达系统的诞生，人们才正式提出了预警系统的科学概念。随着社会进步的需要，预警所具有的信息反馈机制进入现代经济、政治、医疗、灾变、治安等自然和社会领域（闫云平，2013）。1975年，全球环境监测系统（GEMS）建立，是预警发展到环境领域的标志（袁进春，1986）。国外在以河流为典型的流域水污染预警方面进行了一些相关研究。White（1973）利用风险管理和决策理论建立了陆地洪水预警系统。德国和奥地利联合开发的多瑙河流域水污染预警系统（The Danube Accident Emergency Warning System，DAEWS）是水质预警的一个典型案例，提供了关于水特性突然变化的信息，并协助下游国家的主管部门和用水者及时采取预防措施。该系统于1997年4月投入运作（Printer，1999），纳入了沿岸各国的警报中心，还纳入了各国的学术研究机构作为支撑；该系统建成后，在分析多瑙河流域水质趋势变化、保障周边水质安全方面发挥了巨大作用。还有一个众所周知的水质预警系统是莱茵河的生物预警系统。该系统由德国开发，除了具备现有的化学、物理监测功能，还能监测到日益增加的有毒物质。该系统涵盖了广泛的生物杀灭剂，在不同营养水平上进行了连续工作的生物测试，并得到了证明（Puzicha，1994）。同时，预警在其他领域也得到了不断开拓。Plate（2008）以湄公河为例，按照联合国减灾行动方案开展洪水预警研究，并提出了相关政策建议；Dokas等（2009）通过故障树分析和模糊专家系统，构建了垃圾填埋应急预警系统；Bouma等（1999）构建了农业预警系统；土耳其构建了环境辐射污染监测预警系统（Küçükarslan et al.，2004）；这些都从不同角度对环境预警进行了开拓性研究。在这个过程中，生态环境预警理论不断完善，技术方法和手段不断更新和提高，形成了较为完整的概念体系和系统的操作方法。但整体上，环境承载力监测预警方面的研究还比较少见。

1.2.3.2 水环境承载力预警总体研究进展

Web of Science 和 CNKI 数据库有关论文的统计结果表明，中国是目前将预警应用到环境承载力研究中最多的国家，美国紧随其后，见图 1-6。在 Web of Science 中第一次发表预警研究论文是在 1992 年。从 2003 年之后，尤其是 2010 年之后，我国论文发表数量开始显著增加，这是因为近年来，随着国家在环境承载力预警方面一系列指导政策的陆续出台，我国学者对环境承载力在预警方面的应用研究逐步深入。

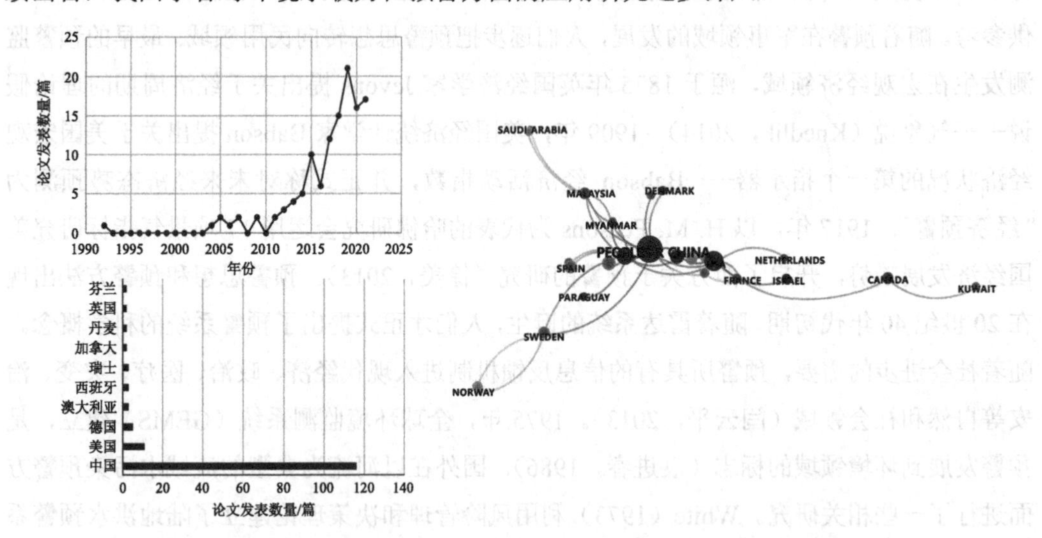

图 1-6　Web of Science 数据库水环境承载力预警论文发表数量与国家分布

对 CNKI 数据库水环境承载力预警论文发表数量的统计表明，在研究机构方面，中国科学院大学是对环境承载力预警研究最多的机构，其中包括中国科学院地理科学与资源研究所、中国科学院大学资源与环境学院等机构。在高校方面，北京师范大学、河海大学等对预警在环境承载力领域的研究较多。水环境承载力预警领域在国内形成了曾维华、修新田、袁国华和赵海霞等的研究团队。其中，曾维华团队的论文最多，合作者也最多，见图 1-7。

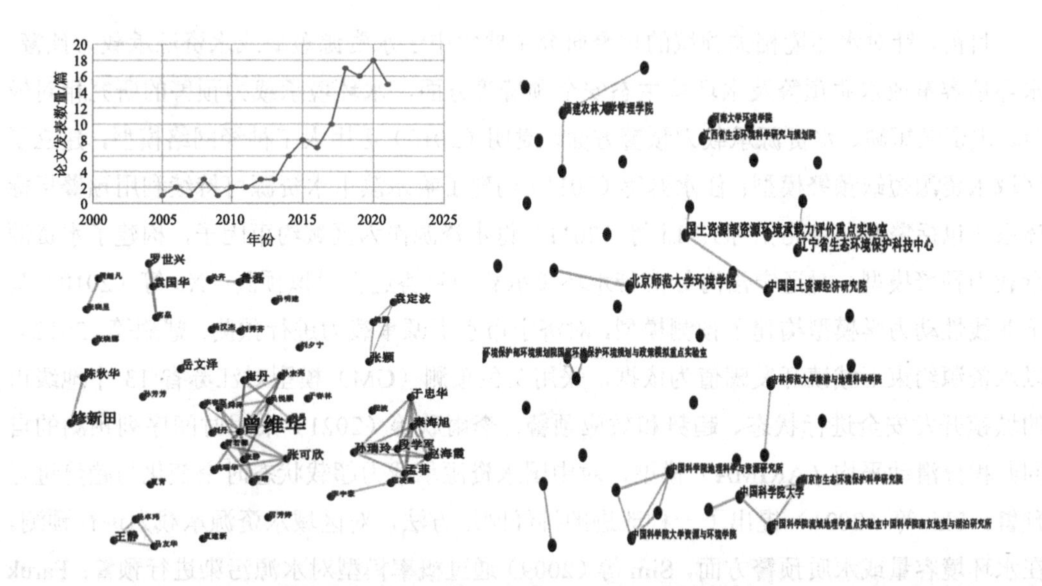

图 1-7 CNKI 数据库水环境承载力预警论文发表数量、研究机构分布与作者关系

1.2.3.3 水环境承载力预警相关研究进展

近年来，随着我国生态文明建设的不断推进，预警已经在环境领域得到了发展。CNKI 数据库的统计结果表明，预警在水环境承载力、资源环境承载力和旅游环境承载力方面的研究最多，见图 1-8。资源环境承载力方面的预警研究主要关注承载力的大小、评价。水环境承载力主要关注系统动力学和 BP 神经网络等方法的研究。旅游环境承载力关注的是预警系统、预警平台等技术方面的研究。

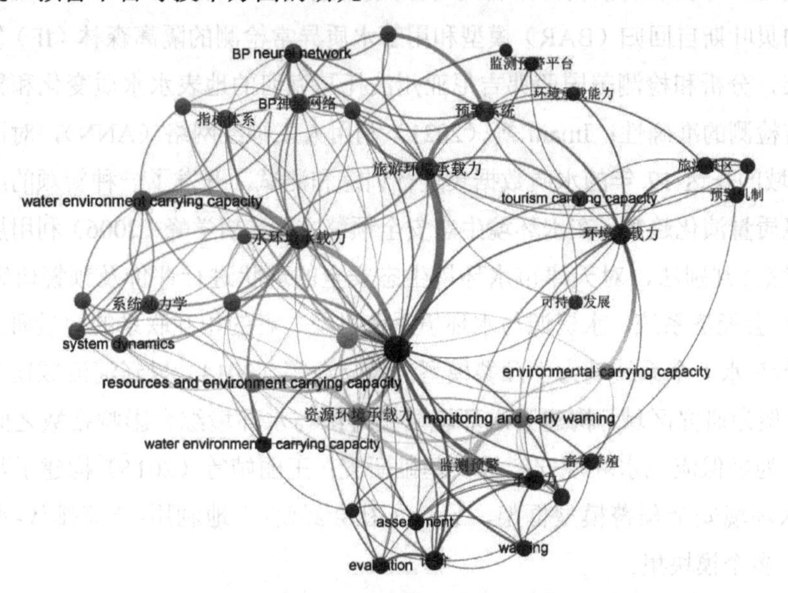

图 1-8 Web of Science 和 CNKI 数据库水环境承载力预警关键词网络图

目前，针对水环境相关领域的预警研究主要集中于水资源短缺或水资源承载力预警、水环境容量或水质预警及水环境生态安全预警等方面，水环境承载力预警的研究相对较少。水资源短缺、水资源承载力预警方面，袁明（2010）运用人工神经网络模型，建立了区域水资源短缺预警模型；任永泰等（2011）构建了哈尔滨市水资源可持续利用预警指标体系（包括警源和警兆指标）；Li 等（2011）将水资源作为区域约束因子，构建了水资源承载力预警模型，对辽宁沿海经济带水环境承载力趋势进行模拟预测；Xu 等（2010）基于非线性动力学模型构建了预测模型，对济宁市水资源承载力进行预测；戴靓等（2012）以水资源约束下城镇开发阈值为依据，采用灰色预测（GM）模型对江苏省 13 个地级市的城镇开发安全进行状态、趋势和效应预警；李雨欣等（2021）采用时间序列预测的自回归积分滑动平均（ARIMA）模型，对中国水资源承载力超载状态时空变化与趋势进行预警；Shi 等（2021）提出了一种改进的神经网络方法，对区域水资源承载力进行预测。在水环境容量或水质预警方面，Sim 等（2009）通过概率模型对水源污染进行预警；Faruk（2010）提出了一种 ARIMA 和神经网络的混合模型，并用土耳其比尤克·曼德雷斯河（Büyük Menderes）108 个月的水质观测结果对预测模型进行了测试；Katwijk 等（2011）对印度尼西亚河流沉积与富营养化进行预警指标的研究；王金南等（2013）基于 PSR 模型，评价长三角城市群水环境承载力，选择水环境容量为预警性指标，利用承载率对水环境进行预警；高丽云（2014）采用一维圣维南方程计算水流模型参数，通过 Street-Phelps 水质衰减公式和零维模型公式求解水环境容量，进而在此基础上分析水承载力并作出简单预警；Ding 等（2017）基于瞬时点源的二维水质模型及其安全性水质要求，提出了预警和预测模型，可以准确预测污染物的时空变化趋势；Jin 等（2019）通过集成用于水质变化预测的贝叶斯自回归（BAR）模型和用于水质异常检测的隔离森林（IF）算法，构建了开发框架，分析和检测美国西弗吉尼亚州波托马克河的地表水水质变化和异常，提高了水质异常检测的准确性；Imani 等（2021）利用人工神经网络（ANN），对巴西圣保罗州 22 个流域的长达 17 年的水质数据集进行训练和测试，开发了一种新颖的应用程序来预测水环境质量演化趋势。在水环境生态安全预警方面，胡学峰（2006）利用层次分析法（AHP）与综合判别法，对天津市水环境生态安全的现状进行评价及预警研究；韩奇等（2006）从社会经济系统、水资源与水环境系统以及二者的相互联系的定量研究入手，建立了社会经济-水安全系统动力学预警模型；谭立波等（2014）以辽河流域辽宁段内的三合屯、阿吉堡为研究区域，构建了水环境质量等级与水环境综合影响指数之间的水环境预警模型，为确保流域水环境安全提供基础研究；王丽婧等（2016）构建了基于过程控制的流域水环境安全预警模型框架，设计了社会经济-土地利用-负荷排放-水动力水质（S-L-L-W）多个模块集。

尽管水环境承载力预警的相关研究起步较晚，然而近年，随着国家一系列指导政策的出台，我国学者与相关部门对承载力预警高度重视，出现了对承载力监测预警机制研究的热潮（段雪琴等，2019）。李海辰等（2016）认为承载力监测预警机制应包括监测层、预警层、决策层和反馈层等几个层面；丁菊莺等（2019）认为监测预警机制应包含监测模块、方法体系模块、动态评价模块、预警模块和响应模块等方面；金菊良等（2018）将预警过程进一步细分，分为影响因素识别及警度划分、警情根源分析、预警指标体系设计、承载力趋势预测评价及警度确定、调控及应对策略等 5 个环节。上述研究属于体制与机制研究范畴，且大多只停留在定性分析上。崔丹等（2018）提出了流域（区域）水环境承载力预警技术方法体系，包括明确警义、识别警源、预测警情、分析警兆、评判警情、界定警度与排除警情等 7 个阶段，并基于系统动力学构建了昆明市水环境承载力中长期预警技术体系。

预警方法的构建、指标的选择以及警度的划分是水环境承载力预警体系构建的关键。现阶段的预警主要分为黑色预警、黄色预警、红色预警、绿色预警与白色预警等。黑色预警法是通过对某一具有代表性的指标的时间序列变化规律进行分析预警，依系统序化的观点，确定代表性指标的警戒线，并与这些指标的现状、过去与未来趋势进行对比，对现状预警进行评价，从而获得对策。黄色预警法是一种由因到果逐渐预警的过程，是目前最常用的预警分析方法，操作起来具体可分为三种：一是指标预警，这种方式是利用反映警情的一些指标进行预警；二是统计预警，这种方式是对一系列反映警情的指标与警情之间的相关关系进行统计处理，然后根据计算得到的分数判断警情程度；三是模型预警，这种方式是在统计预警方式的基础上对预警进行进一步分析，实质是建立滞后模型进行回归预测分析，在形式上可以分为图形、表格、数学方程等。红色预警法是一种环境社会分析方法，其特点是重视定性分析，对影响生态环境的有利因素和不利因素进行全面分析，然后进行不同时期的对比研究，最后结合专家学者的经验进行预警，常用于一些复杂的预警。绿色预警法类似于黑色预警法，通常借助遥感技术测得生长、变化趋势的情况，从而进行生长、变化趋势预警。白色预警法是在基本掌握警情产生原因的基础上，对警情指标采用计量技术进行预测。

在预警方法理论具体研究方面，中国科学院地理科学与资源研究所樊杰团队基于“短板原理”与“增长极限原则”，首次全面构建了国家层面资源环境承载能力监测预警综合评价理论体系与框架（文小军等，2020），并提出资源环境承载能力预警的目标是通过监测和评价各地区资源环境超载状况，诊断和预判各地区可持续发展状态，为限制性措施制定提供依据（樊杰等，2015，2017）。其核心内容是面向预警的综合评价，也是目前已开展的预警研究工作中广泛采用的预警思路，如广西北部湾经济区环境承载力预警系统研究（朱宇兵，2009）、广西陆海统筹中资源环境承载力监测预警（周伟等，2015）、四川省资源环境承载力预警（杨渺等，2017）、甘肃省资源环境承载力评估预警（陈晓雨婧，

2019）等。但是承载力预警与评估是有本质区别的，预警是在对未来超载状态进行预判的基础上，提前提出警告并及时采取排警措施，以避免严重损失。上述基于承载力的评价与预警不属于严格意义上的预警。也有学者根据警情的时间序列，采用自回归滑动平均模型（刘丹等，2019）、灰色模型（王艳艳等，2013；史毅超等，2018；张国庆，2018；陈晨，2018；张乐勤，2019；鲁佳慧等，2019）以及神经网络模型（胡荣祥等，2012；徐美等，2020；陈文婷等，2021；曹若馨等，2021）对未来趋势进行短期预测，或搭建系统动力学模型，结合经济社会发展的情景设计，进行承载力承载状态的中长期预警（崔海升，2014；崔丹等，2018；高伟等，2018；薛敏等，2021）。

预警指标应反映或影响承载力警情的变化，从明确警义到界定警度，都离不开预警指标。随着对环境承载力综合属性的不断认知，预警指标也逐渐从单一指标扩展为涉及社会、经济、资源、环境等多子系统的综合指标体系。缪萍萍等（2017）从河北省城市水环境纳污能力的角度出发，选取了水环境容量和污染排放量作为预警指标；刘丹等（2019）从水资源量和水环境容量两方面选取指标，并采用主成分分析确定预警指标；鲁佳慧等（2019）根据“压力-状态-响应”的关系，综合多方面因素，选取了20个预警指标；史毅超等（2018）从水资源支撑、经济负荷、社会负荷和生态保护4个方面出发，并结合专家打分法，构建了包含15个指标的预警指标体系。车秀珍等（2015）在探讨建立深圳资源环境承载力监测预警机制时，提出设立资源环境承载力综合指数，构建集成土地、水环境、能源等承载力的监测评价指标体系。高小超（2012）从城市化子系统和水环境子系统角度构建了指标体系，进行了预警研究。薛洪岩（2020）通过对水环境承载力指标体系进行筛选，区分先行指标、一致指标和滞后指标，确定警兆和警情指标，以此为基础构建了武汉市水环境承载力预警指标体系。陈文婷等（2021）将预警指标按人口与经济、水资源、水环境、水生态4个子系统进行分类，构建了水环境承载力预警模型，预测了水环境综合承载力指数。但是上述大多研究并不明确承载力预警警义，而是以可持续发展状态综合评价指标替代承载力预警指标。承载力预警是承载状态预警，即对人类活动给生态环境系统带来的压力超过环境承载力的程度进行预警。解钰茜等（2019）分别从压力和承载力方面构建了中国环境承载力预警指标体系，并采用时差相关分析法筛选出先行于承载状态的指标，从而进行预警分析。曹若馨等（2021）从水环境容量承载状态和水资源承载状态两个方面选取了13个指标，构建了北运河流域水环境承载力预警指标体系。

警度界定及警限划分是实现及时、有效预警的关键。目前，警限划分的方法有控制图法，根据指标警度的隶属度、偏离度核算的划分方法，以及参考现有科学研究成果、国际（国家、地区）管理标准的校标法等。例如，崔丹等（2018）、解钰茜等（2019）、曹若馨等（2021）采用环境承载力超载状态临界值和控制图法相结合的方法确定警限，使被考察的指标值服从正态分布；史毅超等（2018）和陈晨（2018）通过模糊综合评判指标的预警等级隶属度，进行警度划分；张乐勤（2019）运用偏离度模型，测算警情观测值与最优理想值的偏离指数，构建了“三类五级”分类预警体系；杨渺等（2017）根据已有研究成果，并结合专家意见，将各指标得分值分为5个等级，分别对应5个预警级别；杨丽花等（2013）参考国际小康水平分别对5个预警指标的警限进行划分；陈晓雨婧（2019）在总结现有的研究和文献资料的基础上，依据地方、国家和国际标准或准则对各单项预警指标进行警限阈值划分。

1.2.3.4 相关部委出台的管理办法与技术方法

随着我国对资源环境承载力的重视，近年各相关部委积极探索建立了各自的监测预警机制，出台了技术指导文件。2016年9月，国家发展改革委等13部委联合印发了《资源环境承载能力监测预警技术方法（试行）》，阐述了资源环境承载能力监测预警的基本概念、技术流程、集成方法与类型划分等技术要点，但其核心是通过资源环境超载状态评价，对区域可持续发展状态进行预判，而不是在未来超载状态预判基础上，提出超载状态警告。图1-9为资源环境承载能力预警（2016版）技术路线。

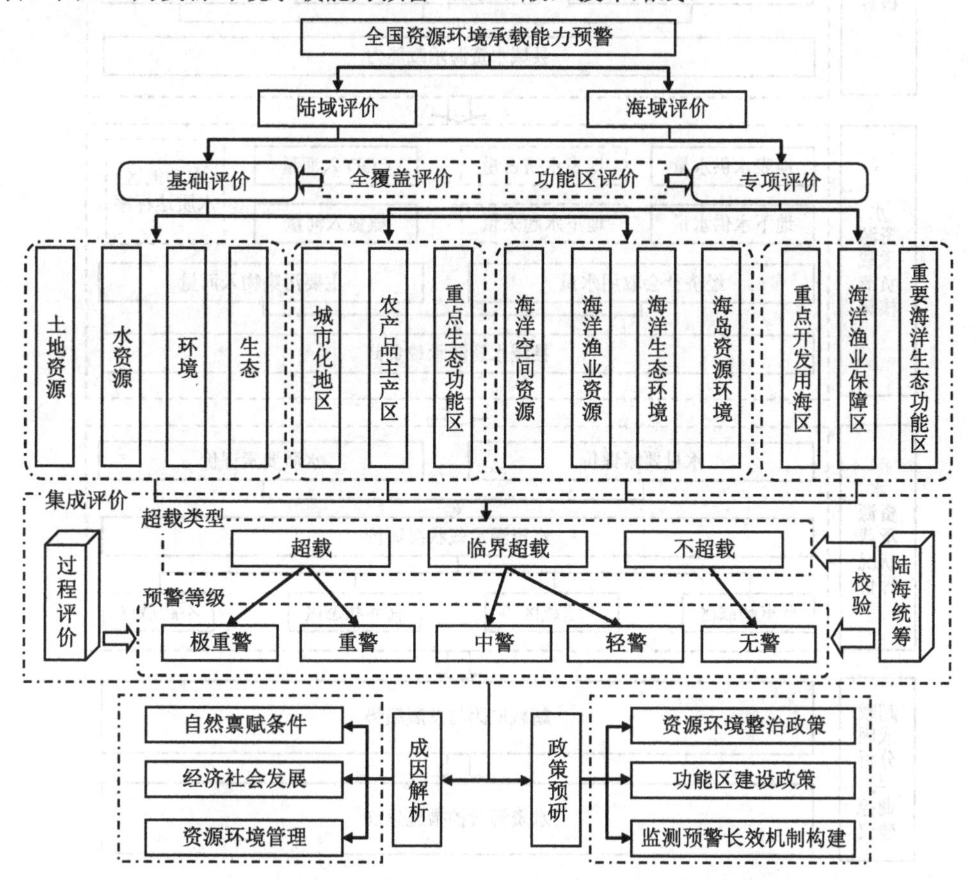

图1-9 资源环境承载能力预警（2016版）技术路线（樊杰等，2017）

水利部办公厅印发《关于做好建立全国水资源承载能力监测预警机制工作的通知》(办资源〔2016〕57 号)，并编制《全国水资源承载能力监测预警技术大纲（修订稿)》，界定了水资源承载能力、承载负荷（压力）的核算方法及承载状况的评价方法，主要阐述了水资源承载能力评价的相关内容，而不是水资源承载能力监测预警技术方法。图 1-10 为水资源承载能力评价总体技术路线。

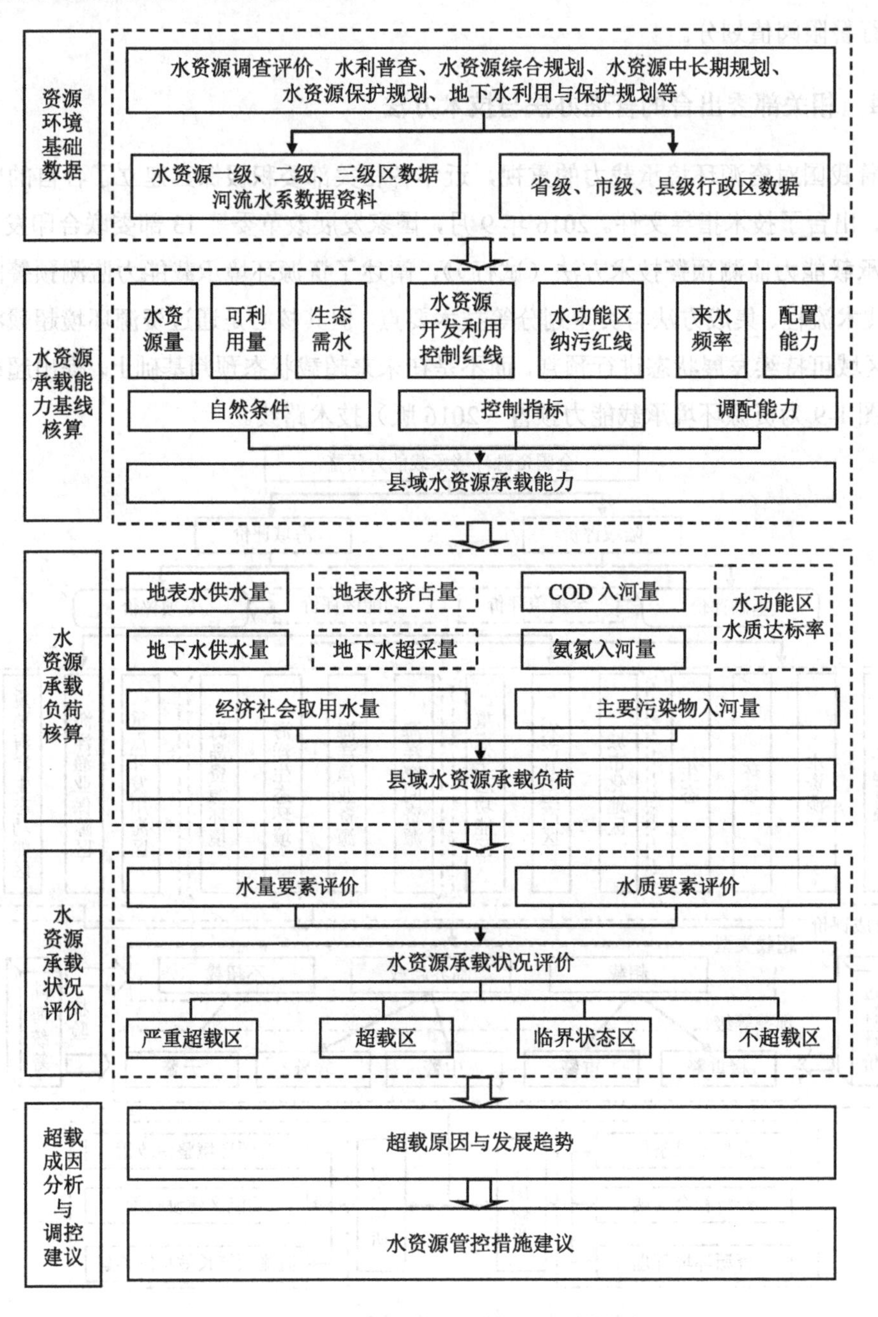

图 1-10 水资源承载能力评价总体技术路线

在国土资源部办公厅印发的《国土资源环境承载力评价技术要求（试行）》（国土资厅函〔2016〕1213 号）中，“土地部分”的土地综合承载力评价是在区域资源禀赋、生态条件和环境本底调查等基础上，通过识别国土开发的资源环境短板要素，开展综合限制性和适宜性评价，水资源承载指数和水环境质量指数仅作为综合承载能力评价的一部分；“地质部分”虽然提及了地下水资源承载力预警，但本质是对自然单元地下水的水量（水位与控制水位或历史稳定水位）与水质（劣Ⅴ类断面占比）的承载本底和承载状态的发展趋势进行分析及评价，也混淆了评价与预警。图 1-11 为国土资源环境承载力评价与监测预警（地质部分）技术路线。

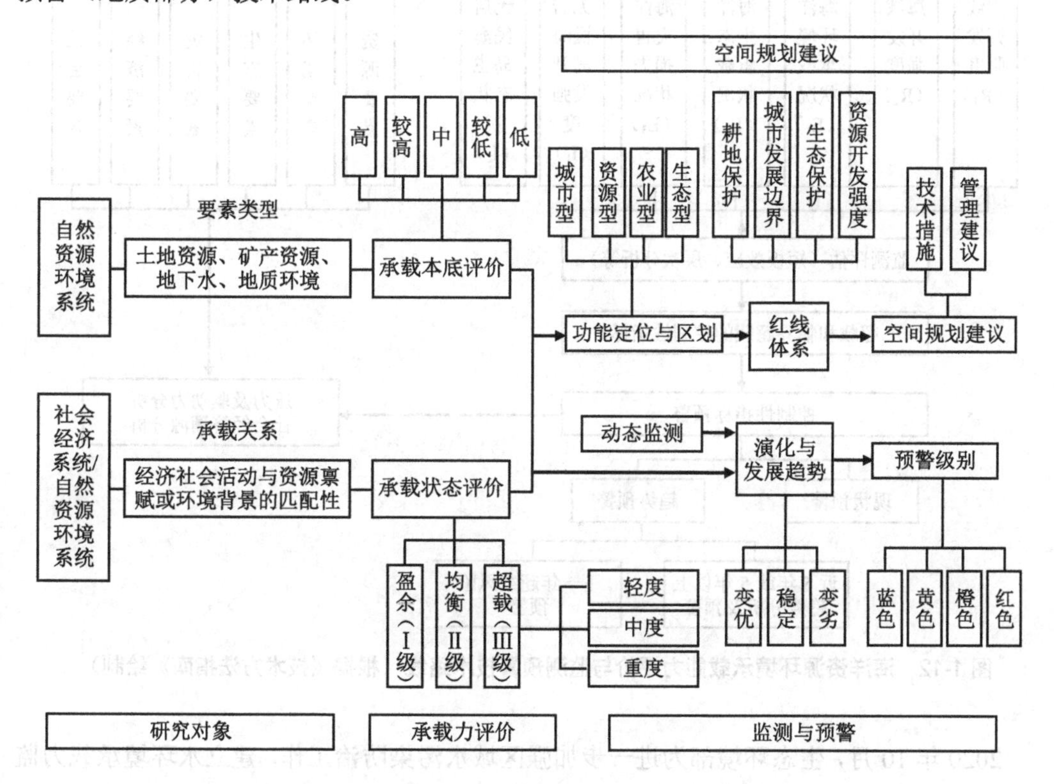

图 1-11 国土资源环境承载力评价与监测预警（地质部分）技术路线

2015 年 5 月，国家海洋局发布的《海洋资源环境承载能力监测预警指标体系和技术方法指南》（以下简称《技术方法指南》）主要包括对现状超载状况的单要素及综合评价，对近 5 年或 5 年以上的二级指标评估结果开展趋势分析，并对具有显著恶化趋势的控制性指标进行预警，或采用灰色模型法对下一年度控制性指标的超载风险进行预警。尽管涉及趋势分析与对显著恶化趋势指标的短期预测，但警义不清、不成体系，缺乏判别警兆、评判警情、界定警度与排除警情等，未能实现系统化的综合预警。图 1-12 为海洋资源环境承载能力评价与监测预警技术路线。

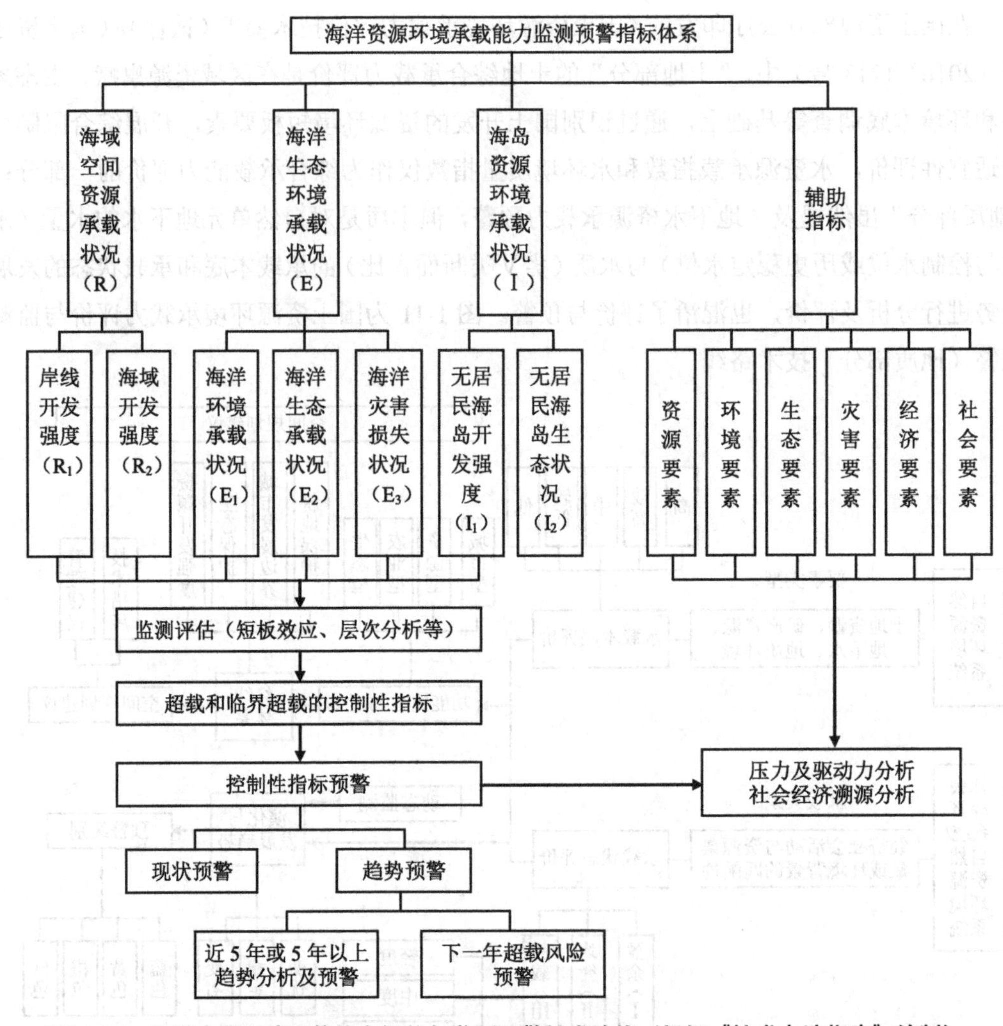

图 1-12　海洋资源环境承载能力评价与监测预警技术路线（根据《技术方法指南》绘制）

2020 年 10 月，生态环境部为进一步加强区域水污染防治工作，建立水环境承载力监测预警长效机制，并支撑重点流域水生态环境保护“十四五”规划编制工作，组织编制了适用于县级以上行政区的《水环境承载力评价方法（试行）》。该评价方法提出了水质时间达标率和水质空间达标率两个评价指标以及所构造的综合承载力指数的计算方法，以及承载状态（超载、临界超载、未超载）判定标准，主要是通过水质达标情况反映水环境承载力超载情况，也未涉及水环境承载力预警相关内容。图 1-13 为水环境承载力评价方法技术路线。

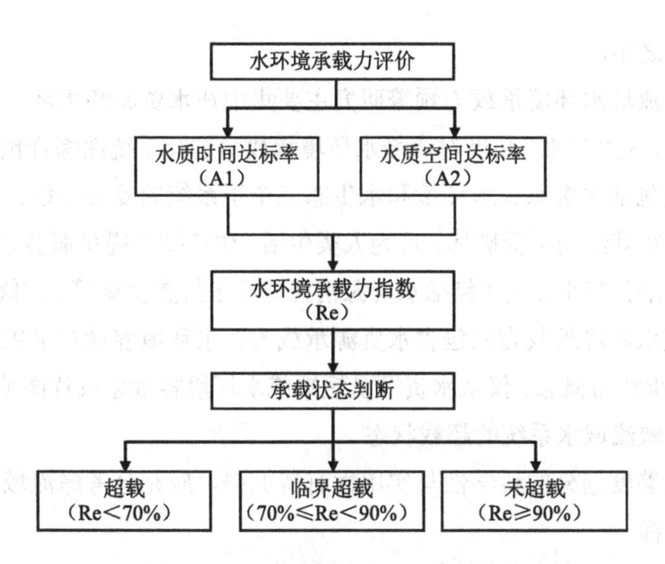

图 1-13 水环境承载力评价方法技术路线

1.2.4 存在的问题

通过上述研究进展可以看出，尽管国家对水环境承载力预警日益重视，相关探索研究也逐步开展，但目前水环境承载力预警研究仍存在较多问题（曾维华等，2020）。

（1）预警概念内涵不明确，很多“预警”仅停留在评价层面，缺乏对未来承载状态的预判

通过水专项相关课题的研究发现，尽管我国学者及相关部门已广泛开展资源环境承载力预警技术方法与机制研究，但是很多研究并没有从已有预警概念、内涵及理论方法入手，且受数据资料与技术方法的限制，仍停留在现状评价层面，混淆了预警与警情现状评价的概念，甚至借用水质评价法开展水环境承载力超载状态预警，缺乏对未来承载力承载状态的预判，更谈不上提前警告并根据预警结果进行排警措施的制定，没有实现真正意义上的预警。由于承载力预警内涵与警义不清，导致很多研究和相关指导性政策文件所建承载力“预警”指标体系大多借鉴可持续发展状态综合评价，无法判断是可持续发展状态（能力）评价，还是承载力超载风险预警。

（2）尚未形成流域水环境承载力预警技术方法体系，缺乏系统性、综合性的流域水环境承载力预警研究

在党中央、国务院的倡导下，资源环境承载力预警工作已引起我国各级相关部门的高度重视，发改、国土、水利与海洋等相关部门都出台了资源环境承载力预警相关指导性政策文件，生态环境部只出台了基于水质达标情况的水环境承载力评价方法，尚未出台各要素的环境承载力预警指导性政策文件，流域水环境承载力预警技术方法体系与预警

机制也尚在探讨之中。

另外，现有流域水环境承载力预警研究主要集中在水资源和水环境方面，缺乏对水生态因素的考量，从“三水”角度对流域水环境承载力进行系统性综合预警的研究较少。而流域水系统是包括水资源、水环境和水生态三个子系统的复合系统；流域水环境承载力是流域水系统在其结构不受破坏，可为人类生活、生产持续提供服务功能的前提下，所能承受人类活动给其带来压力（包括水资源消耗与污水排放负荷等）的阈值，是水系统的自然属性。流域水环境承载力应包含水资源承载力、水环境容量与水生态承载力三个分量，是一个综合承载力概念。仅从水资源量短缺或水环境容量超载片面地界定警情，都无法全面客观地反映流域水系统的超载状态。

（3）警限与警度划分的科学性与实用性有待加强，应充分考虑流域水环境承载力阈值与相关规划目标

就目前流域水环境承载力的相关研究成果来看，由于不同研究对警情指标（承载力的阈值或综合承载指标）的构建不同，警限划分与警度界定往往是基于流域本身水环境承载力预警结果的系统综合分析，或对标相关规划管理目标，尚未形成一套兼顾普适性、地区差异性的划分方法。

首先，流域水环境承载力预警样本只覆盖研究流域，无法涵盖全国乃至全球其他流域，不同警限和警度划分后的预警结果无法进行横向比较，由此导致预警结果有些偏颇。其次，流域水环境承载力概念内涵的核心是“阈值”，完全脱离阈值得到的超载状态只是相对的，对流域水环境集成规划管理的指导意义将大打折扣。最后，无论是流域水生态功能区与水环境功能区，还是国土空间规划中的主体功能区划，不同功能区水环境承载力的约束力度不同，因此有必要兼顾流域不同功能分区的差异性，结合相应流域规划目标，科学划分警限，确定警区。

（4）流域水环境承载力预警的实际应用价值有待进一步挖掘，要充分重视预警成果落地，使其真正在流域水生态环境管理工作中起到应有的作用

到目前为止，尽管承载力预警研究取得很大成效，但研究成果实践推广工作滞后，在实际规划管理中没有起到应有的作用。以承载力评估为例，无论是“双评价”（国土空间规划的资源环境承载力评价与国土空间开发适宜性评价）中的资源环境承载力评价，还是面向城市水生态环境考核工作的城市水环境承载力评价，都由于承载力概念内涵混乱、评价指标体系庞杂，导致评价结果的可解释性与合理性大打折扣，无法起到其在规划管理中的应有作用。流域水环境承载力预警更是如此，短期（年度）预警如何与流域水环境日常管理或应急管理结合起来，通过对承载力超载状态进行预判，提出排警措施，减少由于超载带来的损失？中长期预警如何与流域中长期规划结合，为其提供依据？这些都是摆在我们面前需要解决的问题。由此可见，流域水环境承载力预警的实际应用价值有待

进一步挖掘，要充分重视预警成果落地，使其真正在流域水生态环境管理工作中起到应有的作用。

1.3 本书内容与框架

本书的章节安排及相应内容见图 1-14。

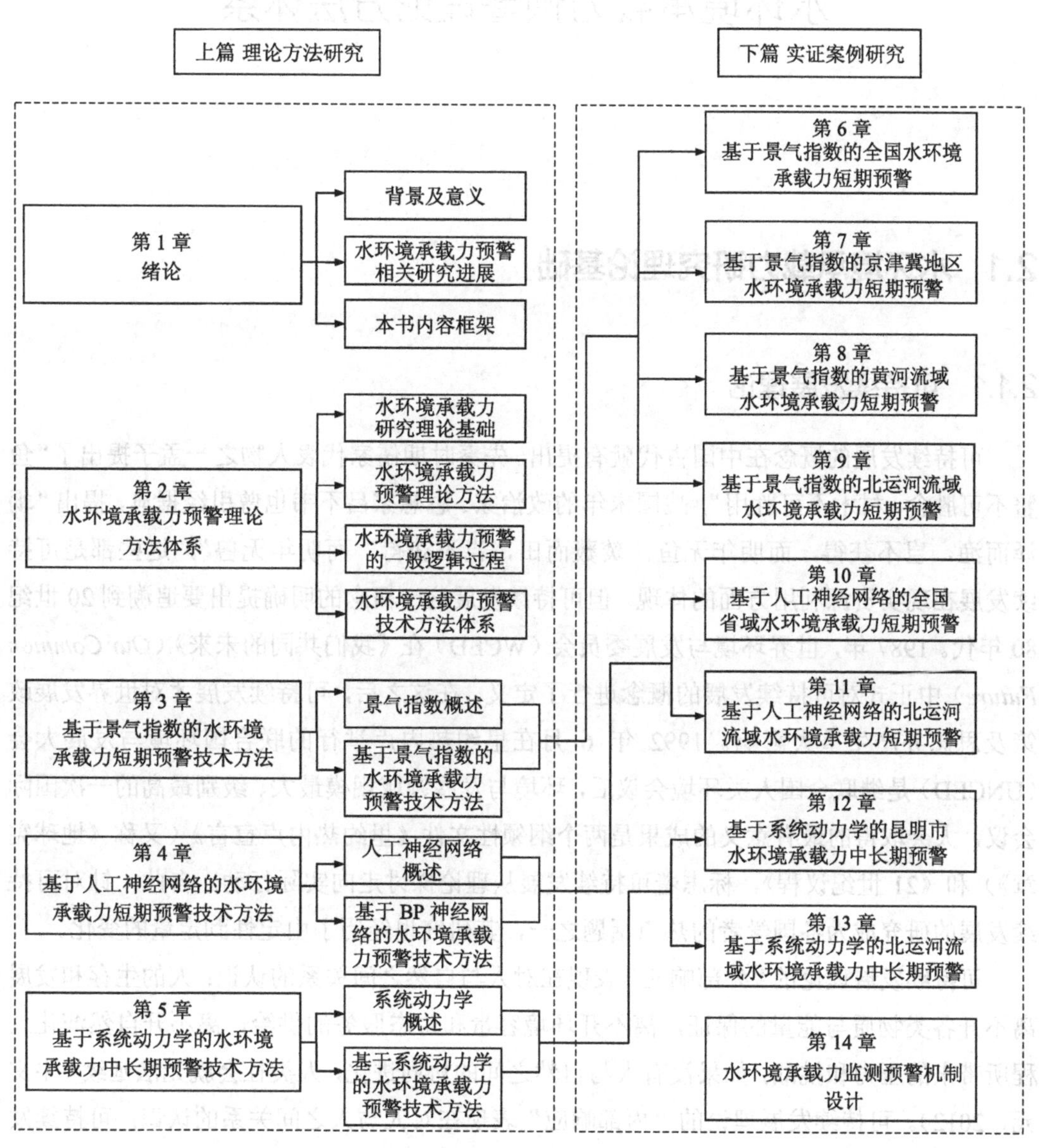

图 1-14 本书内容结构框架

第2章

水环境承载力预警理论方法体系

2.1 水环境承载力研究理论基础

2.1.1 可持续发展理论

可持续发展的概念在中国古代就有提出。先秦时期儒家代表人物之一孟子提出了“鱼鳖不可胜食，材木不可胜用”，战国末年的政治家、思想家吕不韦也曾引经据典，提出“竭泽而渔，岂不获得，而明年无鱼；焚薮而田，岂不获得，而明年无兽”，这些都是可持续发展在现实资源利用方面的体现。但可持续发展这一概念的明确提出要追溯到20世纪80年代。1987年，世界环境与发展委员会（WCED）在《我们共同的未来》（*Our Common Future*）中正式对可持续发展的概念进行了定义。在这之后，可持续发展才对世界发展政策及思想界产生重大影响。1992年6月在里约热内卢举行的联合国环境与发展大会（UNCED）是继联合国人类环境会议后，环境与发展领域规模最大、级别最高的一次国际会议，大会取得的最有意义的成果是两个纲领性文件《里约热内卢宣言》（又称《地球宪章》）和《21世纪议程》，标志着可持续发展从理论探讨走向实际行动。自此，针对可持续发展的研究成为各国学者的热点话题之一，其研究也经历了由定性到定量的变化。

可持续发展理论的“外部响应”表现在对人与自然之间关系的认识：人的生存和发展离不开各类物质与能量的保证，离不开环境容量和生态服务的供给，离不开自然演化过程所带来的压力和挑战，如果没有人与自然之间的协同进化，人类社会就无法延续（牛文元，2012）。可持续发展理论的“内部响应”表现在对人与人之间关系的认识：可持续发展作为人类文明进程的一个新阶段，其核心内容包括对社会的有序程度、组织水平、理性认知与社会和谐的推进能力，以及对社会中各类关系的处理能力，如当代人与后代人的关系、本地区和其他地区乃至全球之间的关系，必须在和衷共济、和平发展的氛围中才能求得整体的可持续进步。总体上可以用下面的 3 点概括可持续发展的内涵：只有当人类对自然的索取与人类向自然的回馈相平衡，只有当人类在当代的努力与对后代的贡献相平衡，只有当人类思考本区域发展的同时考虑到其他区域乃至全球的利益时，此三者的共同交集才能使得可持续发展理论具备坚实的基础（牛文元，2012）。相对于传统发展而言，在可持续发展的突破性贡献中，提取出以下 5 个最基本的内涵（牛文元，2002；牛文元等，1994；牛文元，1989）：①可持续发展内蕴了“整体、内生、综合”的系统本质；②可持续发展揭示了“发展、协调、持续”的运行基础；③可持续发展反映了“动力、质量、公平”的有机统一；④可持续发展规定了“和谐、有序、理性”的人文环境；⑤可持续发展体现了“速度、数量、质量”的绿色标准。

可持续发展强调三个主题：代际公平、区域公平以及社会经济发展与人口、资源、环境间的协调性。全球可持续发展理论的建立与完善一直沿着 4 个主要的方向去揭示可持续发展实质，力图把当代与后代、区域与全球、空间与时间、环境与发展、效率与公平等有机地统一起来，这 4 个方向分别为经济学方向、社会学方向、生态学方向以及系统学方向（牛文元，1999）。可持续发展的生态学方向一直把“环境承载力与经济发展之间取得合理的平衡”作为可持续发展的重要指标和基本原则。在可持续发展理论的指导下，资源的可持续利用、人与环境的协调发展取代了以前片面追求经济增长的发展观念。可持续发展强调自然资源的持续利用、生态环境的持续改善、生活质量的持续提高、经济的持续发展，即强调人的全面发展。而生态承载力、环境承载力与资源承载能力是可持续发展必须面对的三个重要变量，确立生态承载力、环境承载力与资源承载能力的评价指标，分析三者对经济发展的影响，对可持续发展理论的完善以及政府部门的宏观决策管理都具有重要意义。可持续发展是一种哲学观，是关于自然界和人类社会发展的哲学观，可作为水环境承载力研究的指导思想和理论基础。

中国在可持续发展方面的理论体系有着自己独特的思考，即在吸取经济学、社会学和生态学 3 个主要研究方向精华的基础上，开创了可持续发展的第 4 个方向——系统学方向：它是将可持续发展作为“自然、经济、社会”复杂巨系统的运行轨迹，以综合协同的观点，探索可持续发展的本源和演化规律，将其“发展度、协调度、持续度在系统内的逻辑自洽”作为可持续发展理论的中心思考，有序地演绎了可持续发展的时空耦合规则并揭示了各要素之间互相制约、互相作用的关系，建立了人与自然关系、人与人关系的统一解释基础（牛文元，2007）。水环境作为一个复杂系统，与社会、经济、政策、科技、法律等系统密切联系，相互进行物质、能量与信息的交流，涉及水资源的开发与利用，水污染的防治，人口与生活质量，工业布局、规模、结构和管理，农业种植结构与覆盖水平等（郭怀成等，1995）。国内学者先后从不同学科的角度，提出了“复合生态系统理论”“环境承载力理论”“生态控制论”“可持续水平判定要素论”等理论和评价方法。有的学者考虑社会、经济、环境之间的关系，探讨部门可持续发展论，如资源可持续发展论、人口可持续发展论、经济可持续发展论和系统可持续发展论等。在可持续发展背景下，环境和资源不仅是经济发展的内生变量，而且是经济发展规模和速度的刚性约束，经济发展的规模和速度必须控制在环境容量和资源承载能力范围内，若超越环境容量和资源承载能力，不仅不经济和不可持续，而且还将导致整个经济系统和人类生存系统的崩溃。

2.1.2 水-生态-社会经济复合系统理论

流域（区域）是具有层次结构和整体功能的复合系统，由社会经济系统、生态环境系统和水资源系统组成。水资源既是该复合系统的基本组成要素，又是社会经济系统和生态环境系统存在和发展的支持条件。水环境承载力对地区的发展起着重要的作用，水资源状况的变化往往导致区域环境变化、土地利用和土地覆被的改变、社会经济发展方式的变化等。水-生态-社会经济复合系统理论也是水资源承载力研究的基础，应将水资源作为生态经济系统的一员，从水资源系统、自然生态系统、社会经济系统耦合机理上综合考虑水资源对地区人口、资源、环境和经济协调发展的支撑能力。

所谓系统，就是相互作用和相互依赖的若干组成部分结合而成的、具有特定功能的有机整体。在自然界和人类社会的发展和演变过程中，任何事物都是以系统的形式存在的。系统按其功能或层次可划分为一些相互关联、相互制约的组成部分。如果这些组成部分本身也是系统，则称这些部分为原系统的子系统，而原系统又可以是更大系统的组成部分，这就是系统概念的相对性或层次性。本书所研究的系统是由水环境与水资源子系统、水生态子系统、社会经济子系统组成的复合系统。各系统的演化总是在一定的时间内和一定的空间中进行的。复合系统中每个子系统都是多要素、多结构、多变量的系统，具有复杂关联关系的要素按一定的方式作用。且复合系统中各子系统之间存在着相互作用的关系。一方面，某一子系统的发展对其他子系统的发展起促进和保障的正作用关系；另一方面，某一子系统的发展可能对其他子系统的发展起阻碍的负作用关系。复合系统中存在的这两种正负作用的关系决定着系统的发展状况。因此，本书在研究水环境承载力预警时充分考虑了由水环境与水资源子系统、水生态子系统和社会经济子系统组成的复合水系统，并使其协调发展。

（1）水环境与水资源子系统

水环境与水资源子系统包括资源的形成、转化、演变以及利用等方面，水环境与水资源子系统是整个复合系统的核心，支撑着水生态子系统和社会经济子系统中的一切生命活动和非生命活动。研究这一子系统不仅要研究水资源的数量与分布，同时要研究水资源质量状况。对于任何一个区域的水资源而言，质与量总是密切相关的，数量与分布状况一经确定，水资源子系统也就有了相应的质量状况，水环境的状况决定了人类生存环境的好坏，任何用水都有量的要求，同时也对质有相应的要求。

水资源在区域中是广泛分布的，水资源系统具有时序性的特征，一方面水资源在年内和年际间是变化的，另一方面水资源的开发利用受到经济发展和科技水平的限制，不同阶段水资源的可利用程度是不同的。不同的区域水资源子系统有着不同的分布特征。相同数量的水资源在不同的区域上，由于地形地貌、水文地质、气象条件、经济发展、生态环境等不同，分布特征也是不同的。由此形成发展中的不平衡和矛盾。

（2）水生态子系统

水生态子系统是生物群落与非生命环境相互作用的功能系统，生态环境系统的良性循环需要水资源的保障和良好的经济社会行为规范；同时，水生态子系统的状况也会对水资源的供给状况产生一定影响，进而对社会经济子系统发展产生一定影响。水生态子系统是水资源子系统和社会经济子系统发展赖以生存的物质基础。

水生态子系统对水的需求存在胁迫响应机制。从广义上讲，生态用水维持着全球生物地理生态系统的水分平衡，包括水热平衡、水沙平衡、水盐平衡等所需的水，都是生态用水。但从狭义上讲，目前，人们对生态用水的理解不尽相同。一般来说，生态用水是指水环境所能分配于生态系统的，为维持生态环境不再恶化并逐渐改善所需消耗的最小水资源总量。对一般流域或区域，生态环境需水可分为河道生态环境需水、湖泊生态环境需水、湿地生态环境需水、植被生态用水、城市生态用水和供水系统的生态用水等。

（3）社会经济子系统

社会经济子系统是以水为主体构成的一种特定子系统。社会经济子系统是水环境-水资源-水生态系统支撑的主体，是水环境-水资源-水生态系统的重要服务对象，也是驱动资源开发利用的动力之一。社会经济发展离不开水，同时又给水资源子系统形成压力；而水资源既是社会经济子系统的主要生产要素，同时也是其发展的制约因素之一。社会经济子系统主要包括人口、政策、法律、宗教等内容。其中，人口是社会经济子系统的核心，具有自然和社会双重属性。人既是生产者，又是消费者。人具有主动的能动作用，不仅可以能动地调节控制人口本身，而且是进行社会活动、改造和利用自然的主体，也是水资源开发利用的主体。人本身离不开水，水是一切生命新陈代谢的活动介质；生命活动的联系和协调、营养物质的运输、代谢物的运送、废物的排泄都与水密切相关。因此，区域人口的数量、质量、构成、迁移及分布等都会对区域的发展产生影响，也会对区域水资源的开发和利用产生相应的影响。

2.1.3 “天然-人工”二元模式下的水文循环过程与机制

随着人类活动对大自然干预能力的加强，流域水循环的演变十分显著，原有的一元流域（区域）天然水循环模式受到严重挑战，人类活动不仅改变了流域（区域）降水、蒸发、入渗、产流、汇流的特性，而且在原有的天然水循环内产生了人工侧支循环，侧支循环通量已达到水资源总量的 20%，形成了天然循环与人工循环此消彼长的二元动态水循环过程。具有二元结构的水资源演化不仅构成了社会经济发展的基础，是生态环境的控制因素，同时也是诸多水问题的共同症结所在，因此二元水循环也是进行水环境承载力研究的基石。现代环境下水循环呈现出明显的“天然-人工”二元特性（王浩等，2004），一是循环驱动力的二元化（王浩等，2004），即流域水循环的内在动力已由过去的一元自然驱动演变为现在的“天然-人工”二元驱动；二是循环结构的二元化，即人类聚集区的水循环过程往往由自然循环和人工侧支循环耦合而成，两大循环之间保持动力关系，通量之间此消彼长；三是水资源服务功能的二元化，即水分在其循环转化过程中，支撑了同等重要的社会经济系统和生态环境系统。

“天然-人工”二元水循环模式是指自然力综合作用下形成的水循环，可分为全球循环、海上循环和大陆循环三类。大陆水循环中，流域尺度的水循环和区域可持续发展的关系最为密切。传统研究的视角是将各人类活动影响“还原”后，形成纯自然状态下的水循环，然后在还原后的一元水循环模式下，将人类活动影响作为外部输入进行研究。在人类活动影响程度较小的情况下，一元水循环模式符合实际情况，研究成果能够指导实践；但由于人类社会的发展，用水量不断增加，一元水循环模式已发生改变。各类用水的取水源来自地表和地下，使用后一部分消耗于蒸发并返回大气，另一部分则以废水、污水形式回归于地表或地下水体，这就形成另一个小循环，可称为用水侧支循环；再加上人类活动改变了下垫面，使得水分循环发生改变，形成了“天然-人工”二元水循环（蒋晓辉等，2001）。

（1）自然水循环

在太阳辐射和地心引力等自然驱动力的作用下，地球上各种形态的水通过蒸发蒸腾、水汽输送、凝结降水、植被截留、地表填洼、土壤入渗、地表径流、地下径流和湖泊海洋蓄积等环节，不断地发生相态转换和周而复始运动的过程，被称为水循环（或水文循环）。水循环是地球上一个重要的自然过程，因此又被称为自然水循环。自然水循环将大气圈、水圈、岩石圈和生物圈联系起来，并在各圈层之间进行水分、能量和物质的交换，是自然地理环境中最主要的物质循环。与人类最直接相关的是发生在陆地的水循环，发生在陆地一个集水流域的水循环被称为流域水循环。流域尺度的水循环是陆地水循环的基本形式，除了大气过程在流域上空有输入输出外，陆地水循环的地表过程、土壤过程和地下过程基本上都以流域为基本单元（王浩等，2016）。自然状态下，“降水—坡面—河道—地下”四大路径形成自然水循环结构，这一结构是典型的由面到点和线的“汇集结构”。自然水循环的功能比较单一，主要是生态功能，自然水循环养育着陆地植被生态系统、河流湖泊湿地水生生态系统。随着人类社会发展，一元自然水循环结构被打破，社会水循环的路径不断增多，“自然-社会”二元水循环结构逐步形成（王浩等，2016）。

（2）二元水循环

水是人类生存和经济社会发展的重要基础资源。随着人类活动的加剧，如土地利用的改变、水利工程的兴建和城市化的发展，打破了流域自然水循环系统原有的规律和平衡，极大地改变了降水、蒸发、入渗、产流和汇流等水循环过程，使原有的流域水循环系统由单一的受自然主导的循环过程转变成受自然和社会共同影响、共同作用的新的水循环系统，这种水循环系统被称为流域“天然-人工”或“自然-社会”二元水循环系统（王浩等，2000）。二元水循环除了受自然驱动力作用外，还受机械力、电能和热能等人工驱动力的影响。更重要的是人口流动、城市化、经济活动及其变化梯度对二元水循环造成更大、更广泛的直接影响。因此，研究二元水循环必然要与社会学和经济学交叉，水与社会系统的相互作用与协同演化是研究焦点（王浩等，2016）。水多、水少、水脏、水浑等流域水问题背后的科学基础是“自然-社会”二元驱动力作用下的流域水循环及其伴生的水环境和水生态过程的演变机理，有效解决这些水问题需要一套流域“自然-社会”二元水循环理论来支撑（王浩等，2016）。王浩等（2000）提出了内陆干旱区的“自然-社会”二元水循环模式，用于指导西北地区水资源合理配置和承载力研究，并从多尺度区域水循环过程模拟的角度论述了二元水循环模式（王浩等，2000）。国际上虽然没有提出“二元水循环”的概念，但研究了流域水循环中自然系统与人工系统或社会系统的相互作用与协同演化问题，关注的焦点实质上与国内是一致的。

初期，社会水循环有取水、用水、排水三大主要环节，现在发展成取水、给水、用水装置内部循环、排水、污水收集与处理、再生利用等复杂的路径。与自然水循环的四大路径相对应，社会水循环也形成了“取水—给水—用水—排水—污水处理—再生回用”六大路径，是典型的由点到线和面的“耗散结构”。自然水循环的四大路径与社会水循环的六大路径交叉耦合、相互作用，形成了“自然-社会”二元水循环的复杂系统结构（王浩等，2016）。

（3）“自然-社会”双向调控

由于气候的自然变异、全球气候变化、下垫面的改变和社会经济的发展，未来的流域二元水循环系统与水资源本底条件将进一步演变，因此需要耦合气候模式、水文模型、水资源配置模型与宏观经济多目标决策模型等以建立定量分析工具，对未来水循环进行预测并分析其不确定性，为流域水循环调控提供支撑依据。流域水循环调控方案要基于社会、经济、资源、环境和生态五维协调，要遵循公平、高效与可持续原则，在促进经济社会发展的同时，保持健康的水循环和良好的生态环境，即上游地区的用水循环不影响下游水域的水体功能，水的社会循环不损害水的自然循环规律（减少冲击），社会物质循环不切断、不损害植物营养素的自然循环，不产生营养素物质的流失，不积累于自然水系而损害水环境，以维系或恢复全流域乃至河口海洋的良好水环境。从自然（提高承载力）和人工（减少压力）双向调控后，要分析调控效果并提出政策建议（王浩等，2016）。

已有的关于水循环、水环境、水资源与水生态的研究是相对独立的，对彼此之间的效益转换缺少量化分析手段，因而难以进行综合评判分析。"天然-人工"双向调控是综合社会经济、生态和环境等多重因素分析，从不同属性角度考虑的调控需求，进而综合评判水资源利用的综合高效性，实现水资源利用从低效到高效的转换。按照不同属性特征，"天然-人工"双向调控优势可以简单归纳为以下几个方面（游进军等，2016）。

①资源属性。强调水循环规律，调控需求是水循环的稳定性和水资源的可再生性。自然水循环是承载经济活动和环境容量的基础，通过合理的调控，保障水资源满足社会经济和生态环境两个子系统的均衡，保证流域内部的经济用水和生态用水的总体合理配置格局。

②社会属性。强调公平性，调控需求是水资源分配利用的公平性，包括区域间水量配置的公平性、行业间水量配置的公平性、代际间水量配置的公平性。通过社会属性调控实现水权分配的公平，满足社会的均衡发展和资源的可持续开发利用需求。

③经济属性。强调用水效率和效益，调控需求是均衡水供求关系，实现最大化的经济收益。水供求关系包括控制需求和增加供给。经济社会发展水平决定了用水需求，水利工程建设水平决定了供给能力。在宏观经济层次上，抑制水资源需求需要付出代价，增加水资源供给也要付出代价，二者之间的平衡应以全社会总代价最小（社会净福利最大）为准则。在微观经济层次上，需要分析投入与产出效益之间的经济平衡关系，控制需求和增加供给的边际成本均具有动态变化特征，二者的平衡应以边际成本相等或大体相当为准则。

④生态属性。强调水的生态服务功能，保障"水"作为自然系统的基本服务价值。调控需求主要是在水利工程建设和水资源系统运行调度中尽量考虑对生态保护目标水量需求的满足，减少对生态的负面影响。

⑤环境属性。强调用水安全、人群用水健康及其效应，调控需求关注的是水环境质量对社会的综合效益。水环境质量对水环境功能效应具有重要影响，因此对水质的控制和对水量的调控同等重要，调控的目标是使水环境质量满足水环境功能的要求。

"自然-人工"双向调控是按照自然规律和经济规律对流域水循环及受其影响的自然、社会、经济和生态等因素进行整体分析，从经济用水与生态用水的效益均衡、行业用水公平与效益均衡、用水排水控制与水污染控制治理均衡等多方面的效用评价入手，遵循水平衡原则、经济决策机制和生态效益评价机制，提出水资源开发利用与保护的合理模式和措施，实现综合社会福利最大化（游进军等，2016）。

2.2 水环境承载力预警理论方法

2.2.1 水环境承载力的概念内涵

2.2.1.1 水系统对人类活动的承载机理

水环境承载力作为协调社会、经济与水环境关系的中介，是一个横跨人类活动与资源、环境的概念。因此，其研究对象也是双方面的。不仅要对承载力的对象（人类的社会经济活动）进行研究，也要对人类活动的载体（水资源、水环境和水生态）进行研究。

承载力可以理解为承载媒体对承载对象的支持能力，承载的可持续性可以理解为承载媒体能够接纳承载对象施加的荷载，并保持在系统自我调节的范围之内。对于水环境承载系统而言，水资源子系统、水环境子系统和水生态子系统作为承载的媒体，是水环境承载力的支持层；社会经济子系统作为被承载的对象，是水环境承载力的压力层（见图 2-1）。

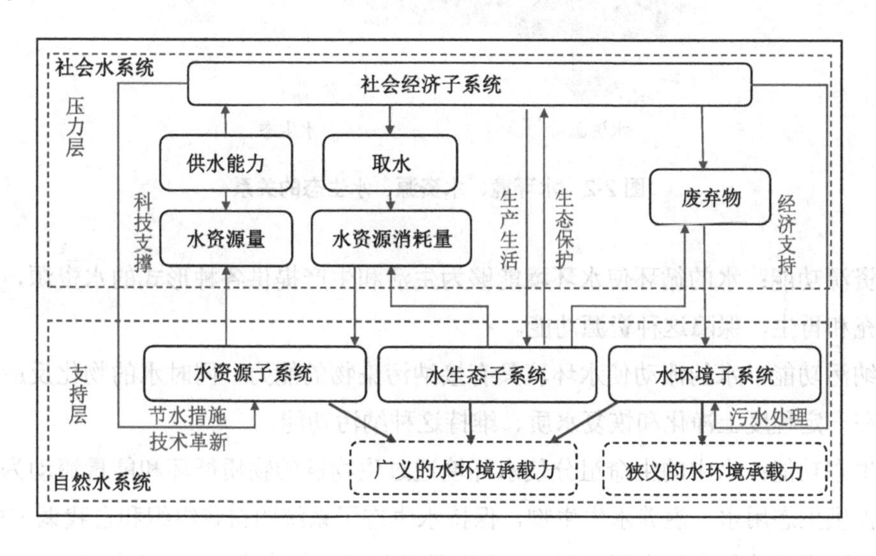

图 2-1　水系统承载关系示意图

社会经济子系统是该复合系统的最终发展目的，是该系统的压力层；社会经济子系统的发展动力来源于水资源子系统、水环境子系统和水生态子系统，社会经济子系统一方面通过从水资源、水环境及水生态子系统提取水资源及其他物质和能源以开展生产活动，满足供给人类社会生活的需要，另一方面又将生产和生活的废弃物和污染物排放到水资源子系统、水环境子系统和水生态子系统，对承载的子系统造成“资源消耗”和“接纳污染”的双重压力。但是社会经济子系统通过先进的科学技术和大量的资金支持反过来又能增强水资源子系统的承载力和水环境子系统、水生态子系统的支撑力。

在社会的发展进程中，水环境的承载状态不断地发生变化，这与自然演变、社会经济影响、技术进步、环境保护措施的进展情况等都有关系。提高水环境的承载力，保障水环境支持社会经济发展的可持续能力，是可持续发展的必要条件。

2.2.1.2 基于水系统功能的水环境承载力概念界定

由以上的辨析可知，水环境是“与水有关的空间存在”，其主体是人，其是以人为核心、周边所有涉水物质的集合，具有以下 3 方面功能（见图 2-2）。

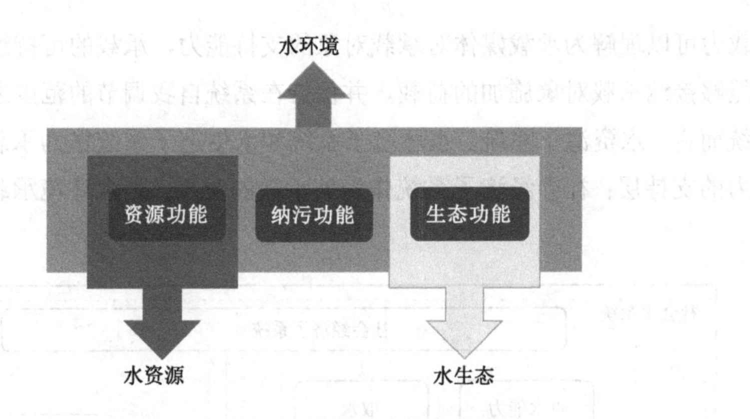

图 2-2 水环境、水资源、水生态的关系

①资源功能：水的循环使水环境能够为生活和生产提供各种形式的水资源，并能够不断补充和再生，保障这种资源功能。

②纳污功能：水的流动使水环境具有接纳污染物的能力，同时水的物化反应使水环境能够在一定程度上净化和恢复水质、维持这种纳污功能。

③生态功能：水中的生命组分使水环境通过生物链的物质循环和能量流动为水生态子系统提供生态用水、滋养水生生物，保持水生态子系统的自我组织和自我调节能力。

水资源强调的是水的资源功能，水生态强调的是水的生态功能。由此可见，水环境综合了水量、水质和水生态三个方面，包含了水资源和水生态的含义。

基于水环境、水资源与水生态三者的关系，本书将水环境承载力的定义表述为：在某一流域（区域）内，在某一时期特定技术经济水平和社会生产条件下，由水资源、水环境与水生态三个子系统构成的水系统，在水系统功能结构不发生明显改变的情况下所能承受的社会经济活动的阈值；水环境承载力是全面考察了水质、水量和水生态以及与之相应的对人类活动的综合承载能力。该定义是对水环境容量、水资源承载力、水生态承载力三者的综合，既强调水环境消纳污染物的能力和供给水资源的能力，还强调水环境支撑水生态系统的能力，并将水环境与人类活动有机联系在一起。

水环境承载力是环境系统结构特征的一种抽象表示。水环境作为一个系统，在不同地区、不同时期会有不同的结构。水环境系统的任何一种结构均有承受一定程度外部作用的能力，在这种程度之内的外部作用下，其本身的结构特征、总体功能均不会发生质的变化。水环境的这种本质属性是其具有“水环境承载力”的根源。此外，水环境承载力可以因人类对水环境的改造而变化。水环境承载力既是环境系统的客观属性，又是动态变化的。水环境承载力的概念从本质上反映了环境与人类社会经济活动之间的辩证关系，建立了环境保护与经济发展之间的联系纽带，为环境与经济活动的协调提供了科学依据。

水环境承载力的特点主要包括以下几个方面。

①可调控性。人类可以发挥主观能动性，对水环境承载力实行干预和控制，水体的水质、水量也会受人类影响而产生变化，既可能往好的方向转变，也可能往坏的方向转变。这种干预控制是有限的，也和自然条件以及生产水平息息相关。

②可更新性。自然界的水体具有自我净化、更新、组织和再组织的能力。此外，科学技术和经济的发展可以使人发挥主观性去提高水体的更新和再生能力，如采取污水再生、区外调水等措施。水环境承载力在水体更新速度大于被污染速度时会逐渐提高，反之则会逐渐下降。

③时间性、空间性和动态性。水环境承载力会随时空进行动态变化，具有时间性和空间性的特点，这是基于水环境的时空性以及社会经济的时空性而存在的。人类活动应该充分考虑到这种动态差异，对水环境承载力进行动态布局。

④客观性和模糊性。水环境承载力是一个客观阈值，但其涉及的各个系统内部的要素具有不确定性，人类对自然的认识也有局限，水环境又是一个非常复杂的系统，导致水环境承载力的各个指标和数值具有模糊性。

2.2.1.3　水环境承载力相关概念之间的关系解析

水环境承载力是一个与水资源承载力、水环境容量、水生态承载力既有联系又有区别的概念。联系体现在它们的表征对象都是水系统，区别在于水资源承载力、水环境容量与水生态承载力只是考察了水系统的某一方面的功能和特性，而水环境承载力是全面考察了水量、水质与水生态以及与之相应的对人类活动的综合承载能力。

水资源承载力一方面指水体供应水资源的能力；另一方面指人类能从水体中获取的、在生活生产中利用的水资源，即可利用水资源量。后者往往受限于人类社会的技术经济条件，且在涉及具体的水资源承载力问题时，更常以可利用水资源量来表示水资源承载力。水资源承载力体现了水环境在“水量”上的要求，同时也是水环境容量和水生态承载力的物质基础。水的循环再生体系使得水在自然环境和社会环境中不断地被消耗、补充和再生，水资源承载力也随之产生动态变化。

水环境容量则体现了水环境的纳污能力。水环境容量一般是指水体在满足一定水环境质量的条件下，天然消纳某种污染物的量。水环境容量是客观存在的值，人类活动和自然过程会造成水环境容量的变化，不同种类的污染物在同一水体环境下的水环境容量也不同。水环境容量体现了污染物在水体迁移、转换等物化规律，也反映了水体对污染物的承载能力，反映了水环境在“水质”上的要求。虽然水环境容量是客观量值，但在实际操作中，水环境容量常因不同的水质目标、水功能分区等人为设定的标准而有所不同。

水生态承载力强调的是水体的生态功能，即水体在维持自身生态系统健康发展条件下支撑人类活动的能力。良好的水生态承载力一方面意味着应对人类生产生活带来的压力时，水生态系统可以较好地进行自我维持和调节，达到一定的水质水量目标，不至于崩溃；另一方面是指水生态系统可以为人类活动提供良好的生态服务功能，如防洪、景观娱乐、维持生物多样性、调节气候、保障农林牧渔业健康发展等。可以明显地看出，水生态承载力体现了水环境在“水量”和“水质”双方面的要求，水体不仅需要保障自身的生态需水，还需要满足水生生物以及人类活动对水质水量的要求，提供生态系统服务。

水环境承载力强调自身的综合属性，而水环境容量、水资源承载力和水生态承载力在概念内涵上都有各自不同的侧重点：水环境容量侧重的是水环境消纳污染物的能力，即“水质”方面的承载能力；水资源承载力是指水环境供给水资源的能力或人类在生产生活中利用水资源的能力，即“水量”方面的承载能力；水生态承载力强调的是水体在维持自身生态系统健康发展条件下支撑人类活动的能力，侧重的是水环境为生态系统提供生态用水、滋养水生生物的能力，即“水生态”方面的承载能力。因此，水质、水量、水生态代表了水环境的三个方面，水环境承载力、水资源承载力、水环境容量和水生态承载力之间既有区别，又存在相互联系；其中，水资源承载力、水环境容量和水生态承载力分别是水环境承载力这一整体概念的分量表征，都是水环境承载力必不可少的一部分（见图 2-3）。

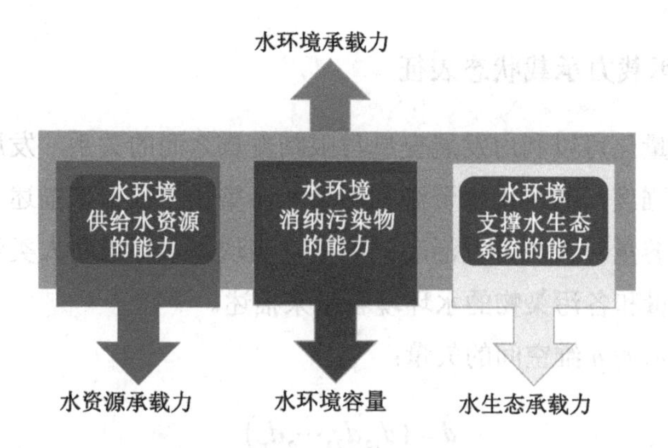

图 2-3 水环境承载力与水资源承载力、水环境容量、水生态承载力的关系

总的来说，水环境承载力是水资源承载力、水环境容量和水生态承载力三者合一的综合概念；在水功能上，既要求水体满足资源功能，也要求水体具有消纳污染物的能力，还强调了水体对生态系统的支撑能力；在水属性上，对水质和水量都进行了要求。水环境承载力不只是一个自然概念，也无法脱离自然环境或社会环境而独立存在，其中的每一个方面都是自然环境和人类活动共同作用的结果。此外，水环境承载力是随着时间空间动态变化的，如自然因素和社会因素对水环境承载力所在的系统造成影响，水环境承载力会随着系统达到新的动态平衡而改变，所以对水环境承载力的研究应落脚于具体的时空条件下，并根据一定的社会经济发展程度和技术条件做出具体分析。综上所述，水环境承载力的外延分为水资源承载力、水环境承载力（狭义）、水生态承载力、社会经济承载力四个维度（见图 2-4）。

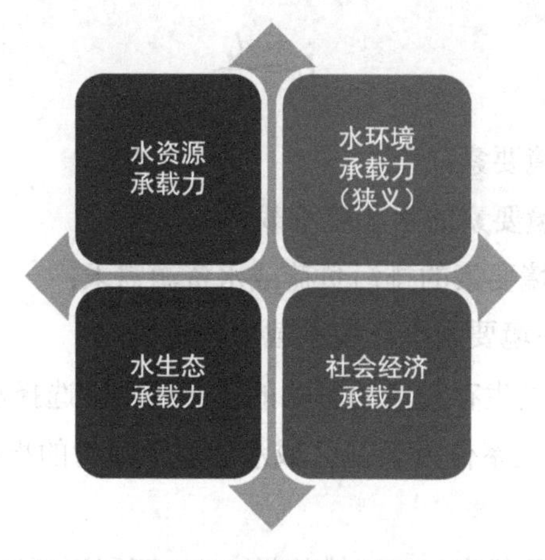

图 2-4 水环境承载力外延的四个维度

2.2.1.4 水环境承载力承载状态表征

水环境承载力量化可以利用发展变量与限制变量之间的关系，发展变量表示人类活动对水环境作用的强度，通常用水资源利用量和污染物排放量来描述；限制变量表示水资源禀赋和水环境容量对人类开发活动的约束，表现了水环境对人类活动的反作用，通常用地表水资源总量和各污染物的水环境容量来描述。

发展变量可表示为 n 维空间的矢量：

$$\vec{d}=\left(d_1,d_2,\cdots,d_n\right) \tag{2-1}$$

限制变量同样可以表示为 n 维空间的矢量：

$$\vec{c}=\left(c_1,c_2,\cdots,c_n\right) \tag{2-2}$$

由此研究区域内的水环境承载力可用不突破限制变量阈值的前提下，发展变量可以达到的最大值来表征，可表示为

$$\overrightarrow{d^*}=\left(d_1^*,d_2^*,\cdots,d_n^*\right) \tag{2-3}$$

基于以上理论，水环境承载力承载状态可以通过水环境承载率表征。根据环境承载率理论，承载率是指区域社会环境压力与该区域环境可承载量阈值的比值。某一区域水环境承载力承载状态可以通过水环境承载率来评价，反映了压力强度是否超过环境承载能力。

单要素水环境承载率（I_k）的表达式为

$$I_k=\frac{d_k}{d_k^*} \tag{2-4}$$

式中：k —— 某单一水环境要素；

I_k —— 第 k 种水环境要素的水环境承载率；

d_k —— 第 k 种水环境要素的排污负荷或水资源需求；

d_k^* —— 第 k 种水环境要素水环境承载力分量。

依据水环境要素对人类生存与活动影响的重要程度，选择水资源承载率、COD 承载率、氨氮承载率和总磷承载率作为表征区域水环境承载力的指标，则各分量承载率公式可表示为

COD 承载率=COD 排放量/COD 可利用环境容量　（2-5）

氨氮承载率=氨氮排放量/氨氮可利用环境容量　（2-6）

总磷承载率=总磷排放量/总磷可利用环境容量　（2-7）

水资源承载率=用水总量/水资源可利用量　（2-8）

综合水环境承载率可由内梅罗指数法计算得到，内梅罗指数法克服了平均值法各要素分摊的缺陷，计算公式如下：

$$C=\sqrt{\frac{\overline{I}^2+I_{\max}^2}{2}} \tag{2-9}$$

$$\overline{I}=\frac{1}{n}\sum_{k=1}^{n}I_k \tag{2-10}$$

式中：C —— 综合水环境承载率；

$\overline{I}$ —— 各要素承载率的平均值；

$I_{\max}$ —— 各要素承载率的最大值；

I_k —— 第 k 种要素的承载率。

可以看出，当 C 在［0，1）区间时，区域内的人类经济发展程度在水环境可承载范围内，且 C 越接近 0，区域的开发潜力越大，水环境受压力影响越小；C=1 时，区域内水环境处于恰不超载的状态，刚好可以承受人类活动强度；C>1 时，社会经济压力超出了水环境可承载的程度，水系统处于超载状态，需要采取一定措施来缓解，使其恢复到正常的状态。

2.2.2　水环境承载力预警概念内涵及其定义

2.2.2.1　水环境承载力预警概念内涵

通过对国内外水环境承载力预警的研究进展进行总结分析，结合水环境承载力的概念厘定，明确水环境承载力预警概念内涵包括以下 3 个方面。

①预测是预警的基础。预警应建立在水环境系统未来的发展趋势预测之上，而当前研究多聚焦于现状评价。评价是对现状或历史的回顾性评述，而预警应做到提前得知未来社会经济和自然状态，对不理想的情况进行报警。预测需要分析清楚系统内各要素以及它们之间的关系，系统的发展及警情的变化可以通过趋势分析、机器学习、系统动力学等方法进行预测，预测是预警体系重要的组成部分。

②合理表征水环境承载力承载状态。水环境承载力承载状态是预警的对象，其与承载力不同，是由社会经济发展对水环境造成的压力与水环境承载力共同作用的结果。即如想合理表征水环境承载力承载状态，则必先对压力和承载力进行分析。压力、承载力、水环境承载力承载状态三者互相联系，但需要区分、不可混淆。如压力超出了承载力，则出现超载状态；如二者相等，则状态为恰可承载；如压力小于承载力，则属于可承载或负超载状态。承载状态并不是越趋“负超载”越好，而应该根据区域的经济发展时段、主体功能区划等的时空差异性，做出具体分析。比如对于重点开发区，应充分利用环境承载

力，理想情况是恰不超载；对于禁止开发区，则应尽量减少环境压力，负超载状态则更为安全。此外，水环境承载力承载状态还应考虑社会经济与水环境二者的发展方向以及耦合协调的程度。预警的结果是对水环境承载力承载状态进行警情预判后对警度进行划分的结果，所以合理表征水环境承载力承载状态也是预警的基础之一。

③制定科学合理的排警决策。预警的最终目的不仅是在预测未来发展趋势后发出警报，而且要根据警源和警兆的分析，排除警情。排警决策就是为了排除警情而提出措施。在提出措施之前，应该先对造成警情的源头和警情在累积过程中产生的先兆进行分析，确保措施能够对症下药。对警情结果和警源、警兆进行灵敏度分析，可以确保资源集中在最需要改善的位置，使措施最大限度地发挥效用。此外，排警措施需要从双向调控的角度改善水环境承载力承载状态，即从降压增容的角度，既考虑提高水环境承载力，又考虑降低水环境压力。

2.2.2.2 水环境承载力预警概念

预警就是根据研究对象在一定时期的状态与警戒线的偏离程度来判别并预报不同等级的预警信号，然后根据预警结果，采取相应的排警措施的过程，是一种利用先行指标测量未来发展趋势及风险强度的有效手段。可以看出，预警的研究重点是研究对象未来的动态变化，预警结果涉及变化趋势、状态和质变等多方面的动态结论，能更加有效地指导决策和措施的制定。评价的研究重点则是历史分析和现状评估，得出的结果是静态结论，指导现实发展。目前来看，评价的理论和方法体系都相对成熟，预警尚处于探索阶段，但是两者有本质的区别，不可将预警与评价相混淆。

2.2.2.3 水环境承载力预警分类

根据警情发生的特点，可以将预警分为渐变型预警和突发性预警。

①渐变型预警，即针对区域长期累积效应体现出来的水环境承载力的预警，如流域生态环境破坏、水资源过度开发利用等。

②突发性预警，即针对水环境恶化引起的危急预警，例如某些流域因来水水源遭到污染，造成大片居民区停水，日常生活受到影响。

根据预警的方法，可以将预警分为统计分析预警和系统分析预警。

①统计分析预警，即采用统计分布模型及相关方法对水环境承载力进行预警，包括警限划分和警度确定。

②系统分析预警，即采用系统分析和计算模型对水环境承载力超载状态进行预警。

2.2.3 水环境承载力预警的主要内容及其特点

2.2.3.1 水环境承载力预警的主要内容

通过上文对水环境承载力的概念厘定及预警定义分析，本书认为水环境承载力预警的对象是水环境承载力超载状态，结合国内外相关研究，提出在进行水环境承载力预警时需要完成以下几点中心任务。

①要准确掌握当前监测数据和相关历史监测数据。水环境承载力承载状态受多种因素影响，不仅涉及当前的监测数据指标，也涉及过往数据，区域过往的水环境承载力承载状态和监测指标也会对当前的水环境承载力承载状态产生影响。因此，要想准确、及时地对超载或即将超载的情况进行预报，准确掌握当前水环境的相关监测指标数据和一定时间内的历史数据非常重要。

②要准确预测未来水环境承载力承载状态发展的趋势。通过水环境承载力预警，可以知晓在当前经济社会活动的规模下，水环境承载力未来可能的发展状态。如果经济活动与水环境承载力发展不协调，在即将发生超载或已经发生超载时，及时发出信号，起到预警的作用。水环境承载力和经济运行情况之间有内在的联系和发展规律，需要我们在繁复的指标中寻找和分析最能反映运行规律的指标，研究预警模型，最终获取预警结果。

③要合理输出水环境承载力承载状态，回溯具体原因，制定科学的排警措施。水环境承载力承载状态是预警的对象，是由社会经济发展对水环境造成的压力与水环境承载力共同决定的。何为超载、何为不超载以及程度的大小，都应该有科学的界定方法，这样输出的结果才更加合理，更具参考意义。根据结果，还应该通过模型回溯警源，找出具体问题，提出消除警情的措施，从而使水环境承载力与经济活动发展更加协调。

2.2.3.2 水环境承载力预警的特点

结合水系统的特征、水环境承载力及预警的内涵，水环境承载力预警具有以下 4 个特点。

（1）警情的累积性

水环境承载力复杂系统出现的异常情况具有极强的累积性。目前出现的任何水环境问题都不是一朝一夕形成的，而是较长时期累积的结果。由于水环境是一个复杂巨系统，当前的研究依然没有厘清人类活动与环境受破坏之间具体的定量关系。人类越来越快的经济社会发展对环境造成的影响越来越大，然而这种影响也有量变到质变的累积过程，当环境问题出现的时候，水环境承载力系统往往已经经历了结构和功能的变动，难以逆转。因此，水环境承载力监测预警系统应实现质变前的洞悉与预警，防止出现的水环境承载力超载情况对环境造成不可逆的影响。

（2）警兆的隐蔽性

由于警情的累积性特征，经济发展对水环境承载力系统的压力显露要相对滞后一段时间，警兆并不易被观察到，因此当水环境承载力系统表现出超载导致的环境问题时，超载状态已经持续一段时间，警情的危害性也已经相当大。因此，在进行水环境承载力监测预警研究时，一定要构建先行指标，且先行指标的变动一定要领先于水环境承载力承载状态的变动，这样在超载情况出现之前可以发出警报，保障预警系统的有效性、排警决策的及时性。

（3）系统的复杂性

由于水环境承载力系统是一个复杂巨系统，其中人类活动造成的压力和水环境承载力的相互作用、系统运行中的问题与矛盾、超载状况的表征和体现往往是各种复杂因素共同作用的结果，所以在研究中很难加以定量分析。目前水环境承载力系统动力学方面的研究也基本是通过已知的相关关系，基于不同的情景模拟，人为设置水环境承载力系统的运行情况。而这种人为设置的运行情况能否真实反映水环境承载力系统的运行是有疑问的，因此应着眼于水环境承载力系统本身来构建监测预警方法。在水环境承载力监测预警方法研究中，需要关注水环境承载力系统的变动，这主要是通过各指标值的变动来体现的，从对各指标值变动的分析中可以得到未来系统的发展趋势。

（4）警源的重要性

水环境承载力监测预警的最终目标是消除警情，维护水环境承载力系统的健康发展，那么在水环境承载力监测预警系统中识别警源是相当重要的。警源指的是警情的源头，水环境承载力监测预警的警情即为超载状况，导致超载发生的原因即为水环境承载力监测预警系统的警源。为了消除警情，必须先找出警源，再以合理的排警措施消灭警源。由于水环境承载力系统是一个复杂巨系统，警情的发生往往是各方面复杂因素共同作用的结果，加上管理者有时受到科学水平、知识水平的局限，短时间要分清这些复杂的诱因是十分困难的。因此，水环境承载力监测预警方法必须可以有效识别警源，为管理者提供切实有效的排警决策，把警情消除在萌芽状态。

2.3 水环境承载力预警的一般逻辑过程

图 2-5 为水环境承载力预警的一般逻辑过程。水环境承载力预警是指对水环境未来的超载状态进行测度，预报不正常状态的时空范围和危害程度并提出防范措施。根据预警的内涵，预警逻辑实质上是“因—果—因”分析方法的具体化，水环境承载力预警的思

路及体系框架应包含明确警义、识别警源、预测警情、判别警兆及评判警情、划分警限及界定警度、排除警情等多个步骤。

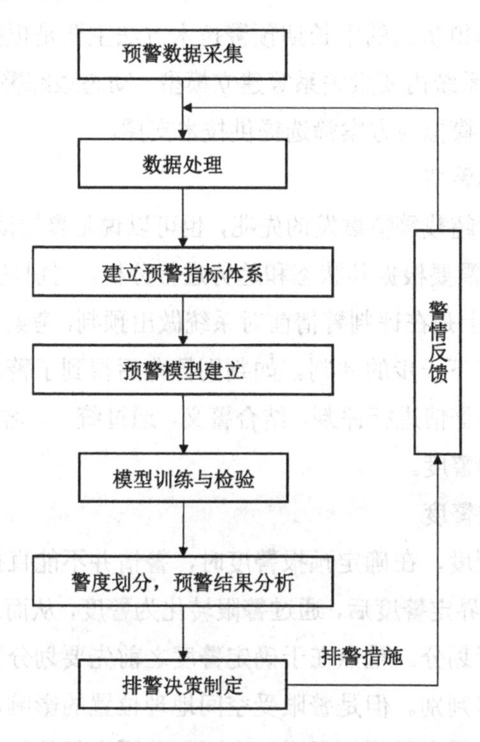

图 2-5 水环境承载力预警的一般逻辑过程

（1）明确警义

明确警义是水环境承载力超载状态预警的起点。警义即警情的含义。警义可以从警素和警度两个方面来考察，警素是指系统发展过程中出现了哪些问题，在实际中可以依据警情的来源或性质进行分类，警度则是警情的严重程度。明确警义实际上是对超载状态进行最基本的定性判别，综合分析水环境承载力承载本底和承载状态的发展趋势，界定不同承载状态，明确哪种状态下应当报警。

（2）识别警源

警源是指警情的来源，水环境承载力预警警源主要是不合理的人类活动，是给水系统带来巨大压力的警情来源或风险源。识别警源是预警逻辑过程中的重要环节，一方面为警情预测模型的建立提供基础，另一方面为警度界定后的排警提供帮助。

（3）预测警情

警情是预警系统的信息来源，也是系统运行的前提。超载警情的预测是水环境承载力预警体系的核心，应根据不同的目的选取合适的方法，构建适用于不同水环境规划管理需求的短期（1年）与中长期（5～10年）水环境承载力预警技术方法体系，如基于景气指数或人工神经网络的短期预警技术方法主要用于流域可持续发展形势分析，即通过预判流域水环境承载力承载状态（压力超过承载力的程度），对流域可持续发展态势进行系统分析。而基于系统模拟仿真的中长期预警技术方法主要是根据已知系统，结合研究目的、现状和历史数据、系统内要素关系等建立模型，动态跟踪警兆、警情发展的预警技术，可为中长期规划情景模拟与方案筛选提供技术支撑。

（4）判别警兆及评判警情

警兆即水环境承载力超载警情爆发的先兆，也可以说是警情演变时的一种初始形态，预示着警情有可能发生；需要根据其状态和趋势进行分析，判别是否有可能出现警情。对警兆进行分析判别，实际上是在评判警情前对系统做出预判，考察是否有可能出现警情，需不需要对预测结果进行下一步的评判。如判别警兆后得到了警情可能发生的结论，则需要进一步对预测得到的警情进行评判，结合警义，通过统一、客观的方法来量化、表征警情，以便界定其所在的警度。

（5）划分警限及界定警度

警度即警情危急的程度，在确定预报警度时，警情并不能直接转化为可以预报的警度，而是要在划分警限及界定警度后，通过警限转化为警度，从而达到预报警度的目的。

警度通常用等级进行划分。重点在于确定警度之前先要划分警限，警限的阈值范围直接影响系统的预警状态判别。但是警限受空间地理位置的影响，很难在不同地区划定统一标准，同时进行预警研究需要警限在一定时间范围内保持相对稳定，但是实际上客观的警限是随着时间变化发展的。

一般来说，警限的确定有系统化方法、突变论法、校标法、专家确定法和控制图法。

（6）排除警情

一旦有报警，就需要采取措施来消除警情，在确定排警决策时，不仅要考虑警情和警度，更要对警源进行分析，同时结合警兆来提出有效的缓解警情的对策。

根据水环境承载力预警结果，在“增容与减压”双向调控与“守退补”理念指导下，根据不同的区域管理需求提出排警策略及分区调控措施：对于承载状态良好、没有出现警情的地区特别是上游源头水与水源地，需守住水生态底线；对于临近超载的地区，应尽量腾退生态空间，留出承载余量，防止水生态系统健康状态恶化；对于已严重超载地区，从提高水环境承载力与降低人类活动对水系统带来的压力（即双向调控角度）采取补救措施，极大恢复流域自然水生态系统。

2.4 水环境承载力预警技术方法体系

针对生态环境管理部门对水环境承载力预警技术方法的需求，在涵盖水环境承载力预警指标监测、明确警义、识别警源、预测警情、判别警兆及评判警情、划分警限及界定警度与排除警情等 8 个阶段的预警体系框架指导下，构建适用于不同水环境规划管理需求的基于景气指数与人工神经网络的短期（1 年）与基于系统动力学的中长期（5～10 年）水环境承载力预警技术方法体系（见图 2-6）。

2.4.1　指标监测

水环境承载力预警指标监测的目的在于通过各种手段获取水环境承载力预警所需要的指标数据信息。水环境承载力预警指标信息包括以下两类。

（1）面向水环境承载力监管的水环境承载力预警指标数据

面向水环境承载力监管的预警指标数据主要来源于行政单元统计数据，包括乡镇、区县与地市社会经济统计年鉴、环境统计年报、水资源公报与气象、水文与土地利用数据信息。这些信息涉及统计、生态环境、水务、气象与自然资源部门。水环境承载力指标涉及的水资源承载力分量来源于水资源公报，水环境容量分量用环境容量指数替代。

（2）面向水系统规划的水环境承载力预警指标数据

面向水系统规划的水环境承载力预警指标数据是基于水污染控制单元的，其预警结果服务于水系统规划。这就需要建立水文与水环境质量模型，并核算各控制单元的水资源供给能力、水环境容量、水资源需求与水污染物排放，因此预警信息要求更科学精细，必要时还需要建立水环境质量模型，这就需要计算设计流量，而设计流量是依据 10 年逐日水文数据确定的。

2.4.2　明确警义

明确警义是水环境承载力超载状态预警的起点，水环境承载力预警的警义就是水环境承载力承载状态，一旦超载就出现警情。明确水环境承载力预警的警义实际上是对承载状态进行定性判别，明确何种承载状态需要报警。水环境承载力预警警义可以从警素和警度两个方面来考察，警素是指水系统演化历程中出现了什么问题，如水资源短缺、水环境污染等。

结合水环境承载力预警概念内涵，本书将警情定义为水环境承载力承载状态不理想，即超载。导致超载的因素很多，如水资源承载力分量超载，即水资源短缺，无法满足水资源需求；也可以是水环境容量分量超载，即排入水体的污染物量（入河量）大于水环境容量，由此导致水质恶化，无法达标，无法满足水功能要求。

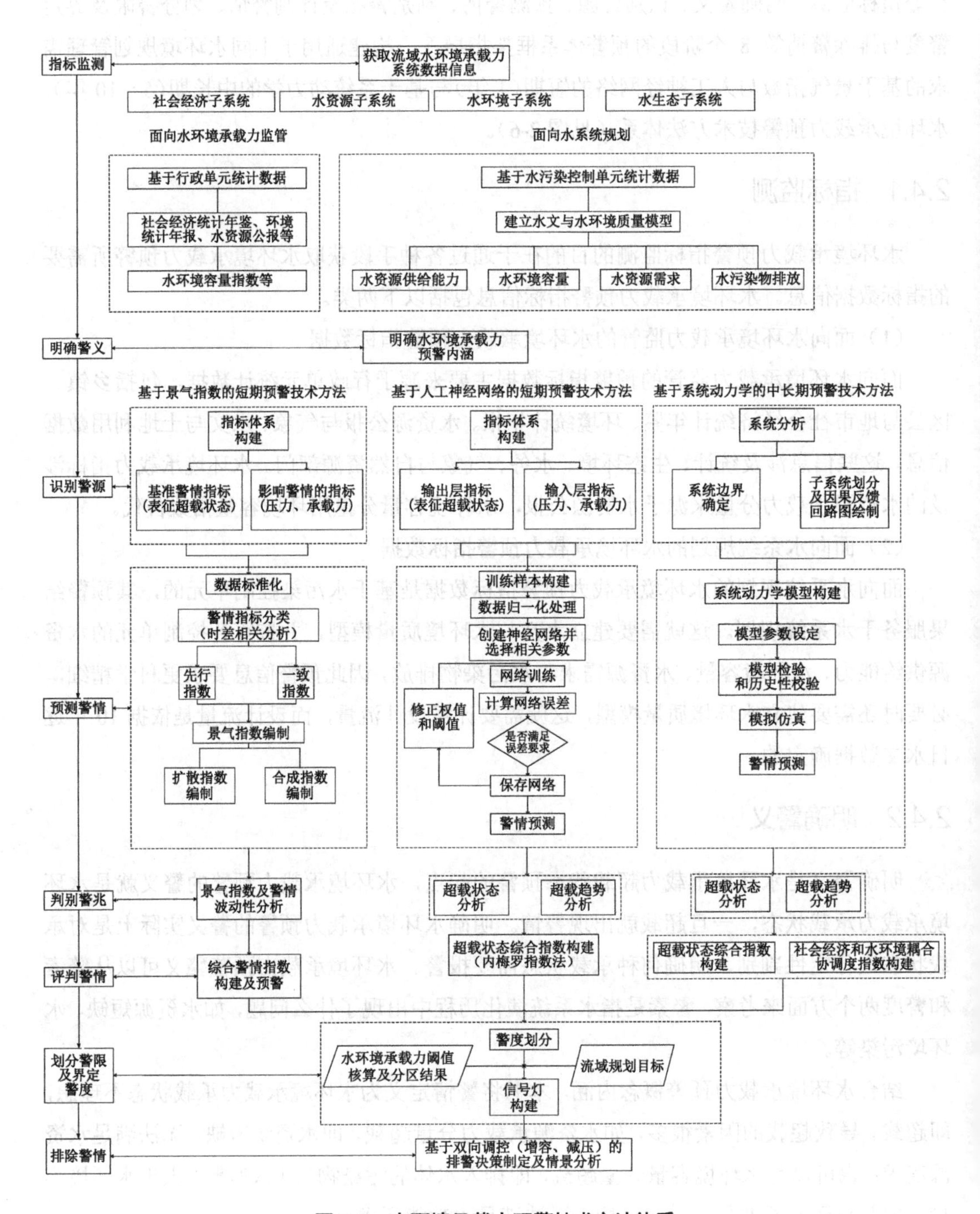

图 2-6　水环境承载力预警技术方法体系

2.4.3 识别警源

在明确水环境承载力预警的警义之后，需要对产生警情的警源进行识别，这是水环境承载力预警逻辑过程中的重要环节。水环境承载力预警警源即警情（水环境承载力超载）的来源。一方面为预测警情时模型的建立提供基础，另一方面为警度界定后制定排警措施提供科学依据。

水环境承载力超载警情无外乎人类活动消耗的水资源或排放的水污染物负荷超过水环境承载力，导致水系统结构破坏、水生态服务功能丧失，那么导致这一警情的来源很多，可通过对水系统进行“压力-状态-响应”分析进行识别，也可以通过水环境承载力承载状态评估识别。识别出的导致水环境承载力超载的主要致因即警源。由此可见，水环境承载力评估是水环境承载力预警的基础。

2.4.4 预测警情

识别出警源之后，就需要对警情进行预测，具体预测方法包括基于景气指数的短期预警技术方法、基于人工神经网络的短期预警技术方法以及基于系统动力学的中长期预警技术方法。

（1）基于景气指数的短期预警技术方法

该预警技术是依据经济周期性及其导致的对水环境压力的波动性的原理，借鉴经济预警理论方法，利用景气指数法构造水环境承载力短期预警模型。首先，根据流域水环境承载状况的周期规律，选取压力指标和承载力指标进行指标体系构建，并在基准警情指标确定的基础上，采用时差相关分析法将指标分成先行指标一致指标。其次，编制扩散指数和合成指数两种景气指数，通过趋势分析判断先行指标选取的合理性，为后续综合警情指数构建做准备。其中，扩散指数是评价和衡量景气指标的波动和变化状态，反映社会经济活动对水环境的影响状态；合成指数则是将各敏感性指数的波动幅度综合起来，表征社会经济指标的整体变化幅度，反映社会经济对水环境的影响程度，预测承载波动所处的水平。最后，为了对水环境承载力超载状态进行全面预警，用先行指标构建综合警情指数，并进行预警与分析。

（2）基于人工神经网络的短期预警技术方法

该预警技术是依据人工神经网络模型，通过拓扑结构学习、归纳水环境承载力输入指标及输出指标的非线性多重映射函数，获得水环境承载力承载状态的预测能力。首先，结合水环境承载力因素、特点构建指标体系，确定输入层指标、输出层指标及模式，并设计网络结构。其中，输入层为影响水环境承载力警情的指标因子（前 3～5 年影响水环境承载力承载状态的表征人类活动强度的系列压力指标与表征自然水系统为人类活动提供支撑的系列水环境承载力指标），输出层为表征水环境承载力各分量（水资源、水环境、水生态）的承载状态指标。其次，利用构建好的样本集创建并训练网络，使网络得到系统给定的输入、输出之间的映射关系；在此过程中，需要不断地测试和修改网络的参数，使误差满足要求。最后，使用训练好的网络进行水环境承载力各分量承载状态及综合承载状态预警，并结合灵敏度分析，对排警措施进行模拟与选定。

（3）基于系统动力学的中长期预警技术方法

该预警技术以系统分析和因果反馈的理论为基础，根据已知系统，结合研究目的、现状和历史数据、系统内要素关系等建立模型，动态跟踪警兆、警情的发展。首先，对所研究的问题、系统边界和水环境承载力各子系统（社会经济、水环境、水资源、水生态等）进行分析，绘制因果反馈回路图。其次，在此基础上编写模型方程、设定参数，并对模型进行有效性检验（包括运行检验、直观性检验和历史性检验等）及灵敏度分析。最后，结合情景设计，对系统进行模拟仿真及预警，分析不同排警决策对系统的影响。

2.4.5 判别警兆及评判警情

水环境承载力预警警兆是超载警情爆发前的先兆，预示着超载警情有可能发生。需要根据警情预测结果进行分析判断，不同警情预测方法判别的警兆也不尽相同。本书采用的基于景气指数的短期预警技术方法中，可以通过扩散指数与合成指数的变化规律判别警兆；而基于人工神经网络的短期预警技术方法与基于系统动力学的中长期预警技术方法中，都是依据水环境承载力承载状态警情指标的演化规律来判别警兆；其后，进一步评判是否有可能出现超载警情。

2.4.6 划分警限及界定警度

水环境承载力预警警度即超载警情的严重危急程度。在界定预警警度时，超载警情并不能直接转化为预警的警度，而是要在明确警限并划分警度后，通过警限转化为警度，从而达到界定预警警度的目的。

一般来说，界定警度首先需要划分警限，划分的方法通常有系统化方法、突变论法、校标法、专家确定法和控制图法。

（1）系统化方法

通过对大量的历史数据进行分析，总结各类预警方法的经验，根据各种并列的原则或者标准对警限进行研究；进一步综合多个方面的意见再进行适当调整，从而得出科学的警限划分结果。主要包括以下几种原则：多数原则（根据定性分析的结果，以超过2/3的数据区间作为有警和无警的分界）、均数原则（在假设研究对象的现状水平低于历史水平的情况下，将历史数据的平均值作为无警的界限）、半数或中数原则（将一半以上处于无警状态的样本数据作为警限）、少数原则（将少数表现为无警状态的指标界限作为无警的界限）、负数原则（将零增长或增长为负的数值作为有警的标准）及参数原则（参考与研究对象相关的指标的标准值来确定警限）等。

（2）突变论法

突变论法是由法国数学家伦尼托姆最早提出的一种数学拓扑理论，已经成为一门新的数学分支。突变论，顾名思义就是指系统突然发生灾难性变化，因而需要提前发出警报来阻止灾难性变化的发生。突变论可以用来定量研究警限的大小，其研究流程如下：首先分析预警指标的内在规律，然后据此建立数学模型，运用拓扑学等相关数学理论，确定预警指标变化过程中发生非连续性突变的临界点，这就是用来划分警度的警限。理论上的科学性和严谨性是突变论法确定警限的突出优点，该方法是确定预警指标警限非常理想的方法，但是可以看出其对数学的要求很高，数学分析非常困难。

（3）校标法

校标法确定警限就是将预警管理取得较好成效的国家或地区作为标准，并将其所获得的结果作为警限划分的标准。这种方法局限性较大，属于对比判断法。不同区域的情况不尽相同，在使用该法时需要结合当地的具体情况进行适当修正，以符合本地的实际。

（4）专家确定法

在许多预警方法体系研究中，主要是根据实践中的经验来确定警限，基于此提出了专家确定法。此法主要依靠各领域专家的智慧和丰富的实践经验来确定水环境承载力预警的警限，主观性很强，警限的合理程度取决于专家自身的专业水平及判断能力。

（5）控制图法

控制图法（Control Chart）即 3σ 法，是一种常用的质量管理方法，其原理来自控制图报警系统，其利用系统中的异常点来运作。控制图法是质量管理的核心，其基本原理如下：假设被考察的质量指标 X 服从正态分布 $N(\mu, \sigma^2)$，当产品的生产工序处于正常状态时，其产品的指标 X 应以99.73%的概率落在 $[\mu-3\sigma, \mu+3\sigma]$ 范围内。如果 X 落在 $[\mu-3\sigma, \mu+3\sigma]$ 范围外，则认为工序受到了干扰，处于异常状态，此时系统发出警报，提醒操作者采取措施来排除异常情况。在实际操作中，控制图法可采用 $\bar{X}$-R 中心线控制图法、$\bar{X}$-R 中位数或极差控制图法等。控制图法确定警限的前提是假定预警指标服从正态分布，比较其预警期望值 X 与标准差 σ 之间的偏离程度，测算 $[\mu-3\sigma, \mu+3\sigma]$，以此作为预警区间的警戒线。该方法判断结果相对客观且操作可行。

预警等级的确定要与研究区的实际情况结合，不同情景下警度代表不同的意义。在某些情况下，水环境承载力超载状态的发展趋势也是确定警度所需要考虑的。发展趋势向好说明该区域有警度变低的潜力；如果水环境承载力超载情况持续加剧，则需要加大预警力度，给予重点关注，这些也是预警需要体现的内容，应该在划分警度时予以体现。

本书将水环境承载力承载状态分为4个等级，结合交通信号灯设计原理，设置了4个预警警度，分别用绿灯、黄灯、橙灯和红灯表示。

表2-1 水环境承载力警度划分

警限标准	水环境承载力承载状态	警度	警示灯颜色
$(-\infty, a)$	不超载	无警	绿色
$[a, b)$	轻度超载	轻警	黄色
$[b, c)$	中度超载	中警	橙色
$[c, +\infty)$	重度超载	重警	红色

“绿灯”表示区域水环境承载力承载状态良好，水环境足以支撑目前的社会经济活动，经济社会与环境协调发展，是比较满意的状态。

“黄灯”表示区域水环境承载力出现轻微超载现象而产生轻警，但是水环境承载力超载状态是趋缓的，需要采取一定的措施让水环境持续向好、消除警情，最终回到安全状态。

“橙灯”表示区域水环境承载力处于较为严重的超载状态，各种环境问题开始出现，必须采取有效的措施来改善超载状况，防止情况进一步恶化。

“红灯”表示区域水环境承载力超载状态处于危险的水平，水环境系统可能会进入失调、衰败的状态。

2.4.7 排除警情

一旦有超载警情发生，需要采取措施来排除超载警情。在设计排警措施时，不仅要考虑警情和警度，还要分析警源，有的放矢，减缓和防止超载警情的扩散和警度的扩大。

排警措施设计要有依据，应该从警情发生的角度，分析警源，判别警情；同时还应考虑排警措施的可行性和成本大小。在实际排警措施设计中，可以考虑从双向操控的角度提出减轻水环境承载力超载状态警情的对策，一方面可以考虑采取相关措施来提高水环境承载力，另一方面可以采取措施降低社会经济活动给水环境带来的压力。综合考虑研究区域的实际情况，提出缓解水环境承载力超载状态的对策建议。

第3章 基于景气指数的水环境承载力短期预警技术方法

3.1 景气指数概述

3.1.1 经济周期与景气循环理论

在人们对经济活动进行长期考察时，经常会发现这样的事实：许多看似独立的经济现象交互作用，引起或影响3～4年不等的宏观经济周期，这些3～4年的周期在总体上表现出许多相似的趋势：经济总量和增长速度都会经历从高到低的趋势性变化，这些变化往往不受细微因素的影响，有其自行运行的特征。通过这一发现，可以总结出经济周期的定义：经济总量的变化往往是周期波动的，某个时期的总产出和经济增长速度处于上升趋势，而经过这个时期，又表现出下降的趋势，循环往复，周期运行。因此，把经济发展过程中这种周期性波动现象称为经济周期。对于水环境承载力系统，随着经济的周期波动，人类活动、经济发展对水环境的压力也表现出周期性波动的趋势，而水环境承载力在一定时期内相对不变或变化不明显，反映水环境承载力承载状况的“水环境承载周期”相应呈现。水环境承载力监测预警系统主要的研究对象就是“水环境承载周期”。

景气循环的概念是在经济周期的研究中逐渐发现的，是指由于经济运行的波动性而形成的以景气形式表现的经济景气期与经济不景气期交替出现的现象。实际上，景气循环只是利用景气与不景气的形式来描述经济周期，对经济周期的描述还有古典周期、增长周期等不同的方式。

目前关于经济周期的理论研究比较丰富和细致，大概把经济周期划分为3～4年的基钦周期、9年的朱格拉周期和50年的康德拉季耶夫周期。导致经济不同的周期波动的原因也是不同的，一般认为基钦周期是企业库存投资变化导致的，因此也被称为存货周期；朱格拉周期是固定资产投资的波动导致的，因此也被称为固定资产投资周期；康德拉季耶夫周期是“创新理论”的发展导致的，也被称为长周期。不同的经济周期之间并不矛盾，一个个短周期组成了长周期。

在水环境承载力系统中，“水环境承载周期”的变动往往依存于经济周期。经济周期的波动直接导致水环境压力的波动，同时经济的波动通过改变人们的生活水平又间接作用于水环境压力，而水环境承载力大体上变动并不大。因此，“水环境承载周期”的波动有类似经济周期波动的趋势。

在景气循环理论中，经济周期一般被分为景气扩张期和景气收缩期。从经济周期的谷值到峰值为扩张期，从峰值到谷值为收缩期，扩张期和收缩期涵盖了整个经济周期（见图 3-1）。对应到水环境承载力景气循环中，景气扩张期的特征为生产量逐步增加、经济对水环境造成的压力逐步增大、环境问题凸显等；景气收缩期的特征为生产量逐步减少、经济对水环境造成的压力逐步减小、水环境问题改善等。

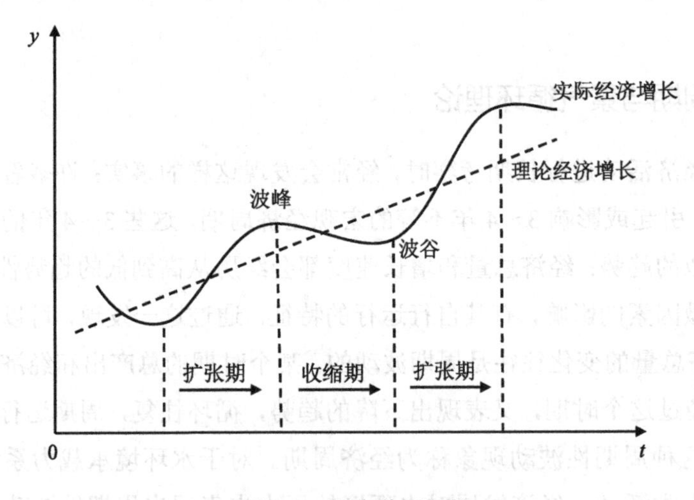

图 3-1　经济增长周期

3.1.2　景气预警的基本内涵及方法介绍

（1）景气预警的基本内涵

景气预警的内涵是十分广泛的，对不同的对象而言有所不同。以宏观经济景气为例，企业、居民、政府、投资者等不同主体往往从不同的角度来理解景气。对于企业而言，如果其自身的生产经营状况良好、销售收支情况满意，就认为经济是景气的，其理解的景气预警是经营状况的预警；对于居民而言，其看重自己收入的高低、市场上商品的丰富度和价格，如果自己收入良好、商品市场价格在合理范围，就认为经济是景气的，其理解的景气预警是收入和消费者物价指数（CPI）的预警；对于政府而言，政府需要考虑宏观经济走势和政策效果、就业率、GDP、国际收支平衡、税收收入、通货膨胀率、社会稳定等各个方面，其理解的景气预警需要能够反映经济基本面和人民感受到的变化；对于投资者来说，如果投资能带来丰厚的回报，经济就是景气的，其理解的景气预警是对投资风险的预警。

可见，对于不同的主体，景气预警的内涵有着巨大的差异。在实际研究中，研究者应该从政府角度出发，尽量全面地分析研究景气预警。景气预警的研究应该是针对基本面的研究，可以概括整体发展趋势，预报可能出现的各种警情。景气预警的研究对象往往包括系统的繁荣程度和活跃程度两部分。

（2）景气预警基本方法

对宏观经济的景气预警主要有两种方法：景气指数方法和景气调查方法。景气指数方法是在大量统计指标的基础上，筛选出具有代表性的指标构成经济监测指标体系，经数据处理后，既可以据此测算扩散指数、合成指数等综合指数来描述宏观经济运行状况并预测未来发展趋势，也可以建立预警信号系统，采用类似交通管制信号灯系统的方法来直观表现经济形势的综合变化状况和变化趋势。景气调查的基本方法是采用问卷调查的方式收集调查对象对景气变动的判断，然后对调查结果进行量化，从而得到景气指数，并由此推断调查总体的相关信息。由此可见，景气调查方法是基于微观经济主体对宏观经济发展趋势的判断决策，受被调查者影响严重；因此景气调查的数据往往作为一种特定指标被纳入景气指数方法中，两种方法经常会联合使用。

景气指数方法是根据景气波动的传导和扩散的规律，即各领域的景气波动不会同时发生，会从一个或几个领域传导到其他各个领域。在经济学上，任何一个经济变动带来的景气波动都不足以反映整个宏观经济的景气状态，而是通过从各个领域选择出一些对景气变动敏感的或有代表性的指标，利用数学方法构成景气指数体系，开展综合尺度的景气预警研究。

具体而言，景气指数方法预警的基本原理如下：①一定区域水环境承载力承载状况是周期循环的，其周期的峰值与谷值比较有规律；②规律可以通过不同指标及变动的关系表现出来；③确定峰、谷、周期的具体方式是编制扩散指数（DI）和合成指数（CI），并且根据指标与水环境承载力承载状况的非同步变动，又把DI、CI分成先行指标和一致指标；④用先行指标反映并监测水环境承载力的当前态势，用一致指标反映并监测水环境承载力景气变化的当前态势。

3.2 基于景气指数的水环境承载力预警技术方法

3.2.1 基本思路与技术方法路线

根据预警逻辑和框架，预警包括明确警义、识别警源、预测警情、判别警兆及评判警情、划分警限及界定警度、排除警情。①明确警义，对于水环境承载力系统，由于经济的周期波动，人类经济活动对水环境造成的压力也表现出一定的周期性波动趋势，这种“水环境承载周期性”是基于景气指数的水环境承载力预警系统研究的主要理论基础，周期波动是水环境承载力承载状态变化的指示器。②识别警源，要结合水环境承载力的概念内涵，选取可表征水环境承载力承载状态以及影响因素的指标，通过指标的变化体现水环境承载力预警的波动特征。③预测警情，是将水环境承载力承载状态的影响因素（指标）划分为先行指标或一致指标，并选取能领先于水环境承载力承载状态变动的指标（先行指标），先行指标可预测并监测水环境承载力的当前态势，一致指标可反映并监测水环境承载力景气变化的当前态势。④通过构造景气指数，对警情的波动和变化趋势进行初步分析，构造综合警情指数对警情进行定性及定量的预测并判别警兆。⑤根据界定的警度及划分的警限，对警情进行更直观的表征及分析。⑥结合警源识别阶段的筛选指标及警情分析结果，提出减少压力或提升承载力的排警建议。

具体步骤（见图 3-2）如下：

①鉴于水生态承载力演化周期相对水资源承载力与水环境承载力演化周期长，本书基于水环境承载力的“广义”概念，仅从水资源承载力、水环境承载力两个方面选取可表征水环境承载力承载状态的基准警情指标，以及水环境承载对经济活动变动敏感的压力或承载力指标，构建水环境承载力预警景气指标体系。

②采用时差相关分析法将水环境承载力影响指标分为先行指标、一致指标两类。先行指标反映并监测水环境承载力的当前态势，一致指标反映并监测水环境承载力景气变化的当前形势。

③编制景气指数，包括扩散指数和合成指数的编制。通过分析判断先行指标选取的合理性，根据峰、谷及周期波动分析，初步判断水环境承载力警情的波动及变化趋势，为后续综合警情指数构建做准备。

④选取先行指标，通过熵权法赋权等方法，构造综合警情指数，对水环境承载力超载状态进行全面预警，即定性和定量的警情预测。

⑤根据水环境承载力承载状态的定义，并考虑综合警情指数的统计学意义，构建预警信号灯及警限划分标准，并输出预警结果，进一步分析未来流域水环境承载力承载状况的变化趋势。

⑥结合警源识别阶段筛选出的先行指标及警情分析结果，提出减少压力或提升承载力的排警建议。

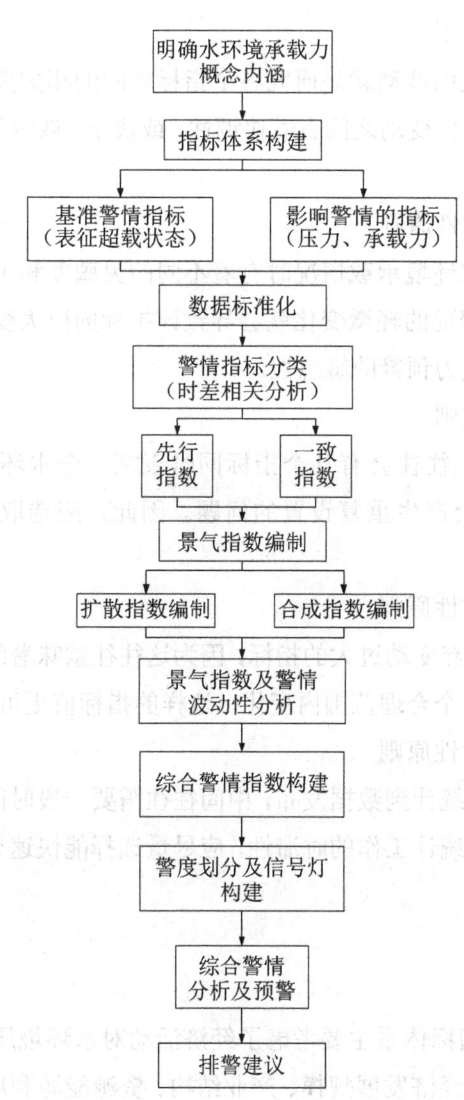

图3-2　基于景气指数的短期预警技术方法路线

3.2.2　预警指标体系构建

3.2.2.1　预警指标的选取原则

（1）水环境承载力内涵表达原则

不同的指标反映水环境承载力的不同方面，并且对于不同的水环境承载力分量而言，不同的指标对其的反映程度也不同。因此，在选取指标时，需要选取可以反映水环境承载力内涵的指标，既要反映经济对水环境的压力还要反映水环境具有的承载力。

（2）变动的协调性原则

研究水环境承载情况的波动就是研究各个指标之间的相关关系，不同的指标变动应该与水环境承载情况的总体变动之间有着协调性，或快于、或慢于、或同步于水环境承载情况的波动。

（3）变动的灵敏可靠性原则

不同的指标在反映水环境承载情况时有着不同的灵敏度和可靠度。对于灵敏可靠的指标来说，水环境承载情况的轻微变化就会导致该指标的巨大变化，多选取这样的指标可以大大提高水环境承载力预警的敏感性。

（4）变动的代表性原则

在设置指标体系时，往往会有几个指标同时表征一个水环境承载力分量的情况发生，从而，指标之间就会产生重复设置的问题。因此，应选取代表性强的指标，避免指标重复。

（5）变动规则的稳定性原则

在选取指标时，应摒弃变动过大的指标，因为这往往意味着统计的不稳定性、数据的不可靠性。指标值应在一个合理范围内变化，这样的指标值更可信。

（6）指标数据的及时性原则

从各类数据的监测、统计到数据发布，中间往往需要一段时间，这段时间对于不同指标来说长短不一。为克服统计工作的时滞性，应尽量选择能快速公布的指标，尽快获取预警结果。

3.2.2.2 指标体系构建

水环境承载力预警指标体系主要考虑了经济活动对水环境压力带来的变动及水环境承载情况，选取表征社会经济发展规模、产业结构、资源能源利用、水污染排放等对环境造成压力的指标［如人口，第一产业、第二产业占比，各类用水量，能源消耗量，污废水排放量，化学需氧量（COD）排放量，氨氮排放量，总磷排放量等］，以及表征水环境系统对压力的支撑能力（承载力）的指标（如产业结构优化、环保投入、水资源量、水污染处理能力等），并按照指标选取的原则，考虑数据收集情况，构建水环境承载力预警指标体系（见表 3-1、表 3-2）。

表 3-1　水环境承载力预警指标体系（压力）

指标类别	指标名称	指标单位
经济规模	GDP	亿元
人口规模	总人口	万人
产业结构	第一产业占比	%
	第二产业占比	%
	第三产业占比	%
能源消耗	能源总消耗量	万 t 标准煤
	万元 GDP 能耗	t/万元
	发电量	亿 kW·h
农业化学使用	农药使用量	t
	化肥施用量	万 t
水资源消耗	总用水量	亿 m^3
	工业用水量	亿 m^3
	生活用水量	亿 m^3
	农业用水量	亿 m^3
	环境用水量	亿 m^3
	万元 GDP 水耗	t/万元
	用水人口	万人
	人均用水量/水耗	m^3/人
水污染排放	污废水排放量	亿 t
	工业废水排放量	亿 t
	生活污水排放量	亿 t
	COD 排放量	万 t
	工业废水 COD 排放量	万 t
	生活污水 COD 排放量	万 t
	氨氮排放量	万 t
	工业废水氨氮排放量	万 t
	生活污水氨氮排放量	万 t

表 3-2　水环境承载力预警指标体系（承载力）

指标类别	指标名称	指标单位
产业结构优化	第三产业占比	%
环保投入	环境污染治理投资占比	%
水资源	年降水量	亿 m^3
	水资源总量	亿 m^3
	人均水资源量	m^3/人
	供水总量	亿 m^3

指标类别	指标名称	指标单位
水污染处理	污水处理厂数量	座
	污水处理厂处理量	万 m^3
	污水处理厂处理规模	万 m^3/d
	污水处理厂再生水利用量	万 m^3
	污水处理率	%

3.2.3 基准指标选取及警情指标分类

（1）基准指标的确定

由于基准指标是对水环境承载情况的直接反映，基准指标的确定是指标体系构建的关键步骤，同时基准指标也将决定其他指标的时序。基准指标选取的基础和依据主要是该指标记录时间足够、周期性好、比较稳定。对应到水环境承载力预警，结合实际情况，选取能反映水环境承载情况的指标（如流域或区域的水质达标情况等）作为基准指标。

（2）警情指标数据标准化

警情指标的构建过程就是原始警情指标数据标准化的过程。将标准化后的各指标命名为警情指标。标准化方法主要包括极值法、同比增长率循环法等。

极值法数据标准化公式如下：

$$T_{ij}=\frac{X_{ij}-X_{i(\min)}}{X_{i(\max)}-X_{i(\min)}} \tag{3-1}$$

式中：T_{ij} —— 归一化后的警情指标；

X_{ij} —— 原始警情指标；

$X_{i(\max)}$ 与 $X_{i(\min)}$ —— 第 i 个警情指标的上限值与下限值。

同比增长率循环法标准化公式如下：

$$T_i^t=\frac{X_i^t-X_i^{t-1}}{X_i^{t-1}} \tag{3-2}$$

式中：T_i^t —— 归一化后的警情指标；

X_i^t —— 本年对应的指标值；

X_i^{t-1} —— 上一年对应的指标值。

（3）警情指标的分类

在水环境承载力系统运行中，不同变量不是同时变动的，反映在指标上就是指标的变动存在时间上的先后顺序。例如，有些指标变动与水环境承载力承载状况变动是一致的，有些指标变动是领先于水环境承载力承载状态变动的，有些指标变动反而落后于水环境承载力承载状态变动。这样构建的警情指标可以分为一致指标、先行指标和滞后指标。

划分先行指标、一致指标、滞后指标的方法有时差相关分析法、KL 信息量法、峰谷图形分析法和峰谷对应分析法（BB 算法）。其中，时差相关分析法、KL 信息量法为定量方法，能够计算出指标序列的先行阶数、一致阶数、滞后阶数，具有简单易行的特点。时差相关分析即计算不同阶数（提前或滞后）所选指标与基准指标的相关系数（时差相关系数），其中相关性最大的阶数对应所选指标的先行性或滞后性。KL 信息量法将基准序列和备选指标序列视作随机变量，用 KL 信息量判断二者概率分布的接近程度，根据概率接近程度来判断先行阶数或滞后阶数。峰谷图形分析法通过画出两个序列的变化图，直观地比较两个序列峰谷出现的先行关系、一致关系和滞后关系。这种方法能够给人一种直观的感觉，但缺乏定量的计算，难以给出准确的阶数，而且主观性较强。峰谷对应分析法是通过 BB 算法计算出两个序列的峰和谷，再比较两个序列峰谷出现的对应关系，从而判断序列的先行性、一致性和滞后性。峰谷图形分析法直观，峰谷对应分析法能够直接给出分析结果和对应的阶数；但峰谷图形分析法主观性比较强，存在人为判断的不准确性，人工干预过多，难以实现自动化。本研究将选取时差相关分析法。由于在水环境承载力研究中尚无法科学地分析及解释滞后性，本研究将主要讨论先行性和一致性。

时差相关分析法先确定基准指标，以其他指标较基准指标的时差序确定先行指标、一致指标与滞后指标，公式如下：

$$R_l=\frac{\sum_{t=1}^{N_l}(X_{t+l}-\bar{x})(Y_t-\bar{y})}{\sqrt{\sum_{t=1}^{N_l}(X_{t+l}-\bar{x})\sum_{t=1}^{N_l}(Y_t-\bar{y})}} \tag{3-3}$$

式中：l —— 移动的期数（年、月、日等），正值表示前移（滞后），负值表示后移（先行），零值表示未移动（一致）；

t —— 研究所涉指标的时间（年、月、日等）；

R_l —— 时差相关系数；

X —— 警情指标，$X=\{X_1, X_2, \cdots, X_N\}$；

$\bar{x}$ —— 警情指标 X 的平均值；

Y —— 基准指标，$Y=\{Y_1, Y_2, \cdots, Y_N\}$；

$\bar{y}$ —— 基准指标 Y 的平均值。

在 R_l 值中，选择其最大值，所对应的 l 即为指标 X 与基准波动（基准指标 Y）最接近的移动期数。若 R_l 在 $l=0$ 最大，说明指标 X 是 Y 的一致指标；若 R_l 在 $l<0$ 时最大，说明 X 是 Y 的先行指标，即警兆指标。

从表征上看，先行指标的波动先于系统波动，这主要是因为先行指标往往能体现未来经济发展的方向和趋势，对先行指标的研究也是水环境承载力监测预警研究的重点。

但使用先行指标来预测水环境承载力景气情况有一个无法回避的问题，那就是统计时滞性，指标数据由监测到统计、公布需要一段时间，而这段时间如果长于先行指标对基准周期的领先时间，预警就只能变成现状评价。

3.2.4 景气指数编制

景气指数可综合反映各指标的情况，分为扩散指数（DI）和合成指数（CI）两种。扩散指数用以评价和衡量景气指标的波动和变化状态，反映社会经济对水环境的影响状态，其本质是在某一时刻（年、月、日），所有指标中增长指标的数量占比。在本书中，将压力增长或承载力下降表征为景气状态。故当扩散指数大于 50 时，说明半数以上警情指标处于景气状态，即半数以上指标较上一时刻有所增长，半数以上压力指标增长或承载力指标下降；当扩散指数小于 50 时，说明半数以上警情指标处于不景气状态，即半数以上指标较上一时刻有所减小，半数以上压力指标下降或承载力指标增长；此外，先行扩散指数对一致扩散指数的领先时间周期设为时差 t，可以认为先行扩散指数所预测的承载状态改变将在 t 年后出现。

合成指数是将各敏感性指标的波动幅度综合起来的指数，不仅能反映景气循环的变化趋势、判断变化的拐点，还可以表征社会经济指标的整体变化程度，反映社会经济对水环境的影响程度。合成指数上升，说明社会经济对环境影响过大，水环境污染物有增加的可能，反之亦然。100 是合成指数的临界值，当合成指数大于 100 时，说明处于景气状态；当合成指数小于 100 时，说明处于不景气状态。

（1）扩散指数编制

扩散指数是扩散指标与半扩散指标之和占指标总数的加权百分比，计算公式如下：

$$\mathrm{DI}_t=\left[\frac{\sum_{i=1}^{n}I_{\mathrm{P}}\left(X_i^t\geqslant X_i^{t-1}\right)+\sum_{i=1}^{n}I_{\mathrm{S}}\left(X_i^{t-1}\geqslant X_i^t\right)}{n}\right]\times100\% \tag{3-4}$$

式中：X_i^t —— 第 i 个变量在 t 时刻的波动值；

n —— 指标总数；

I —— 指标的数量；

P —— 压力指标；

S —— 承载力指标；

DI_t —— 扩散指数。

（2）合成指数编制

计算合成指数时，首先需要根据指标原时间序列求出循环波动相对数时间序列的对称变化率：

$$C_{i(t)}=\frac{X_i^t-X_i^{t-1}}{\frac{1}{2}\left(X_i^t+X_i^{t-1}\right)}\times 100\% \tag{3-5}$$

计算标准化因子（A_i）：

$$A_i=\sum\frac{\left|C_{i(t)}\right|}{n-1} \tag{3-6}$$

式中：n —— 标准化期间的年份数。

用 A_i 将 $C_{i(t)}$ 标准化，得到标准化变化率 $S_{i(t)}$：

$$S_{i(t)}=\frac{C_{i(t)}}{A_i} \tag{3-7}$$

计算平均变化率 $R_{(t)}$：

$$R_{(t)}=\frac{\sum S_iW_i}{\sum W_i} \tag{3-8}$$

式中：W_i —— 第 i 项指标的权重，由各指标的时差相关系数决定。

令 $\overline{I}_{(0)}=100$，则

$$I_{(t)}=I_{(t-1)}\times\frac{200+R_{(t)}}{200-R_{(t)}} \tag{3-9}$$

得到合成指数计算公式：

$$\mathrm{CI}_{(t)}=100\times\frac{I_{(t)}}{\overline{I}_{(0)}} \tag{3-10}$$

用以上公式，分别计算压力合成指数 $\mathrm{CI}_{(t)\mathrm{P}}$ 及承载力合成指数 $\mathrm{CI}_{(t)\mathrm{S}}$，最终计算出可表征承载状态的综合合成指数 $\mathrm{CI}_{(t)\mathrm{integrated}}$：

$$\mathrm{CI}_{(t)\mathrm{integrated}}=\frac{\mathrm{CI}_{(t)\mathrm{P}}}{\mathrm{CI}_{(t)\mathrm{S}}} \tag{3-11}$$

合成指数在预警中起到和扩散指数相似的作用，但需要注意的是，合成指数不仅能对水环境承载力承载状态进行预警，还可以预测承载状态的波动水平。

3.2.5 综合警情指数构建及预警

水环境承载力预警指标体系中每一个指标只能反映水环境承载力某一方面所面临的风险；要进行全面预警，必须构建综合警情指数。传统的综合警情指数计算方法是分别对指标数据进行评价，把每个指标归入合适的区间，并给每个区间赋予一个分数标准值，然

后把各指标的分数标准值简单加和，得到综合预警指数。这种方法的缺点是没有考虑各指标对水环境承载力总体波动的贡献率，各指标所占权重相同，即将各指标一视同仁。为弥补传统方法的缺点，本研究先通过熵权法确定各指标权重，再通过相应的权重计算综合预警指数，进一步定性分析并对未来警情进行预警。同时，也可结合预测模型，进行定量预警。

3.2.5.1 权重确定

信息熵的概念来自热力学，信息熵表征信息量的多少，熵权法是利用信息熵这个工具，根据指标变异性的大小来确定客观权重。具体赋权步骤如下所述。

（1）数据标准化

采用极值法将各个指标的数据进行标准化处理，见式（3-1）。

（2）求各指标的信息熵

根据信息论中信息熵的定义，求一组数据的信息熵 E_j:

$$E_j = -\ln\frac{1}{n}\sum_{i=1}^{n} p_{ij}\ln p_{ij} \tag{3-12}$$

$$p_{ij} = \frac{T_{ij}}{\sum_{i=1}^{n} T_{ij}} \tag{3-13}$$

式中：p_{ij} —— 在 j 时刻，第 i 个警情指标与全部警情指标之和的比；

T_{ij} —— 归一化后的警情指标。

如果 p_{ij}=0，则定义：$\lim\limits_{p_{ij}\to 0} p_{ij}\ln p_{ij} = 0$ 。

（3）确定各指标权重

先计算出各个指标的信息熵为 E_1，E_2，…，E_k。再通过信息熵计算各指标的权重：

$$W_i = \frac{1-E_i}{k-\sum E_i} \quad (i=1, 2, \cdots, k) \tag{3-14}$$

由此得到各指标的权重值 W_i。

3.2.5.2 综合警情指数计算

分别计算先行压力指标的警情指数及先行承载力指标的警情指数，并以比值作为综合警情指数。

$$\mathrm{EWI}_{j(\text{P或S})} = \sum_{i=1}^{m} W_i T_{ij} \tag{3-15}$$

$$\mathrm{EWI}_j = \frac{\mathrm{EWI}_{j(\mathrm{P})}}{\mathrm{EWI}_{j(\mathrm{S})}} \tag{3-16}$$

式中：W_i —— 每个警情指标的权重；

T_{ij} —— 归一化后的警情指标；

$\mathrm{EWI}_{j(\mathrm{P或S})}$ —— 先行压力或承载力指标的警情指数；

m —— 先行压力或承载力指标的个数。

当构建指标中既有压力指标又有承载力指标时，也可将压力预警综合指数及承载力预警综合指数的比值作为综合警情指数。

3.2.5.3 预测模型构建

下一时刻的综合警情指数与下一时刻的合成指数变化率及前两时刻的综合警情指数有关；且由于合成指数变化率呈周期性变化，下一时刻的合成指数变化率可用时间序列模型进行预测。分别对下一时刻的压力警情指数和承载力警情指数进行预测，并按照综合警情指数计算公式，得到下一时刻的综合警情指数。

$$\mathrm{CEWI}_{t+1} = \mathrm{CEWI}_t \cdot \frac{1 + \dfrac{(\mathrm{RCI}_{t+1}+1)(\mathrm{CEWI}_t - \mathrm{CEWI}_{t-1})}{\mathrm{CEWI}_t + \mathrm{CEWI}_{t-1}}}{1 - \dfrac{(\mathrm{RCI}_{t+1}+1)(\mathrm{CEWI}_t - \mathrm{CEWI}_{t-1})}{\mathrm{CEWI}_t + \mathrm{CEWI}_{t-1}}} \tag{3-17}$$

式中：RCI —— 先行指标的综合合成指数变化率；

CEWI —— 警情指数。

本研究中使用均方根误差（RMSE）和平均绝对误差（MAE）来评估预测模型的性能。RMSE 反映了预测值和实际值之间的绝对偏差；MAE 反映了预测值和实际值之间的相对偏差。通常，RMSE 和 MAE 越小，模型性能越好。

均方根误差（RMSE）公式如下：

$$\mathrm{RMSE} = \sqrt{\frac{1}{n}\sum_{i=1}^{n}(d_i - D_i)^2} \tag{3-18}$$

平均绝对误差（MAE）公式如下：

$$\mathrm{MAE} = \frac{1}{n}\left(\sum_{i=1}^{n}\left|\frac{d_i - D_i}{d_i}\right|\right) \tag{3-19}$$

式中：n —— 样本数；

d_i —— 预测值；

D_i —— 相应的目标值（真实值）。

3.2.6 景气信号灯及预警界限构建

预警信号灯是选取重要的先行指标作为信号灯指标的基础，从这些指标出发评判经济发展对水环境承载情况的影响，并综合这些指标构建综合警情指数，给出承载状态的判断。借鉴交通信号灯的方法，预警信号灯系统用蓝、绿、黄、橙、红 5 种颜色代表整个承载状态中“弱载”“适载”“弱超载”“较强超载”“强超载” 5 种情形。

综合警情指数各灯区的预警界限可采用控制图法（3σ 法），其原理如下：指标数值确定在一个范围内，一般会服从正态分布，根据正态分布原理，指标数值更可能分布在中心值附近，离中心值越远可能性越小。可以中心值 $\bar{x}$ 作为超载的临界判断，并选取 1 倍标准差 σ 作为警限划分标准，设置预警界限。在综合警情指数是由压力警情指数与承载力警情指数的比值构成的情况下，也可将 1 作为恰不超载状态，以 0.5 为一档，构建预警界限，见表 3-3。

表 3-3 景气信号灯及预警界限

信号灯	符号	范围		含义
		仅有压力指标	有压力指标和承载力指标	
蓝灯	●	$>\bar{x}-\sigma$	<0.5	表明水环境承载力在目前社会经济规模下，还有较大结余，也说明经济增速正在放缓，未来需要警惕可能出现的经济增速过缓的情况
绿灯	●	$[\bar{x}-\sigma,\ \bar{x}]$	[0.5，1.0]	表明目前的经济社会规模匹配水环境承载力，水环境承载力在负担当前经济社会规模下还有少量结余，经济社会与环境协调发展
黄灯	●	$(\bar{x},\ \bar{x}+\sigma]$	(1.0，1.5]	表明社会经济发展对水环境造成的压力较大，需要警惕经济社会进一步发展导致的超载状况，应加大水环境保护力度，控制经济发展速度
橙灯	●	$(\bar{x}+\sigma,\ \bar{x}+2\sigma]$	(1.5，2.0]	表明社会经济发展对水环境造成的压力很大，经济社会过快发展，已经超出了水环境能承受的范围，各种环境问题开始出现，这时必须限制经济发展，采取有效措施减轻环境压力
红灯	●	$>\bar{x}+2\sigma$	>2.0	表明水环境承载力系统已处于严重超载状态，应采取紧急预警措施，防治水环境状况出现不可逆转的恶化

3.2.7 景气预警方法效果/自洽评价

为了进一步说明构建的水环境承载力景气预警系统有着较好的预警效果，本研究将采用峰谷对应分析法和钟形图分析法对扩散指数与合成指数进行自洽分析。评价扩散指数和合成指数的运行状态，需要考虑先行指数和一致指数的波动是否有相同的周期性，故采用峰谷对应分析法，将扩散指数和合成指数各自的峰、谷年份放在一起，进行对应分析。在先行性验证中，采用钟形图分析法进行分析。如果先行扩散指数相对于一致扩散指数的先行关系较好，那么在一致扩散指数的上升阶段，先行扩散指数可能已经达到最高点并转而下降；在一致扩散指数达到最高点时，先行扩散指数正在经历下降过程。当先行扩散指数表达的效果较好时，钟形图应呈现顺时针的椭圆形。

3.2.8　排警措施制定

排警不仅要考虑警情和警度，更要对警源进行分析，同时结合警兆提出有效的缓解警情的对策。通过对筛选出来的先行指标中的各压力或承载力来源（压力指数、承载力指数）进行分析，可以直观地看出不同压力或承载力来源的占比，再结合预警趋势分析结果，提出减少压力或提升承载力的具体措施。

第4章

基于人工神经网络的水环境承载力短期预警技术方法

4.1 人工神经网络概述

4.1.1 人工神经网络基本理论

人工神经网络（Artificial Neural Network，ANN）是借助人脑神经系统存储和处理信息的某些特征，抽象出来的一种数学模型，是一个具有高度非线性的超大规模连续时间动力系统，是由大量神经元广泛互连形成的网络，具有强大的自学习能力、联想存贮能力和高速寻找优化解能力等特性。人工神经网络不必事先知道变量间符合什么规律或具有什么样的关系（线性或者非线性），在应用中只需根据实际问题确定网络结构，通过典型样本数据的学习，获得有关该问题的知识的网络权值，具有建模方便、操作性强、适用性广等特点。BP 神经网络模型即前馈神经网络模型（Back-propagation Neural Network），是目前应用最广泛的一种人工神经网络模型，可通过输入层、隐含层和输出层间的非线性输入输出映射关系处理大规模的复杂非线性优化问题，在分析时间序列和无规律的数据方面较传统的线性方法的精度更高。基本 BP 算法包括两个方面：信号的前向传播和误差的反向传播。信号的前向传播是指输入信息从输入层经隐含层处理后传入输出层，每一层神经元状态只影响下一层的神经元状态。若输出响应与期望输出模式存在误差，则转入误差的反向传播，即将误差值沿接通路反向传送，在此过程中修正各层连接权值，当各训练模式满足要求时，学习结束。所以 BP 算法的实质是选取梯度搜索法，按照误差函数的负梯度方向修改权值和阈值，从而获得最合适的结果。

4.1.2 BP 神经网络的结构

BP 神经网络模型拓扑结构包括输入层、隐含层和输出层（见图 4-1）。

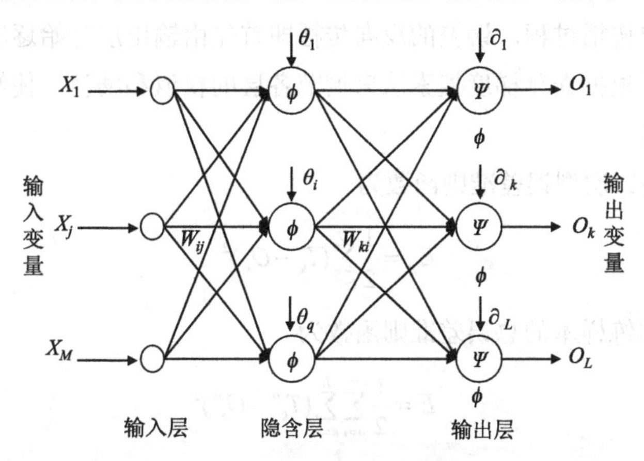

图 4-1　BP 神经网络示意图

图中：X_j 表示输入层第 j 个节点的输入；W_{ij} 表示隐含层第 i 个节点到输入层第 j 个节点之间的权值；θ_i 表示隐含层第 i 个节点的阈值；ϕ（x）表示隐含层的激活函数；W_{ki} 表示输出层第 k 个节点到隐含层第 i 个节点之间的权值，i=1，…，q；∂_k 表示输出层第 k 个节点的阈值，k=1，…，L；ψ（x）表示输出层的激活函数；O_k 表示输出层第 k 个节点的输出。

BP 神经网络算法包括以下两个方面的原理。

①信号的前进传播过程。输入信息从输入层经隐含层处理后传入输出层，每一层神经元状态只影响下一层的神经元状态。

隐含层第 i 个节点的输入（net）：

$$\text{net} = \sum_{j=1}^{M} W_{ij} X_j + \theta_i \tag{4-1}$$

隐含层第 i 个节点的输出（y_i）：

$$y_i = \phi(\text{net}) = \phi\left(\sum_{j=1}^{M} W_{ij} X_j + \theta_i\right) \tag{4-2}$$

输出层第 k 个节点的输入（net_k）：

$$\text{net}_k = \sum_{i=1}^{q} W_{ki} y_i + \partial_k = \sum_{i=1}^{q} W_{ki} \phi\left(\sum_{j=1}^{M} W_{ij} X_j + \theta_i\right) + \partial_k \tag{4-3}$$

输出层第 k 个节点的输出（O_k）：

$$O_k = \psi(\text{net}_k) = \psi(\sum_{i=1}^{q} W_{ki} y_i + \partial_k) = \psi\left[\sum_{i=1}^{q} W_{ki} \phi\left(\sum_{j=1}^{M} W_{ij} X_j + \theta_i\right) + \partial_k\right] \tag{4-4}$$

②误差的反向传播过程。误差的反向传播即首先由输出层开始逐层计算各层神经元的输出误差，然后根据误差梯度搜索法来调节各层的权值和阈值，使修改后的网络的最终输出接近期望值。

第 p 个样本的二次型误差准则函数为

$$E_p = \frac{1}{2}\sum_{k=1}^{L}(T_k - O_k)^2 \tag{4-5}$$

系统对 P 个训练样本的总误差准则函数为

$$E = \frac{1}{2}\sum_{p=1}^{P}\sum_{k=1}^{L}(T_k^p - O_k^p)^2 \tag{4-6}$$

目前最常用的激活函数是 S 型函数和双极性函数。

S 型函数（log-sigmoid）为

$$f(x_i) = \frac{1}{1 + e^{-x_j}} \tag{4-7}$$

它的导函数为

$$f'(x_i) = f(x_i)[1 - f(x_i)] \tag{4-8}$$

它们的输出范围都是［0，1］。

双极性函数（tan-sigmoid）为

$$f(x_i) = \frac{1 - e^{-x_j}}{1 + e^{-x_j}} \tag{4-9}$$

它的导函数为

$$f'(x_i) = \frac{1}{2}\left[1 - f^2(x_i)\right] \tag{4-10}$$

它们的输出范围都是［−1，1］。

4.1.3 BP 神经网络的特点

①信息分布存储：BP 神经网络模仿人脑处理信息的过程，通过神经网络内部神经元之间的连接参数值不断变化的方式将处理结果存储在网络中。

②信息并行处理：人脑在大规模并行与串行处理信息方面有着很大的优势，复杂的非线性信息可以在人脑中以并行的方式进行处理。系统通过多输入层、多隐含层以及反向传播和动态调整的方式，能够并行处理复杂信息。

③具有容错性：BP 神经网络通过众多神经元相互连接而成，即使局部或部分神经元遭到破坏，也不会对全局的训练造成太大的影响；BP 神经网络还可以通过系统内部连接参数值的动态调整来修正可能出现的误差。

④具有自学习和自适应能力：BP 神经网络可以利用“突触”去感受外界环境，主动去学习，自动提取输入数据、输出数据之间的“合理规则”，并自适应地将学习内容记忆于网络的权值中，在解决推理、意识等的复杂问题方面具有广泛应用前景。

4.1.4 MATLAB 中神经网络工具箱的介绍

MATLAB 是一款功能强大的数学软件，能够将矩阵计算、数据可视化、模拟仿真、数值分析、大量的专业工具箱等功能集成在一个开发环境中，在数据分析、信号处理、声音降噪处理、图像仿真、工业控制系统、通信系统等领域有着广泛应用。MATLAB 集成的神经网络工具箱中提供了大量函数来直接创建模型，避免重新对参数进行烦琐的设置，大大提升了神经网络的运算效率。在 MATLAB 4.0 及以上的版本中，提供了常用的神经网络模型，可以用于信号的非线性预测和调制解调、视频的压缩、机器人的神经控制、工业模型的故障检测等。

本研究采用 MATLAB R2016b 神经网络工具箱中的 BP 神经网络训练函数作为承载力预警系统的工具。关于 BP 神经网络的常用函数如下所述。

（1）BP 神经网络创建函数

newff 函数用于创建前馈神经网络，其调用格式为

net=newff（P，T，[S1 S2 … SN1]，[TF1 TF2 … TFN1]，BTF，BLF，PF，IPF，OPF，DDF）

式中：net —— 创建的 BP 神经网络；

P —— 输入数据矩阵；

T —— 目标数据矩阵；

[S1 S2 … SN1] —— 创建的神经网络中隐含层的层数；

[TF1 TF2 … TFN1] —— 构建网络过程中使用到的传输函数；

BTF —— 网络训练函数；

BLF —— 网络学习函数；

PF —— 性能分析函数，包括平均绝对误差函数（mae）、均方差性能分析函数（mse）；

IPF —— 输入处理函数；

OPF —— 输出处理函数；

DDF —— 验证数据划分函数。

（2）BP神经网络传递函数

传递函数是BP神经网络的重要组成部分。传递函数又称激活函数，必须是连续可微的。BP神经网络经常采用S型的对数或正切函数和线性函数。S型对数函数（logsig）的调用函数为

A=logsig（N）

Info=logsig（code）

S型双曲正切函数（tansig）的调用函数与此类似。

（3）BP神经网络学习函数

MATLAB的神经网络工具箱中提供了若干函数，用于BP神经网络的学习。其中，常用的是learngd函数，其通过神经元的输入和误差，以及权值和阈值的学习速率，来计算权值或阈值的变化率，调用格式如下：

[dW，ls]=learngd（W，P，Z，N，A，T，E，gW，gA，D，LP，LS）

[db，ls]=learngd[b，ones（1，Q），Z，N，A，T，E，gW，gA，D，LP，LS]

info=learngd（code）

（4）BP神经网络训练函数

BP神经网络中常用的训练函数为train函数。该函数的调用格式如下：

[net，tr，Y，E，Pf，Af]=train（NET，P，T，Pi，Ai）

[net，tr，Y，E，Pf，Af]=train（NET，P，T，Pi，Ai，VV，TV）

训练过程中的常规测试配置包括：

net.train Param.epochs：训练次数，默认值为100；

net.train Param.goal：网络性能目标，默认值为10；

net.train Param.max_fail：训练过程中允许失败的最多次数，通常设置为5；

net.train Param.show：训练次数的显示，间隔通常设置为25；

net.train Param.time：最长训练时间，默认值为inf。

（5）BP神经网络性能分析函数

在MATLAB神经网络工具箱中提供了MSE函数，用于实现BP神经网络的均方误差性能，其调用格式为

perf=mse（E，Y，FP）

dPerf_dy=mse（dy，E，Y，X，perf，FP）

dPerf_dx=mse（dy，E，Y，X，perf，FP）

info=mse（code）

（6）BP神经网络显示函数

可以调用plotes函数绘制神经元误差曲面图。其调用格式如下：

E=errsurf（P，T，WV，BV，F）

plotes（WV，BV，ES，V）

式中：WV —— 权值的 N 维向量；

BV —— M 维的阈值向量；

ES —— 误差向量组成的 $M \times N$ 维矩阵；

V —— 曲面的视角。

4.2　基于 BP 神经网络的水环境承载力预警技术方法

4.2.1　基本思路与技术方法路线

根据预警逻辑和框架（明确警义、识别警源、预测警情、判别警兆及评判警情、划分警限及界定警度、排除警情），首先明确警义，水环境承载力预警是指对水环境未来的超载状态进行测度，预报不正常状态的时空范围和危害程度并提出防范措施。将警情定义为水环境承载力超载状态的不理想，包括水环境承载力不同程度的超载及未能充分利用水环境承载力。在明确警义之后，需要对警源进行识别，应考虑影响水环境承载力的因素、特点、数据可得性，筛选合适的表征指标。识别警源后，基于 BP 神经网络建模对水环境承载力超载状态进行预测，即预测警情。人工神经网络模型可通过输入层、隐含层和输出层间的非线性输入输出映射关系处理大规模的复杂非线性优化问题，以此为数学依据对水环境承载力承载状态进行预警。判别警兆是通过神经网络模型训练结果对水环境承载力超载状态及趋势进行分析，并构建综合的超载状态指数，考察是否有可能出现警情。最后，在划分警度后，结合预警结果，给出排警措施及建议（见图 4-2）。

具体步骤如下：

①指标体系构建。考虑影响水环境承载力的因素、特点以及数据可得性，选择输入指标，并构建输出层指标。模型输出为水环境承载力指数，在有水环境容量数据的情况下，水环境承载率作为输出指数。在没有水环境容量数据的情况下，水环境容量相对大小可以由地表水资源量、水质目标和上游来水浓度决定。地表水资源量越大，水质目标要求越高，理想水环境容量越大，而上游来水污染物浓度越高，可利用的剩余水环境容量越小。

②训练样本构建。在构建训练样本时，考虑到水环境指标数据与承载力指数的先行关系，即上一年或上几年的指标数据对下一年的承载力指数有影响，可以进行滚动预测，若以研究时间序列为 3 年进行研究，则用前 3 年的水环境指标数据预测第 4 年的水环境承载力指数和水资源承载力指数。样本构建方式为前 3 年的指标数据处理后作为输入神经元，对应的第 4 年承载力指数作为输出神经元，一一对应。

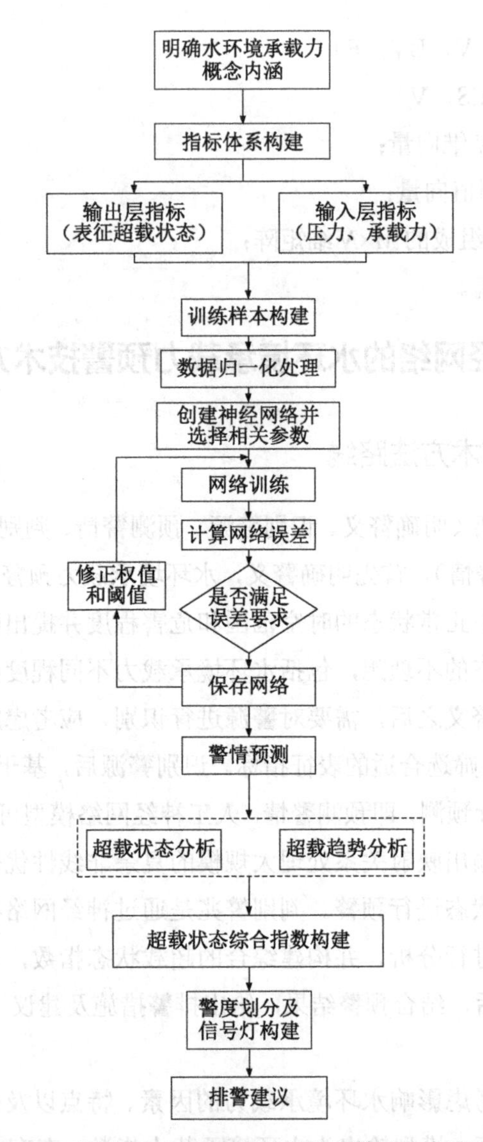

图 4-2　基于人工神经网络的短期预警技术方法路线

③样本数据处理。采用极大值、极小值标准化方法，对指标进行归一化管理。

④相关参数确定。BP 神经网络包括一个输入层、一个输出层和一个至多个隐含层。其中，输入层节点数即为确定的指标个数，如以影响水环境承载力的 13 项指标数据作为输入数据，则确定构建的 BP 神经网络输入层节点数为 13；隐含层神经元个数是具体实现神经网络非线性功能的系统元素，考虑到所研究问题的复杂性和非线性因素，可以结合公式，通过“试错法”来确定隐含层节点数，即选取神经网络输出误差最小对应的隐含层节点数；输出层神经元的个数需要根据实际问题来确定，输出层的数据为水环境承载力指数，则输出层节点数为水环境承载力指数的个数。

⑤网络训练及保存。对传递函数，一般隐含层使用 sigmoid 函数，也可选择线性函数，可根据数据归一化后的区间确定；算法选择梯度搜索法。

⑥警情预测。根据模型的模拟结果，对水环境承载力超载状态及趋势进行分析，并构建综合的超载状态指数，对水环境承载力承载状态进行预测。

⑦警限确定。在可以计算或直接获取水环境容量数据的条件下，警限划分可采取控制图法（3σ 法），将综合警情指数值划分为 4～5 个等级：优秀（不超载）、良好（不超载）、轻度超载、中度超载和重度超载状态。在无法计算或直接获取水环境容量数据的情况下，比较相对大小可采用几何间隔法或自然间断法。

⑧结合警情分析结果，提出减少压力或提升承载力的排警建议。

4.2.2　水环境承载力预警指标体系构建

在明确警义和识别警源的基础上构建预警指标体系，包括警情指标和反映警情的指标两部分。本研究将警情定义为水环境承载力承载状态的不理想，因此警情指标采用表征水环境承载力超载状态的指数，可以利用前文提到的水环境承载率来表示。反映警情的指标是指影响水环境承载力承载状态的诸多因子，可以参考相关文献、统计资料，采用具有代表性和高频率的指标。警情是水环境承载力和社会经济发展压力共同作用的结果，辨识各种可能对水环境承载力承载状态有影响的经济、人类社会活动，确定合适的反映警情的指标是保障流域预警精度的前提。在选择指标时应注意以下原则。

①注重灵敏性和可操作性。灵敏性指所选取的预警指标要对水环境承载力安全运行变化的强弱有灵敏的反映能力，既能清晰反映当前承载力状态，又能客观反映承载力的未来变化趋势，还能及时反映承载力的调控效果。同时，也要注重选取指标的数据可得性、可靠性和可比性，以保证可操作性。

②注重水环境承载力的内涵表达。不同的指标反映水环境承载力的不同方面，且对其的反映程度也是不同的。因此在选取指标时，需要选择反映水环境承载力内涵的指标。

③注重指标的代表性。在设置指标体系时，往往会有几个指标同时表征一个水环境承载力分量的情况发生，有时指标之间就会产生重复设置的问题。因此，应选取代表性强的指标，避免指标重复的现象出现。

④注重指标数据的及时性。从监测到数据发布，中间往往需要一段时间，这段时间对于不同指标来说长短不一。为克服统计工作的时滞性，应尽量选择公布快速的指标，尽快获取预警结果。

⑤具备实用性，能够切实运用于监测预警工作中。构建预警指标体系的最终目的是将其运用于流域水环境承载力实际监测预警中，因此指标的选取应做到监测方法和途径切实可行，能够方便有效地运用于实际监测预警工作中。

基于以上原则，在实际研究中，可以从压力和承载力两个方面考虑影响水环境承载力承载状态的因子，再根据研究区域的具体特点选择指标，见表 4-1。

表 4-1 反映水环境承载力警情的相关指标体系

准则层	指标层
压力	总人口
	GDP
	第三产业占比
	工业增加值
	耕地面积
	畜禽养殖规模
	万元 GDP 废水排放量
	万元 GDP 氨氮排放量
	万元 GDP 总磷排放量
	万元 GDP COD 排放量
	万元 GDP 水耗
	人均水耗
承载力	水资源总量
	降水量
	林木绿化率
	水源涵养量
	水面面积占比
	水质净化能力
	节能环保支出占比
	节水量
	污水处理厂处理规模

4.2.3 基于 BP 神经网络的警情预测模型

4.2.3.1 建模步骤

在利用 BP 神经网络构建模型时，首先要在构建预警指标体系的基础上确定时间序列的步长，得到输入输出模式。在本研究中，水环境承载力预警的输入是反映警情的指标，输出是警情指标。然后设计网络结构，之后利用构建好的样本集创建并训练网络，使网络得到系统给定的输入、输出之间的映射关系。训练好的、满足误差要求的 BP 神经网络就是之后根据新的输入数据进行警情预测的神经网络。

在 MATLAB 软件中创建 BP 神经网络和使用该网络进行预测的基本步骤可分为以下几步（见图 4-3）。

①设计模型输入输出样本，包括网络输入变量和输出变量的选择、训练样本和检验样本的选择、样本数据的预处理等。

②创建网络，并进行训练。调用 newff 函数创建 BP 神经网络，调用 train 函数对训练样本进行训练。需要确定神经网络的隐含层数、各层神经元个数、最大训练次数、最大训练时间、目标误差、学习步长及学习算法等。

③测试和修改网络。调用 sim 函数对检验样本进行模拟，测试网络，如果网络输出与实际值误差过大，则需要根据实际情况重新构建训练输入输出样本、调整学习算法或网络结构。

④使用训练好的网络进行警情指标预测。

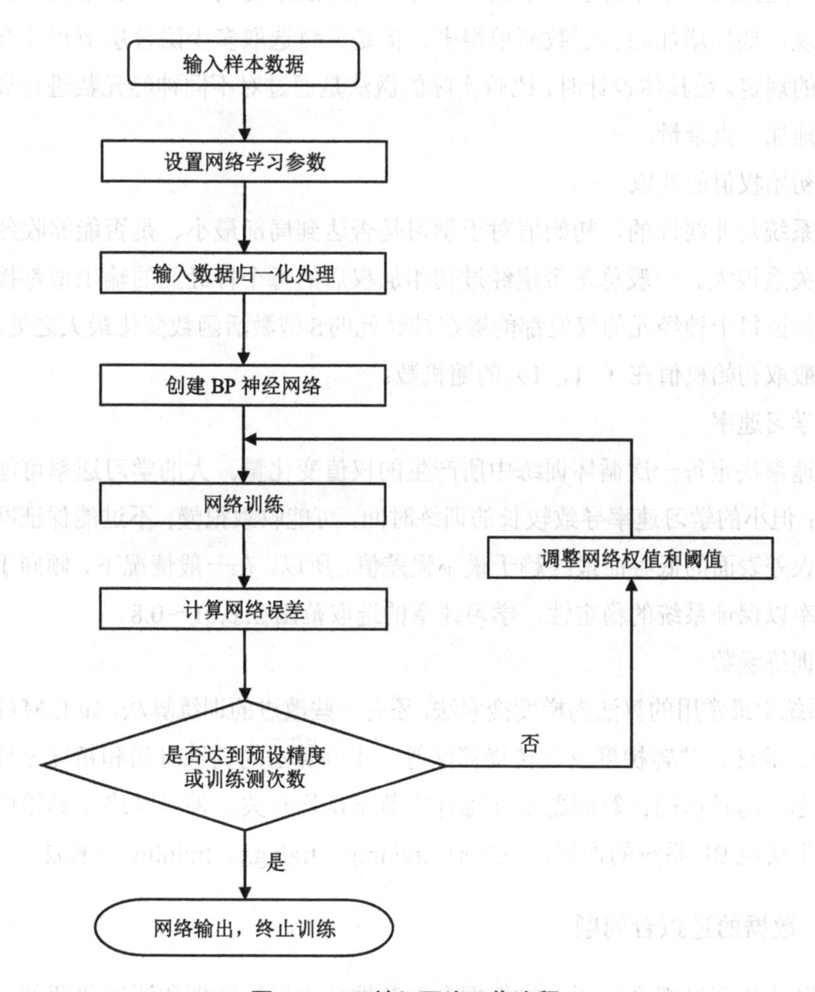

图 4-3　BP 神经网络工作流程

4.2.3.2 模型结构的设计

（1）网络的层数

理论上证明，只要隐含层节点数够多，一个 3 层的神经网络便可以任意精度逼近一个非线性函数。增加层数可以更进一步地降低误差、提高警度，但同时也使网络复杂化，从而增加了网络权值的训练时间。而误差精度的提高实际上也可以通过增加神经元数来获得，其训练效果也比增加层数更容易观察和调整。所以一般情况下，应优先考虑增加隐含层中的神经元数。

（2）隐含层的神经元数

可以通过采用一个隐含层、增加神经元数的方法来提高网络训练精度。在这一网络结构上实现，要比增加隐含层数简单得多。但是究竟选取多少隐含层节点才合适并没有一个明确的规定。在具体设计时，比较实际的做法是通过对不同神经元数进行训练对比，然后适当地加一点余量。

（3）初始权值的选取

由于系统是非线性的，初始值对于学习是否达到局部最小、是否能够收敛及训练时间的长短关系很大。一般总是希望经过初始加权后的每个神经元的输出值都接近于零，这样可以保证每个神经元的权值都能够在神经元的S型激活函数变化最大之处进行调节。所以，一般取初始权值在（−1，1）的随机数。

（4）学习速率

学习速率决定每一次循环训练中所产生的权值变化量。大的学习速率可能导致系统的不稳定；但小的学习速率导致较长的训练时间，可能收敛很慢，不过能保证网络的误差值不跳出误差表面的低谷而最终趋于最小误差值。所以，在一般情况下，倾向于选择较小的学习速率以保证系统的稳定性。学习速率的选取范围在 0.01～0.8。

（5）训练函数

BP 系统中最常用的算法为梯度搜索法，还有一些改进的训练算法，如 L-M（Levenberg-Marquardt）算法、共轭梯度反向传播算法等。不同算法的训练时间和精度差异较大，训练算法的选择与具体的计算问题及训练样本数据量均有关。神经网络工具箱中包含若干函数，用于实现 BP 系统的训练，主要有 trainbfg、traingx、trainlm 等算法。

4.2.3.3 数据的过拟合问题

为了防止出现过拟合问题，先把拥有的数据分为训练数据和测试集两部分，进一步将训练数据分为训练集和验证集，训练集用于对神经网络进行训练，验证集用于测试性能并调整超参数，测试集用于对模型性能做出最终评价。在划分训练集和验证集时使用交叉检验法，找到使得模型泛化性能最优的超参数，之后在全部训练集上重新训练模型。常见的交叉检验方法有留出法（Hold-Out Method）、K 折交叉验证（K-fold Cross Validation）、留一交叉验证（Leave-One-Out Cross Validation）等。本研究将 K 折交叉验证用于模型调优，原理是将原始训练集划分为 K 组大小相似的互斥子集，每次将其中的一组作为测试集，剩下的 K–1 组作为训练集，进行 K 次训练和检验，最终返回 K 个测试结果，使用 K 次测试返回结果的平均值作为评估指标。较为常用的是 K 取 10，即“十折”，见图 4-4。

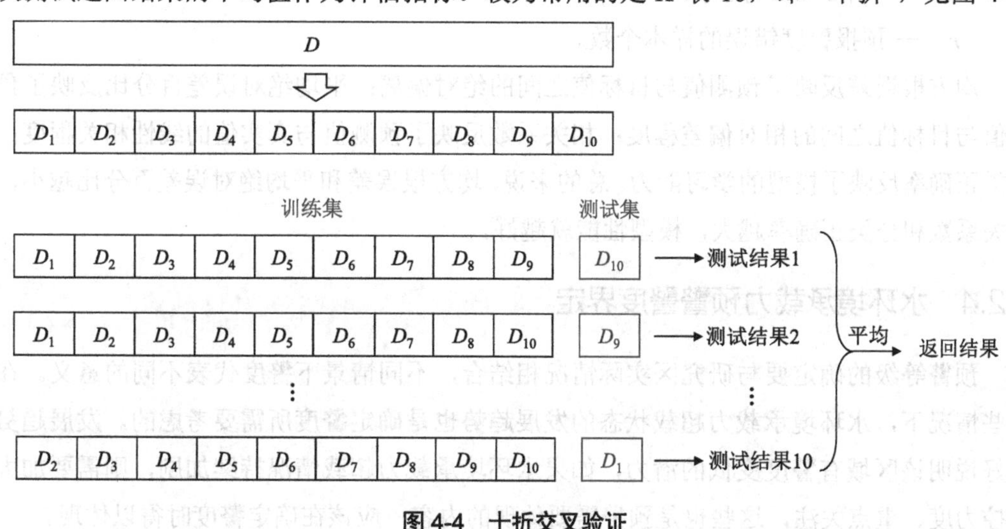

图 4-4　十折交叉验证

4.2.3.4　模型性能评价

在本研究中，采用均方根误差（RMSE）、平均绝对误差百分比（MAPE）、相关系数（R）和分类正确率（CATS）来评价模型的性能。

①均方根误差（RMSE）：

$$\mathrm{RMSE}=\sqrt{\frac{1}{n}\sum_{i=1}^{n}(d_i-D_i)^2} \tag{4-11}$$

②平均绝对误差百分比（MAPE）：

$$\mathrm{MAPE}=\frac{1}{n}\left(\sum_{i=1}^{n}\left|\frac{d_i-D_i}{d_i}\right|\right)\times 100\% \tag{4-12}$$

③相关系数（R）：

$$R=\frac{\sum_{i=1}^{n}(d_i-\overline{d_i})(D_i-\overline{D_i})}{\sqrt{\sum_{i=1}^{n}(d_i-\overline{d_i})^2\cdot\sum_{i=1}^{n}(D_i-\overline{D_i})^2}} \tag{4-13}$$

④分类正确率（CATS）：

$$CATS = 1 - \frac{r}{n} \tag{4-14}$$

式中：n —— 样本数；

d_i —— 预测值；

D_i —— 相应的目标值；

r —— 预报警度错误的样本个数。

均方根误差反映了预测值与目标值之间的绝对偏离；平均绝对误差百分比反映了预测值与目标值之间的相对偏差程度；相关系数反映了预测值与真实值的线性相关程度；分类正确率反映了模型的学习能力。总的来说，均方根误差和平均绝对误差百分比越小，相关系数和分类正确率越大，模型性能就越好。

4.2.4 水环境承载力预警警度界定

预警等级的确定要与研究区实际情况相结合，不同情景下警度代表不同的意义。在某些情况下，水环境承载力超载状态的发展趋势也是确定警度所需要考虑的。发展趋势向好说明该区域有警度变低的潜力，如果水环境承载力超载情况持续加剧，则需要加大调控力度、重点关注，这些也是预警需要体现的内容，应该在确定警度时得以体现。

本研究将水环境承载力承载状态分为4～5个等级，结合交通信号灯设计原理，设置4～5个预警警度，分别用绿灯、黄灯、橙灯和红灯等表示，见表4-2。

表4-2 水环境承载力警度划分

警限标准	承载力预警状态	警度	警示灯颜色
$(-\infty, a)$	不超载	无警（优秀）	深绿色
$[a, b)$	不超载	无警（良好）	浅绿色
$[b, c)$	轻度超载	轻警	黄色
$[c, d)$	中度超载	中警	橙色
$[d, +\infty)$	重度超载	重警	红色

“绿灯”表示区域水环境承载力承载状态优秀或良好，水环境足以支撑目前的社会经济活动，经济社会与环境协调发展，是比较满意的状态。

“黄灯”表示区域水环境承载力出现轻微超载现象而产生轻警，但是水环境承载力超载状态是趋缓的，需要采取一定的措施让水环境持续向好、消除警情，最终回到安全状态。

“橙灯”表示区域水环境承载力处于较为严重的超载状态，各种环境问题开始出现，必须采取有效的措施来改善超载状况，防止情况进一步恶化。

“红灯”表示区域水环境承载力超载状态处于危险的水平，水环境系统可能会进入失调衰败的状态。

4.2.5　水环境承载力预警排警决策

当警情发生时，决策者需要采取一定的响应来解除警情，这种响应就是排警决策。但是排警决策的制定要有依据，应该从警情发生的角度进行分析，同时还应考虑决策的可行性和成本大小。在实际中，可以考虑从双向操控的角度提出缓解水环境承载力超载状态的对策，一方面可以提高水环境承载力，另一方面可以降低社会经济活动给水环境带来的压力。最后综合考虑研究区域的实际情况，提出缓解水环境承载力超载状态的对策建议。

第 5 章

基于系统动力学的水环境承载力中长期预警技术方法

5.1 系统动力学概述

系统动力学（System Dynamics，SD）是由美国麻省理工学院（MIT）的 J. W. 福瑞斯特（J. W. Forrester）教授提出的，其以系统分析和因果反馈的理论为基础，可结合计算机模拟仿真来研究复杂系统的发展动态。近年来，系统动力学在总结运筹学的基础上，综合系统理论、系统工程学、信息反馈理论、决策理论、情景分析仿真与计算机科学等理论，逐渐发展成了一门崭新的学科。许多公司开发了相应的系统动力学软件，如 Stella、Vensim、iThink、DYNAMO、Powersim 等，也有仿真软件在内部集成的系统动力学模块，如 Anylogic。

系统动力学模拟是一种“结构—功能”的因果机理性模拟，一反过去常用的功能模拟（也称黑箱模拟）法，从系统的微观结构入手建模，构造系统的基本结构和信息反馈机制，进而模拟与分析系统的动态行为。系统动力学强调系统行为主要是由系统内部的机制决定的，擅长处理高阶次、非线性、时变的复杂问题；在数据不足及某些参量难以量化时，以反馈环为基础依然可以做一些研究，是定性分析与定量分析的统一。系统动力学根据现存的已知系统，结合研究目的、现状和历史数据、系统内要素关系以及前人的实践经验来建立模型。相对于其他预测方法，系统动力学对复杂系统在时间序列上的动态研究更有优势，可用于决策管理研究，并可根据输出结果对系统进行优化。环境系统动力学模型就是把系统动力学的相关理论和研究方法引入环境领域。英国科学家马尔科姆·斯莱塞（Malcom Sleeser）利用系统动力学方法，开发了提高承载力策略（Enhancement of Carrying Capacity Options，ECCO）模型。ECCO 模型综合考虑人口、资源、环境与发展之间的关系，可以模拟不同发展策略下人口与承载力之间的动态变化。ECCO 模型把承载力研究与持续发展策略相结合，强调长期性和持续性，为制订切实可行的长期发展计划提供了一条行之有效的途径。

系统动力学是基于系统内在的行为模式与结构间紧密的依赖关系，通过建立数学模型，逐步发掘出产生变化形态的因果关系，对系统问题进行研究。系统动力学着眼于系统的反馈过程，物质和信息反馈的因果关系是构成其研究系统结构的基础。一般采用因果反馈回路图来表示这一反馈过程，并按照一定的规则从因果逻辑关系图中逐步建立系统动力学流图（stock and flow diagram）。流图内的主要参数有状态变量（又称水平变量或流位）、速率变量（又称流率）和辅助变量。这些变量可以组成5类方程式来构建系统流图，具体如下。

①状态变量方程（流位方程）：状态变量是速率变量的差值和初始值经过时间累积后的量，在流图中以矩形表示，方程通常为微分方程：

$$L_j = L_i + \mathrm{d}t \times \left(\mathrm{FI}_{ij} - \mathrm{FO}_{ij}\right) \tag{5-1}$$

式中：L_j —— j 时刻状态变量值；

L_i —— j 的前一时刻 i 的状态变量值；

$\mathrm{d}t$ —— 时刻 i 至时刻 j 的时间长度，又称时间步长；

FI_{ij} —— $\mathrm{d}t$ 内的状态变量 L 流入速率；

FO_{ij} —— $\mathrm{d}t$ 内的状态变量 L 流出速率。

②速率变量方程（流率方程）：状态变量和辅助变量构成的函数决定了速率变量，此函数即速率变量方程。方程得到的速率变量对状态变量会进行新的增减，从而又影响下一个时间步长后的方程和速率变量。

③辅助方程：辅助方程是设定速率变量的“转换器”，用来描述状态变量对速率变量的影响，但在速率变量方程之前计算。此方程既不符合状态变量方程，也不符合速率变量方程，是两者之外的对速率的额外描述。辅助方程中可使用表函数来表示变量随时间的非线性变化。

④常量方程：为了使系统尽可能的简练，常使用常数作为参量。给常数赋值的方程即常量方程。

⑤表函数：表函数是一种可以表示变量之间的非线性关系的函数，在系统动力学模型中得到了非常普遍的应用。应变量和自变量的关系可以随时间变化，比如在模拟政策影响时，可通过从某一时刻开始改变表函数中的参数值来进行考察。

5.2 基于系统动力学的水环境承载力预警技术方法

5.2.1 基本思路与技术方法路线

根据预警逻辑和框架（明确警义、识别警源、预测警情、判别警兆及评判警情、划分警限及界定警度、排除警情），首先明确警义，结合预警内涵，本研究将警情定义为超载状态的不理想。在明确警义之后，需要对警源进行识别。警源即警情的来源，识别警源是预警方法的起点，本研究通过系统分析，基于系统内的因果反馈回路来识别警源，一是为预测警情时模型的建立提供基础，二是为警度界定后的排警提供依据。识别警源后，需要依据系统动力学建模对水环境承载力超载状态进行预测，即预测警情。警情的预测是预警系统的信息来源，也是系统运行的前提。然后，对警兆进行分析判别。警兆即警情的预兆，也可以说其是警情演变时的一种初始形态。警兆预示着警情有可能发生，需要根据其状态和趋势进行分析。对警兆进行分析判别，实际上是在评判警情前对系统做出的预判，考察是否有可能出现警情，需不需要对预测结果进行下一步的评判。如判别警兆后得到了警情可能发生的结果，则需要进一步对预测得到的警情进行评判，结合警义，通过统一、客观的方法来量化表征警情，以便界定其所在的警度。警度即警情危急的程度，界定并预报警度时，警情不能直接转化为可以预报的警度，而是要在划分警限、界定警度后，通过警限来转化为警度，从而达到预报警度的目的。对警限，不仅需要根据系统化的理论，还应结合研究区域的规划情况进行确定。最后，需要对警情进行排除，即排除警情。排警决策是指应对警情的响应手段，在确定排警决策时，不仅要考虑警情和警度，更要对警情的“火种”——警源进行分析，同时结合警兆提出有效的缓解警情的对策。

系统模拟的预警技术以系统分析和因果反馈的理论为基础，根据已知系统，结合研究目的、现状和历史数据、系统内要素关系等建立模型，动态跟踪警兆、警情的发展。首先，对所研究的问题、系统边界和水环境承载力各子系统（社会经济、水环境、水资源、水生态等）进行分析，绘制因果反馈回路图。在此基础上，编写模型方程、设定参数，并对模型进行有效性检验（包括运行检验、直观性检验和历史性检验等）及灵敏度分析。最后，结合情景设计，对系统进行模拟仿真及预警，分析不同排警决策对系统的影响。

具体步骤如下：

①明确警义。对水环境承载力承载状态进行最基本的定性判别，结合预警内涵，兼顾主体功能区划和水环境系统的发展态势，将警情定义为水环境承载力承载状态的不理想，包括水环境承载力超载，未能充分利用水环境承载力，以及水环境和社会经济发展不耦合、不协调等不正常情况。

②识别警源。实质是考察社会经济发展对水环境造成的影响，从系统分析角度，确定系统边界，对社会经济及水环境系统进行结构分析，包括分析系统的层次和子模块，确定变量和变量之间的因果关系，建立变量之间的因果反馈回路图。

③预测警情。建立系统动力学模型，编写模型方程并输入其中的系统参数，并利用历史数据对模型的有效性进行检验，对灵敏度进行分析。

④判别警兆。将水环境承载率作为警兆指标，从状态和趋势两个方面判别警兆。

⑤评判警情。构建内梅罗指数及社会经济与水环境耦合协调度，对水环境承载力

承载状态进行评判。

⑥划分警限及界定警度。对水环境承载力承载状态进行评判后，得到的计算值即为警情指标；在警情指标标准化的基础上，采用控制图法划分警度的界限值，并设立警灯。

⑦排除警情。排警决策要基于对警源、警兆、警度的分析，同时应考虑手段的可行性和措施成本。可从双向调控角度提出水环境承载力超载状态的缓解对策，一方面需要提高水环境承载力，另一方面需要降低社会经济发展带来的压力，考虑研究区域的特性，对可行的手段进行筛选；进一步，可基于排警决策情景对排警后的系统进行模拟仿真，考察警情是否能得到排除。

基于系统动力学的中长期预警技术方法路线见图5-1。

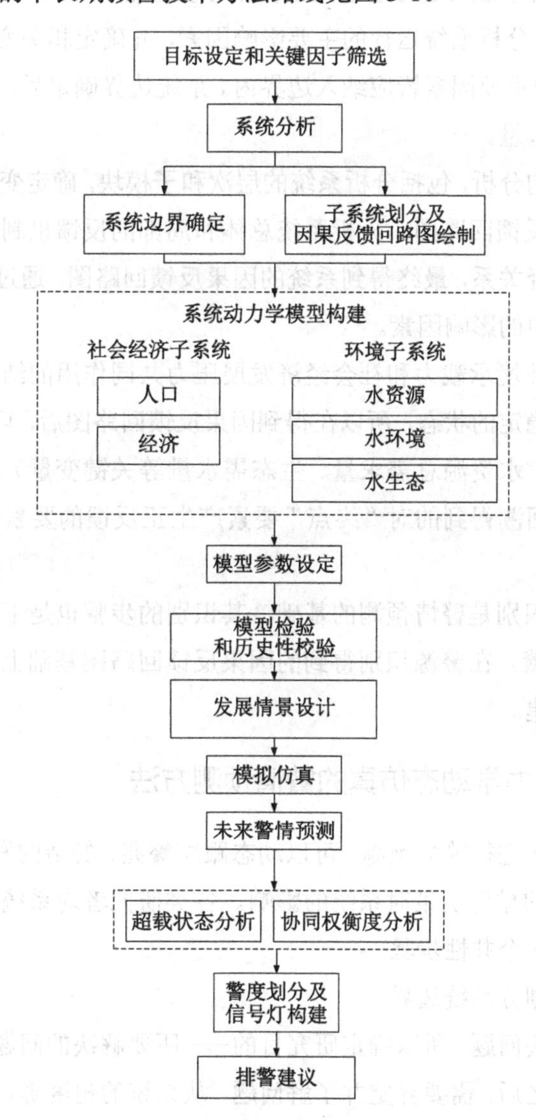

图5-1 基于系统动力学的中长期预警技术方法路线

5.2.2 基于系统分析的警源识别方法

系统思考是一种分析综合系统内外反馈信息、非线性特性和时滞影响的整体动态思考方法，是分析研究和处理复杂系统问题的一种方法架构。区域社会经济和水环境在相互影响和相互作用下形成了一个非线性、高阶次的复杂系统。对警源的识别，实质是考察社会经济发展对水环境造成的影响，因为发展带来的压力正是警情的来源。

在识别警源的实际操作中，可以按照以下步骤进行：

①调查收集系统的背景资料，在此基础上认识问题、确认目标。这一步需要和警义明确相结合，明确水环境承载力超载状态是研究的主要矛盾。

②确定系统边界，分析系统运行的主要影响因素，并确定相关变量。根据警义确定系统边界，与警情相关的重要因素皆应纳入边界内。系统边界确定后，可决定系统的内生变量、外生变量以及输入量。

③对系统进行结构分析，包括分析系统的层次和子模块，确定变量之间的因果关系，建立变量之间的因果反馈回路图。分析系统总体和局部的反馈机制，从而确定系统回路和回路之间的反馈耦合关系，最终得到系统的因果反馈回路图。通过因果反馈回路图，即可识别警情产生过程中的影响因素。

④由于警情是水环境承载力和社会经济发展压力共同作用的结果，承载力在一定时空范围内又处于相对稳定的状态，所以在得到因果反馈回路图后，可从压力的“终点”要素（如污染物排放量、水资源总需求量、生态需水量等关键变量）逆着因果反馈回路回溯，寻找源头，最终回溯得到的对“终点”要素产生正反馈的要素便是值得关注的警情来源——警源。

系统分析的警源识别是警情预测的基础。其识别的步骤也是下文利用系统动力学建模预测警情的先导步骤。在警源识别得到的因果反馈回路图基础上，可以勾画系统动力学流图，进行模型构建。

5.2.3 基于系统动力学动态仿真的警情预测方法

采用系统模拟方法进行警情预测，可以动态跟踪警兆、警情的发展；此外，结合情景分析，还可考察不同的排警决策对系统的影响。各类研究者对系统动力学的建模步骤说法不一，主要有以下 6 个共性步骤。

（1）确定目标，划分系统边界

建模的目的是解决问题，所以确定研究目的——所要解决的问题是研究的第一步。在确定所要研究的问题之后，需要界定并了解问题，从系统的角度确定研究的范围，再将与问题有重要联系的要素纳入系统范围。对系统有较大影响但与研究问题无关的要素可以用输入变量和输出变量来表达。

（2）综合分析系统，描绘因果回路图

综合分析系统是建立模型的前期基础工作。首先需要调研系统范围内的现实资料，包括各要素之间的关系、相互作用的机制、关键参数的历史数据等。在此基础上，建立系统的层次结构，建立要素之间的反馈机制。如对系统进行子系统的划分，应有充分的划分依据，对子系统之间的关系也应充分考察。最后根据以上分析，描绘系统内部的因果反馈回路图。

步骤（1）和步骤（2）在预警的实际操作中，已在识别警源时完成，之后的步骤应建立在识别警源的基础上。故下述步骤中的系统分析和因果反馈回路图描绘结果，实际上均为警源识别所得到的结果。

（3）绘制流图，建立模型

在上一步的系统分析和因果反馈回路图描绘的基础上，绘制系统流图，流图可以很生动地体现系统的结构特征。确定流图后，进一步编写模型方程并输入其中的系统参数。

（4）模型有效性检验

有效性检验包括运行检验、直观性检验和历史性检验等，主要是为了验证模型是否正确建立，结构设置和参数定值是否合理，模型的运行是否能较好地表征真实系统的发展。

（5）灵敏度分析

灵敏度分析可以用来度量模型参数对关键变量的影响。该分析通过一定程度地改变参数值来考察关键变量对此产生的变化。复杂系统中的关键变量对大部分参数都是相对不灵敏的，而灵敏度较高的参数应该作为模型中重点观察的对象，应分析此类参数与研究问题之间的关联。尤其是在将系统动力学模型用于决策辅助时，灵敏度分析可以帮助决策者观察不同决策对系统运行产生的影响，利于决策者对措施进行筛劣取优或者集成优化。

（6）模型应用

模型通过验证后就可以投入应用。系统动力学模型不仅可以运用于系统预测、决策支持和系统优化方面，还可与其他系统或者方法结合，满足更深层次的应用需求。例如，系统动力学可与情景分析方法相结合，考察不同对策情景下系统的发展动态。此外，系统动力学模型还可与投入产出分析结合，分析系统要素间的技术经济关系；可与遗传算法结合，寻找最优的控制方案；可与GIS结合，考察资源利用的配置模式等。

5.2.4 水环境承载力超载状态警兆判别方法

警兆是警情演变过程中显现的兆势，如能观察到警兆，便说明警情可能已经发生。由于警情有累积性的特点，可以在对警情进行报警之前先判别警兆，预先考察系统目前态势是否安全，明确有无必要进行下一步预警。

可采用环境承载率作为警兆指标，从状态和趋势两个方面判别警兆。环境承载率是社会经济压力与环境可承载能力的比值。水环境承载率可以直观对比压力是否超出水环境的承载能力，衡量现状值和理想值的差距，其计算公式如下：

$$I=\left(I_1,I_2,\cdots,I_n\right) \tag{5-2}$$

$$I=\frac{\vec{d}}{\overrightarrow{d^*}} \tag{5-3}$$

式中：$\vec{d}$ 和 $\overrightarrow{d^*}$ —— 发展变量和水环境承载力。

由公式可以看出，I 值在［0，1）范围内，水环境可承载区域内的人类活动；I=1 时，处于恰可承载状态；I＞1 时，水环境超载，且 I 越大，超载情况越严重。基于前文水环境承载力概念厘定中的水生态承载力超载状态度量方法，对水环境中的水生态分量，采用生态需水保障指数作为警兆指标，其值计算为

$$I=\frac{W_{\text{ECO-D}}}{W_{\text{ECO-P}}}=\frac{1}{R_{\text{ECO}}} \tag{5-4}$$

式中：$W_{\text{ECO-D}}$ 与 $W_{\text{ECO-P}}$ —— 生态需水量和生态供水量；

R_{ECO} —— 生态需水保障率。

一般认为，在不超载但 I≥0.8 时，系统进入了临界超载区。如果此时 I 还保持增大的趋势，则极有可能超载。所以本研究中将 I≥0.8 且有增大趋势判别为警兆出现，需要进行下一步预警。

5.2.5 水环境承载力超载状态警情评判方法

（1）内梅罗指数法

内梅罗指数法是一种比较常用的超载状态评判方法，该方法以上文警兆判别中提到的环境承载率和生态需水保障指数作为评价基础。

水环境承载力超载状态指数（C）的计算公式如下：

$$C=\sqrt{\frac{\left[\text{MAX}(I_j)\right]^2+\left[\text{AVG}(I_j)\right]^2}{2}} \quad j=1,2,\cdots,n \tag{5-5}$$

可以看出，C 在［0，1）区间时，区域内的人类经济发展程度在水环境可承载范围内，且 C 越接近 0，区域的开发潜力越大，水环境受压力的影响越小；C=1 时，区域内水环境恰能承载人类活动强度；C＞1 时，则社会经济压力超出了水环境可承载的程度，需要及时采取措施，使区域恢复到可承载的状态。水环境的长期超载不仅会使水量减少、水质恶

化，限制社会经济的发展，还会产生水生态系统崩溃的危险。本研究在计算水环境承载力超载状态综合指数时，集成了水环境容量承载率、水资源承载率和生态需水保障指数，与前文水环境的 3 个方面对应，分别从水环境容量、水资源和水生态 3 个角度体现其超载状态，即：

$$C=\sqrt{\frac{\left[\mathrm{MAX}\left(I_1,\ I_2,\ I_3\right)\right]^2+\left[\mathrm{AVG}\left(I_1,\ I_2,\ I_3\right)\right]^2}{2}} \tag{5-6}$$

式中：I_1、I_2、I_3 —— 水环境容量承载率、水资源承载率和生态需水保障指数。

（2）社会经济与水环境耦合协调度

耦合源于物理学科，是指两个或两个以上系统经相互作用而互相影响的程度。从协同学原理来讲，子系统之间的耦合程度决定了整个系统在稳定临界点时结构和序的走向。系统的耦合作用由系统内部序参量的协同作用集成而来，在此类作用下，子系统之间通过低水平耦合、拮抗、磨合、高水平耦合 4 个阶段，使系统向有序阶段发展。所以，社会经济发展和水环境之间的耦合作用可视为两个系统相互作用的集合。这个相互作用中，既有社会经济发展对水环境产生的压力和胁迫作用，也有水环境对社会经济发展产生的约束作用；既有水环境对社会经济发展的承载支撑作用，也有社会经济发展导致的理论技术进步对水环境的改善作用。子系统间耦合度越高，系统往有序稳定方向发展的趋势就越大，耦合度的计算方法如下：

首先在系统内选取序参量，序参量是决定系统序的变化的关键参数。序参量的值越大、系统耦合越好时，系统功效贡献为正功效指标；其值越小、系统耦合越好时，系统功效贡献为负功效指标。序参量的功效函数计算方法如下：

$$u_i=\begin{cases}\left(x_i-\beta_i\right)/\left(\alpha_i-\beta_i\right) & \text{正功效指标}\\ \left(\alpha_i-x_i\right)/\left(\alpha_i-\beta_i\right) & \text{负功效指标}\end{cases} \tag{5-7}$$

式中：u_i —— 单个序参量对子系统的功效函数值，即对子系统功效的贡献值；

x_i —— 序参量值；

α_i 和 β_i —— 序参量值在系统内的上下限值。

由功效函数的意义和算法可知，$u_i\in[0,1]$，越接近 1，功效越大，越能使人满意；越接近 0，功效越低，越不使人满意。

在计算单个序参量对子系统的功效函数后，需要对结果进行集成，一般以线性加权法或几何平均法计算单个子系统的综合功效值，计算公式如下：

$$U_j=\sum_{i=0}^{n}\lambda_i u_i \quad 且\sum_{i=0}^{n}\lambda_i=1 \tag{5-8}$$

$$或\ U_j = \sqrt[n]{u_1 u_2 \cdots u_n} \tag{5-9}$$

式中：U_j —— 子系统功效值；

λ_i —— 序参量功效的权重，可用熵权法、层次分析法、变异系数法、德尔菲法等方法确定。

根据物理学中容量耦合概念及相关模型，可以推出社会经济发展与水环境的耦合度计算方法，计算公式如下：

$$C = \left[\frac{U_1 U_2}{\left(\frac{U_1 + U_2}{2} \right)^2} \right]^2 \tag{5-10}$$

式中：C —— 系统耦合度，且 $C \in [0,1]$，C 越接近 1，则系统耦合越好，越趋向于有序发展，越能使人满意；C 越接近 0，系统耦合越差，越趋向无序和衰退，越不使人满意；

U_1 与 U_2 —— 社会经济与水环境的功效值。

由于耦合度仅能反映系统耦合作用的强度和发展趋势，但未能反映系统整体功效的水平和协调的水平，故在耦合度的基础上，构造耦合协调度模型，以反映耦合作用的协调水平，公式如下：

$$\begin{cases} D = \sqrt{C \times T} \\ T = aU_1 + bU_2 \end{cases} \tag{5-11}$$

式中：D —— 整个系统的耦合协调度；

T —— 社会经济与水环境调和指数，反映了系统整体的协调水平；

a、b —— 待定系数，可调和子系统在整体系统中的重要程度，一般认为社会经济发展和水环境保护同等重要，故取 $a=b=0.5$。

由以上公式可知，$D \in [0,1]$。列出 D 的数值，表征系统耦合协调度，见表 5-1。

表 5-1 社会经济与水环境耦合协调度分类

耦合协调度	U_1 与 U_2	耦合协调类型
$D=0$	$U_1=U_2$	系统衰退失调，不可接受
$0<D<0.4$	$U_1<U_2$	社会经济发展滞后，不协调，系统衰退
	$U_1=U_2$	子系统同步滞后，但将趋向有序发展，不协调
	$U_1>U_2$	水环境超载，极度不协调，系统衰退
$0.4 \leqslant D<0.5$	$U_1<U_2$	社会经济发展滞后，基本调和，短期可行
	$U_1=U_2$	社会经济和水环境较为同步，基本调和，短期可行
	$U_1>U_2$	水环境超载，不协调，系统位于拮抗阶段并趋向退化

耦合协调度	U_1与U_2	耦合协调类型
$0.5 \leqslant D < 0.8$	$U_1 < U_2$	社会经济在水环境承载范围内，调和，两者处于磨合阶段
	$U_1 = U_2$	子系统同步发展，调和，系统高水平耦合，趋于有序
	$U_1 > U_2$	水环境难以支撑社会经济发展，勉强调和，子系统互相拮抗
$0.8 \leqslant D < 1.0$	$U_1 < U_2$	社会经济在水环境承载范围内，协调，系统高水平耦合
	$U_1 = U_2$	子系统同步发展，协调，系统高水平耦合，趋于有序
	$U_1 > U_2$	水环境基本支撑社会经济发展，基本协调，系统高水平耦合
$D = 1.0$	$U_1 = U_2$	社会经济与水环境高度耦合，协调发展，系统趋向新的有序结构

5.2.6 水环境承载力超载状态警度界定方法

（1）警情指标标准化

在按照以上方法对水环境承载力超载状态进行评判后，得到的计算值即警情指标，需要对其进行标准化，方法如下。

当警情指标 C_i 为正向型指标（指标越大越佳），其标准化之后的警情指标 T_{C_i} 为

$$T_{C_i} = \begin{cases} 1 & C_i \geqslant C_i^0 \\ \dfrac{C_i - C_{i\min}}{C_i^0 - C_{i\min}} & C_{i\min} \leqslant C_i < C_i^0 \\ 0 & C_i < C_{i\min} \end{cases} \tag{5-12}$$

当警情指标 C_i 为负向型指标（指标越小越佳），其标准化之后的警情指标 T_{C_i} 为

$$T_{C_i} = \begin{cases} 1 & C_i \leqslant C_i^0 \\ \dfrac{C_{i\max} - C_i}{C_{i\max} - C_i^0} & C_i^0 < C_i \leqslant C_{i\max} \\ 0 & C_i > C_{i\max} \end{cases} \tag{5-13}$$

当警情指标 C_i 为中性指标（存在理想值 C_p，指标越接近 C_p 越好），则标准化后的警情指标表示 C_i 偏离 C_p 的程度，即 T_{C_i} 为

$$T_{C_i} = \begin{cases} 1 & C_i = C_p \\ \dfrac{C_{i\max} - C_i}{C_{i\max} - C_p} & C_p < C_i \leqslant C_{i\max} \\ \dfrac{C_i - C_{i\min}}{C_p - C_{i\min}} & C_{i\min} \leqslant C_i < C_p \\ 0 & C_i < C_{i\min} \text{或} C_i > C_{i\max} \end{cases} \tag{5-14}$$

式（5-12）～式（5-14）中，$C_{i\min}$ 与 $C_{i\max}$ 分别为警情指标的下极限值与上极限值；C_i^0 与 C_p 为指标所在参照系的理想目标值。

从标准化过程可以看出，T_{C_i} 的取值范围在［0，1］。越接近 1，系统运行越安全；越

接近 0，系统越处于危险状态。

（2）划分警限及界定警度

预警的警限划分及警度界定见表 5-2。

表 5-2　警限划分及警度界定

T_{Ci}取值范围	警度	T_{Ci}取值范围	警度
$[a, 1]$	安全	$[d, c)$	重警
$[b, a)$	轻警	$[0, d)$	巨警
$[c, b)$	中警		

注：表中 a、b、c、d 为划分警度的界限值，即警限，$a>b>c>d$。

警限的确定往往与一些特殊临界值相关，临界值两侧往往代表不同的发展方向、状态或属性。不同的地区在不同的规划发展下，对临界值的确定不同，应结合区域主体功能区划，具体情况具体分析，从而划分警限、确定警区。因为在某些情况下，并非环境承载力不超载的状态是最理想状态。如重点开发区域，在环境承载力不超载的情况下，可能出现环境压力过小，使得环境承载力未能被充分利用，造成开发潜力被浪费，这也是需要预警的内容，要在划分警限、界定警度的过程中得以体现。

以水环境承载力为例，假设地区总承载力、承载力基数、弹性（可恢复）承载力和压力随时间变化（见图 5-2），分析禁止开发区和重点开发区的警度界定。

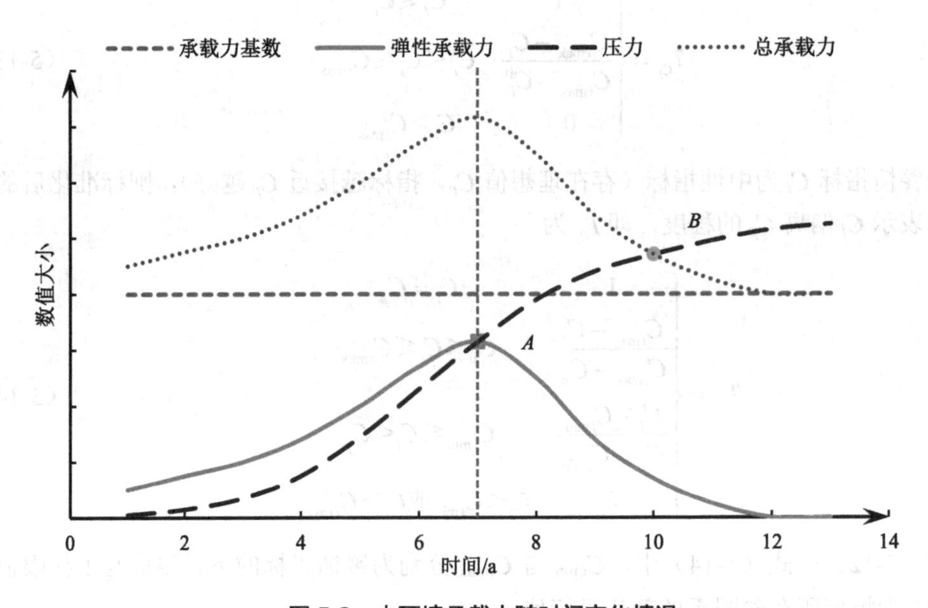

图 5-2　水环境承载力随时间变化情况

对于禁止开发区，应优先保证生态功能和结构不受破坏，可以界定水环境弹性承载力小于水环境压力为有警，即图中 A 点处为有警无警的临界值，因为这种情况意味着水环境总承载力下降，环境改善趋势消失，系统向不可持续的方向发展，而禁止开发区对这种发展的不良趋势较为敏感，应进行报警。对于重点开发区，则应该在水环境不受到不可逆破坏的情况下，优先保证社会经济的发展，因此可以界定图中 B 点处为有警与无警的界限，即水环境总承载力大于水环境压力时，应充分利用现有资源，一旦总承载力小于压力，则可视为水环境承载力超载，需要报警。对于重点开发区，时间线上 A 点前的情况其实可视为未对水资源进行充分利用，不符合重点开发区的发展目标，也应进行报警。此外，对于禁止开发区，B 点也具有预警价值，禁止开发区对超载的忍受能力更差，可将 B 点划分为中警和轻警间的警限。

若将水环境承载率作为警情指标，在指标标准化后，两种功能区的警度界定可归结为表 5-3、表 5-4。

表 5-3　重点开发区警度划分

T_{Ci} 取值范围	重点开发区警度	T_{Ci} 取值范围	重点开发区警度
$[a, 1]$	轻警	$[d, c)$	中警
$[b, a)$	安全	$[e, d)$	重警
$[c, b)$	轻警	$[0, e)$	巨警

表 5-4　禁止开发区警度划分

T_{Ci} 取值范围	禁止开发区警度	T_{Ci} 取值范围	禁止开发区警度
$[a, 1]$	无警	$[d, c)$	重警
$[b, a)$	轻警	$[0, d)$	巨警
$[c, b)$	中警		

表中 $a>b>c>d>e$，其中 a 为 A 点处警情指标标准化之后的值，b 为 B 点处警情标准化之后的值。

预报得到的警度是当前警情状态的反映。为了了解警情的动态变化，将警度和社会经济与水环境耦合协调度结合起来，采取警情信号灯综合描述当前警情（见表 5-5）。

表 5-5　警度和社经济与水环境耦合协调度综合报警

警度	D 值			
	$[0, 0.3)$	$[0.3, 0.5)$	$[0.5, 0.8)$	$[0.8, 1.0)$
安全	红灯	黄灯	绿灯	蓝灯
轻警	红灯	橙灯	黄灯	绿灯

警度	D值			
	[0，0.3)	[0.3，0.5)	[0.5，0.8)	[0.8，1.0)
中警	红灯	橙灯	橙灯	黄灯
重警	红灯	红灯	橙灯	橙灯
巨警	红灯	红灯	红灯	红灯

蓝灯表明水环境不仅处于安全状态，且社会经济和水环境高度耦合协调，整个系统向有序且高水平协调的方向发展，是最令人满意的状态。

绿灯说明目前情况较为安全，即使出现超载现象而产生轻警，但由于社会经济和水环境的高度耦合协调，在短期内警情可随系统发展而消除，是令人较为满意的状态。

黄灯说明由于耦合协调水平一般（耦合协调度居中），系统发展趋向不定，水环境承载力超载状态的警情无法依靠系统自我发展而消除，此时必须采取一定的排警决策，消除警情。

橙灯说明耦合协调度和水环境承载力超载状态都处于较危险的水平，警情可能由于系统的拮抗作用而更加严重，整体系统有可能往衰退方向发展，必须采取很高强度的排警措施才可改善此状态。

红灯说明水环境严重超载或者社会经济系统已经开始衰退，如不采取措施，系统会进入严重失调、衰退的状态。

5.2.7 水环境承载力超载状态警情排除方法

排警决策要有依据，要基于对警源、警兆、警度的分析，同时应考虑手段的可行性和措施成本。在实际操作中，可从双向调控角度提出水环境承载力超载状态的缓解对策，一方面需要提高水环境承载力，另一方面需要降低社会经济发展带来的压力，考虑研究区域的特性，对可行的手段进行筛选；进一步可基于排警决策情景，对排警后的系统进行模拟仿真，考察警情是否能得到排除。理论上，如排警决策的实施无法使系统回到安全（无警）的状态，应该采取进一步的措施。而在实际操作中，可采取的措施往往受到社会经济发展以及时间和空间上的限制，此时需对排警的结果进行详细的分析和讨论，并提出对今后决策的展望。

下 篇

实证案例研究

第6章

基于景气指数的全国水环境承载力短期预警

6.1 案例区概况

6.1.1 自然环境概况

（1）地理位置

我国位于亚洲东部、太平洋西岸。北起漠河附近的黑龙江江心，南到南沙群岛的曾母暗沙，西起帕米尔高原，东至黑龙江、乌苏里江汇合处。陆地面积约960万km^2。东邻朝鲜，北邻蒙古，东北邻俄罗斯，西北邻哈萨克斯坦、吉尔吉斯斯坦、塔吉克斯坦，西和西南与阿富汗、巴基斯坦、印度、尼泊尔、不丹等国家接壤，南与缅甸、老挝、越南相连。东部和东南部同韩国、日本、菲律宾、文莱、马来西亚、印度尼西亚隔海相望。

（2）地形地貌

我国地势西高东低，山地、高原和丘陵约占陆地面积的67%，盆地和平原约占陆地面积的33%。山脉多呈东西和东北—西南走向，主要有阿尔泰山、天山、昆仑山、喀喇昆仑山、喜马拉雅山、阴山、秦岭、南岭、大兴安岭、长白山、太行山、武夷山、台湾山脉和横断山等。西部有世界最高的青藏高原，平均海拔4 000 m以上，素有“世界屋脊”之称，为我国地势的第一级阶梯。在此以北以东的内蒙古、新疆地区、黄土高原、四川盆地和云贵高原，是我国地势的第二级阶梯。大兴安岭—太行山—巫山—武陵山—雪峰山一线以东至海岸线多为平原和丘陵，是第三级阶梯。海岸线以东以南的大陆架蕴藏着丰富的海底资源。

（3）水系与流域

我国河流、湖泊分布不均，内外流区域兼备。外流区域与内流区域的界线大致是：北段大体沿着大兴安岭—阴山—贺兰山—祁连山（东部）一线，南段比较接近 200 mm 的年等降水量线（巴颜喀拉山—冈底斯山）。这条线的东南部是外流区域，约占全国总面积的 2/3，内流区域约占全国总面积的 1/3。我国是世界上河流最多的国家之一，流域面积超过 1 000 km^2 的河流就有 1 500 多条，湖泊有 24 800 多个，其中面积在 1 km^2 以上的天然湖泊有 2 759 个。

6.1.2 社会经济概况

（1）人口概况

2015 年年末，全国总人口为 13.75 亿人（不包括香港特别行政区、澳门特别行政区、台湾地区），比 2014 年年末增加 680 万人；其中，城镇常住人口为 7.71 亿人，占总人口比重（常住人口城镇化率）为 56.10%，比 2014 年年末提高 1.33 个百分点。2015 年全年出生人口为 1 655 万人，出生率为 12.07‰；死亡人口为 975 万人，死亡率为 7.11‰；自然增长率为 4.96‰。

（2）经济概况

2015 年全年国内生产总值为 67.67 万亿元，比 2014 年增长 6.9%。其中，第一产业增加值为 6.09 万亿元，增长 3.9%；第二产业增加值为 27.43 万亿元，增长 6.0%；第三产业增加值为 34.16 万亿元，增长 8.3%。第一产业占国内生产总值的比重为 9.0%；第二产业比重为 40.5%；第三产业比重为 50.5%，首次突破 50%。全年人均国内生产总值为 49 351 元，比 2014 年增长 6.3%。全年国民总收入为 67.30 万亿元。

6.1.3 水资源和水环境概况

2015 年，全国水资源总量为 27 962.6 亿 m^3，比常年值多 0.9%。2015 年，全国平均降水量为 660.8 mm，比常年值多 2.8%。地下水与地表水资源不重复量为 1 061.8 亿 m^3，占地下水资源量的 13.6%（地下水资源量的 86.4%与地表水资源量重复）。松花江区、辽河区、海河区、黄河区、淮河区、西北诸河区 6 个水资源一级区水资源总量为 4 733.5 亿 m^3，比常年值少 10.1%，占全国总量的 16.9%；长江区（含太湖流域）、东南诸河区、珠江区、西南诸河区 4 个水资源一级区水资源总量为 23 229.1 亿 m^3，比常年值多 3.5%，占全国总量的 83.1%。全国水资源总量占降水总量的 44.7%，平均单位面积产水量为 29.5 万 m^3/km^2。

2015 年，972 个地表水国控断面（点位）覆盖了七大流域、浙闽片河流、西北诸河、西南诸河及太湖、滇池和巢湖的环湖河流共 423 条河流，以及太湖、滇池和巢湖等 62 个重点湖泊（水库），其中有 5 个断面无数据，不参与统计。监测表明，Ⅰ类水质断面（点位）占 2.8%，比 2014 年下降 0.6 个百分点；Ⅱ类水质断面占 31.4%，比 2014 年上升 1.0 个百分点；Ⅲ类水质断面占 30.3%，比 2014 年上升 1.0 个百分点；Ⅳ类水质断面占 21.1%，比

2014 年上升 0.2 个百分点；V 类水质断面占 5.6%，比 2014 年下降 1.2 个百分点；劣 V 类水质断面占 8.8%，比 2014 年下降 0.4 个百分点。

6.2 水环境承载力预警指标体系构建

6.2.1 指标体系构建

本研究按照指标选取的原则，从社会经济发展、资源能源利用、水污染排放等方面选取对水环境造成压力的指标，构建全国水环境承载力预警指标体系，并考虑数据的可获取情况，最终选择了 26 个表征压力的指标进行分析，见表 6-1。

表 6-1　全国水环境承载力预警指标体系

指标类别	指标名称	指标单位
经济规模	GDP	亿元
人口规模	总人口	万人
产业结构	第一产业占比	%
	第二产业占比	%
	第三产业占比	%
能源消耗	能源总消耗量	万 t 标准煤
	万元 GDP 能耗	t/万元
农业化学使用	农药使用量	t
	化肥施用量	万 t
水资源消耗	总用水量	亿 m^3
	工业用水量	亿 m^3
	生活用水量	亿 m^3
	农业用水量	亿 m^3
	环境用水量	亿 m^3
	万元 GDP 水耗	t/万元
	用水人口	万人
	人均用水量	m^3/人
水污染排放	污废水排放量	亿 t
	工业废水排放量	亿 t
	生活污水排放量	亿 t
	COD 排放量	万 t
	工业废水 COD 排放量	万 t
	生活污水 COD 排放量	万 t
	氨氮排放量	万 t
	工业废水氨氮排放量	万 t
	生活污水氨氮排放量	万 t

6.2.2 指标数据来源及基准指标

本研究所涉及指标的原始数据主要来源于 2001—2016 年的《中国统计年鉴》《中国环境统计年鉴》《水资源公报》等。此外，本研究采用“同比增长率循环法”作为无量纲归一化方法得到相应的警情指标，反映水环境承载力预警指标的变化情况。预警基准指标序列见表 6-2，可以看出，2001—2015 年我国河流水质状况虽有波动，但整体上逐渐转好（见图 6-1）。

表 6-2 基准指标序列 单位：%

年份	水质三级及以上长度占比	年份	水质三级及以上长度占比	年份	水质三级及以上长度占比
2001	29.5	2006	40.0	2011	61.0
2002	29.1	2007	49.9	2012	68.9
2003	38.1	2008	55.0	2013	71.7
2004	41.8	2009	57.3	2014	71.2
2005	41.0	2010	59.9	2015	64.5

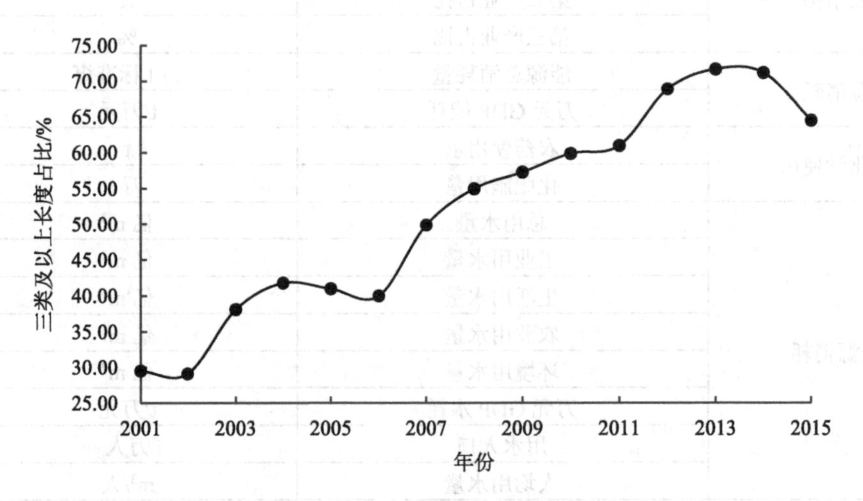

图 6-1 2001—2015 年全国河流水质状况

6.2.3 指标分类

利用时差相关分析法，并以水环境质量（河流三类及以上水体占比）为基准指标，对预警指标时间序列进行验证，采用 SPSS 软件计算指标之间的时差相关系数，具体操作为“SPSS—分析—预测—互相关图”，以时差相关系数最高项来确定延迟数，进而确定各指标与基准指标在时间序列上的先后关系，并划分先行指标、一致指标，具体结果见表 6-3。

表 6-3 时差相关分析结果

	指标	时差	相关系数		指标	时差	相关系数
先行指标	总人口	−3	0.540	一致指标	GDP	0	0.479
	第一产业占比	−3	0.372		第二产业占比	0	0.658
	能源总消耗量	−1	0.511		第三产业占比	0	0.527
	万元 GDP 能耗	−2	0.418		工业用水量	0	0.545
	农药使用量	−1	0.499		万元 GDP 水耗	0	0.403
	化肥施用量	−1	0.482				
	总用水量	−3	0.560				
	农业用水量	−3	0.805				
	用水人口	−1	0.636				
	人均用水量	−3	0.581				
	污废水排放量	−4	0.589				
	工业废水排放量	−1	0.680				
	生活污水排放量	−4	0.687				
	工业废水 COD 排放量	−1	0.572				
	生活污水 COD 排放量	−4	0.500				
	工业废水氨氮排放量	−1	0.478				

经过对预警指标进行分类，共划分出 16 个先行指标、5 个一致指标。GDP、第二产业占比、第三产业占比、工业用水量、万元 GDP 水耗这 5 项是一致指标，可以看出水环境承载力景气变动与我国整体经济发展、产业结构及由此带来的水资源消耗（尤其是工业发展）的变化趋势是一致的；总人口、第一产业占比、能源总消耗量、万元 GDP 能耗、农药使用量、化肥施用量、总用水量、农业用水量、用水人口、人均用水量、污废水排放量、工业废水排放量、生活污水排放量、工业废水 COD 排放量、生活污水 COD 排放量、工业废水氨氮排放量这 16 项是先行指标，可以看出我国的总体人口规模、能源消耗、水资源消耗、废水排放、水污染排放、农业发展及其带来的水资源消耗、化学产品使用等因素都在一定程度上影响着我国水环境承载力的景气变动。

6.3 景气指数的编制与分析

6.3.1 扩散指数的编制与分析

扩散指数评价和衡量景气指数（包括先行指数、一致指数与滞后指数）的波动和变化状态，反映社会经济对水环境的影响状态，可根据扩散指数的变化判断景气波动的转折点。此外，还可通过观察一致扩散指数的走向及其与先行扩散指数的关系，获知先行扩散指数对一致扩散指数的领先程度，说明先行扩散指数所预测的承载状态改变会在什么时间出现。如一致扩散指数与先行扩散指数的平均时差是 N 年，即可认为从现在起 N 年内水环境承载运行仍处于未超载范围。通过划分的先行指数、一致指数和滞后指数分别构建扩散指数，结果见图 6-2。扩散指数大于 50，说明半数以上警情指标处于景气状态；扩散指数小于 50，说明半数以上警情指标处于不景气状态。

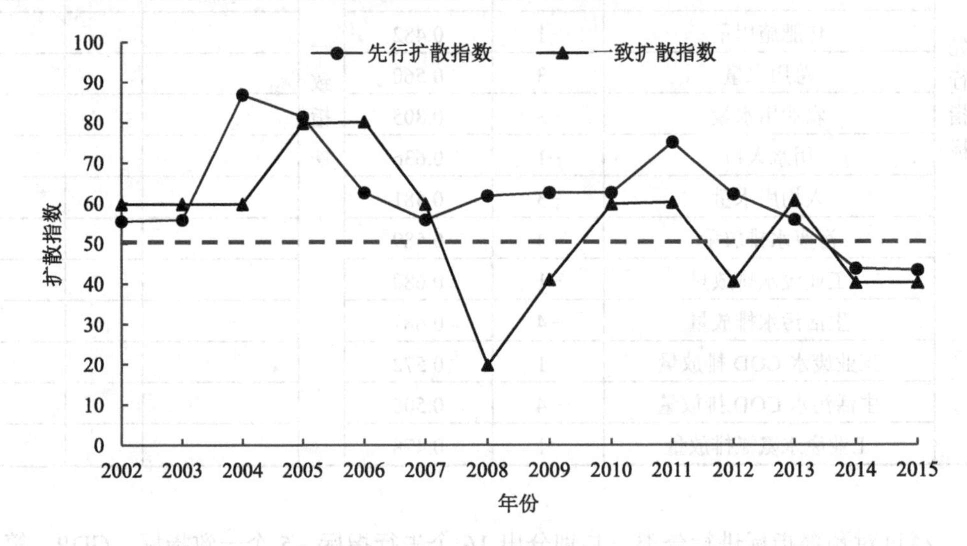

图 6-2 2002—2015 年先行扩散指数和一致扩散指数

整体上看，先行扩散指数表现出了较好的先行性，领先一致扩散指数的时间为 1～2 年，且各扩散指数都表现出了较好的波动性，说明指标选取是比较科学有效的。

从运行上看，先行扩散指数主要有 4 个极值，2004 年和 2011 年处于波峰状态，2003 年和 2007 年处于波谷状态；一致扩散指数有 6 个极值，2005 年、2010 年和 2013 年处于波峰状态，2004 年、2008 年和 2012 年处于波谷状态。可见，在前 3 个极值上，先行指标表现出良好的先行性，先行指标波动较一致指标波动领先 1 年，在最后一个极值上领先 2 年，预警的提前量是 1～2 年。

从峰值上看，先行扩散指数在 2004 年和 2011 年处于最高峰值，在 2003 年和 2007 年处于最低谷值，这可能是因为 2003—2004 年，我国经济快速增长，重要工业原材料的生产量大幅增长，电力、煤炭等能源供不应求，高能耗、高污染行业快速发展，对环境造成较大压力，并且随着城市化进程加快，生活及其他来源污染物的排放量也在一定程度上呈现增加的态势。随后，2005 年我国进行了产业结构调整，淘汰了一批高耗能、高污染的落后生产工艺和设备；但由于经济快速增长，发展方式粗放，资源能源消耗大，主要污染物排放总量仍在增加，且公众环保意识也比较薄弱，导致经济社会给环境带来的压力一直比较大，在先行扩散指数上就体现为一直在高位运行，即先行扩散指数都保持在 50 以上，环境形势依然十分严峻。到 2007 年，先行扩散指数运行到了较低值，这主要是因为国家和人民开始重视各类环境问题，污染治理设施逐步到位，排污严重企业也逐步进行了技术升级改造，经济社会对环境的压力开始减小。2008—2010 年先行指数基本保持平稳，这主要是由于污染减排取得了一定成效，污染防治稳步推进，基础能力建设取得了积极进展。虽然国家在 2009 年推出经济刺激政策，导致经济运行对环境的压力增大，但国家也在大力推进生态文明建设，继续"稳增长、调结构"，扎实推进环保各项工作。2011 年的小高峰主要是因为我国在统计指标中调整了部分废水监测指标，增加了农业及集中式污染治理设施的废水排放，导致先行指标增幅较大。2012 年以后，先行扩散指数一路下降，在 2014 年降至 50 以下，主要是因为国家大力淘汰落后产能，关停了一大批污染严重的中小企业，经济对环境的压力逐年变小。

通过分析可以看出，先行扩散指数比一致扩散指数有较好的先行性，可作为预警的标志指数，预警提前量为 1～2 年，预警效果良好。

6.3.2　合成指数的编制与分析

合成指数（包括先行合成指数与一致合成指数）在预警中起到和扩散指数相似的作用，但合成指数不仅能对环境承载运行的景气状态进行预警，还可以预测承载力景气波动的程度和所处的水平。在经济预警中，合成指数是与基准年限平均值作对比的比值，所以以百分数的形式呈现。通过计算得到的先行合成指数和一致合成指数的值见图 6-3。

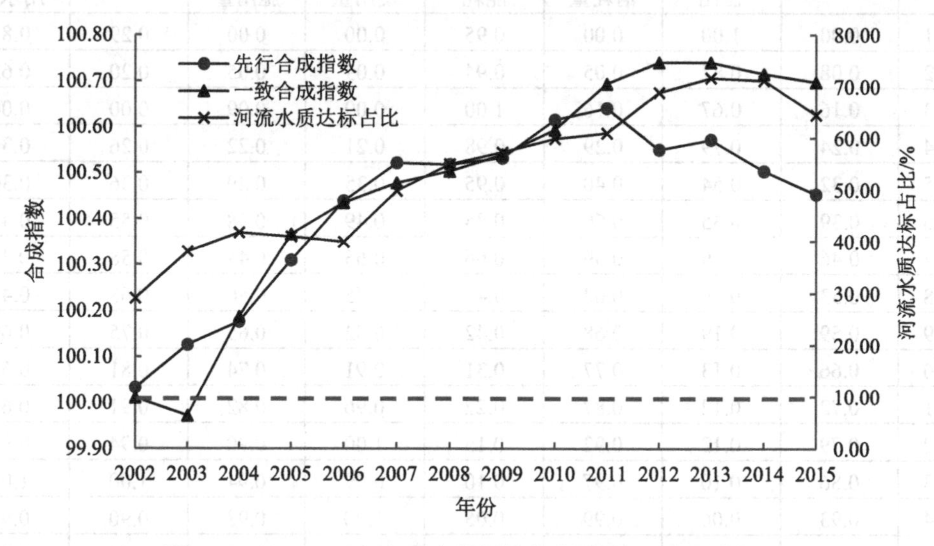

图 6-3　2002—2015 年压力的先行合成指数和一致合成指数

从图 6-3 中可以看出，合成指数整体呈现增长趋势，且增速呈现一定的波动性，说明 2001—2015 年我国社会经济发展对水环境造成的压力逐年增加，水环境承载力承载状况不容乐观，虽然在 2013 年后有所下降，但降幅不大。先行合成指数与先行扩散指数变动趋势基本一致。具体而言，先行合成指数在 2003—2005 年以较高的速度增长，可能是由于我国 2003 年以后经济快速增长，城市化进程加快，对环境造成较大压力；2006—2010 年先行合成指数增速减缓，说明我国的环保工作在“十一五”期间取得了一定成效；2010—2012 年先行合成指数继续增长，2012 年后缓慢波动降低，可能是因为我国在 2011 年加大力度贯彻落实节能减排工作。另外，一致合成指数在 2004—2007 年以较高的速度增长，在 2008—2009 年增速有所减缓，然后在 2010—2012 年继续增长，2013 年后持续降低。可以看出，先行合成指数较一致合成指数领先 1～2 年，先行合成指数体现出一定的先行性。

6.4 综合警情指数构建

在扩散指数和合成指数的分析中，可以发现先行指标对水环境承载力景气循环的预警效果较好，因此选取先行指标进行综合警情指数的构建，并采用信息熵的方法确定各关键指标的权重，具体过程如下。

（1）数据标准化

关键指标标准化结果见表 6-4。

表 6-4　关键指标标准化结果

年份	总人口	第一产业占比	能源总消耗量	万元 GDP 能耗	农药使用量	化肥施用量	总用水量	农业用水量
2001	0.00	1.00	0.00	0.95	0.00	0.00	0.29	0.81
2002	0.08	0.87	0.05	0.94	0.09	0.05	0.20	0.62
2003	0.16	0.67	0.16	1.00	0.09	0.09	0.00	0.00
2004	0.24	0.79	0.29	0.98	0.21	0.22	0.26	0.31
2005	0.32	0.54	0.40	0.95	0.35	0.29	0.36	0.30
2006	0.39	0.35	0.50	0.84	0.49	0.38	0.55	0.48
2007	0.46	0.29	0.59	0.66	0.65	0.48	0.58	0.34
2008	0.53	0.29	0.62	0.47	0.75	0.56	0.68	0.47
2009	0.59	0.19	0.68	0.42	0.82	0.65	0.75	0.60
2010	0.66	0.13	0.77	0.31	0.91	0.74	0.81	0.53
2011	0.72	0.12	0.87	0.22	0.96	0.82	0.91	0.64
2012	0.79	0.12	0.92	0.15	1.00	0.90	0.94	0.96
2013	0.86	0.10	0.97	0.10	0.99	0.94	1.00	1.00
2014	0.93	0.06	0.99	0.05	1.00	0.98	0.90	0.90
2015	1.00	0.00	1.00	0.00	0.95	1.00	0.91	0.86

年份	用水人口	人均用水量	污废水排放量	工业废水排放量	生活污水排放量	工业废水COD排放量	生活污水COD排放量	工业废水氨氮排放量
2001	0.00	0.58	0.00	0.07	0.00	1.00	0.09	0.64
2002	0.08	0.38	0.02	0.16	0.01	0.93	0.00	0.66
2003	0.17	0.00	0.09	0.27	0.06	0.70	0.25	0.61
2004	0.23	0.35	0.16	0.46	0.10	0.69	0.30	0.67
2005	0.36	0.45	0.30	0.93	0.17	0.83	0.49	1.00
2006	0.34	0.68	0.34	0.86	0.22	0.79	0.67	0.68
2007	0.46	0.67	0.41	1.00	0.26	0.69	0.56	0.40
2008	0.48	0.78	0.46	0.90	0.33	0.52	0.51	0.26
2009	0.54	0.82	0.52	0.74	0.41	0.47	0.35	0.19
2010	0.64	0.88	0.61	0.81	0.49	0.45	0.13	0.18
2011	0.72	0.97	0.75	0.67	0.65	0.20	1.00	0.21
2012	0.79	0.98	0.83	0.47	0.76	0.14	0.83	0.15
2013	0.85	1.00	0.87	0.22	0.84	0.08	0.69	0.09
2014	0.92	0.79	0.94	0.12	0.92	0.06	0.52	0.05
2015	1.00	0.76	1.00	0.00	1.00	0.00	0.41	0.00

（2）确定各指标的权重

根据指标权重的计算公式，可以得到各个指标的权重，见表 6-5。

表 6-5　关键指标权重

指标	权重	指标	权重
总人口	0.06	用水人口	0.06
第一产业占比	0.08	人均用水量	0.04
能源总消耗量	0.06	污废水排放量	0.07
万元 GDP 能耗	0.07	工业废水排放量	0.07
农药使用量	0.06	生活污水排放量	0.08
化肥施用量	0.06	工业废水 COD 排放量	0.07
总用水量	0.05	生活污水 COD 排放量	0.06
农业用水量	0.04	工业废水氨氮排放量	0.07

（3）综合警情指数计算

通过计算，得到综合警情指数，全国 2001—2015 年综合警情指数得分见表 6-6。可以看出，综合警情指数呈现先升高后下降的趋势，结果显示了良好的区分性，可以合理评估每年的水环境预警状态。

表 6-6 全国综合警情指数得分

年份	综合警情指数	年份	综合警情指数	年份	综合警情指数
2001	0.349	2006	0.526	2011	0.608
2002	0.340	2007	0.521	2012	0.621
2003	0.306	2008	0.515	2013	0.609
2004	0.412	2009	0.515	2014	0.589
2005	0.519	2010	0.534	2015	0.575

6.5 景气信号灯输出

结果显示，我国水环境承载力景气监测预警中，景气信号灯在“十五”时期末的2005年以后一直为黄灯到橙灯，说明应警惕社会经济发展过热导致的超载状态。2001—2003年，景气信号灯一直为蓝灯，说明这段时间内我国社会经济发展对水环境造成的压力较小，无须担心环境问题。2004年信号灯转为绿灯，表明我国经济社会规模与水环境承载力匹配，经济社会环境协调发展。2005—2010年信号灯转为黄灯，表明我国“十一五”期间经济快速增长（平均增速约为17%）带来的能源资源消耗和水污染排放也不断增加，需要警惕经济社会进一步发展导致的超载状况，应加大环境保护力度，并控制经济发展速度。2011—2013年信号灯转为橙色，表明社会经济发展对水环境造成的压力很大，经济社会过快发展，已经超出了水环境能承受的范围，各种水环境问题开始出现；此外，2011年后增加了农村废水排放的监测数据，导致指标数值增大，且随着我国农业产业化、城乡一体化的不断加快，农村和农业污染物排放量增大，农村环境形势也十分严峻，这时必须采取有效措施减轻环境压力。2014—2015年信号灯又转为黄色，且数值逐年下降，这与该时期国家加快生态文明建设以及大力治理环境问题是分不开的，水环境承载状况在向好发展。

采用3σ法确定预警界限，并选取1倍标准差作为警限划分标准，设置5个预警界限及相应的景气信号灯（见表6-7、表6-8），构建景气信号灯各灯区的预警界限。

表 6-7 综合警情景气信号灯及预警界限

信号灯		限值	信号灯		限值
蓝	●	<0.400	橙	●	[0.606，0.709）
绿	●	[0.400，0.503）	红	●	≥0.709
黄	●	[0.503，0.606）			

表 6-8　全国整体景气信号灯

年份	景气信号灯		年份	景气信号灯		年份	景气信号灯	
2001	蓝	●	2006	黄	●	2011	橙	●
2002		●	2007		●	2012		●
2003		●	2008		●	2013		●
2004	绿	●	2009		●	2014	黄	●
2005	黄	●	2010		●	2015		●

通过分析可以看出，在水环境承载力景气信号灯系统中，除了需要关注每年的信号输出外，还需要关注信号的变化，其提示了未来一年是否需要提前防范可能发生的水环境承载力超载情况，同时也说明了景气信号灯系统显示了较好的预警信号输出，可以为今后的排警决策提供指导。

6.6　景气预警方法的效果评价

按照之前初步分析的结果，无论是扩散指数还是合成指数，先行指数总是领先一致指数 1～2 年，这初步说明本研究构建的水环境承载力景气预警系统有着较好的预警效果，但对于本系统是否自洽，还需要进行进一步分析，常用的方法有峰谷对应分析法和钟形图分析法。

（1）峰谷对应分析

评价景气预警方法的预警效果，首先需要评价扩散指数和合成指数的运行状态是否有对应性，尤其需要注意其中先行指数和一致指数的周期波动是否有相同的周期性，在此一般用峰谷对应分析法。选定扩散指数和合成指数各自的峰、谷年份，将其放在一起进行对应分析。其中，合成指数由于呈现逐年增长趋势，在此主要对比增长速率的变化情况（见表 6-9）。

表 6-9　扩散指数和合成指数的峰、谷分析结果

峰、谷位置（峰/谷）		阶数
先行扩散指数	一致扩散指数	
2003 年（谷）	2004 年（谷）	1
2004 年（峰）	2005 年（峰）	1
2007 年（谷）	2008 年（谷）	1
2011 年（峰）	2013 年（峰）	2

增长变化率（快/缓）		阶数
先行合成指数	一致合成指数	
2003—2005 年（快）	2004—2007 年（快）	1
2006—2010 年（缓）	2008—2009 年（缓）	2
2010—2012 年（缓）	2010—2011 年（缓）	0
总体平均阶数		1.1

由表 6-9 可以看出，先行扩散指数在峰、谷值对比中体现了良好的先行性，时间差基本为 1 年，而先行合成指数的先行性没有很好地体现出来，预警效果并不好，可能是因为当年水环境承载力监测预警系统运行的各指标的周期性还未完全体现出来，监测周期还较短。在未来的研究中需缩短监测时间，增加监测指标的样本量。

（2）钟形图分析

在先行性验证中，可使用钟形图分析法进行分析。以一致指数为横坐标、先行指数为纵坐标做出的图形称为钟形图。如果先行指数相对于一致指数的领先关系比较好，那么在一致指数的上升阶段，先行指数可能已经达到最高点并开始转而下降；在一致指数达到最高点时，先行指数正在经历下降的过程。当先行指数的效果较好时，钟形图应呈现顺时针的椭圆形。图 6-4 是 2001—2015 年先行扩散指数和一致扩散指数的钟形图，顺时针转动的形状比较明显。由于整个时间段不止包含一个周期波动，所以钟形图也不止有一个椭圆形，即钟形图能够在一定程度上印证先行扩散指数的效果是较好的。

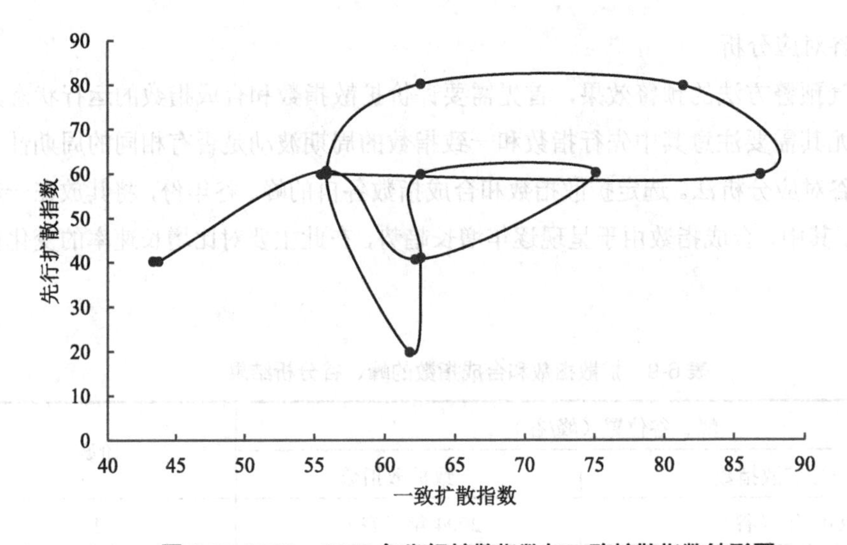

图 6-4　2001—2015 年先行扩散指数与一致扩散指数钟形图

综上分析可知，本研究构建的景气预警方法是自洽的，先行指标表现出良好的先行性，时间差为 1 年，预警效果较好。

6.7 排警建议

通过对筛选出来的各先行指标进行分析，从雷达图（见图 6-5）中可以看出，首先，人口及用水人口规模较大，导致废水排放尤其是生活污水排放是制约我国水环境承载的重要压力源，今后应继续开展节水宣传教育，推广使用节水设备，或提高生活用水费用，降低用水强度；其次，还应继续加强节能减排的力度，降低能源消耗，增强新能源的开发及替代补充，并进一步在农业生产过程中降低农药使用量及化肥施用量，发展绿色有机的集约农业，全面降低农业生产中的污染对我国水环境承载带来的压力。

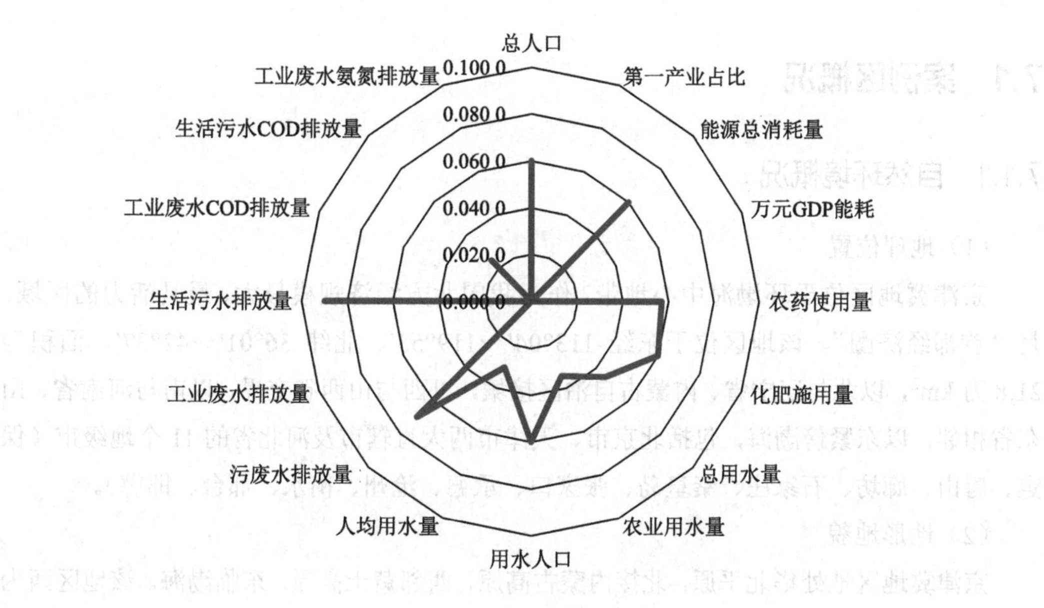

图 6-5　压力指标分布情况

第7章

基于景气指数的京津冀地区水环境承载力短期预警

7.1 案例区概况

7.1.1 自然环境概况

（1）地理位置

京津冀地区位于环渤海中心地带，作为我国北方经济规模最大、最具活力的区域，是“首都经济圈”。该地区位于东经 113°04′～119°53′、北纬 36°01′～42°37′，面积为 21.8 万 km^2，以北与辽宁省、内蒙古自治区接壤，以西与山西省交界，以南与河南省、山东省相邻，以东紧傍渤海，包括北京市、天津市两大直辖市及河北省的 11 个地级市（保定、唐山、廊坊、石家庄、秦皇岛、张家口、承德、沧州、衡水、邢台、邯郸）。

（2）地形地貌

京津冀地区地处华北平原，北接内蒙古高原，西邻黄土高原，东临渤海。该地区西为太行山山地，北为燕山山地，燕山以北为张北高原，其余为海河平原。受燕山、太行山、内蒙古高原的影响，京津冀地区整体地势西北高、东南低。根据京津冀地区自然地理基本要素特征，可将该地域总体分为三大地域单元：西北山地、东南平原、东部海域。

（3）水系与流域

京津冀地区的水系主要由滦河水系和海河水系组成，滦河水系和海河水系从北面、西面、西南面 3 个方位包围形成一个扇形的区域。其中滦河发源自河北省丰宁县西部，水量丰沛，流经内蒙古自治区后，自丰宁县北部流入河北省后于河北省乐亭县汇入渤海，干流河长 888 km，其中河长 20 km 以上的支流有 33 条。海河是中国七大江河之一，源于太行山，以卫河为源，干流河长 1 050 km，沿线汇集漳卫南运河、子牙河、大清河、永定河、潮白河、北运河等。北三河水系属海河流域，发源自京津冀地区，从天津入海，其中永定河水系由洋河和桑干河两大支流组成，上游桑干河流经册田水库经阳原县进入河北省，洋河流经友谊水库后进入河北省，最终都汇入海河入海；大清河水系除唐河上游自山西发源流入河北省外，其余河流均位于京津冀地区内；子牙河水系的滹沱河上游发源自山西，经石家庄市西部流入河北省，漳河、卫河于河北省馆陶县南部大名泛区汇流为漳卫河，沿河北省、山东省边界东下入渤海。

7.1.2　社会经济概况

（1）人口概况

2016 年年末，京津冀地区常住人口约为 1.12 亿人，比 2015 年增长 0.56%，占全国人口的 8.1%。人口密度为 518.70 人/km^2，城镇人口为 7 158.10 万人，占总人口的 63.10%；常住人口，北京市 2 172.90 万人，天津市 1 562.10 万人，河北省 7 470.10 万人。

（2）经济概况

京津冀地区作为“首都经济圈”，2016 年的经济总量达到 7.56 万亿元，比 2015 年增长 8.37%，占全国经济总量的 9.7%；其中，北京市 2.57 万亿元，天津市 1.79 万亿元，河北省 3.21 万亿元。京津冀地区整体人均地区生产总值达 6.81 万元；其中，北京市 12.90 万元，天津市 11.89 万元，河北省 4.54 万元。京津冀地区 2016 年地方一般公共预算收入 1.06 万亿元，占全国的 12.2%；地方一般公共预算支出 1.61 万亿元，占全国的 10.1%。

2016 年，第一产业产值 0.38 万亿元，其中北京市 0.01 万亿元，天津市 0.02 万亿元，河北省 0.35 万亿元，比 2015 年增长 1.43%；第二产业产值 2.77 万亿元，其中北京市 0.49 万亿元，天津市 0.76 万亿元，河北省 1.53 万亿元，比 2015 年增长 4.28%；第三产业产值 4.40 万亿元，其中北京市 2.06 万亿元，天津市 1.01 万亿元，河北省 1.33 万亿元，比 2015 年增长 13.03%；京津冀地区第一产业、第二产业、第三产业在全国的占比分别为 6.0%、8.3%、11.5%。

7.1.3　水资源和水环境概况

京津冀地区是典型的资源性缺水地区，水是该地区重要的资源约束因子。在多年的发展过程中，该地区始终受到缺水的严重困扰和水荒的威胁。京津冀地区水资源总量为 199.35 亿 m^3，仅占全国的 0.86%；地表水资源量为 89.9 亿 m^3，仅占全国的 0.40%；地下水资源量为 152.60 亿 m^3，仅占全国的 2.12%。而且由于京津冀地区承载了巨大的经济社会功能，该地区的人民生活、城市建设、工农业生产等都需要大量用水。3 个地区的用水结构呈现明显的差异化：北京地区以生活用水为主，农业用水逐年减少，且环境用水不断增加；天津地区以农业用水为主，工业用水和生活用水量在波动中基本持平，且也逐年加大了环境用水量；河北地区农业用水占比较大，超过总用水量的 70%，生活用水和生态用水也在稳步增加。

长期以来，京津冀地区地表水已处于“有河皆干，有水皆污”的状态。2004—2016 年，京津冀地区的河流水质达标率呈现波动，2016 年北京和河北整体的河流水质达标率已超过 50%，但天津的河流水质达标率仍在 10%以下；其中，河北地区的水质达标率在 2008 年后有大幅度提升，北京和天津的水质达标率整体上呈下降趋势，但北京和天津分别自 2009 年和 2015 年水质达标情况有所好转。2004—2016 年，京津冀地区的废水总量都呈现逐年小幅上升趋势，其中北京和天津的废水排放主要来源于生活污水，河北的减排力度较大，工业废水排放量逐年下降。

7.2 水环境承载力预警指标体系构建

7.2.1 指标体系构建

本研究从人口规模、产业结构、水资源量及用水量、污染排放及处理等不同方面，选取了 29 个指标构建预警指标体系。由于水环境质量能综合反映水环境承载的状态特征，选取京津冀地区河流水质达标率作为水环境承载力预警指标体系时差分析判断的基准指标（见表 7-1）。

表 7-1 水环境承载力预警指标体系

分类	领域层	指标层	分类	领域层	指标层
压力指标	社会经济	总人口	承载力指标	社会经济	第三产业占比
		地区生产总值			环境污染治理投资占比
		第一产业、第二产业占比			
	水资源压力指数（水资源消耗）	用水总量		水资源承载指数	年降水量
		工业用水量			水资源总量
		生活用水量			人均水资源量
		农业用水量			
		万元地区生产总值水耗			供水总量
		人均用水量			
	水环境压力指数（水污染排放）	污废水排放量		水环境承载指数	污水处理厂个数
		工业废水排放量			污水处理厂处理量
		生活污水排放量			污水处理厂处理规模
		COD 排放总量			污水处理厂再生水利用量
					污水处理率
		工业废水 COD 排放量			
		生活污水 COD 排放量			
		氨氮排放总量			
		工业废水氨氮排放量			
		生活污水氨氮排放量			
基准指标	水环境质量	水环境质量达标率（河流Ⅱ类、Ⅲ类水体占比）			

7.2.2 指标数据来源及基准指标

本研究选取的指标数据主要来自2004—2017年的《中国统计年鉴》《中国环境统计年鉴》《中国环境统计年报》《北京市统计年鉴》《天津市统计年鉴》《北京市环境状况公报》《天津市环境状况公报》《河北省环境状况公报》《北京市水资源公报》《天津市水资源公报》《河北省水资源公报》等。从预警基准指标序列表可以看出，京津冀地区河流水质达标情况虽有波动，但整体水质逐渐转好（见表7-2、图7-1）。

表7-2 基准指标序列 单位：%

年份	水质Ⅲ类及以上长度占比	年份	水质Ⅲ类及以上长度占比	年份	水质Ⅲ类及以上长度占比
2004	32.80	2009	31.80	2014	35.68
2005	34.50	2010	37.07	2015	36.65
2006	34.77	2011	34.40	2016	36.65
2007	31.23	2012	34.77		
2008	31.10	2013	34.39		

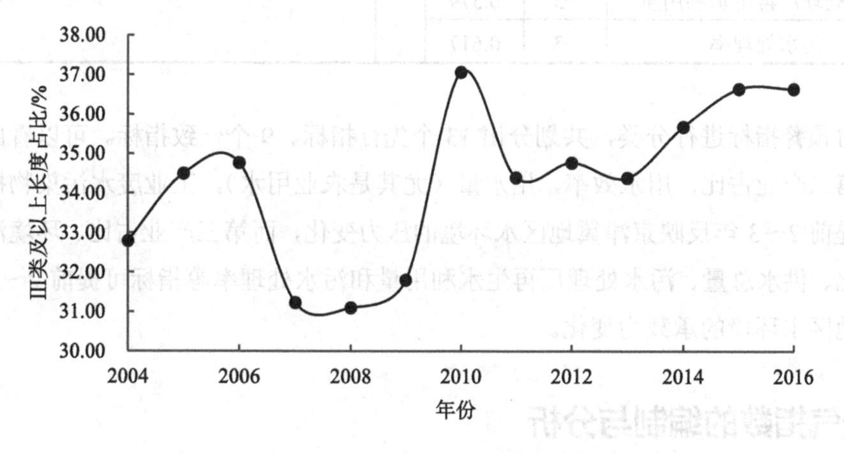

图7-1 2004—2016年京津冀地区水环境质量状况

7.2.3 指标分类

利用时差相关分析法，并以水环境质量（京津冀地区河流Ⅱ类、Ⅲ类水体占比平均值）作为基准指标，对预警指标时间序列进行验证。采用SPSS软件计算指标之间的时差相关系数，具体操作为“SPSS—分析—预测—互相关图”，以时差相关系数最高项来确定延迟数，进而确定各指标与基准指标在时间序列上的先后关系，并划分先行指标、一致指标，具体结果见表7-3。

表 7-3 时差相关分析

指标类型	类别	指标	时差	相关系数
先行指标	压力指标	第一产业、第二产业占比	−3	0.602
		万元地区生产总值水耗	−3	0.595
		用水总量	−2	0.713
		农业用水量	−2	0.564
		人均用水量	−2	0.610
		工业废水 COD 排放量	−2	0.578
		工业废水氨氮排放量	−2	0.634
	承载力指标	第三产业占比	−3	0.601
		环境污染治理投资占比	−3	0.500
		年降水量	−2	0.700
		供水总量	−2	0.718
		污水处理厂再生水利用量	−3	0.579
		污水处理率	−3	0.617
一致指标	压力指标	地区生产总值	0	0.615
		总人口	0	0.608
		生活用水量	0	0.575
		污废水排放量	0	0.562
		生活污水排放量	0	0.567
		生活污水 COD 排放量	0	0.637
	承载力指标	污水处理厂个数	0	0.640
		污水处理厂处理量	0	0.571
		污水处理厂处理规模	0	0.580

经过对预警指标进行分类，共划分出 13 个先行指标、9 个一致指标。可以看出，第一产业、第二产业占比，用水效率，用水量（尤其是农业用水），工业废水污染物排放等指标可以提前 2～3 年反映京津冀地区水环境的压力变化，而第三产业占比、环境污染治理投资占比、供水总量、污水处理厂再生水利用量和污水处理率等指标可提前 2～3 年反映京津冀地区水环境的承载力变化。

7.3 景气指数的编制与分析

7.3.1 扩散指数的编制与分析

扩散指数评价和衡量景气指数的波动和变化状态，反映社会经济对水环境的影响状态。扩散指数大于 50，说明半数以上警情指标处于景气状态；扩散指数小于 50，说明半数以上警情指标处于不景气状态。由于本研究中的扩散指数包含压力指标以及承载力指标，经过极值法归一化后，所有的警情指标均转化为正向指标，即扩散指数大于 50，说明对环境的压力在减小，同时承载力在增加，反之亦然。通过观察一致扩散指数的走向及其同先行扩散指数的关系，获知先行扩散指数对一致扩散指数的领先程度，可以说明先行扩散指数所预测的承载状态改变会在什么时间出现。通过划分先行指数、一致指数，分别构建扩散指数，结果见图 7-2。

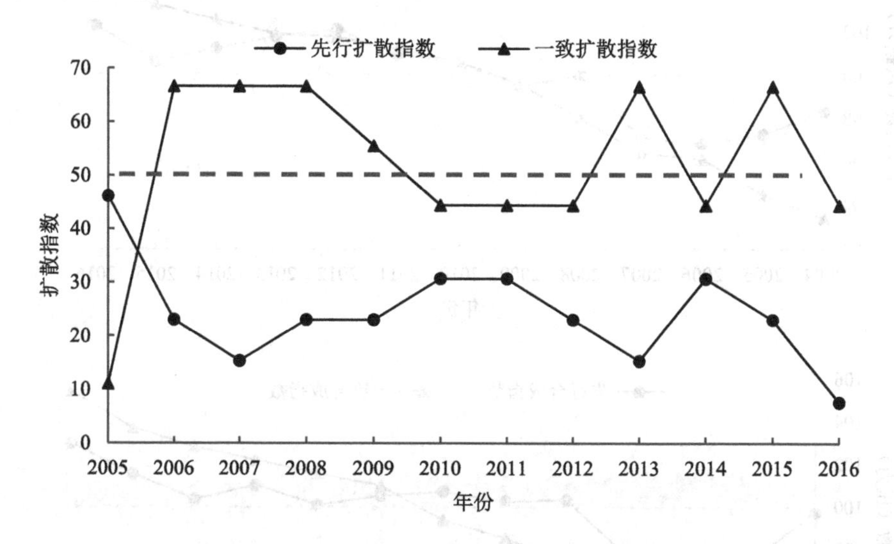

图 7-2 2005—2016 年先行扩散指数和一致扩散指数

根据扩散指数的计算结果，可以看出，一致扩散指数在 2006—2008 年、2013 年和 2015 年都大于 50，说明在这些年，水环境承载状况转差，但在 2010—2012 年、2014 年和 2016 年下降到 50 以下，说明水环境承载状况有所好转。这些变化与水质占比变化情况基本相符，即水质在 2006 年以后变差，在 2009 年以后转好。尽管 2011—2013 年一致扩散指数有所下降，但在 2014 年后显著增加，说明水环境承载状态变好。

从整体上看，先行扩散指数和一致扩散指数都表现出一定的波动性，且从运行上看，2010 年以后，先行指数领先一致扩散指数的时间为 1～2 年，先行扩散指数表现出一定的先行性；先行扩散指数在 2016 年表现为下降趋势且远小于 50，说明一致扩散指数在预测年（2017 年）也将表现出继续下降的趋势，水环境承载力承载状态将会持续变好。

7.3.2 合成指数的编制与分析

合成指数在预警中起到和扩散指数相似的作用，但需要注意的是，合成指数不仅能对水环境承载运行的景气状态进行预警，还可以预测承载波动的变化幅度。在经济预警中，合成指数是与基准年限平均值作对比的比值，所以以百分数的形式呈现。通过计算得到的先行合成指数和一致合成指数的值见图 7-3、图 7-4。

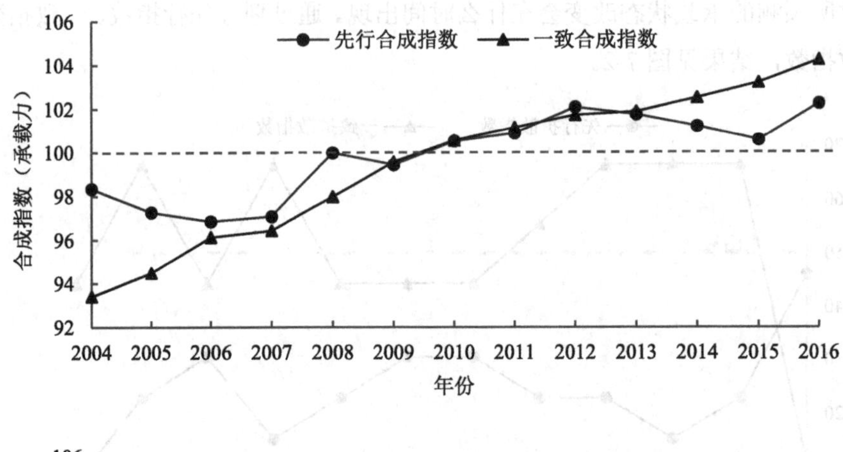

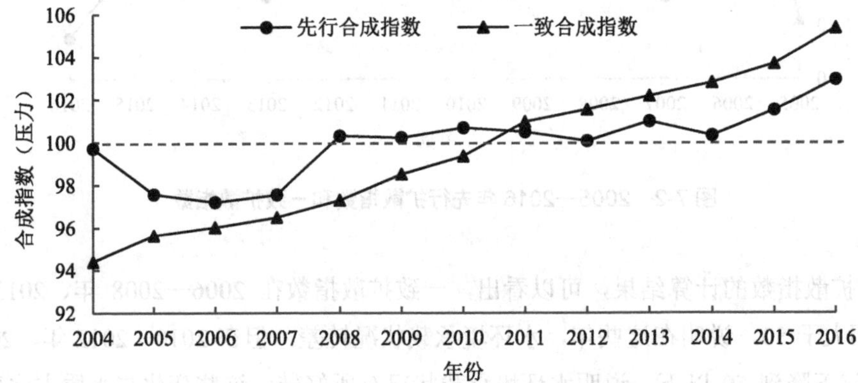

图 7-3　2004—2016 年压力和承载力的先行合成指数和一致合成指数

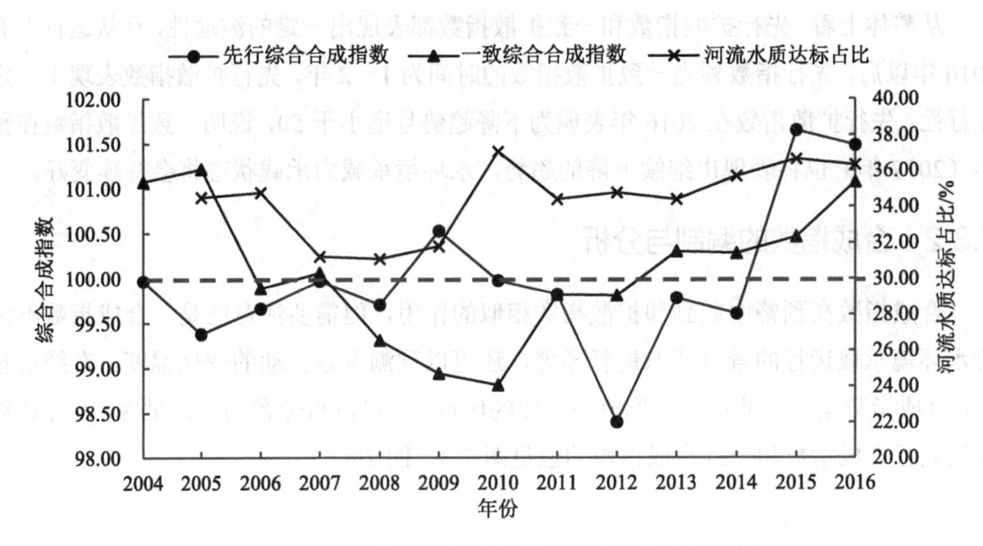

图 7-4　2004—2016 年先行综合合成指数和一致综合合成指数

合成指数不仅能对水环境承载运行的景气循环趋势进行预警，还可以反映承载波动变化的幅度。压力及承载力的先行合成指数及一致合成指数波动浮动较小，且都处于上升状态，无法直接判断水环境承载的变化情况，但综合承载力的合成指数波动明显（先行综合承载力合成指数等于先行压力合成指数与先行承载力合成指数的比值；一致综合承载力合成指数等于一致压力合成指数与一致承载力合成指数的比值），能够反映水环境承载力承载状态随时间的变动。从运行上看，先行综合合成指数领先一致综合合成指数的时间为0～2年，说明指标选取是比较科学合理的，先行合成指数表现出较好的先行性见图7-4。

一致综合合成指数经历了先下降后增长的一个过程：在2010年最低，与水环境质量变化情况基本吻合，且变化情况说明，在2012年以前，水环境的压力增长小于水环境承载力的提升速度，从一致指标中也可以看出，尽管经济总量、人口、用水量及污水排放量逐年增加，但污水处理厂的建设及规模扩容也在大规模进行；在2013年以后上升至100，主要是由于生活用水量一直在增加，且在2016年增长了32%，导致水环境恶化，水质达标占比下降；但另一方面，先行综合合成指数在2016年下降，从先行指标的变化看出，由于丰水年带来的降水量增加，加上工业污染排放也得到了大幅削减，预示2017年的水质将会出现一定程度的好转。

7.4 综合警情指数构建

在之前的研究中可以发现，先行指标表现出较好的先行性，可作为关键指标进行水环境承载力景气预警，因此选取先行指标中的压力指标和承载力指标进行综合警情指数的构建。

构建综合警情指数最重要的是确定各关键指标的权重。本研究将压力和承载力相关指标的时差相关系数占全部指标相关系数和的比例作为该指标的权重。

（1）数据标准化

由于此过程在之前已经完成，可以直接选取出关键指标（见表7-4）。

表7-4 京津冀地区关键指标标准化

年份	压力指标						
	第一产业、第二产业占比	万元地区生产总值水耗	用水总量	农业用水量	人均用水量	工业废水COD排放量	工业废水氨氮排放量
2004	1.00	1.00	0.31	0.82	0.92	0.91	0.74
2005	0.84	0.83	0.85	0.94	1.00	1.00	1.00
2006	0.77	0.68	1.00	1.00	0.96	0.85	0.80
2007	0.72	0.52	0.95	0.97	0.86	0.74	0.57
2008	0.77	0.37	0.30	0.65	0.61	0.51	0.36

压力指标							
年份	第一产业、第二产业占比	万元地区生产总值水耗	用水总量	农业用水量	人均用水量	工业废水 COD 排放量	工业废水氨氮排放量
2009	0.53	0.32	0.31	0.69	0.52	0.45	0.34
2010	0.57	0.22	0.22	0.61	0.35	0.41	0.38
2011	0.12	0.32	0.28	0.62	0.29	0.36	0.36
2012	0.11	0.25	0.45	0.52	0.27	0.35	0.31
2013	0.00	0.21	0.23	0.40	0.16	0.31	0.26
2014	0.35	0.05	0.46	0.40	0.16	0.29	0.23
2015	0.14	0.03	0.20	0.25	0.07	0.20	0.11
2016	0.04	0.00	0.00	0.00	0.00	0.00	0.00

承载力指标						
年份	第三产业占比	环境污染治理投资占比	年降水量	供水总量	污水处理厂再生水利用量	污水处理率
2004	0.00	0.00	0.51	0.31	0.00	0.00
2005	0.16	0.12	0.23	0.85	0.15	0.21
2006	0.23	0.27	0.00	1.00	0.21	0.33
2007	0.27	0.03	0.19	0.95	0.33	0.39
2008	0.22	0.08	0.70	0.30	0.45	0.60
2009	0.46	0.24	0.20	0.31	0.49	0.73
2010	0.43	0.30	0.47	0.22	0.63	0.85
2011	0.88	1.00	0.37	0.51	0.71	0.87
2012	0.89	0.76	1.00	0.45	0.74	0.90
2013	1.00	0.84	0.48	0.23	0.79	0.93
2014	0.65	0.56	0.78	0.46	0.69	0.95
2015	0.86	0.13	0.44	0.20	0.95	0.98
2016	0.96	0.23	0.87	0.00	1.00	1.00

（2）确定各指标的权重

根据指标权重的计算公式，可以得到各个指标的权重，见表 7-5。

表 7-5 关键指标权重

压力指标		承载力指标	
指标	权重	指标	权重
第一产业、第二产业占比	0.14	第三产业占比	0.16
万元地区生产总值水耗	0.14	环境污染治理投资占比	0.13
用水总量	0.17	年降水量	0.19
农业用水量	0.13	供水总量	0.19
人均用水量	0.14	污水处理厂再生水利用量	0.16
工业废水 COD 排放量	0.13	污水处理率	0.17
工业废水氨氮排放量	0.15		

通过权重计算，可以看出，用水总量、工业废水氨氮排放量以及年降水量和供水总量是京津冀地区水环境承载力承载状况相对重要的预警指标。

（3）警情指数计算

通过计算，得到压力警情指数和承载力警情指数及最终的综合警情指数，京津冀地区 2004—2016 年警情指数得分见表 7-6。可以看出，随着压力警情指数的逐年降低以及承载力指数的逐年增高，综合警情指数呈现逐年下降的趋势，超载状况逐年好转，结果显示出良好的区分性，可以合理评估每年的水环境预警状态。

表 7-6　京津冀地区综合警情指数得分

年份	压力警情指数	承载力警情指数	综合警情指数
2004	0.82	0.16	5.23
2005	0.94	0.31	3.05
2006	0.90	0.35	2.54
2007	0.81	0.38	2.10
2008	0.56	0.41	1.39
2009	0.53	0.40	1.31
2010	0.47	0.48	0.97
2011	0.46	0.70	0.65
2012	0.46	0.79	0.58
2013	0.37	0.69	0.54
2014	0.39	0.68	0.58
2015	0.29	0.59	0.49
2016	0.18	0.67	0.26

此外，分别对北京市、天津市和河北省的先行指标进行综合警情指数的计算（见表 7-7）。由结果可以看出，综合警情指数整体呈下降趋势，先行指标对 3 个地区水环境承载力景气预警效果较好。

表 7-7　北京市、天津市和河北省综合警情指数

年份	综合警情指数		
	北京市	天津市	河北省
2004	1.02	1.64	2.40
2005	0.51	1.33	2.36
2006	0.35	1.53	2.19
2007	0.29	1.28	1.91
2008	0.25	0.91	1.46
2009	0.20	0.73	1.39
2010	0.15	0.61	1.17

年份	综合警情指数		
	北京市	天津市	河北省
2011	0.13	0.54	1.19
2012	0.10	0.50	1.16
2013	0.08	0.49	1.15
2014	0.08	0.42	0.99
2015	0.06	0.53	0.94
2016	0.06	0.53	0.82

7.5 景气信号灯输出

以上研究结果显示，2004—2016 年，北京市和河北省的水环境承载力综合警情指数都呈现下降趋势；其中，北京市水环境承载力承载状态自 2005 年以后一直处于弱载，河北省虽然在 2015 年以后才摆脱了超载的境况，但总体上承载状态改善幅度较大。此外，天津市的水环境承载力承载状态在近十几年间仍有波动，主要是由于用水总量仍在增加，且 2006 年、2015 年和 2016 年的环境污染治理投资占比下降明显，未能与经济发展规模保持同步增长，未来还需警惕社会经济发展压力的回升，需进一步加大环保治理的力度。

通过分析不难看出，在水环境承载力景气信号灯系统中（见表 7-8、表 7-9），除了需要关注每年的信号灯输出外，尤其需要关注信号灯的变化。从绿灯转到黄灯、从黄灯转到红灯，都提示了未来一年可能发生的水环境承载力超载状况，需要提前防范。这也说明了景气信号灯系统提供了较好的预警信号输出，可以为今后的排警决策做出指导。

表 7-8 综合警情景气信号灯及预警界限

信号灯		限值	信号灯		限值
蓝	●	<0.5	橙	●	[1.5，2.0)
绿	●	[0.5，1.0)	红	●	≥2.0
黄	●	[1.0，1.5)			

表 7-9 京津冀地区整体及分区景气信号灯

<table>
<tr><th rowspan="2">年份</th><th colspan="8">景气信号灯</th></tr>
<tr><th colspan="2">京津冀地区</th><th colspan="2">北京市</th><th colspan="2">天津市</th><th colspan="2">河北省</th></tr>
<tr><td>2004</td><td rowspan="4">红</td><td>●</td><td>黄</td><td>●</td><td>橙</td><td>●</td><td rowspan="3">红</td><td>●</td></tr>
<tr><td>2005</td><td>●</td><td>绿</td><td>●</td><td>黄</td><td>●</td><td>●</td></tr>
<tr><td>2006</td><td>●</td><td rowspan="4">蓝</td><td>●</td><td>橙</td><td>●</td><td>●</td></tr>
<tr><td>2007</td><td>●</td><td>●</td><td>黄</td><td>●</td><td>橙</td><td>●</td></tr>
<tr><td>2008</td><td rowspan="2">黄</td><td>●</td><td>●</td><td rowspan="2">绿</td><td>●</td><td rowspan="2">黄</td><td>●</td></tr>
<tr><td>2009</td><td>●</td><td>●</td><td>●</td><td>●</td></tr>
</table>

<table>
<tr><th rowspan="2">年份</th><th colspan="8">景气信号灯</th></tr>
<tr><th colspan="2">京津冀地区</th><th colspan="2">北京市</th><th colspan="2">天津市</th><th colspan="2">河北省</th></tr>
<tr><td>2010</td><td>绿</td><td>●</td><td rowspan="7">蓝</td><td>●</td><td rowspan="3">绿</td><td>●</td><td rowspan="3">黄</td><td></td></tr>
<tr><td>2011</td><td rowspan="6">蓝</td><td>●</td><td>●</td><td>●</td><td></td></tr>
<tr><td>2012</td><td>●</td><td>●</td><td>●</td><td></td></tr>
<tr><td>2013</td><td>●</td><td>●</td><td rowspan="2">蓝</td><td>●</td><td rowspan="4">绿</td><td>●</td></tr>
<tr><td>2014</td><td>●</td><td>●</td><td>●</td><td>●</td></tr>
<tr><td>2015</td><td>●</td><td>●</td><td rowspan="2">绿</td><td>●</td><td>●</td></tr>
<tr><td>2016</td><td>●</td><td>●</td><td>●</td><td>●</td></tr>
</table>

7.6 景气预警方法的效果评价

按照之前初步分析的结果，无论是扩散指数还是合成指数，先行指数总是领先一致指数 1 年，这初步说明本研究构建的水环境承载力景气预警系统有着较好的预警效果，但对于本系统是否自洽，还需要进行进一步分析，常用的方法有峰谷对应分析法和钟形图分析法。

（1）峰谷对应分析

选定扩散指数和合成指数各自的峰、谷年份，放在一起进行对应分析。

由表 7-10 可以看出，扩散指数和合成指数在运行中，扩散指数与合成指数一共出现 10 个峰、谷值，先行指标在峰值和谷值上都体现了较好的先行性。结合之前综合警情指数研究结果，确定先行指数和一致指数时间差为 1 年。

表 7-10　扩散指数和合成指数的峰、谷分析结果

峰、谷位置（峰/谷）		阶数
先行扩散指数	一致扩散指数	
2011 年（峰）	2013 年（峰）	2
2013 年（谷）	2014 年（谷）	1
2014 年（峰）	2015 年（峰）	1
先行综合合成指数	一致综合合成指数	
2004 年（谷）	2006 年（谷）	2
2007 年（峰）	2007 年（峰）	0
2008 年（谷）	2010 年（谷）	2
2009 年（峰）	2011 年（峰）	2
2012 年（谷）	2012 年（谷）	0
2013 年（峰）	2013 年（峰）	0
2014 年（谷）	2014 年（谷）	0
峰平均阶数		1
谷平均阶数		1
总体平均阶数		1

（2）钟形图分析

图7-5是2004—2016年的先行扩散指数和一致扩散指数的钟形图，顺时针转动的形状比较明显。由于整个时间段不止包含一个周期波动，所以钟形图也不止有一个椭圆形，即钟形图能够在一定程度上印证先行扩散指数的效果是较好的。

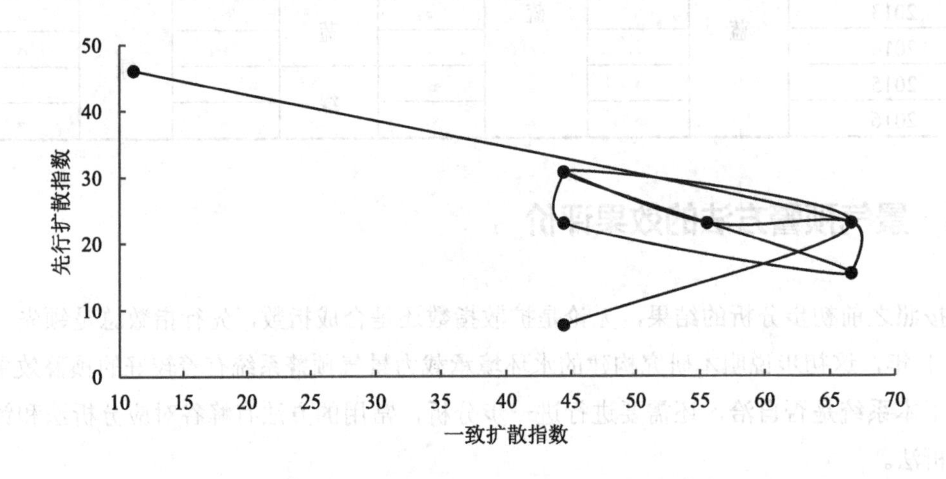

图7-5 2004—2016年先行扩散指数与一致扩散指数钟形图

综上分析可知，本研究构建的景气预警方法是自洽的，先行指标表现出良好的先行性，时间差为1年，预警效果较好。

7.7 排警建议

通过对京津冀地区整体及北京市、天津市、河北省的先行指标中的压力来源进行分析，从雷达图［见图7-6（a）］可以看出，京津冀地区整体上还需进一步调整产业结构，降低第一产业、第二产业占比（主要是天津市和河北省），并减少农业用水量及工业废水氨氮排放量；河北省应减少用水量，尤其是农业用水量；此外，北京市、天津市、河北省均需继续提倡节水，降低人均用水量，提高用水效率，降低万元地区生产总值水耗。承载力来源分析结果［见图7-6（b）］显示，现阶段京津冀地区的污水处理率较高，但天津市和河北省还应继续加大再生水利用量，加强污水资源化力度；河北省相较于其他2个地区，降水量较充沛、供水量充足，北京市和天津市由于天然禀赋而淡水资源不足，还需在节水的同时，积极寻求其他区域水源的跨境补给；对于环境污染治理投资，除北京外，天津和河北明显不足，导致京津冀地区的环境污染治理投资占比较低，今后应提升环境污染治理投资，进而全面提升承载能力。

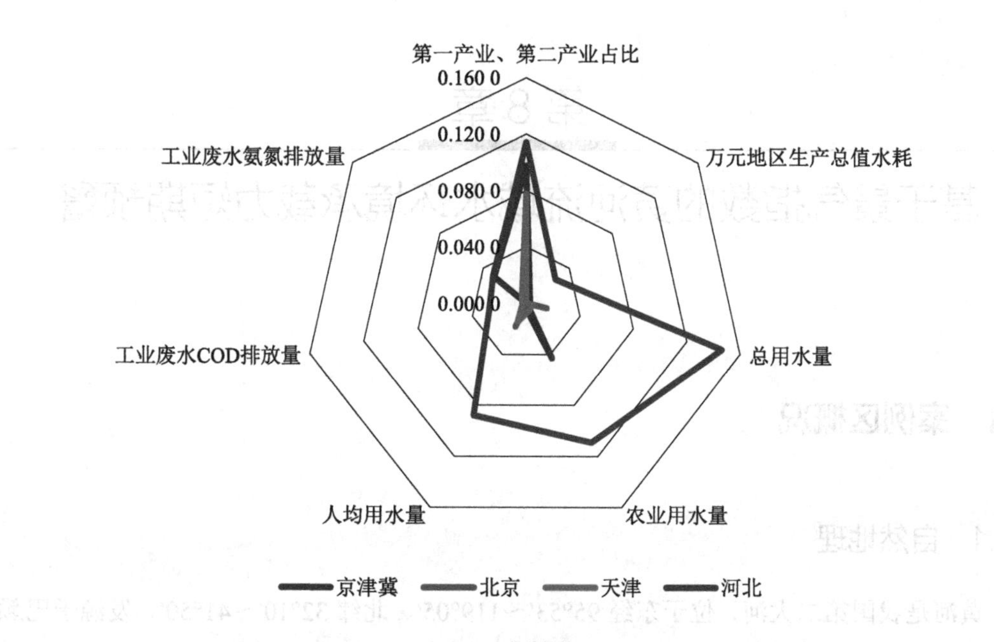

（a）压力指标

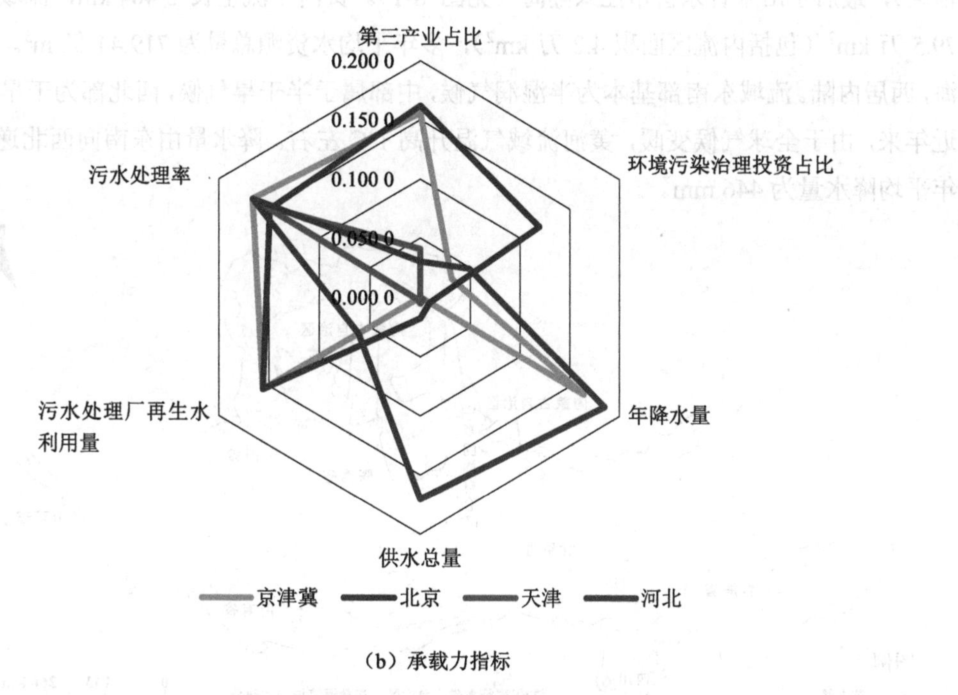

（b）承载力指标

图 7-6　各地区压力指标及承载力指标分布情况

第 8 章

基于景气指数的黄河流域水环境承载力短期预警

8.1 案例区概况

8.1.1 自然地理

黄河是我国第二大河，位于东经 95°53′～119°05′、北纬 32°10′～41°50′，发源于巴颜喀拉山脉，流经青海、四川、甘肃、宁夏、内蒙古、陕西、山西、河南、山东 9 个省（自治区），最后于山东省东营市注入渤海（见图 8-1）。黄河干流全长 5 464 km，流域面积为 79.5 万 km^2（包括内流区面积 4.2 万 km^2），多年平均水资源总量为 719.44 亿 m^3。东临渤海，西居内陆。流域东南部基本为半湿润气候，中部属于半干旱气候，西北部为干旱气候。近年来，由于全球气候变暖，黄河流域气温升高 1℃左右。降水量由东南向西北递减，多年平均降水量为 446 mm。

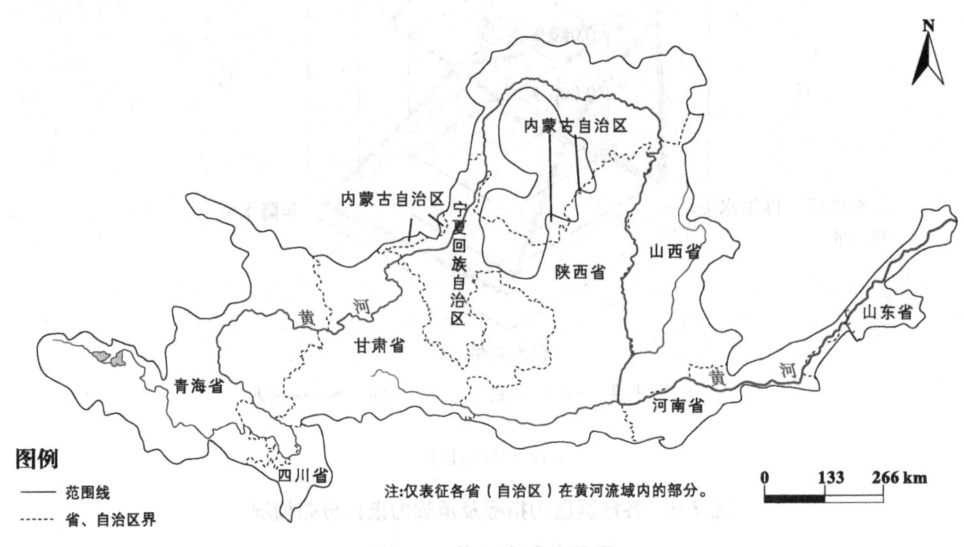

图 8-1　黄河流域分区图

8.1.2　人口和社会经济

黄河流域是中华文明的主要发源地之一，青海、甘肃、宁夏、内蒙古、山西、陕西 6 个省（自治区）的省会（首府）均在黄河流域内。1980 年以来，黄河流域地区生产总值年均增长率达到 11.0%，人均地区生产总值增长了 10 多倍。2019 年地区生产总值为 20.10 万亿元，约占全国的 20.3%，人口为 3.38 亿人，约占全国人口的 24.15%。

汇总黄河流域面积与人口数量的统计资料，得到 2020 年黄河流域各省（自治区）人口密度分布图（见图 8-2），可以看出人口密度由东部向西部递减，即人口密度呈现上游＜中游＜下游的趋势。其中，流域内河南和山东的人口密度位居前列，超过 220 人/km^2；其次是山西、四川、陕西和宁夏；青海、甘肃和内蒙古的人口相对稀疏。流域的人口分布情况可能直接和间接影响着流域水资源的消耗，对后续研究有参考意义。

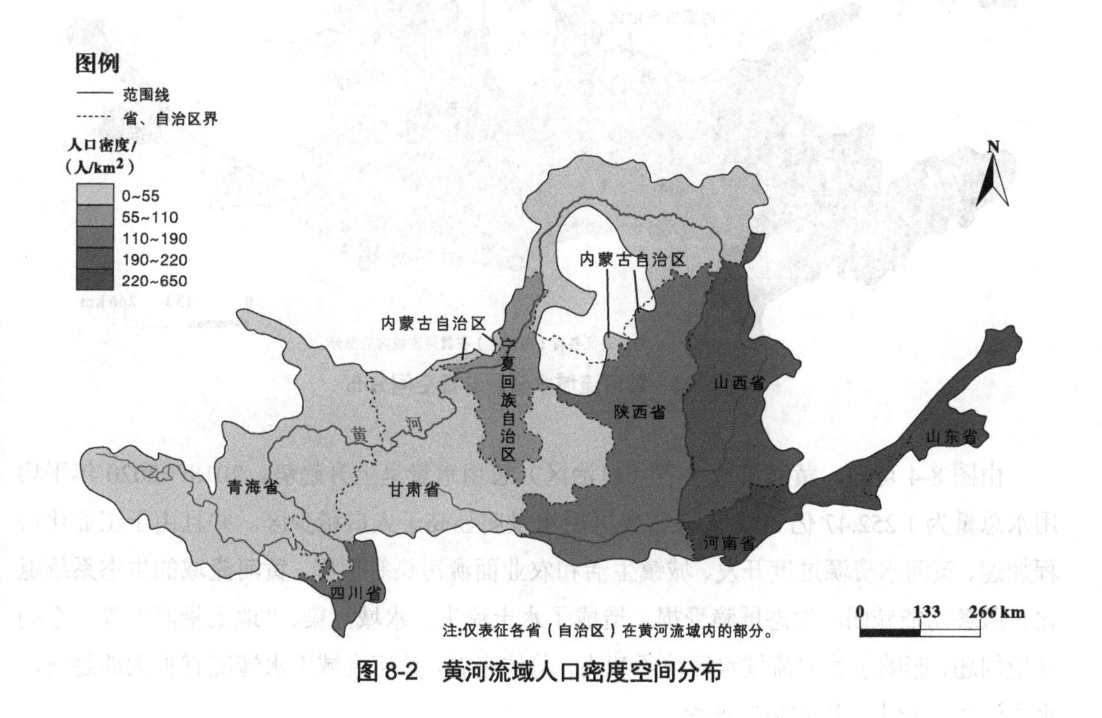

图 8-2　黄河流域人口密度空间分布

8.1.3　水资源与水环境现状

由于全球气候变化，黄河流域水资源量显著减少，供需矛盾不断增大。随着国家不断强调“绿水青山就是金山银山”，对水环境污染的治理力度在不断加大，水质有好转的趋势。特别是 2019 年，习近平总书记考察黄河，发出了“让黄河成为造福人民的幸福河”的号召，指出要以水而定、量水而行、因地制宜。

由于水资源日益成为我国发展的刚性约束，水资源的管理政策由“以需定供”向“以供定需”转变，而黄河又是北方发展的主要水资源约束，所以研究其承载力对优化经济活动具有指导意义。在此背景下，统计汇总了黄河流域9省（自治区）2008—2020年的水资源总量（见图8-3），黄河流域水资源总量在空间上呈现地区的不均衡性，上游水资源量高于中下游，宁夏和山西水资源尤其匮乏。其中，由于长江和黄河同时流经四川，其水量高于其他省（自治区）。

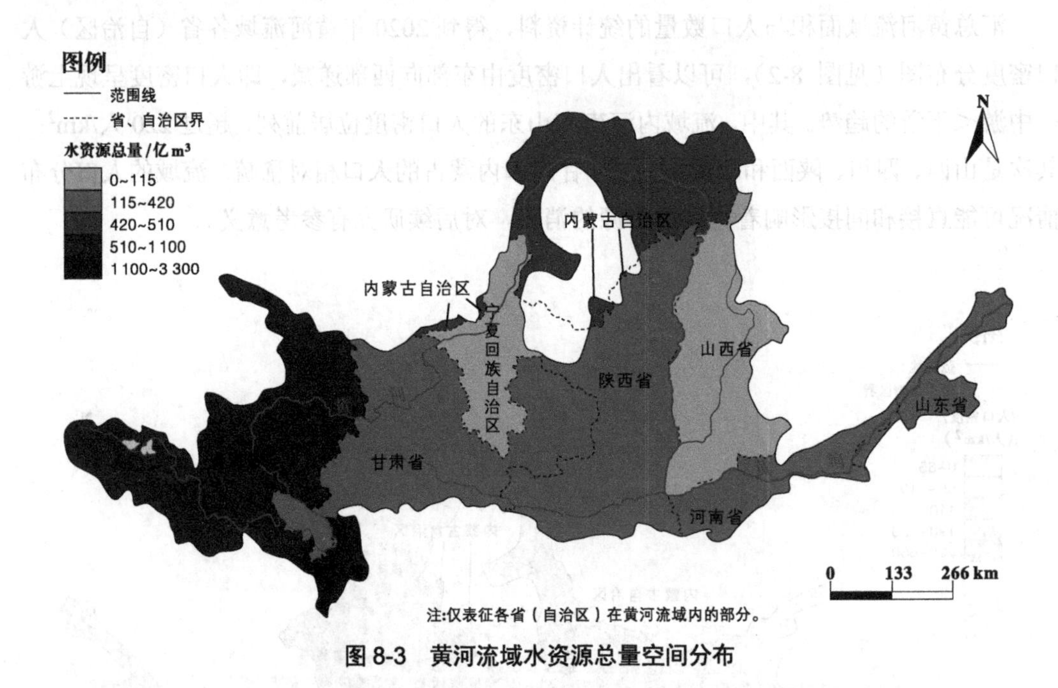

图8-3 黄河流域水资源总量空间分布

由图8-4可知，黄河流域9省（自治区）总用水量呈上升趋势，2018—2020年平均用水总量为1 252.47亿 m³。人口密集区用水量明显高于人口稀少区。并且由于工业化进程加速、黄河水资源过度开发、城镇生活和农业面源污染等原因，黄河流域的生态系统退化、服务功能减弱、生态屏障受损，造成了水土流失、水域污染、“地上悬河”等一系列环境问题，影响了黄河流域水环境承载力。总体来看，黄河流域用水情况有扩大的趋势，水资源压力较大，用水情况严峻。

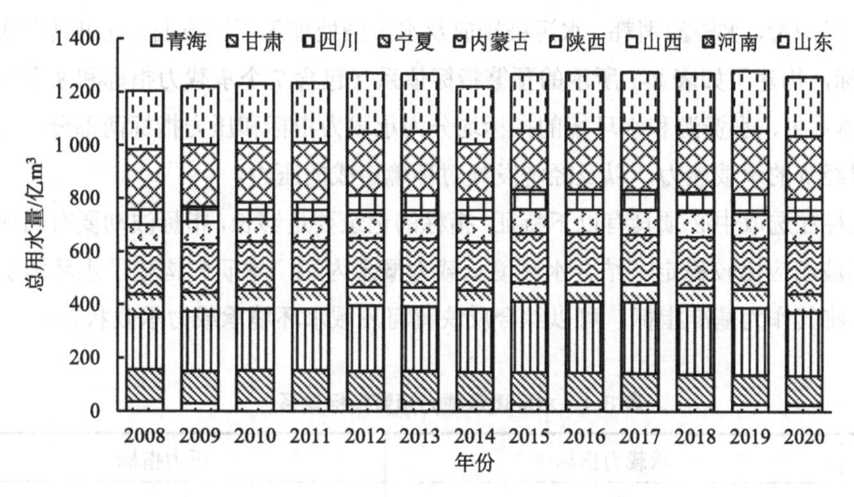

（a）黄河流域各省（自治区）总用水量

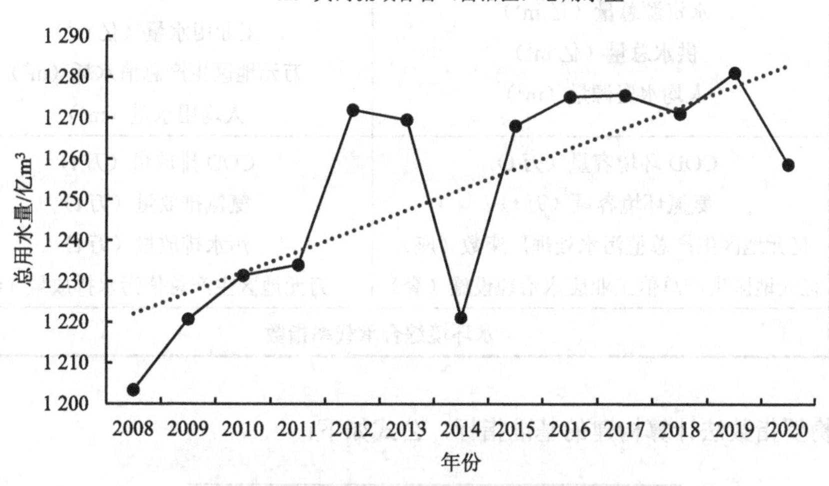

（b）黄河流域各省（自治区）总用水量及变化

图 8-4　2008—2020 年黄河流域各省（自治区）总用水量及其变化

8.2　黄河流域水环境承载力预警研究

8.2.1　黄河流域水环境承载力预警指标体系构建

（1）指标体系构建及基准指标确定

水环境承载力预警指标体系主要考虑经济活动带来的水环境压力的变动及水环境承载的情况，应选择能够反映经济对水环境的压力和承载力的指标。根据指标变动的协调性、灵敏可靠性、代表性、稳定性原则及指标数据的及时性原则，考虑数据的可收集情况，本研究从水资源量、水资源消耗、水污染排放及水污染处理等不同方面，选出具有代表性的 15 个指标，构建了如表 8-1 所示的预警指标体系（包含 7 个承载力指标和 8 个压力指标）。指标体系中，水资源和水环境的指标均分为承载力指标和压力指标两部分，二者体现了环境对经济的承载能力，以及经济发展对环境造成的压力。

基准指标在选取中必须具有以下特征：指标的记录要足够长，指标波动要有周期性，指标的周期波动应比较稳定。结合水环境承载力概念内涵，本研究构建了水环境综合承载率指数，将其作为基准指标，可以综合反映黄河流域水环境承载力承载状态。

表 8-1 水环境承载力预警指标体系

分类	承载力指标	压力指标
水资源	水资源总量（亿 m^3） 供水总量（亿 m^3） 人均水资源量（m^3）	总用水量（亿 m^3） 工业用水量（亿 m^3） 万元地区生产总值水耗（m^3） 人均用水量（m^3）
水环境	COD 环境容量（万 t） 氨氮环境容量（万 t） 亿元地区生产总值污水处理厂座数（座） 亿元地区生产总值工业废水治理设施（套）	COD 排放量（万 t） 氨氮排放量（万 t） 污水排放量（万 t） 万元地区生产总值污水排放量（t）
基准指标	水环境综合承载率指数	

采用内梅罗指数法计算构建的基准指标，公式如下：

$$\mathrm{CWECR}=\sqrt{\frac{\left[\mathrm{Average}\left(R_{\mathrm{WE}},R_{\mathrm{WR}}\right)\right]^2+\left[\mathrm{Max}\left(R_{\mathrm{WE}},R_{\mathrm{WR}}\right)\right]^2}{2}} \tag{8-1}$$

$$R_{\mathrm{WR}}=\frac{U_{\mathrm{WR}}}{Q_{\mathrm{WR}}} \tag{8-2}$$

$$R_{\mathrm{WE}}=\mathrm{Average}\left(\frac{P_{\mathrm{COD}}}{W_{\mathrm{COD}}},\frac{P_{\mathrm{NH_3\text{-}N}}}{W_{\mathrm{NH_3\text{-}N}}}\right) \tag{8-3}$$

式中：R_{WR} —— 水资源承载率；

R_{WE} —— 水环境承载率；

U_{WR} —— 水资源利用量；

Q_{WR} —— 水资源量；

P_{COD}、$P_{\mathrm{NH_3\text{-}N}}$ —— COD 和 NH_3-N 的排放量；

W_{COD}、$W_{NH_3\text{-}N}$ —— COD 和 NH_3-N 的水环境容量。

计算结果见表 8-2。

表 8-2　基准指标——水环境综合承载率指数

年份	水环境综合承载率指数	年份	水环境综合承载率指数
2008	2.18	2015	3.92
2009	2.15	2016	1.85
2010	2.16	2017	1.76
2011	4.41	2018	0.78
2012	4.29	2019	0.74
2013	4.14	2020	2.67
2014	4.03		

（2）数据来源及数据标准化

鉴于我国月度或季度的统计数据极度欠缺，本研究采用年度数据，研究范围为 2008—2020 年。指标的数据主要来自 2008—2020 年的《中国统计年鉴》《中国环境统计年鉴》及国家统计局数据，以及黄河流域各省（自治区）统计年鉴等的统计数据。其中，环境容量数据主要参考《全国地表水环境容量核定技术报告》。

警情指标的构建过程就是数据标准化的过程，通过数据标准化，将原始数据转换为无量纲化指标，更便于进行综合分析。标准化方法有极值法和同比增长率循环法，鉴于极值法结果对本研究后续的研究效果更佳，故选取极值法进行标准化。表 8-3 为标准化后的各指标值，将标准化后的各指标命名为警情指标。

表 8-3　数据标准化后的各警情指标值

指标	2008 年	2009 年	2010 年	2011 年	2012 年	2013 年	2014 年	2015 年	2016 年	2017 年	2018 年	2019 年	2020 年
水资源总量	0.19	0.43	0.61	0.61	0.53	0.68	0.24	0.00	0.00	0.37	0.72	0.45	1.00
供水总量	0.27	0.29	0.38	0.97	0.70	0.96	0.00	0.41	0.53	0.52	0.62	1.00	0.84
人均水资源量	0.20	0.71	0.44	0.45	0.73	0.41	0.45	0.01	0.00	0.37	0.79	0.67	1.00
总用水量	0.26	0.29	0.38	0.44	0.94	0.96	0.00	0.41	0.53	0.52	0.63	1.00	0.84
工业用水量	0.65	0.51	0.72	0.81	1.00	0.95	0.69	0.65	0.57	0.51	0.56	0.40	0.00
万元地区生产总值水耗	1.00	0.87	0.64	0.44	0.36	0.27	0.18	0.16	0.11	0.06	0.02	0.02	0.00
人均用水量	1.00	0.67	0.76	0.68	0.53	0.60	0.26	0.31	0.09	0.02	0.00	0.10	0.11
亿元地区生产总值工业废水治理设施	1.00	0.76	0.83	0.52	0.45	0.28	0.25	0.23	0.07	0.01	0.00	0.04	0.04

指标	2008年	2009年	2010年	2011年	2012年	2013年	2014年	2015年	2016年	2017年	2018年	2019年	2020年
亿元地区生产总值污水处理厂座数	1.00	0.89	0.75	0.42	0.22	0.07	0.00	0.10	0.11	0.18	0.10	0.26	0.28
COD 排放量	0.35	0.33	0.32	1.00	0.96	0.93	0.90	0.87	0.21	0.19	0.01	0.00	0.93
氨氮排放量	0.43	0.43	0.44	1.00	0.97	0.93	0.89	0.86	0.37	0.35	0.01	0.00	0.18
污水排放量	0.00	0.14	0.37	0.46	0.65	0.73	0.85	1.00	0.82	0.81	0.44	0.57	0.13
万元地区生产总值污水排放量	1.00	0.96	0.85	0.65	0.61	0.53	0.50	0.51	0.37	0.29	0.12	0.15	0.00

（3）划分先行指标、一致指标、滞后指标

利用时差相关分析法，采用 SPSS 软件计算指标之间的时差相关系数，具体操作为"SPSS—分析—时间序列预测—交叉相关性"，最大延迟系数确定为 3，以时差相关系数的最高项来确定延迟数，进而确定各指标与基准指标在时间序列上的先行、一致和滞后关系，具体结果见表 8-4。

表 8-4 时差相关分析结果

分类	先行指标			一致指标		
	指标	时差	相关系数	指标	时差	相关系数
压力	万元地区生产总值水耗	−3	0.705	COD 排放量	0	0.996
	人均用水量	−3	0.641	氨氮排放量	0	0.997
	污水排放量	−3	0.814	工业用水量	0	0.813
	万元地区生产总值污水排放量	−3	0.584	—	—	—
承载力	人均水资源量	−2	0.586	—		
	水资源总量	−2	0.713			
	亿元地区生产总值污水处理厂座数	−3	0.764			
	亿元地区生产总值工业废水治理设施	−3	0.714			

表 8-4 中，时差数代表指标相对于基准指标滞后的年份，负值代表指标在时间序列上较基准指标领先，为先行指标；0 代表指标在时间序列上与基准指标一致，为一致指标。

按黄河流域的预警指标分类，可以划分出 8 个先行指标（4 个压力先行指标、4 个承载力先行指标）、3 个一致指标（均为压力一致指标），分类结果如下。

先行指标包括万元地区生产总值水耗、人均用水量、污水排放量、万元地区生产总值污水排放量、人均水资源量、水资源总量、亿元地区生产总值污水处理厂座数、亿元地区生产总值工业废水治理设施。先行指标可以提前反映并预测未来水环境的状况。从这 8 个指标可以看出，流域人口对水资源的消耗产生影响，污水的排放对水环境的承载状况产生影响。同时，污废水处理设施和污水处理厂的建设相应改善水环境承载力承载状况。

一致指标包括 COD 排放量、氨氮排放量、工业用水量。一致指标代表其变动与水环境承载力景气变动基本一致，代表了水环境承载的状况。从中可以看出，黄河流域的压力主要来自 COD、氨氮的排放，其中工业用水的使用对水环境承载力承载状态影响较大。

8.2.2 黄河流域水环境承载力警情指数计算与分析

（1）扩散指数

扩散指数评价和衡量景气指数的波动和变化状态，反映社会经济对水环境的影响状态。扩散指数大于 50，说明半数以上警情指标处于景气状态，经济对环境的压力增大；扩散指数小于 50，说明半数以上警情指标处于不景气状态，经济对环境的压力在变小。

此外，观察一致扩散指数的走向及其同先行扩散指数的关系，获知先行扩散指数对一致扩散指数的领先程度，可以说明先行扩散指数所预测的承载状态改变会在什么时间出现。例如，一致扩散指数与先行扩散指数的平均时差是 1 年，即可认为从现在起 1 年内水环境承载运行仍处于未超载范围。

由划分的先行指数、一致指数分别构建扩散指数，结果见图 8-5。分析波峰和波谷可知：先行扩散指数在 2010 年、2015 年、2017 年、2019 年达到波峰，在 2014 年、2016 年、2018 年落入波谷；一致扩散指数则在 2011 年、2016 年、2018 年达到波峰，在 2013 年、2015 年、2017 年、2019 年落入波谷。从波峰和波谷来看，先行扩散指数领先于一致扩散指数 1～3 年，表现出良好的先行性。

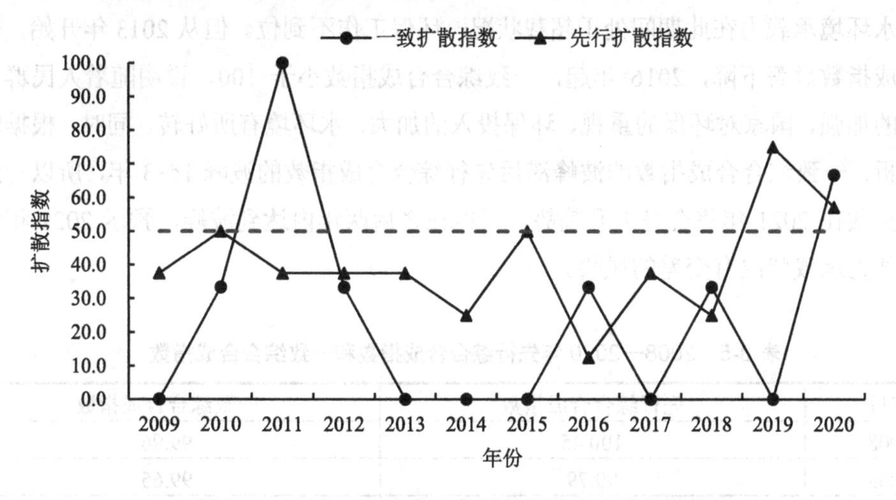

图 8-5　2009—2020 年先行扩散指数和一致扩散指数

一致扩散指数反映了当前水环境承载力承载状况变化趋势。由计算可知，一致扩散指数仅在2011年和2020年超过50，处于景气状态，其余时间均处于不景气状态。结合一致指标可以看出，2011年，工业用水量、COD和氨氮的排放量都在增加，给水环境造成了很大的压力；2020年，虽然工业用水量减少，但人均用水量、COD和氨氮的排放量在增加，所以也增加了水环境压力。而在2010年、2012年、2016年、2018年，工业用水量有所增加，但COD和氨氮的排放量都呈现下降趋势，所以整体给水环境的压力减少。总体而言，COD、氨氮的排放量整体呈下降趋势，黄河流域水环境承载力承载状况有所改善。

先行扩散指数能够提前预判水环境承载力承载状况的变化趋势。除2019年、2020年，先行扩散指数的数值都处于50及以下，处于不景气状态。结合先行指标来看，总用水量和污水排放量在2019年有回升趋势，虽然处理设施也有所增加，但是相对于污水排放的增加较缓；2020年受疫情影响，经济放缓，污水排放有所减少，水资源量有所增加。根据先行扩散指数和一致扩散指数的时差相关分析，一致扩散指数滞后先行扩散指数1～3年，所以一致扩散指数在2021年又有上升趋势，即2021年水环境承载力承载状况有变差的风险。

（2）合成指数

通过波峰和波谷的分析，先行综合合成指数在2013年、2015年、2019年达到波峰，在2009年、2014年、2018年落入波谷；一致综合合成指数则在2013年、2017年达到波峰，在2009年、2016年、2019年落入波谷。可以看出，先行综合合成指数的波峰领先一致综合合成指数0～2年，先行综合合成指数的波谷领先一致综合合成指数0～2年。

合成指数可以综合反映水环境承载力承载状况变化的程度和趋势。由表8-5和图8-6可以看出，一致综合合成指数在2010—2015年大于100，其余年份均小于100。说明黄河流域水环境承载力在此期间处于超载状况，环保工作不到位。但从2013年开始，一致综合合成指数显著下降，2016年起，一致综合合成指数小于100，说明随着人民群众环保意识的加强、国家对环保的重视、环保投入的加大，水环境有所好转。同时，根据时差相关分析，一致综合合成指数的波峰滞后先行综合合成指数的波峰1～3年，所以一致综合合成指数在2021年将会呈上升趋势，可能在之后两年内达到波峰，预示2021年的水环境承载力承载状况有变差的风险。

表8-5　2008—2020年先行综合合成指数和一致综合合成指数

年份	先行综合合成指数	一致综合合成指数
2008	100.45	99.96
2009	99.79	99.65
2010	99.86	100.09
2011	100.36	101.96

年份	先行综合合成指数	一致综合合成指数
2012	100.85	102.22
2013	101.62	102.44
2014	100.86	101.49
2015	101.89	101.35
2016	101.30	99.39
2017	100.01	99.55
2018	98.28	97.37
2019	98.79	96.90
2020	95.99	98.43

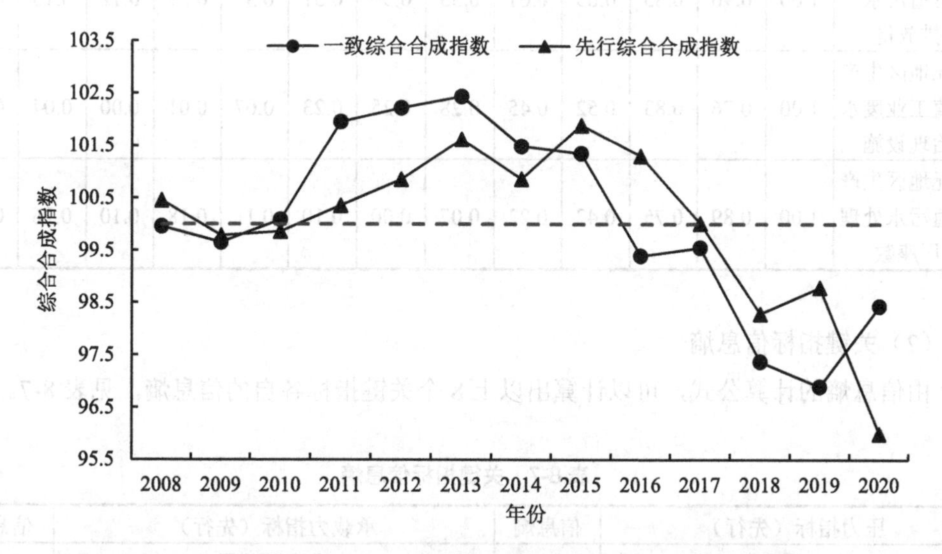

图 8-6　2008—2020 年先行综合合成指数和一致综合合成指数

8.2.3　综合警情指数构建

在以上的研究中，可以发现先行指标对水环境承载力景气预警效果较好，因此选取先行指标作为关键指标，构建综合警情指数，指标包括万元地区生产总值水耗、人均用水量、污水排放量、万元地区生产总值污水排放量、人均水资源量、水资源总量、亿元地区生产总值污水处理厂座数、亿元地区生产总值工业废水治理设施。

构建综合警情指数的要点是确定各关键指标的权重。本研究采用信息熵的方法确定各关键指标的权重，具体过程如下。

（1）数据标准化

此过程在前面的步骤中已介绍过，现直接选取出关键指标（见表 8-6）。

表 8-6　关键指标标准化

指标	2008年	2009年	2010年	2011年	2012年	2013年	2014年	2015年	2016年	2017年	2018年	2019年	2020年
水资源总量	0.19	0.43	0.61	0.61	0.53	0.68	0.24	0.00	0.00	0.37	0.72	0.45	1.00
人均水资源量	0.20	0.71	0.44	0.45	0.73	0.41	0.45	0.01	0.00	0.37	0.79	0.67	1.00
万元地区生产总值水耗	1.00	0.87	0.64	0.44	0.36	0.27	0.18	0.16	0.11	0.06	0.02	0.02	0.00
人均用水量	1.00	0.67	0.76	0.68	0.53	0.60	0.26	0.31	0.09	0.02	0.00	0.10	0.11
污水排放量	0.00	0.14	0.37	0.46	0.65	0.73	0.85	1.00	0.82	0.81	0.44	0.57	0.13
万元地区生产总值污水排放量	1.00	0.96	0.85	0.65	0.61	0.53	0.50	0.51	0.37	0.29	0.12	0.15	0.00
亿元地区生产总值工业废水治理设施	1.00	0.76	0.83	0.52	0.45	0.28	0.25	0.23	0.07	0.01	0.00	0.04	0.04
亿元地区生产总值污水处理厂座数	1.00	0.89	0.75	0.42	0.22	0.07	0.00	0.10	0.11	0.18	0.10	0.26	0.28

（2）关键指标信息熵

由信息熵的计算公式，可以计算出以上 8 个关键指标各自的信息熵，见表 8-7。

表 8-7　关键指标信息熵

压力指标（先行）	信息熵	承载力指标（先行）	信息熵
污水排放量	−6.06	水资源总量	−5.93
万元地区生产总值污水排放量	−6.01	人均水资源量	−5.97
万元地区生产总值水耗	−5.29	亿元地区生产总值污水处理厂座数	−5.50
人均用水量	−5.63	亿元地区生产总值工业废水治理设施	−5.26

（3）确定各指标的权重

由指标权重计算公式，可以得到各关键指标的权重，见表 8-8。

表 8-8　关键指标权重

压力指标（先行）	权重	承载力指标（先行）	权重
污废水排放量	0.13	水资源总量	0.13
万元地区生产总值污水排放量	0.13	人均水资源量	0.13
万元地区生产总值水耗	0.12	亿元地区生产总值污水处理厂座数	0.12
人均用水量	0.12	亿元地区生产总值工业废水治理设施	0.12

（4）构建综合警情指数

由上述所得数据，利用本书 3.2.5.2 中式（3-15）、式（3-16）计算综合警情指数。黄河流域 2008—2020 年综合警情指数见表 8-9。可见，因为压力警情指数整体呈下降趋势，承载力警情指数有所波动，在 2015 年和 2016 年有所下降，2017 年又开始回升，所以综合警情指数除在 2013—2016 年有所增加外，其余年份整体呈下降的趋势，超载情况在近年来更是逐年好转。

表 8-9　黄河流域综合警情指数

年份	EWIp	EWIs	综合警情指数
2008	0.370 7	0.290 9	1.274 4
2009	0.328 5	0.345 1	0.951 9
2010	0.327 6	0.324 7	1.008 9
2011	0.281 8	0.249 9	1.127 8
2012	0.273 1	0.243 8	1.120 3
2013	0.271 7	0.182 7	1.487 7
2014	0.229 7	0.119 2	1.927 1
2015	0.255 0	0.041 1	6.204 8
2016	0.180 5	0.022 2	8.122 5
2017	0.154 8	0.117 5	1.317 0
2018	0.075 3	0.206 4	0.365 0
2019	0.108 5	0.180 7	0.600 3
2020	0.030 3	0.298 9	0.101 4

8.2.4　基于综合警情指数的景气信号灯建设

本研究在黄河流域水环境承载力监测预警的基础上，依托已构建的综合警情指数，对承载状况进行判断。借鉴类似交通信号灯的方法，确定了“红”“橙”“黄”“绿”“蓝”5 种颜色的景气信号灯，分别代表承载状况中的“强超载”“较强超载”“弱超载”“适载”“弱载”5 种情形。当综合警情指数值超过某一预警界限数值时，相应的信号灯标志就会亮。

结果显示，2010—2013 年，黄河流域景气信号一直处于黄灯，说明这段时间黄河流域水环境承载力承载状况为弱超载，合成指数在此期间也不断上升，说明发生了水环境承载力超载状况。2014—2016 年，信号灯由黄变橙再变红，由弱超载变为强超载，说明这 3 年黄河流域的水环境承载力承载状态不断恶化。2017 年开始，信号灯又由黄变绿，再变蓝，可以看出水环境承载力承载状况逐渐向好，这与国家不断加强黄河流域的治理是密不可分的。近年来水环境承载力虽都处于弱载、适载状况，但是仍然不是很稳定，之后仍需要提高警惕，继续做好黄河流域的环保工作。

表 8-10 综合警情指数的信号灯

年份	景气信号灯		年份	景气信号灯		年份	景气信号灯	
2008	黄		2013	黄		2018	蓝	●
2009	绿	●	2014	橙	●	2019	绿	●
2010	黄		2015	红	●	2020	蓝	●
2011			2016		●			
2012			2017	黄				

通过分析可以看出，在水环境承载力景气信号灯系统中，不仅要关注每年的信号输出，还需要关注信号的变化。绿灯向黄灯转变、黄灯向橙灯转变，都预示了未来一年可能发生水环境承载力超载情况，需要提前防范。

8.2.5 景气预警方法的效果评价

从上述初步分析的结果来看，无论是扩散指数还是合成指数，先行指数总是领先一致指数 0～2 年。这初步说明水环境承载力景气预警系统有良好的预警效果，但对于本系统是否自洽，还需要进行进一步分析，常用峰谷对应分析法和钟形图分析法结合分析。

（1）峰谷对应分析

利用峰谷对应分析法评价景气预警方法的预警效果。首先需要评价扩散指数和合成指数的运行状态是否有对应性，尤其需要注意其中先行指数和一致指数的周期波动是否有相同的周期性。

表 8-11 扩散指数和合成指数的峰、谷分析结果

峰、谷位置（峰/谷）		阶数
先行扩散指数	一致扩散指数	
2010 年（峰）	2011 年（峰）	1
2014 年（谷）	2017 年（谷）	3
2015 年（峰）	2016 年（峰）	1
2016 年（谷）	2019 年（谷）	3
2017 年（峰）	2018 年（峰）	1
先行合成指数	一致合成指数	
2009 年（谷）	2009 年（谷）	0
2013 年（峰）	2013 年（峰）	0
2014 年（谷）	2016 年（谷）	2
2015 年（峰）	2017 年（峰）	2
2018 年（谷）	2019 年（谷）	1
峰平均阶数		1
谷平均阶数		1.5
总体平均阶数		1.25

从表 8-11 可以看出，无论是一致扩散指数还是先行扩散指数，在运行中其波峰、波谷都体现出良好的先行性，时间差为 1～3 年。在合成指数方面，无论是波峰还是波谷，在 2013 年以前的先行性都不够好，说明系统在早些年的预警效果不算很好，但是 2014 年以后趋于稳定，预警效果良好。

整体来看，扩散指数与合成指数一共出现 10 个峰谷值，有 4 个先行时间差都为 1 年（除去 2 个时间差为 0 的年份，已过半数），结合之前综合警情指数研究结果，确定先行指数和一致指数时间差为 1 年。

（2）钟形图分析

在一致指数验证过程中，可使用钟形图分析法进行分析。

图 8-7 中，先行扩散指数和一致扩散指数的钟形图呈顺时针旋转。可见钟形图不止有一个椭圆形，这也反映了不止有一个周期波动。此图印证了先行扩散指数的效果良好。

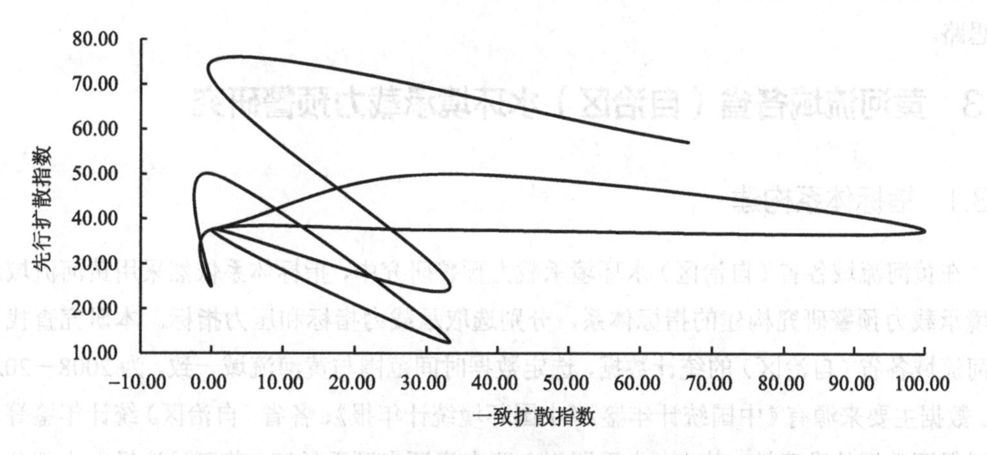

图 8-7　2008—2020 年先行扩散指数与一致扩散指数钟形图

综上所述，本研究构建的景气预警方法是自洽的，先行指标表现出良好的先行性，时间差为 1 年，有较好的预警效果。

8.2.6　2021 年黄河流域水环境承载力预警研究

由上述研究可知，目前构建的水环境承载力预警方法可以有效预测未来水环境承载力承载状况，时间差为 1 年。由于统计的时滞性，开展本研究时，最新数据只能获取到 2020 年，为保证预测的准确性，开展 2021 年全国水环境承载力预警研究。

从扩散指数波动上可见，2016 年之后扩散指数有波动上升的趋势，但扩散指数几乎都在不景气区运行，说明经济对环境的压力在减小，但到了 2019 年，先行扩散指数上升到了景气区，经济对环境的压力再次增大，虽然 2020 年有所回落，但是从波峰和波谷来看，2021 年黄河流域扩散指数可能会达到一个小高峰，之后再回落。2021 年水环境承载力可能会超载，但超载程度不会很大。

从合成指数的波动上可以看出，2015 年之后，先行综合合成指数和一致综合合成指数都在波动下降，这说明 2015 年之后黄河流域水环境承载力承载状况逐年改善，这与扩散指数的判断相同。2017 年，一致合成指数和先行合成指数都下降到 100 以下，水环境承载力超载状况已经得到了逆转，未来需要继续保持这种发展势头。从先行合成指数上看，2019 年先行合成指数较 2018 年有了一个小回升，但回升幅度很小，2020 年又有所下降，这说明 2021 年水环境承载力承载状况较 2020 年可能会小幅度升高或小幅度下降。无论如何，都离不开各项减排措施的实施，水环境承载力承载状况的改善需要继续努力。

在此基础上，继续开展综合警情指数预警研究。2019 年和 2020 年的水环境综合警情指数都处于低值，且 2020 年更有所下降，这说明 2021 年水环境承载力承载情况可能会有所改善，但仍不能放松警惕，水环境的保护需要坚持不懈的努力，需要不断更新政策措施和发展思路。

8.3 黄河流域各省（自治区）水环境承载力预警研究

8.3.1 指标体系构建

在黄河流域各省（自治区）水环境承载力预警研究中，指标体系依然采用黄河流域水环境承载力预警研究构建的指标体系，分别选取承载力指标和压力指标。本研究查找了黄河流域各省（自治区）的统计数据，选定数据时间范围与黄河流域一致，为 2008—2020 年。数据主要来源有《中国统计年鉴》《中国环境统计年报》、各省（自治区）统计年鉴等，可以保证数据的准确性。其中，由于四川主要水资源来源于长江，黄河只流经一小部分，所以不考虑四川。

警情指标的构建、数据的处理依据前文的方法，同样以万元地区生产总值水耗、人均用水量、污水排放量、万元地区生产总值污水排放量、人均水资源量、水资源总量、亿元地区生产总值污水处理厂座数、亿元地区生产总值工业废水治理设施 8 个指标作为警情指标。

在划分先行指标、一致指标和滞后指标方面，出于科学性的考虑，应该对各省（自治区）分别划定先行指标、一致指标和滞后指标。但为了使各省（自治区）结果有可比性，本研究根据黄河流域水环境承载力预警研究成果，利用之前划分的先行指标、一致指标、滞后指标直接进行分析。

8.3.2 景气信号灯预警研究

（1）黄河流域各省（自治区）综合警情指数计算

依据上述研究，构建的综合警情指数有着很好的预警效果，因此采用综合警情指数在黄河流域各省（自治区）对水环境承载力进行预警。按照综合警情指数的计算方法，计算得到黄河流域 8 个省（自治区，不包括四川）的综合警情指数（见表 8-12），并构建了黄河流域各省（自治区）综合警情指数波动图（见图 8-8）。

表 8-12　黄河流域各省（自治区）综合警情指数

年份	青海	甘肃	宁夏	内蒙古	陕西	山西	河南	山东
2008	1.995 7	1.283 7	1.628 8	0.789 3	2.382 3	1.315 6	0.932 6	0.825 1
2009	0.996 4	1.363 0	2.268 8	0.953 3	0.998 2	1.418 5	1.141 6	1.002 3
2010	1.969 1	1.644 1	2.503 8	1.126 1	0.402 2	1.728 2	0.757 3	1.011 4
2011	0.988 8	2.175 1	2.552 7	1.437 2	0.338 5	0.740 9	1.312 9	0.914 7
2012	0.590 0	1.853 7	1.548 2	1.256 2	1.302 8	1.627 1	2.170 3	1.357 4
2013	1.023 5	1.930 0	1.640 2	0.576 9	2.140 8	1.177 0	4.046 0	1.239 9
2014	0.637 2	4.918 3	2.197 7	1.246 3	2.768 6	1.716 5	1.708 4	7.193 2
2015	0.962 6	9.256 1	2.470 8	1.352 1	2.831 9	3.410 4	2.103 5	4.382 5
2016	1.396 3	11.512 5	0.867 5	2.247 2	7.567 0	1.224 6	1.609 7	1.995 6
2017	0.811 3	2.468 7	0.608 9	1.142 2	1.726 1	1.217 1	1.105 0	1.285 1
2018	0.068 3	1.088 9	0.347 4	0.308 5	2.578 0	0.594 2	1.650 7	0.084 4
2019	0.064 8	0.903 9	0.667 9	0.602 6	1.287 7	2.396 6	4.842 5	0.771 9
2020	0.006 4	0.543 0	0.031 8	1.985 7	0.796 5	1.047 7	0.364 4	0.237 1

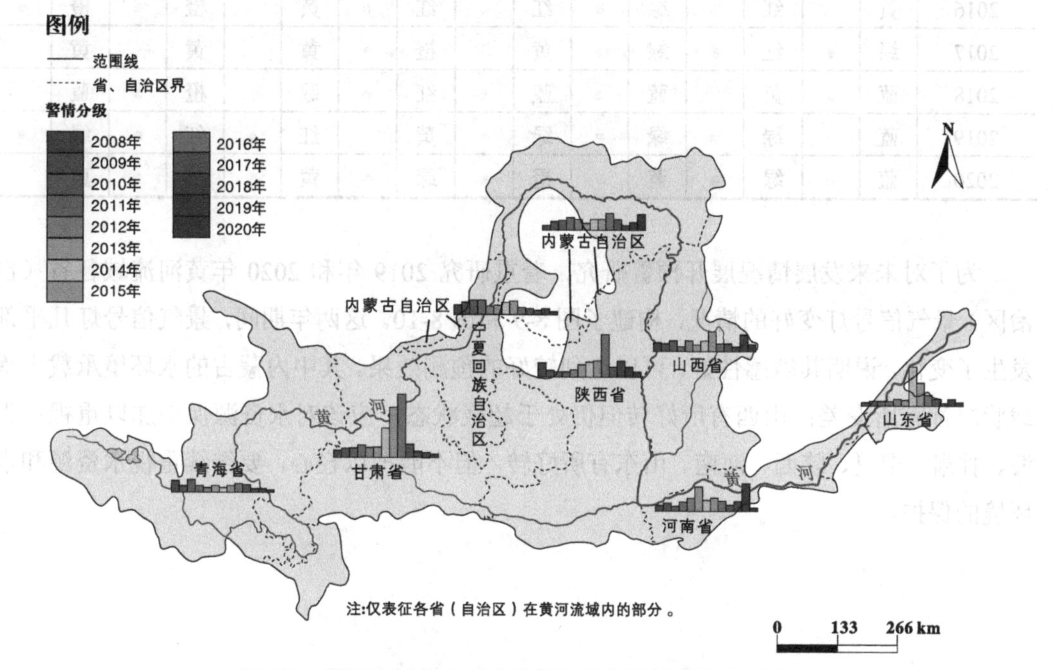

图 8-8　黄河流域各省（自治区）综合警情指数波动图

（2）黄河流域各省（自治区）景气信号灯输出

通过构建综合警情指数，按照上文已经构建的预警界限，输出景气信号灯结果，更加直观地体现预警状态，指导未来发展方向。景气信号灯输出结果见表 8-13。从输出结果上看，工业化程度高、经济相对发达、人口压力大的地区整体处于景气红灯区域和橙灯区域，如山东、河南、陕西；水资源缺乏的地区也处于红灯区域和橙灯区域，如宁夏、甘肃、山西；水资源充沛、经济欠发达地区基本处于绿灯和蓝灯区域，如青海、内蒙古。但近年来，总体而言，整个黄河流域水环境承载力向好发展。

表 8-13　黄河流域各省（自治区）景气信号灯

年份	青海		甘肃		宁夏		内蒙古		陕西		山西		河南		山东	
2008	橙	●	黄	●	橙	●	绿	●	红	●	黄	●	绿	●	绿	●
2009	绿	●	黄	●	红	●	绿	●	绿	●	黄	●	黄	●	黄	●
2010	橙	●	橙	●	红	●	黄	●	蓝	●	橙	●	绿	●	黄	●
2011	绿	●	红	●	红	●	黄	●	蓝	●	绿	●	黄	●	绿	●
2012	绿	●	橙	●	橙	●	黄	●	黄	●	橙	●	红	●	黄	●
2013	黄	●	橙	●	橙	●	绿	●	红	●	黄	●	红	●	黄	●
2014	绿	●	红	●	红	●	黄	●	红	●	橙	●	橙	●	红	●
2015	绿	●	红	●	红	●	黄	●	红	●	红	●	红	●	红	●
2016	黄	●	红	●	绿	●	红	●	红	●	黄	●	橙	●	橙	●
2017	绿	●	红	●	绿	●	黄	●	橙	●	黄	●	黄	●	黄	●
2018	蓝	●	黄	●	蓝	●	蓝	●	红	●	绿	●	橙	●	蓝	●
2019	蓝	●	绿	●	绿	●	绿	●	黄	●	红	●	红	●	绿	●
2020	蓝	●	绿	●	蓝	●	橙	●	绿	●	黄	●	蓝	●	蓝	●

为了对未来发展情况展开预警研究，着重研究 2019 年和 2020 年黄河流域各省（自治区）景气信号灯变好的情况，构建了图 8-9 和图 8-10。这两年期间，景气信号灯几乎都发生了变化，说明其敏感性好，可以达到较好的预测效果。其中内蒙古的水环境承载力承载状况都有所变差；山西有所好转但仍处于超载状态，应该对水资源保护加以重视；青海、甘肃、宁夏、陕西、河南、山东有所好转，但不能掉以轻心，要继续重视水资源和水环境的保护。

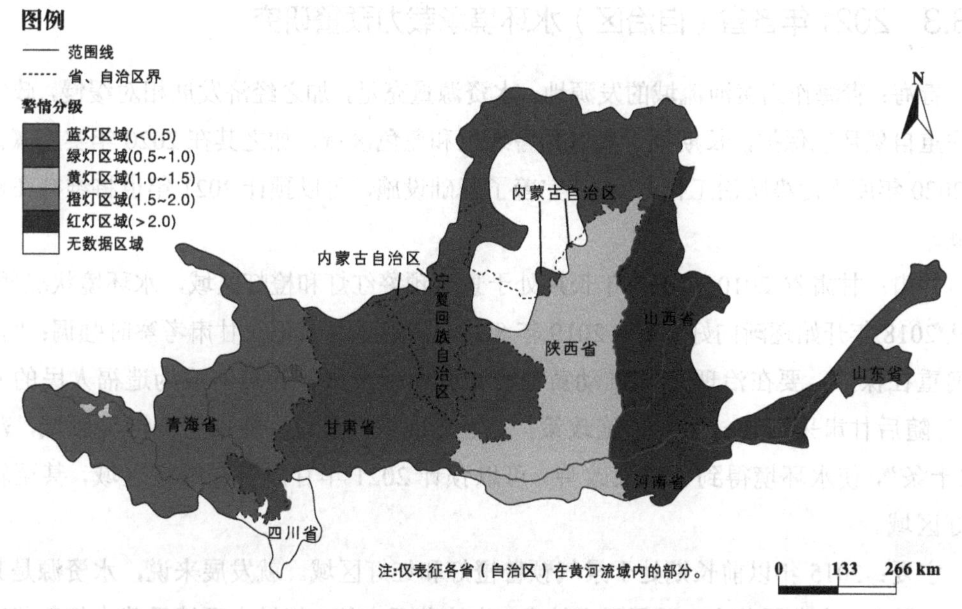

图 8-9 2019 年黄河流域各省（自治区）景气信号灯分布图

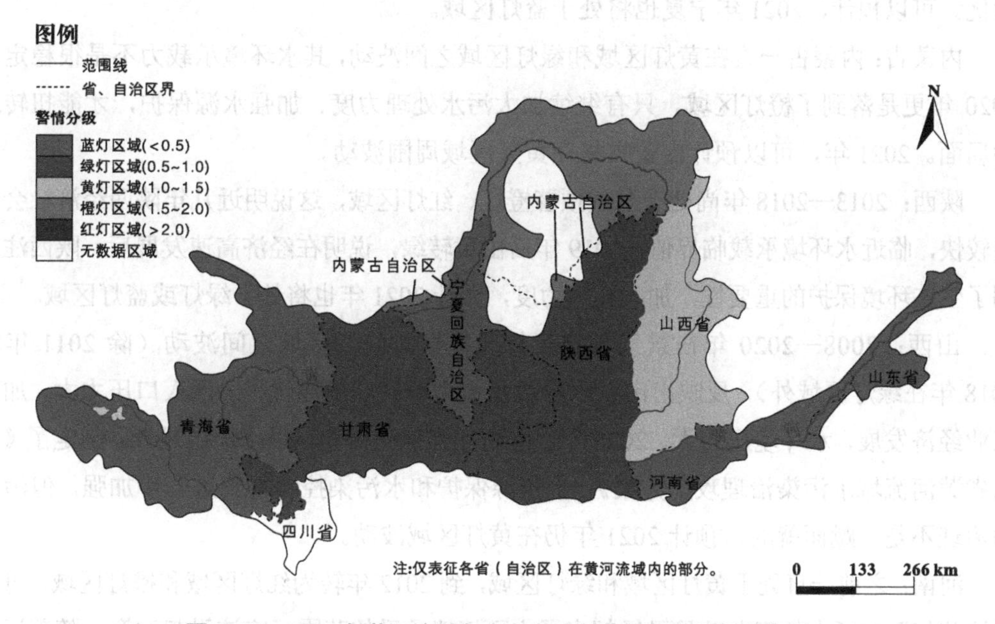

图 8-10 2020 年黄河流域各省（自治区）景气信号灯分布图

8.3.3 2021年各省（自治区）水环境承载力预警研究

青海：青海作为黄河流域的发源地，水资源量充足，加之经济发展相对缓慢，政策要求注重自然环境保护，长期处于景气预警绿色和蓝色区域。加之其在2020年实施《青海省2020年度水污染防治工作方案》，完善了基础设施，可以预计2021年也将维持在蓝灯区域。

甘肃：甘肃省2010—2017年长期处于景气预警红灯和橙灯区域，水环境状况严峻。但从2018年开始逐渐向好发展。2019年8月，习近平总书记在甘肃考察时强调："治理黄河重在保护，要在治理。""推动黄河流域高质量发展，让黄河成为造福人民的幸福河。"随后甘肃采取了一系列措施政策，完善"四库"建设，整顿重点污染领域，落实"水十条"，使水环境得到了很大改善。可以预计2021年甘肃将在绿灯区域，甚至转向蓝灯区域。

宁夏：2015年以前长期处于景气预警橙灯和红灯区域。就发展来说，水资源是其短板，宁夏应大力发展节水、循环用水技术，淘汰落后产能，扭转水环境承载力超载状况。2016年以来，宁夏水环境转向绿灯、蓝灯区域，水环境向好发展，2020年宁夏水质总体为优。可以预计，2021年宁夏也将处于蓝灯区域。

内蒙古：内蒙古一直在黄灯区域和绿灯区域之间波动，其水环境承载力不是很稳定，2020年更是落到了橙灯区域。只有继续加大污水处理力度、加强水源保护，才能扭转这种局面。2021年，可以预计内蒙古将在黄灯区域周围波动。

陕西：2013—2018年尚处于景气预警橙灯、红灯区域，这说明近几年陕西经济社会发展较快，临近水环境承载临界值。2019年后由黄转绿，说明在经济高速发展后，陕西注意到了生态环境保护的重要性，加大整治力度，预计2021年也将处于绿灯或蓝灯区域。

山西：2008—2020年在景气预警黄灯、橙灯、红灯区域之间波动（除2011年和2018年在绿灯区域外），反映出山西水环境承载力承载状况堪忧。山西人口压力大，加之工业经济发展，水环境压力大。2020年，山西加强执法督查，强化顶层设计，制定了《山西省黄河流域水污染治理攻坚方案》，水资源保护和水污染控制得到进一步加强。但污染的治理不是一蹴而就的，预计2021年仍在黄灯区域波动。

河南：之前一直处于黄灯区域和绿灯区域，到2012年转为红灯区域和橙灯区域，可能是这些年河南新上的工业项目已经超出了水环境能承受的范围，应该引起注意。随着污水处理设施的投入增加，2020年转向了蓝灯区域。2021年需再接再厉，可能维持蓝灯现状。

山东：山东作为工业大省，一直面临污染排放过重的问题，2012—2017年一直处于黄灯、橙灯和红灯区域。但近年来逐渐向蓝灯、绿灯区域转变，可见山东近年来对水环境承载力的重视不断提高，2020年编制完成了《山东省黄河流域生态保护实施规划》。随着此规划的落实，预计2021年仍处于蓝灯、绿灯区域。

8.3.4 黄河流域双向调控排警措施

以2019年的信号灯为代表，对黄灯、橙灯及红灯区域（陕西、山西、河南）的先行指标中的压力和承载力来源进行分析，与绿灯和蓝灯区域（青海、甘肃、宁夏、内蒙古、山东）做对比。

从压力来源分布的雷达图（见图8-11）可以看出，处于超载区的陕西和河南需要重点控制污水排放量。同时，陕西、山西、河南都需要降低人均用水量、减轻人口的压力，并且3省还需减少总用水量，采取以供定需的措施。而处于绿灯、蓝灯区域的5省（自治区）的压力也主要来源于总用水量、污水排放量和人均用水量，但其受地区生产总值的影响相对较小。对比可知，超载区的3个省除减少污水排放量和用水量之外，还需要格外重视经济发展与水环境保护的关系。

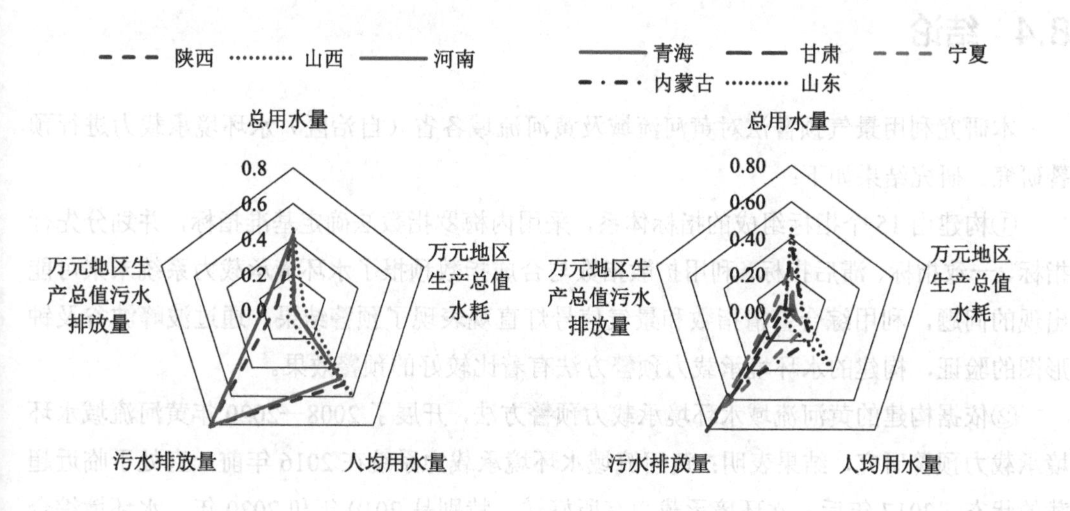

图8-11 各省（自治区）压力指标分布情况

从承载力来源分布的雷达图（见图8-12）可以看出，现阶段陕西较其他两省人均水资源量相对丰富，其亿元地区生产总值污水处理厂座数也相对充足。但目前3省的人均水资源量、亿元地区生产总值污水处理厂和亿元地区生产总值工业废水治理设施都严重不足，尤其是河南水资源量不足，污水处理能力不够，导致下一年承载力较差，应采取措施全面提升承载力。而处于蓝灯、绿灯区域的5省（自治区）的人均水资源量也不算丰富，但其亿元地区生产总值工业废水治理设施和亿元地区生产总值污水处理厂座数明显优于超载区的3省。因此，陕西、山西、河南3省应该加大污水、废水的处理力度，提高水环境承载力。

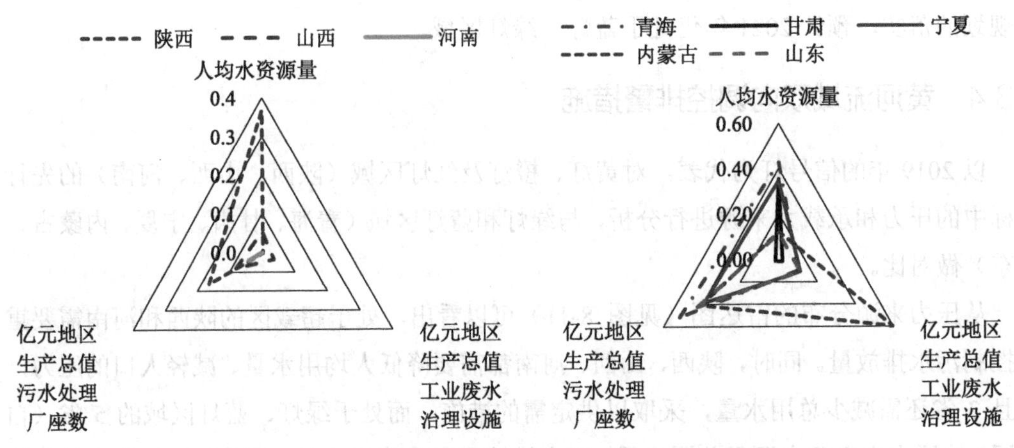

图 8-12 各省（自治区）承载力指标分布情况

8.4 结论

本研究利用景气预警法对黄河流域及黄河流域各省（自治区）水环境承载力进行预警研究。研究结果如下：

①构建由 15 个指标组成的指标体系，采用内梅罗指数法确定基准指标，并划分先行指标、一致指标、滞后指标。利用扩散指数与合成指数预报了水环境承载力系统未来可能出现的问题，利用综合警情指数和景气信号灯直观表现了预警结果。通过波峰波谷及钟形图的验证，构建的水环境承载力预警方法有着比较好的预警效果。

②依据构建的黄河流域水环境承载力预警方法，开展了 2008—2020 年黄河流域水环境承载力预警研究，结果表明：黄河流域水环境承载力系统在 2016 年前一直处于临近超载的状态，2017 年后，水环境承载力有所好转，特别是 2019 年和 2020 年，水环境综合警情指数都处于低值，且 2020 年更有所下降，黄河流域水环境承载力向好发展。

③进一步，利用综合警情指数和景气信号灯方法，开展了黄河流域各省（自治区）水环境承载力预警研究，取得了较好的预警效果。预警结果表明：山西、陕西、河南 3 省人口较多、经济较发达地区普遍长期处于景气预警红灯区域，亟须调整产业结构，平衡经济发展与环境保护，落实“十四五”规划，加大污水处理设施建设，提高水环境承载力。甘肃、青海、宁夏 3 省（自治区）经济欠发达地区处于蓝灯区域和绿灯区域，水环境承载力承载状况良好，可在保证水环境质量的前提下，鼓励经济发展，改善人民生活水平。内蒙古和山东处于绿灯区域，但其污水处理设备不够完备，加之经济发展的步伐加速，应加强环境投入。

第9章

基于景气指数的北运河流域水环境承载力短期预警

9.1 案例区概况

9.1.1 自然环境概况

（1）地理位置

作为北京市五大水系之一的北运河水系位于华北平原西北部，处于海河流域上游段（东经116°02′～117°06′，北纬39°39′～40°35′），起源于北京市昌平区内的军都山，地跨京津冀三省市，属于海河水系。北运河是我国著名的南北大运河的起始端，北运河在通州区内的流向是西北向东南，以通州区北关闸（主干流在北关闸以上始称温榆河）为起点，途经武窑、沙古堆，于西集镇牛牧屯东南出境，经河北省香河县、天津市武清区至天津市大红桥与子牙河汇合后汇入海河。北运河流域在山区所占比例很小，流域中下游地势相对稳定、海拔较低，北运河是典型的平原河流。北运河流域不仅是海河水系最具有代表性的流域之一，而且是典型的多闸坝、人工化程度较强的城市化、半城市化流域。北运河流域分区见图9-1。

（2）地形地貌

北运河流域西北部山地属于燕山山脉，东南部为华北平原，总体地势为西北高、东南低。西山以线性褶皱为主，呈北东—西南走向，岭谷相间分布较为明显。中山是绝对高程大于800 m的山地，主要分布在西山和北山的深山中，如西山的百花山、灵山，北山的海坨山、云蒙山等地区。北山土层较厚，植被覆盖率较高；西山自然条件较差，水土流失较严重。低山是绝对高程小于800 m的山地，主要分布在西山和北山的浅山中。低山土层较薄，植被破坏严重，水土流失严重。丘陵主要分布在房山山前地带、二十里长山、

图 9-1 北运河流域分区图

怀柔与密云水库周围和十三陵水库西南一带。北山丘陵区主要由花岗岩、片麻岩等构成；西山山前丘陵多由灰岩组成。河谷和沟谷为山区线状腹地形，是居住、生活和交通的重要场所。平原地区主要为人类的活动区域，人类的生活、经济、耕作都集中于此，也是流域内产污的重点区域。北运河流域地质构造处于华北地台中部—燕山沉降带的西段，在漫长的地质历史发展史上，受到了多次构造运动的影响，形成复杂的构造格局，主要分为褶皱构造和断裂构造。流域内山区褶皱构造比较发育，可分为基底褶皱构造和盖层褶皱构造两大部分。基底褶皱主要分布于密云、怀柔地区，其基本构造形态表现为一系列北东向复式背斜和向斜；盖层褶皱主要分布于北京西部。断裂构造也很发育，存在东西向、北东向、北北东向、北西向及近南北向 5 组。各断裂架构间彼此复合、交切，构成区域复杂的断裂布局格架。其中以东西向及北北东向断裂最为发育，规模也较大，其次是北东向断裂组。综上所述，北运河流域北部是内山区，面积为 1 000 km²，其水草茂盛，位于山前迎风坡地带，山区植被较好，林木繁茂，也曾泉水丰富，但 2000 年以来，气候干旱较多，导致降水量减少，许多支流慢慢枯竭；流域内平原区面积为 5 214 km²，属于永定河冲积扇的一部分，平原地势由西北向东南表现为逐渐降低，地面坡降保持在 0.3‰～0.5‰。

（3）水系与流域

北运河水系贯穿京津冀地区，干流长 186 km，其中北京市境内河系长 90 km，河北省境内长 21 km，天津市境内长 75 km。流域面积 6 166 km^2，其中山区面积 952 km^2，平原面积 5 214 km^2。北运河流域是京津冀地区的纳污接受库，相比北京其他水系，北运河水系是唯一发源于市境内的水系。北运河水系上游为山区丘陵地带，山前地区形成洪积扇，地形坡度较陡，中下游为华北冲积平原，流域地形以平原为主，平原面积占流域总面积的 84%，高程分布呈现西北高、东南低的特点。北运河（含温榆河）作为北京市最重要的排水通道，承担着北京城区 90%的排水任务。北运河分为两部分，上游称为温榆河，下游称为北运河，温榆河沿途有清河、坝河、小中河等支流汇入；20 世纪 60 年代，在通州北关闸下游 1.2 km 处，修建运潮减河，将上游洪水通过运潮减河排向潮白河，主要目的是减轻北关闸上游洪水压力。北关闸以下沿途有通惠河、凉水河等支流，至天津市河北区，在土门楼上游 6.6 km 处，开挖了青龙湾减河，以减轻上游洪水压力；龙凤新河在曲家店闸汇入，然后至天津大红桥汇入子牙河，最后进入海河。北运河河网水系共有干流及一级支流 14 条，二级支流、三级支流有 95 条，干流沿途汇入了东沙河、北沙河、南沙河、蔺沟、小中河、清河、坝河、通惠河、凉水河、凤河等较大支流，汇出主要有运潮减河、青龙湾减河。

9.1.2　社会经济概况

（1）人口概况

北运河流域内人口密集，城市化水平高。2017 年，全流域人口约 1 887 万人，其中城镇人口占 85%以上。流域城镇人口数量最多的地区为朝阳区，其次是海淀区；流域内怀柔区、延庆区、香河县三地城镇人口最少，城镇化水平较低；而乡村人口数量最多的地区为通州区，其次是武清区、昌平区；流域内东城区、西城区、丰台区、石景山区、红桥区、河北区乡村人口基本为 0，城镇化水平较高。

（2）经济概况

北运河流域经济发达，产业集中。2017 年，流域地区生产总值约为 24 690.8 亿元，人均地区生产总值为 13.08 万元，是同期全国人均地区生产总值（5.97 万元）的 2.2 倍。空间分布差异性明显，其中海淀区、朝阳区、西城区、东城区地区生产总值较高，怀柔区、延庆区、安次区、香河县、红桥区、河北区等地在流域内的面积较小、人口较少，因此产生的地区生产总值也比较低；人均地区生产总值较高的地区为东城区、西城区、朝阳区、海淀区、顺义区、大兴区、北辰区，延庆区、昌平区、通州区、红桥区等地人均地区生产总值水平较低。近年来流域经济发展迅速，产业结构以第三产业为主，流域内第三产业占比较高的地区为东城区、西城区、朝阳区、海淀区、红桥区，占比在 80%以上，大兴区、怀柔区、安次区、香河县、武清区、北辰区第三产业占比较低，低于 50%。

9.1.3 水资源及水环境概况

北运河水系是海河流域重要的行洪排沥河道，穿越北京、河北廊坊和天津地区，是京杭大运河的一部分，历史上是京津冀社会、经济、文化发展的桥梁，先后在航运、防洪排涝、供水、灌溉等方面发挥了重要作用。但随着上游地区水资源的开发利用，加之人类活动影响，北运河来水量日益减少，部分河段甚至断流，导致航运功能已全部消失；另外，城镇生活污水和工业废水的大量排放造成水体污染，河流生态环境不断恶化，导致无法供给生活用水，工业供水受到严重影响，农田灌溉也受到了一定的影响。

北运河干流径流主要来源于温榆河和北京城市污水，多年平均水量为 8.543 亿 m^3，平均径流量为 4.81 亿 m^3，平原地区径流量为 3.52 亿 m^3，山区年均径流量为 1.29 亿 m^3。地表径流多被山前水库拦蓄，经社会水循环过程后，再以城镇污水处理厂退水的形式进入下游平原河道。流域内跨界断面中，王家摆断面为北京与河北交界断面，水质目标为Ⅴ类，土门楼断面为河北与天津交界断面，水质目标为Ⅳ类；两个断面的水质超标严重，情况不容乐观。

9.2 水环境承载力预警指标体系构建

9.2.1 指标体系构建

本研究从人口规模、产业结构、水资源量及用水量、污染排放及处理等不同方面选取 39 个指标构建预警指标体系，见表 9-1。

表 9-1 水环境承载力预警指标体系

<table>
<tr><th>分类</th><th>领域层</th><th>指标层</th><th>分类</th><th>领域层</th><th>指标层</th></tr>
<tr><td rowspan="9">压力指标</td><td rowspan="3">社会经济</td><td>总人口</td><td rowspan="9">承载力指标</td><td rowspan="2">社会经济</td><td>第三产业占比</td></tr>
<tr><td>地区生产总值</td><td>节能环保支出占比</td></tr>
<tr><td>第一产业、第二产业占比</td><td rowspan="7">水资源承载力指数</td><td>年降水量</td></tr>
<tr><td rowspan="6">水资源压力指数（水资源消耗）</td><td>用水总量</td><td>水资源总量</td></tr>
<tr><td>工业用水量</td><td>地表水资源量</td></tr>
<tr><td>生活用水量</td><td>地下水资源量</td></tr>
<tr><td>农业用水量</td><td>水面面积占比</td></tr>
<tr><td>万元地区生产总值水耗</td><td>水源涵养量</td></tr>
<tr><td>人均水耗</td><td>林草覆盖率</td></tr>
</table>

分类	领域层	指标层	分类	领域层	指标层
压力指标	水环境压力指数（水污染排放）	工业废水 COD 排放量	承载力指标	水环境承载力指数	污水处理厂个数
		工业废水氨氮排放量			污水处理厂实际处理量
		农业 COD 排放量			污水处理厂处理规模
		农业氨氮排放量			污水处理厂再生水量
		农业总磷排放量			
		生活污水 COD 排放量			
		生活污水氨氮排放量			
		生活污水总磷排放量			
		污水处理厂 COD 排放量			
		污水处理厂氨氮排放量			
		污水处理厂总磷排放量			
		COD 排放总量			
		氨氮排放总量			
		总磷排放总量			
		万元地区生产总值 COD 排放量			
		万元地区生产总值氨氮排放量			
		万元地区生产总值总磷排放量			
基准指标	水环境质量	水环境综合承载率指数			

9.2.2 数据来源及基准指标

指标数据主要来自 2008—2017 年的《北京区域统计年鉴》《天津统计年鉴》《廊坊经济统计年鉴》《河北农村统计年鉴》等的统计数据，北京市、天津市、廊坊市的工业企业排污等的统计核算数据，以及水环境监测数据等。

水环境质量达标情况能综合反映水环境承载的状态特征，但考虑到流域各地区没有进行单独的河流水质达标率的统计，本研究构造水环境综合承载率指数，将其作为基准指标，并采用内梅罗指数法进行计算，公式如下：

$$\mathrm{CWECRI}=\sqrt{\frac{\left[\mathrm{Average}\left(R_{\mathrm{WE}},R_{\mathrm{WR}}\right)\right]^2+\left[\mathrm{Max}\left(R_{\mathrm{WE}},R_{\mathrm{WR}}\right)\right]^2}{2}} \tag{9-1}$$

$$\mathrm{RI}_{\mathrm{WR}}=\frac{U_{\mathrm{WR}}}{Q_{\mathrm{WR}}} \tag{9-2}$$

$$\mathrm{RI}_{\mathrm{WE}}=\mathrm{Average}\left(\frac{\overline{C}_{\mathrm{COD}}}{C_{\mathrm{S\text{-}COD}}},\frac{\overline{C}_{\mathrm{NH_3\text{-}N}}}{C_{\mathrm{S\text{-}NH_3\text{-}N}}},\frac{\overline{C}_{\mathrm{TP}}}{C_{\mathrm{S\text{-}TP}}}\right) \tag{9-3}$$

式中：CWECRI —— 水环境综合承载率指数；

$\mathrm{RI}_{\mathrm{WR}}$ —— 水资源承载率指数；

$\mathrm{RI}_{\mathrm{WE}}$ —— 水环境承载率指数；

U_{WR} —— 水资源利用量；

Q_{WR} —— 水资源量；

$\overline{C}_{\mathrm{COD}}$、$\overline{C}_{\mathrm{NH_3\text{-}N}}$、$\overline{C}_{\mathrm{TP}}$ —— 区域内河流监测断面平均的 COD、NH_3-N 和 TP 实际浓度（用水质监测数据计算）；

$C_{\mathrm{S\text{-}COD}}$、$C_{\mathrm{S\text{-}NH_3\text{-}N}}$、$C_{\mathrm{S\text{-}TP}}$ —— 对应污染物的区域内水环境功能区平均的水质目标浓度。

可以看出，北运河流域水环境承载力超载状况虽有波动，但整体逐渐转好。计算结果见表 9-2、图 9-2。

表 9-2 基准指标序列

年份	水环境综合承载率指数	年份	水环境综合承载率指数
2008	3.14	2013	3.05
2009	3.59	2014	3.00
2010	3.15	2015	2.66
2011	2.65	2016	2.44
2012	2.71	2017	1.70

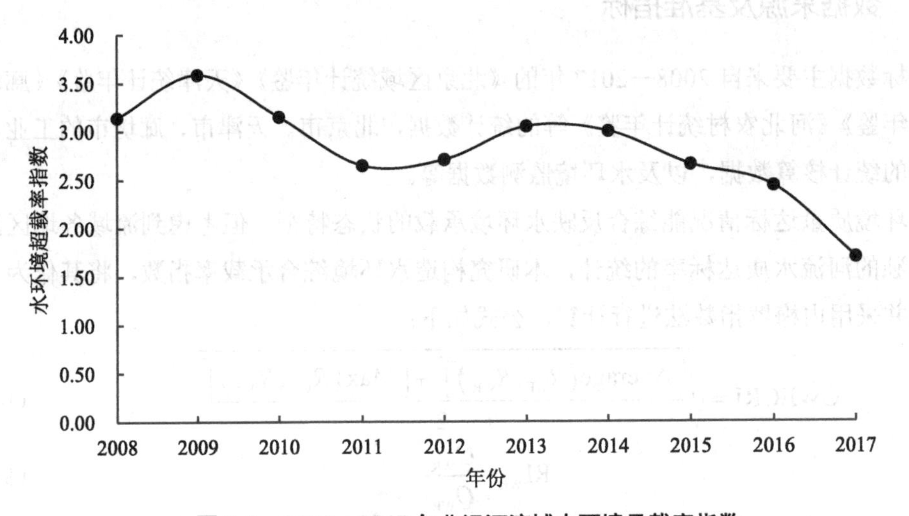

图 9-2 2008—2017 年北运河流域水环境承载率指数

9.2.3　指标分类

利用时差相关分析法，对预警指标时间序列进行验证，划分先行指标和一致指标，结果见表 9-3。

表 9-3　北运河流域水环境预警指标分类

	压力指标				压力指标		
	指标	时差	相关系数		指标	时差	相关系数
先行指标	总人口	−1	0.675	一致指标	地区生产总值	0	0.822
先行指标	工业用水量	−6	0.551	一致指标	第一产业、第二产业占比	0	0.794
先行指标	生活用水量	−1	0.711	一致指标	农业用水量	0	0.796
先行指标	污水处理厂 COD 排放量	−5	0.541	一致指标	用水总量	0	0.719
先行指标	污水处理厂氨氮排放量	−7	0.631	一致指标	万元地区生产总值水耗	0	0.777
先行指标	工业废水氨氮排放量	−6	0.597	一致指标	人均水耗	0	0.815
先行指标	生活污水总磷排放量	−1	0.676	一致指标	污水处理厂总磷排放量	0	0.726
先行指标	承载力指标			一致指标	农业 COD 排放量	0	0.692
先行指标	林草覆盖率	−1	0.539	一致指标	农业氨氮排放量	0	0.768
先行指标	地表水资源量	−5	0.530	一致指标	农业总磷排放量	0	0.812
先行指标	污水处理厂个数	−1	0.677	一致指标	生活污水 COD 排放量	0	0.651
先行指标	污水处理厂再生水量	−1	0.506	一致指标	总磷排放总量	0	0.795
一致指标	承载力指标			一致指标	万元地区生产总值 COD 排放量	0	0.765
一致指标	第三产业占比	0	0.794	一致指标	万元地区生产总值氨氮排放量	0	0.798
一致指标	节能环保支出占比	0	0.784	一致指标	万元地区生产总值总磷排放量	0	0.773
一致指标	水源涵养量	0	0.615				
一致指标	水面面积占比	0	0.621				
一致指标	污水处理厂处理规模	0	0.692				
一致指标	污水处理厂实际处理量	0	0.704				

从预警指标分类结果可以看出，北运河流域共划分 11 个先行指标（7 个压力先行指标、4 个承载力先行指标）、21 个一致指标（15 个压力一致指标、6 个承载力一致指标）。一致指标与当前的水环境承载力承载状态有关，可以看出北运河流域的社会经济压力来源较多，其中农业的污染排放以及排放强度对水环境承载力承载状态影响较大；先行指标可以提前反映并预测未来的水环境承载力承载状态，可以看出工业和生活的水资源消耗和污染排放等压力来源将会对水环境承载力承载状况产生影响；根据选取的先行承载力指标，应尽早提高林草覆盖率及地表水资源量、增加污水处理厂建设和再生水回用量，在一定程度上可以提前改善水环境承载力承载状况。

9.3 景气指数的编制与分析

9.3.1 扩散指数分析

通过峰谷分析可以看出，先行扩散指数在 2010 年、2012 年、2014 年和 2016 年达到波峰，在 2011 年、2013 年和 2015 年落入波谷，而一致扩散指数在 2010 年、2013 年和 2016 年达到波峰，在 2011 年和 2015 年落入波谷，先行扩散指数的波峰及波谷均领先一致扩散指数 0～1 年，表现出较好的先行性。

一致扩散指数反映当前水环境承载力承载状况的变化趋势。计算结果显示，2009—2012 年一致扩散指数的数值一直在 50 以下，在 2013 年达到峰值、超过 50 后又回落到 50 以下，处于不景气状态，并在波动中呈下降趋势；结合所选取的一致指标的变化可以看出，整体上农业用水和人均水耗逐年下降，且产业结构不断优化，污染排放减少，污染处理能力提升较快，但在 2012 年和 2013 年产业结构调整放缓，污水处理厂污染排放量出现了明显的反弹，导致 2012 年、2013 年水环境承载力承载状况出现了一定程度的恶化，但随着产业继续优化、环保投入逐年增加，各来源的污染排放量不断降低，水环境承载力承载状况有所好转。

先行扩散指数可以提前预判水环境承载力承载状况的变化趋势。除 2009 年和 2015 年外，先行扩散指数的数值都处于 50 及以上，处于景气状态；结合所选取的先行指标的变化情况来看，生活用水逐年增加，工业和生活污染减排缓慢，且地表水资源量在不同的年份增减不稳定，预示着水环境承载力承载状况有变差的风险。根据先行扩散指数和一致扩散指数的时差分析，一致扩散指数滞后先行扩散指数 0～2 年，所以一致扩散指数在 2017 年为波谷，即一致扩散指数在 2018 年将会回升，尽管仍在 50 以下，但说明 2018 年水环境承载力承载状况有变差的风险或改善不大，见图 9-3。

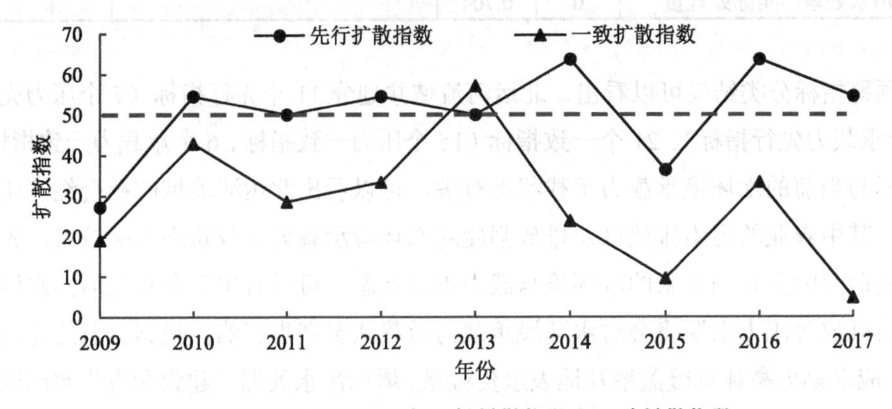

图 9-3 2009—2017 年先行扩散指数和一致扩散指数

9.3.2 合成指数分析

通过峰谷分析可以看出，先行合成指数在 2012 年和 2016 年达到波峰，在 2010 年和 2014 年落入波谷，而一致合成指数在 2009 年和 2014 年达到波峰，在 2012 年和 2015 年落入波谷，先行合成指数的波峰领先一致合成指数的波峰 2 年，先行合成指数的波谷领先一致合成指数的波谷 1～2 年，表现出较好的先行性（见图 9-4）。

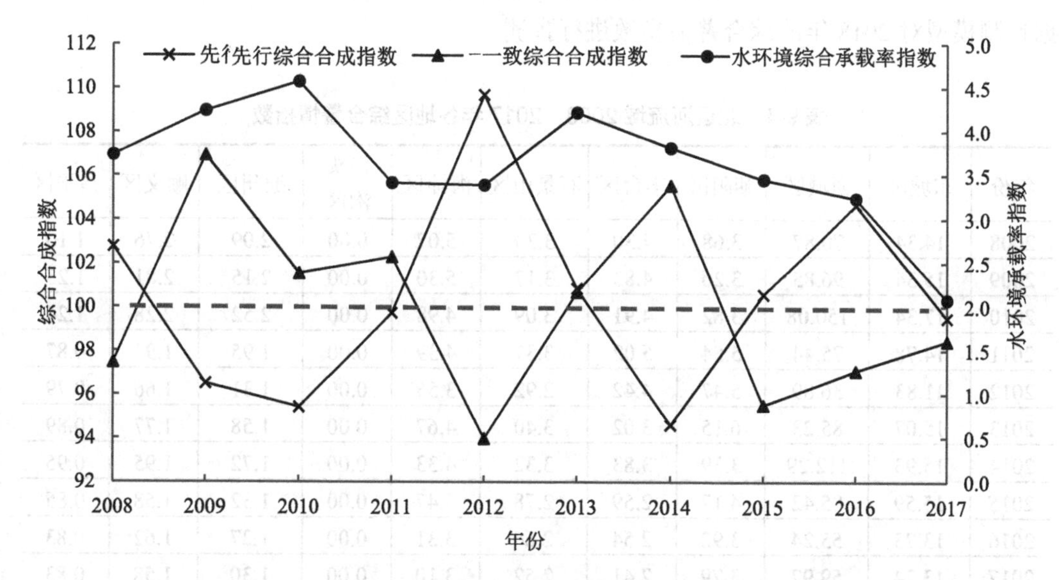

图 9-4　2008—2017 年先行综合合成指数和一致综合合成指数

合成指数能综合反映水环境承载力承载状况变化的趋势和程度，可以对照基准指标——水环境综合承载率指数进行分析。由合成指数运行情况可以看出，一致综合合成指数除在 2008 年、2012 年、2015 年、2016 年和 2017 年都小于 100 外，其他年份数值均在 100 以上，说明在 2012 年及 2015 年以后水环境承载力承载状况有所好转；结合水环境综合承载率指数的情况，其在 2008—2017 年的数值都在 2.0 以上，说明水环境承载力承载状况一直较差，但在 2011 年、2012 年、2016 年和 2017 年有明显下降，表明一致合成指数的变化与水环境综合承载率指数变化基本相符，可以在一定程度上反映水环境承载力承载状况。

另外，先行合成指数可以提前预判水环境承载力承载状况的变化趋势。根据先行合成指数和一致合成指数的时差分析，一致合成指数的波峰滞后先行合成指数的波峰 2 年，所以一致合成指数在 2018 年将会继续呈上升趋势，说明 2018 年水环境承载力承载状况有变差的风险。

9.4 综合警情指数构建

经过对扩散指数和合成指数的分析，可以发现先行指标对水环境承载力承载状态的景气循环的预警效果较好。采用极值法对原始指标数据进行标准化，分别计算压力警情指数和承载力警情指数，得到各地区 2008—2017 年的综合警情指数（见表 9-4）。最后根据预测模型对 2018 年的综合警情指数进行预测。

表 9-4 北运河流域 2008—2017 年各地区综合警情指数

年份	东城区	西城区	朝阳区	丰台区	石景山区	海淀区	门头沟区	通州区	顺义区	昌平区
2008	14.34	70.87	3.68	4.30	3.33	5.07	0.00	2.09	2.76	1.10
2009	15.34	96.85	3.26	4.83	3.17	5.30	0.00	2.15	2.81	1.25
2010	17.34	150.08	3.82	4.91	3.09	4.98	0.00	2.52	2.28	1.24
2011	14.78	75.44	5.54	5.02	3.31	4.39	0.00	1.95	1.93	0.87
2012	11.83	36.89	5.47	4.42	2.92	3.55	0.00	1.31	1.66	0.79
2013	15.07	85.23	6.15	3.02	3.40	4.67	0.00	1.58	1.77	0.89
2014	15.93	112.29	3.39	3.83	3.32	4.33	0.00	1.72	1.95	0.95
2015	15.59	85.42	4.17	2.59	2.78	3.47	0.00	1.32	1.58	0.85
2016	13.75	55.24	3.92	2.54	2.66	3.31	0.00	1.27	1.62	0.83
2017	13.24	59.97	3.79	2.41	2.52	3.10	0.00	1.30	1.58	0.83
年份	大兴区	怀柔区	延庆区	安次区	广阳区	香河县	武清区	北辰区	红桥区	河北区
2008	3.11	0.09	0.00	1.97	3.75	3.01	1.86	5.90	6.48	5.41
2009	3.07	0.09	0.00	2.21	4.26	2.39	2.25	7.06	6.54	5.67
2010	2.98	0.09	0.00	1.98	4.45	2.42	3.37	12.00	6.92	6.03
2011	2.95	0.09	0.00	2.00	4.20	2.67	2.45	9.49	5.80	5.48
2012	2.45	0.10	0.00	1.55	2.28	1.42	0.46	4.30	4.75	4.99
2013	3.46	0.10	0.00	1.86	3.57	1.81	0.76	9.90	5.22	5.72
2014	3.37	0.10	0.00	2.27	4.62	5.60	0.97	13.34	5.31	6.01
2015	3.10	0.10	0.00	2.06	3.72	2.71	0.72	6.62	5.11	5.78
2016	2.77	0.10	0.00	1.98	3.70	2.36	0.86	5.33	4.84	5.41
2017	3.17	0.10	0.00	2.13	4.36	2.91	1.01	6.12	5.35	6.38

箱线图可以更为直观地反映多组数据整体波动和分布情况。通过对不同年份及不同地区的综合警情指数做箱线图［见图 9-5（a）］，可以看出整体上北运河流域在 2008—2017 年综合警情指数呈现波动趋势，且 100%的数值在 1.0 以上（箱型整体都在 1.0 以上），说明水环境承载力承载状况较差。从中线的位置（中位数）可以看出，由于 2012 年和 2014 年分别为典型的丰水年、枯水年，水资源禀赋差距较大，导致整体的水环境承载

力承载状况在 2012 年最好、在 2014 年最差。从数据的分布情况（箱型的高度）可以看出，北运河流域不同地区的综合警情指数的差距在 2011—2014 年较其他年份明显，尤其是 2011 年和 2013 年，上下限距离较大，说明有局地的水环境承载力承载状况恶化的情况发生（先行指标增大明显），对未来的水环境承载力承载状态产生了负面影响。尽管在 2014 年后，北运河流域的综合警情指数整体呈下降趋势，但 2017 年的中位数和上限数值都较 2016 年有所升高，仍需警惕局地水环境承载力承载状况变差的风险。

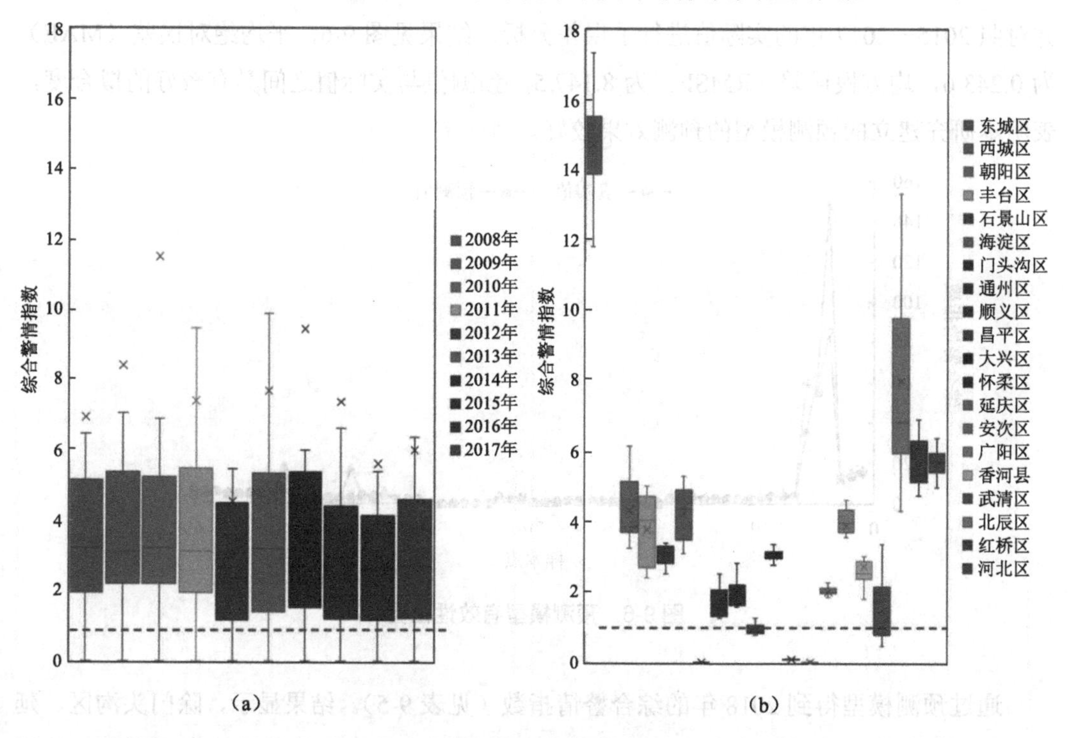

图 9-5　综合警情指数箱线图

另外，从不同地区的箱线图［见图 9-5（b）］可以看出，首先，除了门头沟区、延庆区和怀柔区由于在流域内包含的区域各指标数据统计结果较小，导致计算出的综合警情指数较小外，其他 17 个地区的水环境承载力承载状况都不乐观，尤其是西城区的综合警情指数严重超出范围，未能在图中显示。其次，东城区、北辰区、红桥区和河北区等中心城区的综合警情指数都在 5.0 以上，亟须采取措施减少对水环境系统造成的压力。此外，从箱型的高度可以看出，东城区、丰台区、朝阳区、海淀区、武清区、红桥区和北辰区的综合警情指数的变动范围较大，说明 2008—2017 年水环境承载力承载状况变化较大，可继续分析变化的原因，有针对性地提出改善地区水环境承载力承载状况的对策。此外，昌平区、大兴区和安次区的综合警情指数波动较小，说明这些地区在短期内水环境承载力承载状况进一步提升的潜力不大，需要通过一些长期结构性调整手段，改善水环境承载力。

9.5 预测模型有效性检验及趋势预测

在对下一时期（2018 年）的综合警情指数进行预测之前，需要使用历史数据验证模型，对预测模型的有效性进行分析。由于上面的箱线图结果显示综合警情指数在 2015 年之后波动较小，因此预测了 2015—2017 年 20 个地区的综合警情指数（总共 60 个样本），并对照 2015—2017 年的实际值进行了误差分析。结果见图 9-6，平均绝对误差（MAE）为 0.243 6，均方根误差（RMSE）为 8.147 5，预测值与实际值之间具有较好的拟合度，表明本研究建立的预测模型的预测效果较好。

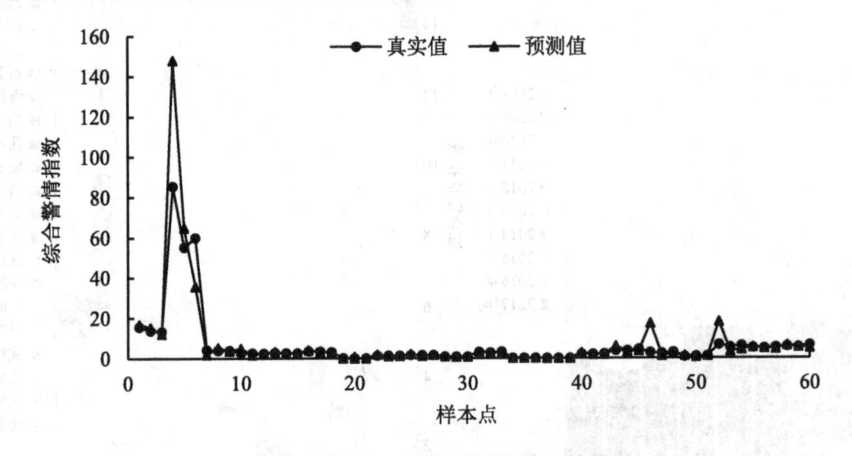

图 9-6　预测模型有效性检验

通过预测模型得到 2018 年的综合警情指数（见表 9-5）。结果显示，除门头沟区、延庆区和怀柔区由于在流域内包含的区域各指标数据过小导致计算结果较小而不参加分析以外，北运河流域内其他地区都有超载风险或已严重超载。对照 2017 年的综合警情指数来看，昌平区、东城区、朝阳区、丰台区、石景山区、海淀区和顺义区的水环境承载力承载状况都有所改善，但整体变化不大，预警等级未降低，而其他 10 个地区的水环境承载力承载状况都出现了恶化，北运河流域水环境承载力承载状况不容乐观。从空间分布上看（见图 9-7），北运河流域干流上游和中游区域的水环境承载力承载状况好于下游及中游人口密度大、水资源消耗多的城区和工业或农业污染排放量大的地区，主要是由于上游地区植被覆盖多、水源涵养量大、人为干扰少，且干流径流量大、水量充足，使得这些区域的社会经济压力较小或水环境承载力较大。

表 9-5　2018 年综合警情指数

年份	东城区	西城区	朝阳区	丰台区	石景山区	海淀区	门头沟区	通州区	顺义区	昌平区
2018	12.75（红●）	65.15（红●）	3.67（红●）	2.28（红●）	2.39（红●）	2.90（红●）	0.00（绿●）	1.33（橙●）	1.55（红●）	0.83（黄●）
年份	大兴区	怀柔区	延庆区	安次区	广阳区	香河县	武清区	北辰区	红桥区	河北区
2018	3.61（红●）	0.10（绿●）	0.00（绿●）	2.30（红●）	5.14（红●）	3.59（红●）	1.20（橙●）	7.04（红●）	5.91（红●）	7.52（红●）

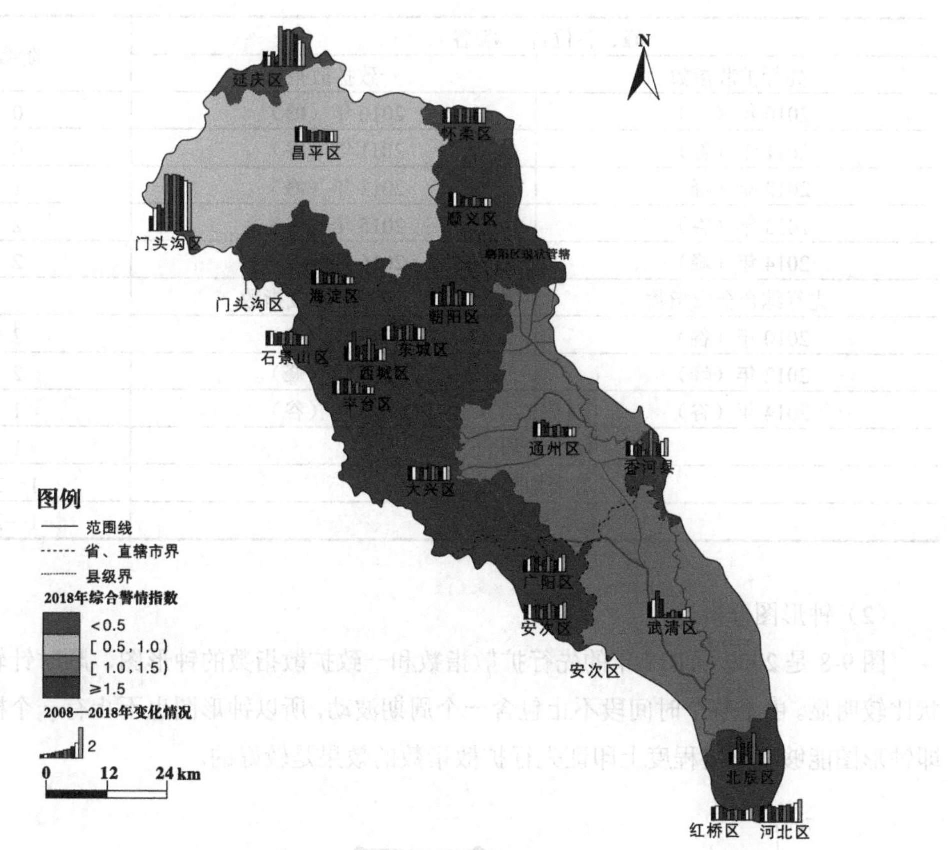

图 9-7　2018 年综合警情指数结果

9.6　景气预警方法的效果评价

按照之前初步分析的结果，无论是扩散指数还是合成指数，先行指数总是领先一致指数 1 年，这初步说明本研究构建的水环境承载力景气预警系统有着较好的预警效果，但对于本系统是否自洽，还需要进行进一步分析，常用的方法有峰谷对应分析法和钟形图分析法。

（1）峰谷对应分析

选定扩散指数和合成指数各自的峰、谷年份，放在一起进行对应分析。

由表 9-6 可以看出，扩散指数和合成指数在运行中，扩散指数与合成指数一共出现 8 个峰、谷值，先行指标在峰值和谷值上都体现了较好的先行性。结合之前综合警情指数研究结果，确定先行指数和一致指数时间差为 1～2 年。

表 9-6　扩散指数和合成指数的峰、谷分析结果

峰、谷位置（峰/谷）		阶数
先行扩散指数	一致扩散指数	
2010 年（峰）	2010 年（峰）	0
2011 年（谷）	2011 年（谷）	0
2012 年（峰）	2013 年（峰）	1
2013 年（谷）	2015 年（谷）	2
2014 年（峰）	2016 年（峰）	2
先行综合合成指数	一致综合合成指数	
2010 年（谷）	2012 年（谷）	2
2012 年（峰）	2014 年（峰）	2
2014 年（谷）	2015 年（谷）	1
峰平均阶数		1
谷平均阶数		1～2
总体平均阶数		1～2

（2）钟形图分析

图 9-8 是 2009—2017 年的先行扩散指数和一致扩散指数的钟形图，顺时针转动的形状比较明显。由于整个时间段不止包含一个周期波动，所以钟形图也不止有一个椭圆形，即钟形图能够在一定程度上印证先行扩散指数的效果是较好的。

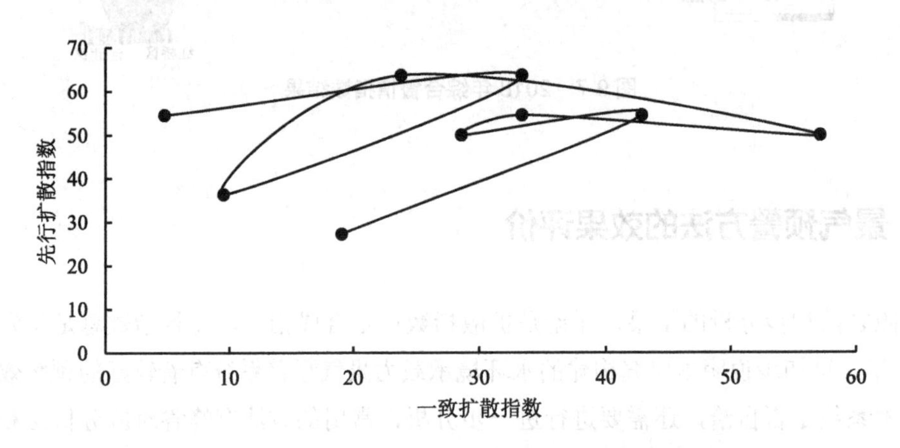

图 9-8　2009—2017 年先行扩散指数与一致扩散指数钟形图

综上分析可知，本研究构建的景气预警方法是自洽的，先行指标表现了良好的先行性，时间差为1～2年，预警效果较好。

9.7　排警建议

对橙色及红色警情地区的先行指标中的压力来源进行了分析，并将各地区分为4组；由雷达图（见图9-9）可以看出，东城区、西城区、通州区、大兴区、朝阳区、海淀区和丰台区需要重点控制人口、生活用水量及生活污水总磷的排放，尤其是朝阳区、丰台区和海淀区生活源的减排压力较大，并且朝阳区和丰台区需抓紧减少污水处理厂中氨氮及COD的排放。尽管流域内其他地区的减排重点也主要集中在人口控制、生活用水量和生活源污染排放等，但减排压力较小。此外，北辰区和香河县应更关注工业源的减排，尽快采取措施降低工业用水量，减少工业废水氨氮的排放。

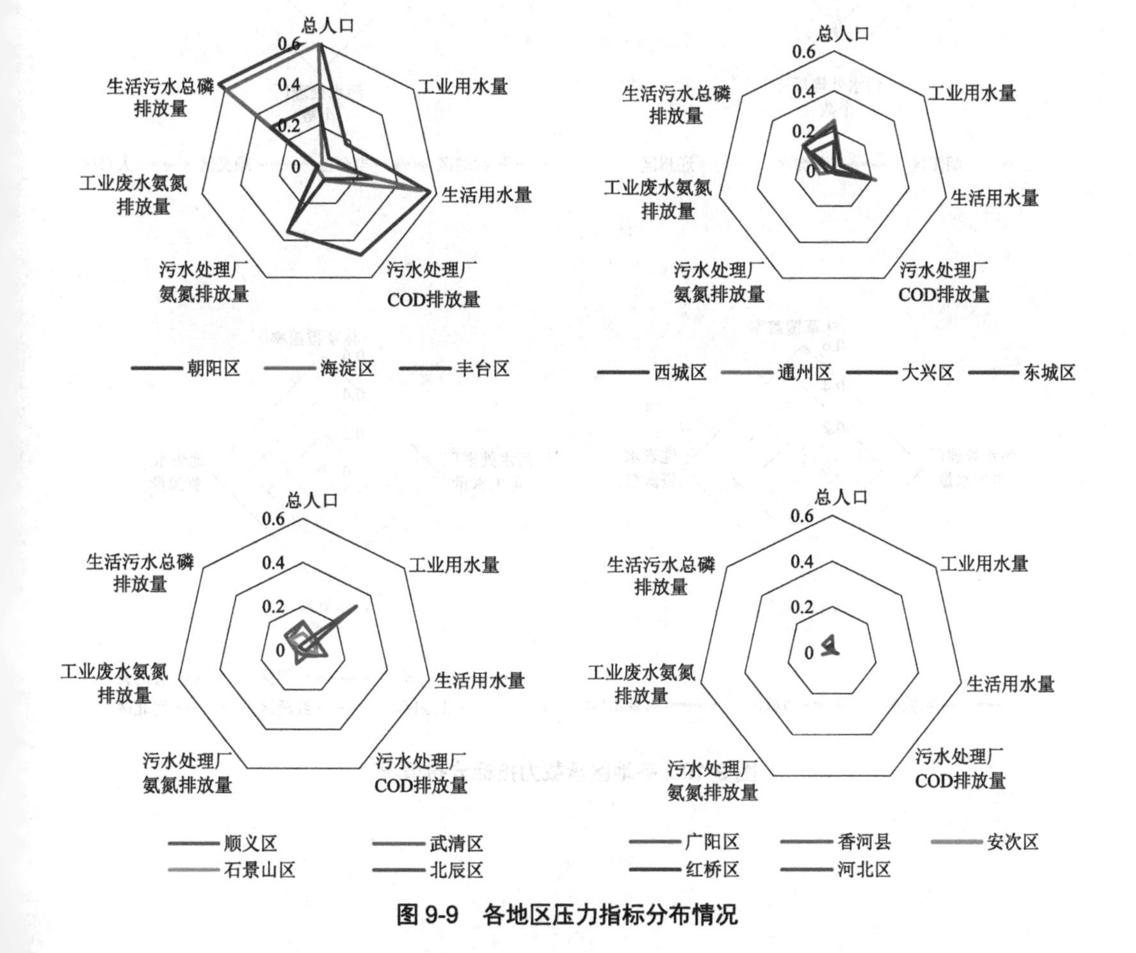

图 9-9　各地区压力指标分布情况

对橙色及红色警情地区的先行指标中的承载力来源进行了分析，并将各地区分为4组；从雷达图（见图9-10）可以看出，现阶段通州区、海淀区、丰台区和武清区的污水处理厂建设较充足，朝阳区和丰台区的污水资源化工作较好，再生水量相较于其他地区高。但目前，各地区林草覆盖率和地表水资源量都严重不足，尤其是中心城区（如东城区、西城区、北辰区、河北区等）城市化严重、植被覆盖较少，且与经济欠发达的安次区、广阳区和香河县等地区一样，地区内的污水处理能力不足，导致下一年承载较差，应采取措施全面提升承载力。

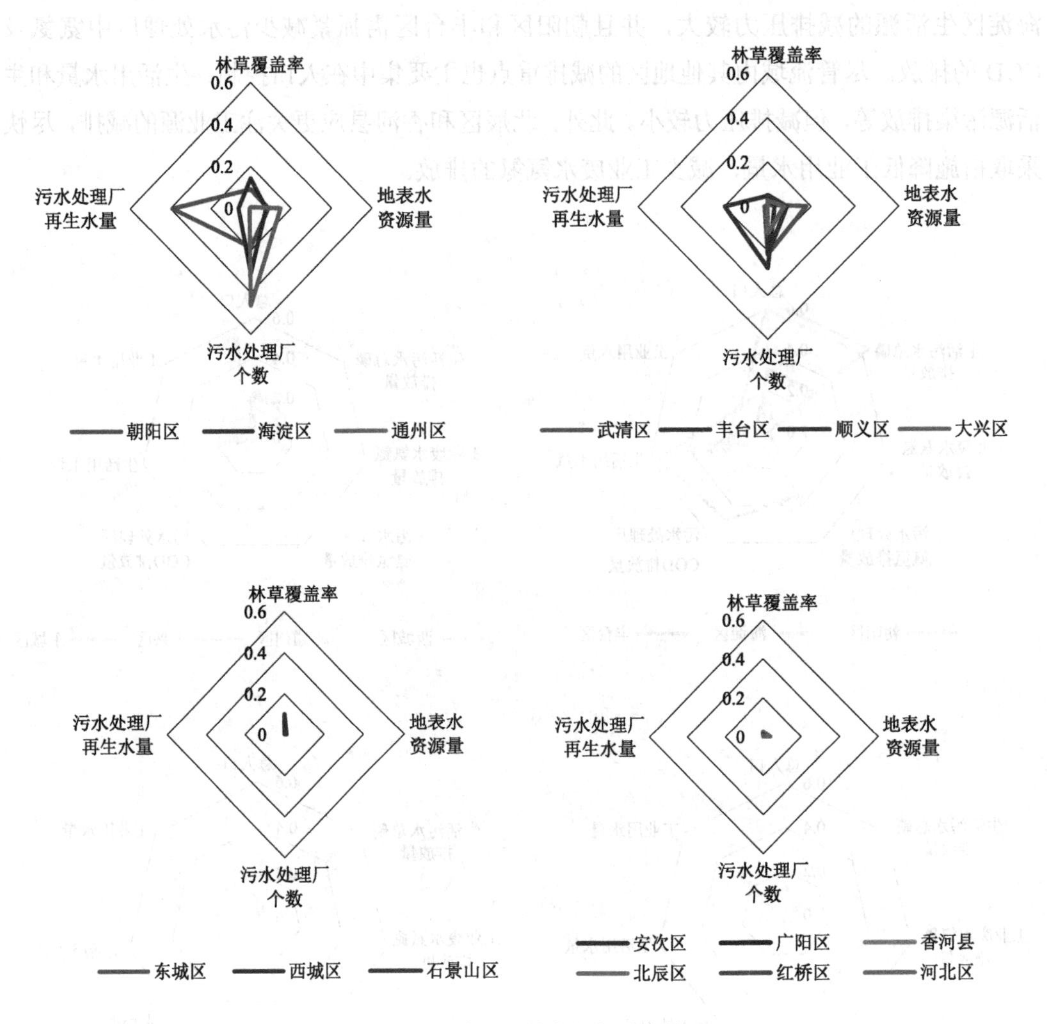

图9-10　各地区承载力指标分布情况

第10章

基于人工神经网络的全国省域水环境承载力短期预警

10.1 案例区概况

2017年年末我国总人口为13.90亿人，比2016年末增加737万人，其中城镇常住人口为8.13亿人，占总人口比重（常住人口城镇化率）为58.52%，比2016年末提高1.17个百分点。其中，人口数量最多的地区为广东，其次是山东、河南、四川、江苏；除北京、上海、天津城镇化率已达80%以上外，其他地区中，江苏、浙江、广东和辽宁的城镇化水平相对较高，城镇化率均超过65%。2017年，我国国内生产总值为82.71万亿元，比2016年增长6.9%。其中，第一产业增加值为6.55万亿元，增长3.9%；第二产业增加值为33.46万亿元，增长6.1%；第三产业增加值为42.70万亿元，增长8.0%。第一产业增加值占国内生产总值的7.9%，第二产业增加值占40.5%，第三产业增加值占51.6%。其中，江苏和广东的地区生产总值较高，均超过全国的10%；海南、黑龙江、广西、贵州等地区的第一产业占比较高，均在15%以上；陕西、宁夏、河北、吉林、江西、山东、安徽、福建等地区的第二产业占比较高，均超过45%；北京、上海、天津、黑龙江、海南等地区的第三产业占比较高，均超过55%。2017年，我国水资源总量为28 761.2亿 m^3，平均降水量为664.8 mm，比常年值多3.5%。地表水资源量为27 746.3亿 m^3，地下水资源量为8 309.6亿 m^3，地下水与地表水资源不重复量为1 014.9亿 m^3。全国水资源总量占降水总量的45.7%，平均单位面积产水量为30.4万 m^3/km^2。全国地表水1 940个水质断面（点位）中，Ⅰ～Ⅲ类水质断面（点位）为1 317个，占67.9%；Ⅳ类、Ⅴ类水质断面（点位）为462个，占23.8%；劣Ⅴ类水质断面（点位）为161个，占8.3%。与2016年相比，Ⅰ～Ⅲ类水质断面（点位）比例上升0.1个百分点，劣Ⅴ类水质断面（点位）下降0.3个百分点。

10.2 水环境承载力预警指标体系构建

水环境承载力是水系统从资源与环境角度为人类生产生活提供相应支撑的能力；反过来，人类生产生活规模与强度，以及不同经济、技术、管理水平也会对水环境承载力及其承载状态的变化产生显著影响。因此，在构建水环境承载力预警指标体系时，应考虑社会性和自然属性两大方面的因素，使指标体系尽可能合理、全面。

10.2.1 输入层指标的构建

水环境承载力承载状态受多种因素共同影响，从社会性来看，主要有人口、经济发展水平、工业污染排放水平等；从自然属性来看，主要有水资源量、湿地面积、森林覆盖率等。指标要素不仅要反映水环境承载力的影响因素、特点，具有独立性，还要考虑数据的可得性。鉴于此，在借鉴前人研究成果的基础上，结合全国各省（自治区、直辖市）的数据统计，本研究确定了 13 个因子，构成水环境承载力预警的输入指标体系，并基于指标属性与水环境承载力的关系，确定了指标正负特征，见表 10-1。

表 10-1 水环境承载力预警指标体系

要素层	指标	单位	性质
社会经济发展规模、结构	人口数（A1）	万人	−
	地区生产总值（A2）	亿元	−
	第三产业占地区生产总值的比重（A3）	%	+
	电力消费量（A4）	亿 kW·h	−
	工业污染完成投资（A5）	万元	+
污染排放强度	万元地区生产总值用水总量（A6）	m^3	−
	万元地区生产总值污水排放量（A7）	t	−
	万元地区生产总值 COD 排放量（A8）	t	−
	万元地区生产总值氨氮排放量（A9）	t	−
污染净化	湿地面积（A10）	m^2	+
	Ⅰ～Ⅲ类水质断面占比（A11）	%	+
	地表水资源量（A12）	亿 m^3	+
	森林覆盖率（A13）	%	+

指标数据主要来源于历年的《中国统计年鉴》、《中国环境统计年报》，各省（自治区、直辖市）水资源公报、环境公报及国家统计局的数据。采用年度数据，研究范围为 2005—2017 年。由于西藏自治区、香港特别行政区、澳门特别行政区和台湾地区部分数据无法获取，故不在本书研究范围内。

10.2.2 输出层指标的构建

可以通过水环境承载率（或称开发利用强度）来评价某一区域水环境承载力承载状

态，承载率是指区域环境承载量（各要素指标的现实取值）与该区域环境承载量阈值（各要素指标上限值）的比值，即相对应的发展变量（人类活动强度，也可理解为人类活动给水系统带来的压力）与水环境承载力（水环境承载力各分量的上限值）的比值；环境承载量阈值可以是容易得到的理论最佳值或预期要达到的目标值（标准值）。

单要素环境承载率（I_k）的表达式为

$$I_k = \frac{\mathrm{ECQ}_k}{\mathrm{ECC}_k} \tag{10-1}$$

式中：k —— 某单一环境要素；

I —— 环境承载率；

ECQ —— 环境承载量（environmental carrying quantity）；

ECC —— 环境承载力（environmental carrying capacity）。

依据水环境要素对人类生存与活动影响的重要程度，若选用水资源承载率、COD承载率、氨氮承载率作为表征区域水环境承载力的指标，则各分量承载率评价公式如下：

$$\text{COD 承载率}=\text{COD 排放量}/\text{COD 可利用环境容量} \tag{10-2}$$

$$\text{氨氮承载率}=\text{氨氮排放量}/\text{氨氮可利用环境容量} \tag{10-3}$$

$$\text{水资源承载率}=\text{用水总量}/\text{水资源可利用量} \tag{10-4}$$

但是在全国缺乏水环境容量数据的情况下，水环境容量相对大小可以由地表水资源量、Ⅰ～Ⅲ类河流水质断面占比和Ⅰ～Ⅲ类水质目标占比决定。地表水资源量越大，Ⅰ～Ⅲ类河流水质断面占比越高，理想水环境容量越大，而Ⅰ～Ⅲ类水质目标占比越高，可利用的剩余水环境容量越小。利用COD排放量和氨氮排放量可计算等标污染负荷，加和得到综合污染负荷。

基于以上理论，构造水环境承载力指数和水资源承载力指数来反映全国各省（自治区、直辖市）水环境承载力承载状态的相对大小，作为模型的两个输出指标，公式如下：

$$\text{水环境承载力指数} = \frac{\ln(\text{综合污染负荷}) \times \text{Ⅰ～Ⅲ类水质目标占比}}{\ln(\text{地表水资源量}) \times \text{Ⅰ～Ⅲ类水质断面占比}} \tag{10-5}$$

$$\text{水资源承载力指数} = \sqrt{\frac{\text{用水总量}}{\text{水资源总量}}} \tag{10-6}$$

由于用于构建指数的指标在数量级上差距较大，为了使输出指数更加合理、减小模型训练误差，对相关数据进行对数处理和开平方处理。

计算得到研究的30个省（自治区、直辖市）2005—2017年的水环境承载力指数值和水资源承载力指数值，见表10-2和表10-3。

表 10-2　各省（自治区、直辖市）2005—2017 年水环境承载力指数

地区	2017 年	2016 年	2015 年	2014 年	2013 年	2012 年	2011 年	2010 年	2009 年	2008 年	2007 年	2006 年	2005 年
北京	2.936 9	2.778 1	3.693 2	4.551 4	3.601 2	2.608 5	3.319 2	3.549 2	3.518 2	2.630 4	3.670 2	4.112 4	4.183 8
天津	7.757 8	7.730 2	6.325 2	4.856 6	9.298 5	9.984 4	7.468 9	4.190 6	8.118 2	4.936 8	5.257 1	4.124 5	5.040 3
河北	3.121 1	2.542 9	3.376 9	3.620 1	3.151 7	2.882 0	3.483 7	3.207 2	3.744 5	4.473 2	6.128 0	5.470 5	4.916 9
山西	1.959 4	2.307 9	3.006 2	2.657 9	2.642 0	2.638 3	2.729 8	3.746 9	4.528 9	8.494 1	7.562 5	6.356 3	11.468 4
内蒙古	2.325 6	2.246 2	2.336 6	1.913 6	1.834 0	2.155 1	1.972 5	1.847 7	1.677 9	1.846 9	2.627 5	3.033 0	2.225 4
辽宁	6.124 4	7.158 8	10.479 0	10.286 5	8.248 4	8.306 4	9.126 6	9.488 4	13.434 7	13.541 5	15.205 9	17.296 0	18.944 6
吉林	1.648 8	1.701 6	2.311 9	2.118 9	1.786 8	2.040 6	2.257 9	2.023 8	2.549 0	2.888 1	2.917 6	3.349 5	3.555 8
黑龙江	1.543 1	2.026 0	2.087 1	2.158 2	2.461 9	2.365 8	3.134 4	2.778 2	3.358 2	4.749 8	6.675 7	6.542 8	9.007 9
上海	6.050 9	7.301 5	8.120 5	5.302 5	5.317 6	5.220 0	5.979 6	5.816 3	5.372 2	5.599 8	5.688 4	5.705 1	5.959 8
江苏	1.956 8	1.812 9	2.771 2	3.157 1	3.397 5	3.393 9	3.914 9	3.772 5	4.206 3	5.761 0	6.755 8	9.272 1	13.149 9
浙江	1.430 3	1.452 4	1.586 5	1.879 6	1.942 4	1.817 6	2.053 1	1.463 1	1.546 6	1.672 2	1.765 1	1.921 7	1.812 6
安徽	1.621 5	1.592 7	1.805 6	1.869 9	1.974 3	1.944 5	2.181 5	2.032 9	2.356 3	2.404 2	2.619 7	2.695 8	2.734 9
福建	1.327 3	1.197 2	1.375 1	1.386 9	1.393 2	1.345 6	1.496 0	1.225 1	1.360 2	1.310 3	1.307 7	1.288 5	1.363 4
江西	1.189 1	1.250 7	1.235 3	1.307 7	1.352 3	1.305 0	1.439 5	1.210 0	1.330 0	1.333 9	1.404 8	1.336 7	1.350 9
山东	2.430 5	2.143 1	2.629 3	2.648 2	2.165 1	2.444 4	2.899 7	3.003 7	3.513 7	4.607 3	5.506 3	7.304 6	6.367 0
河南	2.051 6	2.472 9	3.867 1	3.249 1	3.414 7	3.118 9	3.320 3	1.917 4	2.451 8	2.224 5	2.262 7	2.679 4	2.099 8
湖北	1.479 5	1.438 1	1.740 2	1.649 5	1.688 0	1.748 3	1.806 3	1.473 2	1.603 4	1.597 8	1.577 9	1.950 4	1.867 6
湖南	1.331 5	1.316 5	1.287 1	1.330 1	1.382 8	1.386 5	1.521 2	1.361 3	1.467 4	1.462 0	1.566 3	1.671 0	1.777 9
广东	1.825 4	1.668 4	1.624 0	1.656 2	1.586 3	1.598 8	1.781 6	1.657 6	1.623 7	1.679 8	1.896 9	1.904 7	2.097 0
广西	1.131 9	1.152 9	1.225 5	1.264 3	1.225 0	1.208 2	1.300 7	1.225 8	1.266 2	1.224 4	1.365 3	1.493 8	1.349 2
海南	1.302 0	1.286 7	1.628 5	1.475 9	1.445 5	1.470 2	1.474 8	1.424 5	1.438 4	1.638 8	1.722 3	1.672 6	1.541 7

地区	2017 年	2016 年	2015 年	2014 年	2013 年	2012 年	2011 年	2010 年	2009 年	2008 年	2007 年	2006 年	2005 年
重庆	1.584 3	1.679 7	1.778 1	1.777 2	1.969 8	1.694 3	1.806 5	1.656 8	1.771 4	1.766 6	1.857 0	1.987 2	2.120 7
四川	1.523 5	1.898 9	2.082 8	1.898 6	1.793 4	1.728 5	1.903 2	1.428 5	1.446 7	1.494 8	1.610 7	1.802 4	1.640 9
贵州	1.292 6	1.260 5	1.369 5	1.502 9	1.563 8	1.533 4	1.796 7	1.636 5	1.758 9	1.708 8	1.773 1	2.054 9	1.905 4
云南	1.331 4	1.369 4	1.495 4	1.623 8	1.695 7	1.699 0	1.811 8	1.671 7	1.818 2	1.793 3	1.993 6	2.176 5	1.855 6
陕西	1.871 2	2.447 7	2.504 5	2.718 4	2.597 5	2.685 4	2.686 7	2.677 5	1.978 2	2.163 1	2.085 5	2.298 7	2.268 1
甘肃	1.468 4	1.515 6	1.895 6	1.846 9	1.841 0	1.925 7	2.119 3	2.146 7	2.158 6	2.203 5	2.992 0	2.777 0	2.955 9
青海	1.060 7	1.168 0	1.118 7	0.987 5	1.011 3	0.966 2	0.999 4	0.993 0	0.942 6	0.980 8	0.980 4	1.003 9	0.939 3
宁夏	3.520 7	3.625 8	4.237 1	3.964 3	3.712 6	4.286 8	5.238 8	4.673 9	5.133 5	5.051 9	4.816 2	4.919 2	5.709 9
新疆	1.160 0	1.175 2	1.354 5	1.436 3	1.367 8	1.382 4	1.401 9	1.278 2	1.394 5	2.051 2	2.321 3	2.133 1	1.980 7

表 10-3　各省（自治区、直辖市）2005—2017 年水资源承载力指数

地区	2017 年	2016 年	2015 年	2014 年	2013 年	2012 年	2011 年	2010 年	2009 年	2008 年	2007 年	2006 年	2005 年
北京	1.151 3	1.051 4	1.193 9	1.359 2	1.211 5	0.953 3	1.145 8	1.234 4	1.276 1	1.013 1	1.209 2	1.245 8	1.219 5
天津	1.454 4	1.199 0	1.417 0	1.455 9	1.275 0	0.837 7	1.209 1	1.563 9	1.239 1	1.104 6	1.438 4	1.508 3	1.474 1
河北	1.145 9	0.936 3	1.177 1	1.347 4	1.042 9	0.910 7	1.110 2	1.180 8	1.171 2	1.100 6	1.300 1	1.378 8	1.224 4
山西	0.758 5	0.747 2	0.885 0	0.802 0	0.763 5	0.831 4	0.716 2	0.834 8	0.810 0	0.807 0	0.753 7	0.818 4	0.813 9
内蒙古	0.778 9	0.668 0	0.588 2	0.581 7	0.436 9	0.601 1	0.658 9	0.684 2	0.692 4	0.653 1	0.780 0	0.659 1	0.619 0
辽宁	0.838 9	0.639 0	0.886 9	0.985 8	0.553 9	0.509 7	0.698 1	0.486 7	0.913 8	0.732 7	0.738 9	0.735 1	0.594 5
吉林	0.566 8	0.520 6	0.635 0	0.659 3	0.465 3	0.530 9	0.616 4	0.418 1	0.610 6	0.560 0	0.539 7	0.539 5	0.419 3
黑龙江	0.689 6	0.646 5	0.660 6	0.620 9	0.505 2	0.653 1	0.718 5	0.617 1	0.565 4	0.801 8	0.769 7	0.627 0	0.599 5
上海	1.755 7	1.310 7	1.272 5	1.499 5	2.097 6	1.849 8	2.468 8	1.852 6	1.734 8	1.799 4	1.866 6	2.072 9	2.225 1
江苏	1.226 8	0.882 3	0.993 5	1.216 9	1.426 3	1.216 2	1.059 0	1.199 9	1.171 3	1.215 3	1.058 4	1.162 4	1.054 9
浙江	0.447 8	0.369 9	0.363 7	0.412 8	0.461 4	0.370 0	0.522 3	0.381 2	0.460 8	0.503 3	0.486 3	0.480 1	0.454 9

地区	2017 年	2016 年	2015 年	2014 年	2013 年	2012 年	2011 年	2010 年	2009 年	2008 年	2007 年	2006 年	2005 年
安徽	0.608 2	0.483 1	0.561 9	0.591 2	0.711 0	0.641 6	0.699 5	0.558 1	0.631 5	0.617 2	0.570 7	0.649 9	0.537 8
福建	0.426 5	0.299 4	0.389 6	0.410 6	0.421 7	0.363 9	0.511 2	0.350 0	0.501 5	0.437 0	0.427 7	0.339 7	0.365 2
江西	0.387 1	0.332 4	0.350 5	0.398 6	0.431 2	0.334 0	0.480 6	0.324 6	0.454 7	0.415 6	0.459 4	0.355 2	0.371 2
山东	0.963 7	0.985 6	1.124 0	1.202 3	0.864 4	0.899 2	0.802 8	0.848 3	0.878 7	0.817 9	0.753 1	1.054 7	0.706 6
河南	0.743 4	0.821 4	0.880 9	0.859 4	1.062 6	0.948 0	0.827 5	0.648 0	0.840 9	0.782 6	0.670 8	0.839 9	0.595 1
湖北	0.482 1	0.433 9	0.544 7	0.561 5	0.607 7	0.611 5	0.616 6	0.476 4	0.583 9	0.511 7	0.504 9	0.636 1	0.520 9
湖南	0.413 4	0.387 8	0.414 9	0.429 8	0.458 5	0.406 6	0.537 2	0.413 0	0.479 7	0.449 7	0.476 8	0.430 3	0.443 3
广东	0.492 6	0.420 6	0.478 7	0.507 5	0.442 5	0.471 8	0.564 6	0.484 4	0.535 9	0.457 3	0.540 8	0.455 3	0.512 5
广西	0.345 4	0.365 2	0.350 7	0.393 1	0.387 1	0.381 0	0.472 6	0.406 7	0.452 1	0.368 6	0.473 2	0.408 8	0.426 4
海南	0.344 6	0.303 1	0.480 7	0.342 5	0.293 3	0.352 6	0.302 7	0.304 2	0.304 3	0.334 5	0.405 8	0.452 0	0.378 8
重庆	0.343 5	0.357 9	0.418 7	0.353 9	0.420 6	0.416 9	0.409 7	0.431 4	0.432 6	0.378 8	0.341 7	0.438 7	0.373 7
四川	0.329 8	0.337 9	0.345 8	0.304 3	0.313 3	0.291 6	0.320 7	0.299 0	0.309 6	0.288 8	0.305 0	0.339 6	0.269 5
贵州	0.313 7	0.306 7	0.290 7	0.280 3	0.349 1	0.321 7	0.402 6	0.325 7	0.332 1	0.298 9	0.304 9	0.350 4	0.341 3
云南	0.266 6	0.268 1	0.283 2	0.294 2	0.296 2	0.299 7	0.315 6	0.275 7	0.311 1	0.257 2	0.257 9	0.290 8	0.282 0
陕西	0.455 1	0.578 4	0.523 0	0.505 4	0.502 1	0.474 7	0.371 5	0.405 4	0.450 0	0.530 3	0.465 1	0.552 5	0.400 8
甘肃	0.697 1	0.751 6	0.774 3	0.722 9	0.634 3	0.679 0	0.672 1	0.691 9	0.702 9	0.747 1	0.676 6	0.747 4	0.635 7
青海	0.181 2	0.207 6	0.213 3	0.182 0	0.209 0	0.175 0	0.204 9	0.203 9	0.179 4	0.228 6	0.216 8	0.237 9	0.187 2
宁夏	2.473 9	2.600 1	2.766 3	2.638 3	2.514 9	2.534 9	2.874 3	2.790 2	2.931 8	2.839 9	2.612 9	2.706 2	3.031 2
新疆	0.736 4	0.719 2	0.787 6	0.894 6	0.784 2	0.808 3	0.777 3	0.690 0	0.839 0	0.811 3	0.774 2	0.734 2	0.726 7

10.3　BP 神经网络模型构建与验证

10.3.1　模型训练样本的构建

由于 BP 神经网络采用的是有监督的学习，因此在应用 BP 神经网络解决具体问题时需要有对应数据进行训练。考虑到水环境指标数据与承载力指数的先行关系，即上一年或上几年的指标数据对下一年的承载力指数的影响，本研究将进行滚动预测，研究时间序列分别为 1 年、5 年和 10 年。

若时间序列为 1 年，用第 1 年的水环境指标数据预测第 2 年的水环境承载力指数和水资源承载力指数。样本构建方式为以前一年的指标数据作为输入神经元，对应第 2 年承载力指数作为输出神经元，一一对应，得到 2006—2017 年 30 个省（自治区、直辖市）共 360 组样本。在模型中，选择 2006—2015 年 300 组样本数据作为训练样本，2016—2017 年 60 组样本数据作为检验样本。

若时间序列为 5 年，用前 5 年的水环境指标数据预测第 6 年的水环境承载力指数和水资源承载力指数。样本构建方式为以前 5 年的指标数据处理后作为输入神经元，对应第 6 年承载力指数作为输出神经元，一一对应，得到 2010—2017 年 30 个省（自治区、直辖市）共 240 组样本。其中前 5 年的指标数据采用移动加权平均的方法处理。考虑到越近年份的指标数据对输出指数的影响越大，因此权重随着年份的增大依次递增，公式如下（以 2010 年为例）：

$$
\begin{aligned}
X &= \frac{X_{2005}+2X_{2006}+3X_{2007}+4X_{2008}+5X_{2009}}{1+2+3+4+5} \\
&= \frac{X_{2005}+2X_{2006}+3X_{2007}+4X_{2008}+5X_{2009}}{15}
\end{aligned}
\tag{10-7}
$$

在模型中，选择 2010—2015 年 180 组样本数据作为训练样本，2016—2017 年 60 组样本数据作为检验样本。

若时间序列为 10 年，用前 10 年的水环境指标数据预测第 11 年的水环境承载力指数和水资源承载力指数。样本构建方式为以前 10 年的指标数据处理后作为输入神经元，对应第 11 年承载力指数作为输出神经元，一一对应，得到 2015—2017 年 30 个省（自治区、直辖市）共 90 组样本。同样采用移动加权平均的方法处理，公式如下：

$$X=\frac{X_{2005}+2X_{2006}+3X_{2007}+4X_{2008}+5X_{2009}+6X_{2010}+7X_{2011}+8X_{2012}+9X_{2013}+10X_{2014}}{1+2+3+4+5+6+7+8+9+10}$$
$$=\frac{X_{2005}+2X_{2006}+3X_{2007}+4X_{2008}+5X_{2009}+6X_{2010}+7X_{2011}+8X_{2012}+9X_{2013}+10X_{2014}}{55}$$

（10-8）

在模型中，选择 2015—2016 年 60 组样本数据作为训练样本，2017 年 30 组样本数据作为检验样本。

10.3.2　BP 神经网络结构设计

BP 神经网络包括一个输入层、一个输出层和一至多个隐含层，以下对相关参数的确定进行说明。

（1）输入层节点数的确定

本研究以影响水环境承载力的 13 项指标数据作为输入节点，确定构建的 BP 神经网络输入层节点数为 13。

（2）隐含层层数的确定

在确定神经网络隐含层层数的时候并无明确的方法，通常的做法是实验者根据已有的经验去确定模型的层数。增加层数可以使网络的输出结果更为精确，但同时会增加神经网络的复杂度。对于解决线性问题，采用单层网络无法发挥激活函数的优势，所以一般使用感知器或自适应系统来解决。在层数较多的神经网络中，激活函数可以通过函数将神经元的一些特征值保留下来，在下次进行训练的时候可以直接拿来使用，提升网络的运行速度，而且容易调整其训练导向。但是网络层数的增加也使神经网络在确定权值时使用的时间变长，且不易调整。理论上，只要隐含层节点数够多，一个三层的神经网络便可以任意精度逼近一个非线性函数。鉴于此，本研究首先采用三层神经网络设计水环境承载力预警指标体系。

（3）隐含层节点数的确定

隐含层神经元个数的确定十分关键，它是具体实现神经网络非线性功能的系统元素，通过在隐含层神经元中加入能够解决线性问题的激活函数，获取到神经网络内部的输入、输出之间的非线性特征。一般隐含层节点数增多可以提升 BP 神经网络的输出精度，但是会使 BP 神经网络更加复杂，训练时间不易控制。目前并没有确定隐含层节点数的理想方法，通常是根据公式进行选择：

① $\sum_{i=0}^{n}C_M^i > k$，k 为样本数，M 为隐含层神经元个数，n 为输入层神经元个数。如果 $i > M$，规定 $C_M^i=0$。

② $M=\sqrt{n+m}+a$，m 和 n 分别为输出层和输入层的神经元个数，a 是［1，10］的常数。

③ $M=\log_2 n$，n 为输入层神经元个数。

在实际应用中，考虑到所研究问题的复杂性和非线性因素，常通过试错法来确定隐含层节点数，即选取神经网络输出误差最小时对应的隐含层节点数。

（4）输出层节点个数

输出层神经元的个数需要根据实际问题来确定。本研究中，输出层数据采用的是各省（自治区、直辖市）的水环境承载力指数和水资源承载力指数，因此输出层节点数为 2。

（5）传递函数的选择

一般隐含层使用 sigmoid 函数，而输出层使用线性函数。如果输出层也采用 sigmoid 函数，则输出将会限制在（0，1）或（−1，1）。本研究中，输出指数存在大于 1 的值，因此输出层函数使用线性函数。

（6）训练方法的选择

BP 神经网络中最常用的算法为最速下降法，还有一些改进的训练算法，如 L-M 算法、共轭梯度反向传播算法等。不同算法的训练时间和精度差异较大，训练算法的选择与具体问题、训练样本数据量均有关。神经网络工具箱中包含的若干函数用于实现 BP 神经网络的训练，主要有 trainbfg 算法、traingx 算法、trainlm 算法等。trainlm 算法采用的是 L-M 算法，在训练数据量不大的情况下，训练速度较快。本研究选择 trainlm 函数作为训练函数。

10.4　预警结果

根据上述模型参数选择依据，利用时间序列为 5 年的训练样本进行 BP 神经网络模拟，选取神经网络输出误差最小时的相关参数。在本研究中，首先选择三层神经网络，即隐含层数为 1，训练后模型的误差较大，利用试错法将隐含层数从 5 个依次增加到 20 个，输出误差均大于 50%，说明三层神经网络并不能在本研究中达到理想效果，因此将隐含层数增加到 2，即选用四层神经网络进行训练。

通过比较输出误差，时间序列为 5 年的样本输出误差最小，说明时间序列为 5 年的样本是比较合理的，因此最终选择 5 年时间序列进行预警研究。最终模型主要参数如下：

net56=newff{minmax（P），［20，26，2］，（'tansig'，'tansig'，'purelin'），'trainlm'}；

%设置学习步长

```
net56.trainParam.lr = 0.01；
%设置动量项系数
net56.trainParam.mc = 0.9；
%设置显示数据间隔
net56.trainParam.show = 200；
%设置训练次数
net56.trainParam.epochs = 5000；
%设置收敛误差
net56.trainParam.goal=0.0001。
```

由图 10-1 可知，BP 神经网络在第 67 次训练时达到目标误差要求（0.000 099 4<0.000 1），停止学习。此时利用函数 Y= sim（net，P_test）对 2016—2017 年的检验样本进行仿真，得到 2016—2017 年水环境承载力指数与水资源承载力指数的预测值。以下分别对两个指数的输出结果进行分析。

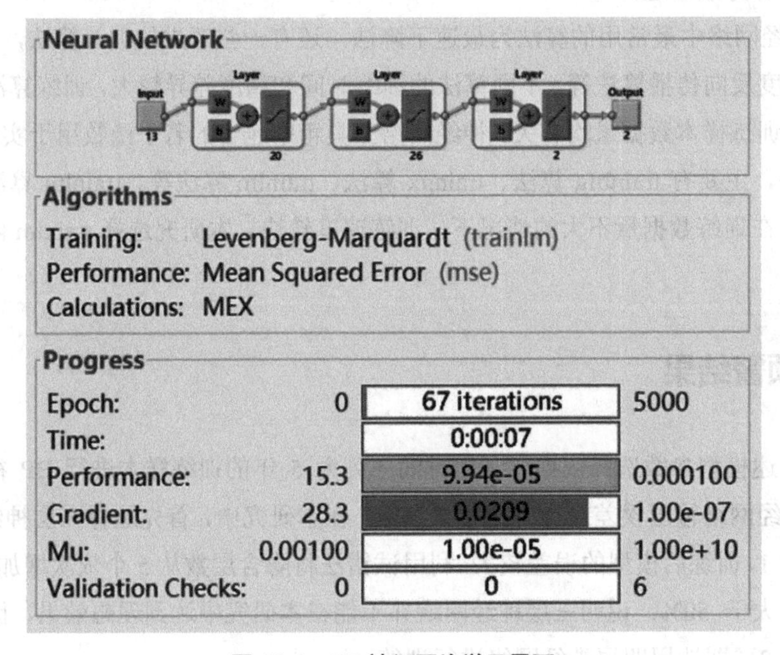

图 10-1 BP 神经网络学习界面

构建的模型的水环境承载力指数输出结果见表 10-4。

表 10-4　水环境承载力指数模型预测值与实际值

样本	预测值	实际值	相对误差/%	样本	预测值	实际值	相对误差/%
1#	2.778 1	3.198 4	15.127 7	31#	2.936 9	2.991 2	1.849 3
2#	7.730 2	5.150 9	33.367 0	32#	7.757 8	8.253 3	6.387 6
3#	2.542 9	3.432 7	34.988 9	33#	3.121 1	2.780 3	10.917 9
4#	2.307 9	3.716 6	61.037 1	34#	1.959 4	3.169 3	61.751 6
5#	2.246 2	1.442 2	35.792 9	35#	2.325 6	2.079 4	10.585 0
6#	7.158 8	4.631 7	35.300 1	36#	6.124 4	11.889 3	94.131 0
7#	1.701 6	2.846 5	67.287 0	37#	1.648 8	1.507 6	8.563 9
8#	2.026 0	1.836 0	9.375 3	38#	1.543 1	1.871 7	21.292 0
9#	7.301 5	15.045 7	106.063 2	39#	6.050 9	12.008 0	98.451 5
10#	1.812 9	3.164 4	74.554 4	40#	1.956 8	2.631 1	34.461 7
11#	1.452 4	1.119 0	22.955 9	41#	1.430 3	1.704 0	19.136 2
12#	1.592 7	3.629 1	127.856 5	42#	1.621 5	1.627 4	0.366 1
13#	1.197 2	1.808 7	51.074 6	43#	1.327 3	1.431 4	7.847 4
14#	1.250 7	1.272 0	1.702 8	44#	1.189 1	1.309 9	10.160 9
15#	2.143 1	2.411 5	12.523 2	45#	2.430 5	2.274 2	6.433 3
16#	2.472 9	4.020 3	62.571 4	46#	2.051 6	4.133 3	101.468 7
17#	1.438 1	3.254 7	126.321 1	47#	1.479 5	1.779 9	20.308 5
18#	1.316 5	1.980 5	50.437 0	48#	1.331 5	1.209 9	9.135 8
19#	1.668 4	1.859 9	11.477 5	49#	1.825 4	1.565 7	14.229 3
20#	1.152 9	1.565 0	35.738 5	50#	1.131 9	0.978 5	13.553 5
21#	1.286 7	0.922 5	28.305 3	51#	1.302 0	1.402 9	7.749 5
22#	1.679 7	1.056 7	37.086 1	52#	1.584 3	1.735 8	9.566 6
23#	1.898 9	2.219 2	16.871 1	53#	1.523 5	2.303 5	51.201 9
24#	1.260 5	2.002 4	58.856 0	54#	1.292 6	1.415 1	9.476 0
25#	1.369 4	1.742 2	27.223 5	55#	1.331 4	1.433 6	7.673 1
26#	2.447 7	2.457 0	0.378 6	56#	1.871 2	2.498 7	33.529 0
27#	1.515 6	4.138 9	173.087 0	57#	1.468 4	2.108 3	43.582 2
28#	1.168 0	2.879 7	146.549 5	58#	1.060 7	1.096 5	3.373 5
29#	3.625 8	3.561 6	1.769 1	59#	3.520 7	4.494 1	27.646 9
30#	1.175 2	1.890 7	60.874 8	60#	1.160 0	1.142 6	1.504 4

水环境承载力指数模型预测值与实际值对比见图 10-2。

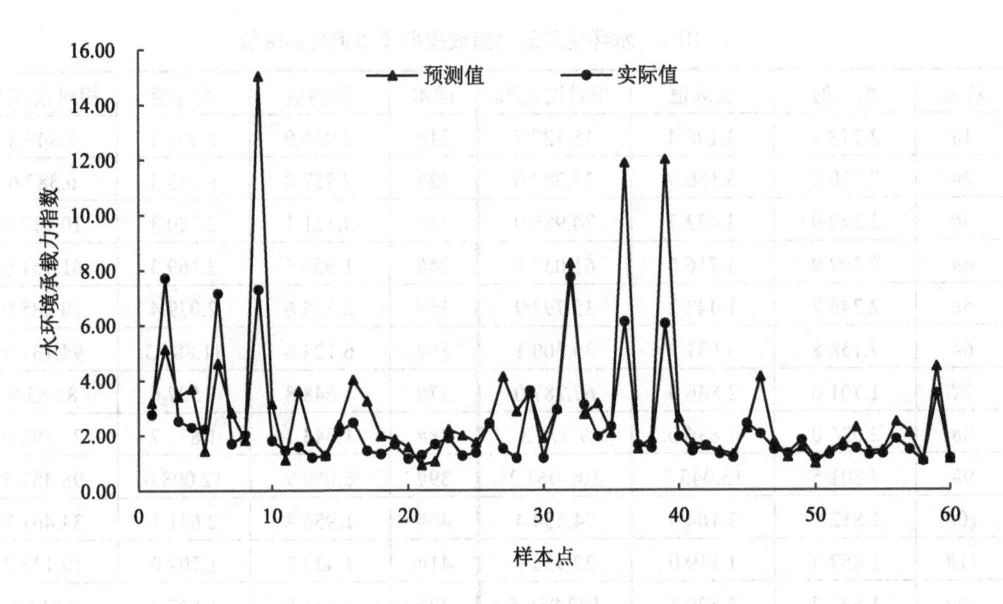

图 10-2　水环境承载力指数模型预测值与实际值

根据模型输出结果，模型预测值与水环境承载力指数实际值之间的绝对误差最大值为 7.744 2，最小值为 0.017 4，大多数输出结果误差较小。将相对误差大于 100%的值视为异常值舍弃后，经计算，预测值的平均偏差为 27.6%。

模型中水资源承载力指数输出结果见表 10-5。

表 10-5　水资源承载力指数模型预测值与实际值

样本	预测值	实际值	相对误差/%	样本	预测值	实际值	相对误差/%
1#	1.151 3	1.039 4	9.715 8	31#	1.051 4	1.024 7	2.539 4
2#	1.454 4	1.488 2	2.324 6	32#	1.199 0	1.162 4	3.051 9
3#	1.145 9	0.765 1	33.230 7	33#	0.936 3	0.580 8	37.966 9
4#	0.758 5	0.773 3	1.958 5	34#	0.747 2	1.044 9	39.834 5
5#	0.778 9	0.485 7	37.635 0	35#	0.668 0	0.725 9	8.677 1
6#	0.838 9	1.291 9	54.004 9	36#	0.639 0	0.679 0	6.260 6
7#	0.566 8	0.675 4	19.157 0	37#	0.520 6	0.754 7	44.957 4
8#	0.689 6	0.965 1	39.949 4	38#	0.646 5	0.724 6	12.093 2
9#	1.755 7	1.573 4	10.382 6	39#	1.310 7	0.661 3	49.550 9
10#	1.226 8	1.431 2	16.660 5	40#	0.882 3	1.129 2	27.985 8
11#	0.447 8	0.000 1	99.985 2	41#	0.369 9	0.356 1	3.737 2
12#	0.608 2	0.679 8	11.780 7	42#	0.483 1	0.434 6	10.047 2
13#	0.426 5	0.612 6	43.646 9	43#	0.299 4	0.345 8	15.481 8
14#	0.387 1	0.191 9	50.414 8	44#	0.332 4	0.367 8	10.645 1
15#	0.963 7	0.546 7	43.263 0	45#	0.985 6	0.966 9	1.898 8
16#	0.743 4	0.739 6	0.508 4	46#	0.821 4	0.603 8	26.493 5

样本	预测值	实际值	相对误差/%	样本	预测值	实际值	相对误差/%
17#	0.482 1	0.820 7	70.220 1	47#	0.433 9	0.601 3	38.576 8
18#	0.413 4	0.623 4	50.770 2	48#	0.387 8	0.380 7	1.828 0
19#	0.492 6	0.725 7	47.333 9	49#	0.420 6	0.523 7	24.506 5
20#	0.345 4	0.505 7	46.413 4	50#	0.365 2	0.129 8	64.448 9
21#	0.344 6	0.179 6	47.900 3	51#	0.303 1	0.385 5	27.196 5
22#	0.343 5	0.145 1	57.750 6	52#	0.357 9	0.478 3	33.645 6
23#	0.329 8	0.292 8	11.234 9	53#	0.337 9	0.363 0	7.415 9
24#	0.313 7	0.578 7	84.465 6	54#	0.306 7	0.361 9	17.983 5
25#	0.266 6	0.335 2	25.722 2	55#	0.268 1	0.244 4	8.846 8
26#	0.455 1	0.613 7	34.858 5	56#	0.578 4	0.471 9	18.414 1
27#	0.697 1	1.106 3	58.696 1	57#	0.751 6	0.767 5	2.119 9
28#	0.181 2	0.813 4	348.894 1	58#	0.207 6	0.246 3	18.633 8
29#	2.473 9	2.944 0	19.000 4	59#	2.600 1	2.884 1	10.923 5
30#	0.736 4	0.973 5	32.204 8	60#	0.719 2	0.643 0	10.590 9

水资源承载力指数模型预测值与实际值对比见图 10-3。

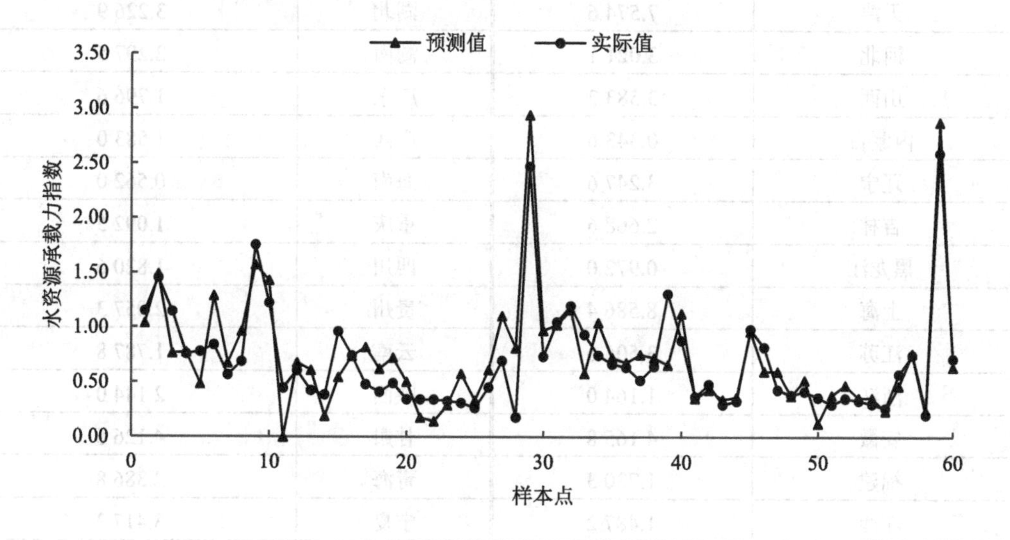

图 10-3　水资源承载力指数模型预测值与实际值

根据模型输出结果，模型预测值与水资源承载力指数实际值之间的绝对误差最大值为 0.649 4，最小值为 0.003 7，大多数输出结果误差较小。将相对误差大于 100%的值视为异常值舍弃后，经计算，预测值的平均偏差为 26.6%。

由以上分析可知，此预警模型的拟合效果较好，能够很好地预测水环境承载力指数，说明该模型可以用来进行水环境承载力与水资源承载力的预警研究。

10.5 2018 年全国水环境承载力承载状态预警

利用上述训练好的神经网络模型，选择 5 年时间序列，将利用移动加权平均法构造的 2018 年输入层数据输入到模型中，预测得到 2018 年各省（自治区、直辖市）的水环境承载力指数和水资源承载力指数，从而对各省（自治区、直辖市）的承载力状态进行预警研究。

10.5.1 全国水环境承载力预警研究

运行训练好的神经网络模型，水环境承载力指数输出结果见表 10-6。

表 10-6 2018 年各省（自治区、直辖市）水环境承载力指数预测结果

地区	水环境承载力指数	地区	水环境承载力指数
北京	4.112 6	河南	3.938 8
天津	7.574 6	湖北	3.226 9
河北	3.021 1	湖南	2.297 5
山西	3.583 2	广东	1.796 6
内蒙古	0.343 6	广西	1.583 0
辽宁	3.247 6	海南	0.562 0
吉林	2.668 6	重庆	1.092 5
黑龙江	0.972 0	四川	1.820 6
上海	8.586 4	贵州	2.057 3
江苏	3.505 6	云南	1.787 8
浙江	1.164 0	陕西	2.144 0
安徽	4.165 8	甘肃	4.126 6
福建	1.730 3	青海	2.386 8
江西	1.487 2	宁夏	3.417 3
山东	2.228 3	新疆	1.499 7

基于表 10-6 的各省（自治区、直辖市）水环境承载力指数预测结果，采用 ArcGIS 软件，依照自然间断法，将数值从大到小依次划分为优秀、良好、轻度超载、中度超载及重度超载 5 个级别；数值越大，级别越高，说明超载越严重。据此对各省（自治区、直辖市）水环境承载力承载状态进行区分，得到 2018 年水环境承载力承载状态（见图 10-4）。

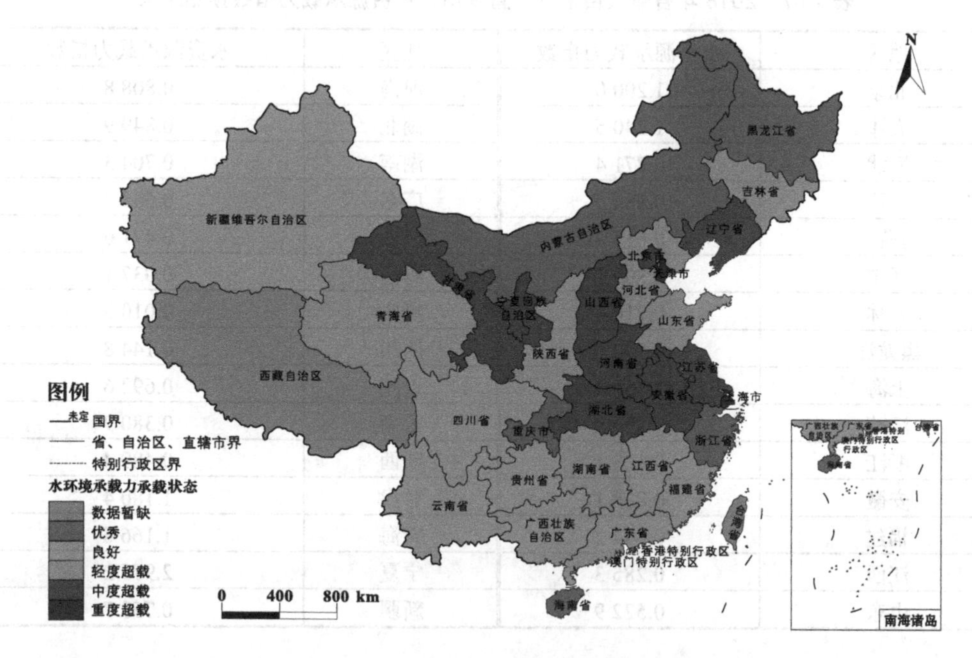

图 10-4 2018 年水环境承载力承载状态预警结果

由图 10-4 可知，天津、上海的水环境承载力处于重度超载状态，北京、辽宁、江苏、安徽、河南、湖北、山西、宁夏和甘肃处于中度超载状态，吉林、河北、山东、湖南、陕西和青海处于轻度超载状态，其余省份处于优秀或良好的状态。由此可知，东部和中部地区作为经济相对发达和人口相对集中的地区，水环境超载情况比较严重。大多数西南部省份水环境承载力承载状态表现较好。由表 10-6 可知，上海超载程度最严重，水环境承载力指数为 8.586 4；其次为天津，水环境承载力指数为 7.574 6。上海作为超一线城市，人口多，COD 和氨氮的排放量大，总体污染负荷较大，但是可利用环境容量相对较小，地表水量很小，导致水环境处于严重超载状态。天津虽然污染负荷没有上海大，但是可利用环境容量更小，地表水量不足上海的一半，且地表水污染严重，Ⅰ～Ⅲ类水质断面占比不足 15%，导致水环境承载力也处于严重超载状态。与此形成对比的是，内蒙古、黑龙江、海南和浙江在水环境承载力承载状态上表现较好，得益于水资源相对丰富、地表水质断面达标率高且污染负荷没那么高。

10.5.2 全国水资源承载力预警研究

水资源承载力指数输出结果见表 10-7。

表 10-7　2018 年各省（自治区、直辖市）水资源承载力指数预测结果

地区	水资源承载力指数	地区	水资源承载力指数
北京	1.200 0	河南	0.808 8
天津	1.240 5	湖北	0.849 9
河北	0.771 4	湖南	0.704 3
山西	0.884 5	广东	0.643 3
内蒙古	0.615 7	广西	0.471 0
辽宁	0.809 2	海南	0.037 1
吉林	0.710 3	重庆	0.010 9
黑龙江	0.590 6	四川	0.144 8
上海	1.366 4	贵州	0.692 6
江苏	1.396 9	云南	0.380 9
浙江	0.128 1	陕西	0.489 4
安徽	0.838 1	甘肃	1.180 4
福建	0.494 2	青海	1.166 6
江西	0.285 3	宁夏	2.975 2
山东	0.522 9	新疆	0.753 7

基于表 10-7 的各省（自治区、直辖市）水资源承载力指数预测结果，采用 ArcGIS 软件，依照自然间断法，将数值从大到小依次划分为优秀、良好、轻度超载、中度超载及重度超载 5 个级别；数值越大，级别越高，说明超载越严重。据此对各省（自治区、直辖市）水资源承载力承载状态进行区分，得到 2018 年水资源承载力承载状态（见图 10-5）。

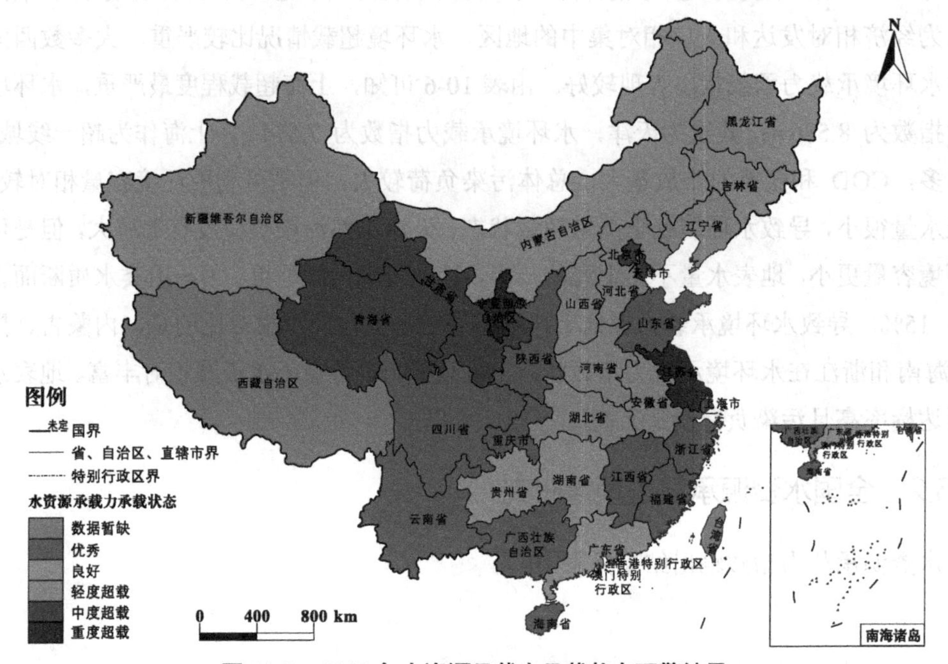

图 10-5　2018 年水资源承载力承载状态预警结果

由图 10-5 可知，江苏和宁夏水资源承载力处于重度超载状态，甘肃、青海、北京、天津和上海处于中度超载状态，辽宁、河北、山西、河南、安徽、湖北和新疆处于轻度超载状态，其余省份的水资源承载力处于优秀或良好的状态。整体而言，水资源承载力超载严重的地区集中在北方，而南方多数省份承载状态表现良好。这种空间分布格局与我国降水的空间分布格局基本吻合。南方地区降水较多而北方地区降水较少，使南方地区的水资源相对丰富。超载最严重的地区位于宁夏、江苏。其中，宁夏水资源承载力指数最高，超载状态最严重。尽管宁夏水资源需求量相对较小，但因水资源最匮乏，其水资源承载力相对最小。江苏是因为用水需求量较大（尤其是工业用水需求量最大），导致水资源承载力超载。相比之下，云南、四川、广西、福建等水资源承载力承载状态良好，尤其是重庆，水资源承载力承载状态最好，得益于其丰富的水资源与相对较低的水资源需求。

10.6　排警建议

基于预警结果，天津、上海、北京、辽宁、江苏、安徽、河南、湖北、山西、宁夏和甘肃等处于水环境承载力中度超载状态和重度超载状态的地区应继续加快经济结构转型升级，调控经济发展方式，调整人口规模；建成区内要减少生活污水直排，并防治城镇面源污染，做好雨水管道和雨污合流管道的精细化管理等工作；开展追根溯源工作，进行排污口调查，加强执法和监管力度；继续大力实行地区河长制，量化考核；要推行工业清洁生产，减少生产污染物排放，解决区域性工业环境污染问题；鼓励使用低污染化肥，加强农用排水沟渠的生态恢复，减少多余养分的输入，提高农业排涝水的自净能力。

江苏、宁夏、甘肃、青海、北京和天津等处于水资源承载力中度超载状态和重度超载状态的地区，应加快经济结构转型升级，对工业结构和布局进行调整，加强工业节水技术改造以及农业高效节水建设，推广雨养农业；加强节水理念宣传，提高水资源的高效利用率，严格落实区域用水总量控制和行业用水效率控制，进一步强化计划用水和定额管理，制订区域的用水计划；开展多水源地表水补水工作，提高地区水资源禀赋和可利用环境容量。

第 11 章 基于人工神经网络的北运河流域水环境承载力短期预警

11.1 案例区概况

北运河发源于北京市昌平区燕山南麓，自西北向东南流经北京市昌平区、朝阳区、顺义区、大兴区、通州区出境，经由河北省廊坊市香河县，天津市武清区、北辰区和红桥区，最终汇入海河，是海河流域北系的一条重要漕运河道，也是北京市五大水系中常年有水并且唯一发源于本市境内的河流。北运河全长 238 km，流域面积为 6 166 km^2，其中平原区面积为 5 214 km^2，占 84%，山区面积为 952 km^2，占 16%。北运河流域的 70%都在北京市境内，境内河长 90 km，流域面积为 4 293 km^2，涉及北京市东城、西城、朝阳、丰台、石景山、门头沟、海淀、通州、顺义、昌平、大兴、怀柔及延庆等 13 个区，北运河水系的 4 条主要支流清河、坝河、通惠河和凉水河承担着北京城区 80%以上的排水纳污任务。

北运河流域属东亚暖温带大陆性季风气候区，四季分明，春秋短暂，夏冬较长，年平均温度为 11～12℃。春季干旱少雨，夏季高温多雨，秋季温润宜人，冬季寒冷干燥。流域内陆地多年平均蒸发量为 400～500 mm，水面多年平均蒸发量为 1 120 mm。多年平均降水量约为 643 mm，受到季节性影响，年内降水量分布不均匀，约占全年降水量 80%的降水集中在 6—9 月，这其中约 60%的降水发生在 7—8 月，包含多数暴雨事件，突发性强，洪峰高，洪量大。年际降水分配也较为不均，丰枯年交替出现或者丰枯年连续出现。近几年，受到人为因素的影响，水文条件发生了较大变化，北运河干流和支流的洪水峰值有所增加，暴雨事件的发生也越来越频繁。为了减轻洪水的威胁，在北运河设置了众多闸坝，通过协调配合，缓解了暴雨事件的危害。北运河多年平均水量为 8.543 亿 m^3，平均径流量为 4.81 亿 m^3，平原地区径流量为 3.52 亿 m^3，山区年均径流量为 1.29 亿 m^3。大多地表径流被山前水库拦蓄，经社会水循环后，以城镇污水处理厂退水的形式进入下游平原河道。近年来，北运河已经成为北京市的主要排水纳污水系，北运河的来水水源主要是市区污水处理厂排水以及城市下游纳污河道的排水，自然水源补充相对来说不足，河道自净能力不足。与此同时，流域污染负荷也日益加重。虽然北京市一直致力于改善流域水体，但是下游水体还是难以达到水功能标准，水环境状况不容乐观。根据《2018 年北京市生态环境状况公报》，北京市五大水系中，潮白河水系水质最好，北运河水系水质总体较差。

11.2　水环境承载力承载状态预警指标体系构建

本研究中的预警指标体系主要包括反映警情的指标和警情指标两部分，根据北运河流域的特点和研究区的划分，选择相关指标。水环境承载力受多种因素的共同影响，从社会属性来看，主要有人口、经济发展水平、工业污染排放水平等；从自然属性来看，主要有水资源量、降水量等。指标要素不仅要反映水环境承载力的影响因素、特点，具有独立性，还要考虑数据的可得性。基于此，本研究模型模拟主要涉及 13 个反映警情的指标，见表 11-1。

表 11-1　输入指标

要素层	指标	单位
社会经济发展规模、结构	人口数	万人
	地区生产总值	亿元
	第三产业占地区生产总值的比重	%
	环保支出占比	%
污染排放强度	人均水耗	m^3
	万元地区生产总值水耗	m^3
	万元地区生产总值 COD 排放量	t
	万元地区生产总值氨氮排放量	t
	万元地区生产总值总磷排放量	t
污染净化	年降水量	mm
	污水处理量	m^3
	水资源总量	万 m^3
	地表水资源量	万 m^3

警情指标即水环境承载力超载状态表征指标。根据实际数据获取情况，本研究主要从水资源承载状态和水环境容量承载状态两方面综合考虑，借鉴环境承载力理论来构建。根据环境承载力理论，各要素环境承载率可由污染物排放量与可利用环境容量之比进行表

征。水环境容量通常是通过水质模型来推导计算，但是在缺乏流域各行政单元水环境容量的情况下，直接计算水环境承载力大小及承载率比较困难。为此，本研究提出了构建水环境容量指数的想法。水环境容量指数是表征水环境容量大小的指数，旨在在不计算具体水环境容量的情况下，用影响水环境容量大小的相关指标来表征水环境容量的大小，从而可以对比各区域水环境容量的相对大小，在流域行政管理方面具有一定的实际意义。

11.2.1 水环境容量指数构建

水环境容量相对大小可以由地表水资源量、断面水功能目标及上游来水水质浓度决定。水资源量越大，断面水功能目标对应的污染物浓度越高，水环境容量越大；上游来水污染物浓度越高，水环境容量越小。据此，构建水环境容量指数的公式，如下所示：

$$W=\frac{Q\times c_1}{c_0} \tag{11-1}$$

式中：W —— 水环境容量指数；

Q —— 地表水资源量，万 m^3；

c_1 —— 断面水功能目标对应的污染物浓度，mg/L；

c_0 —— 上游来水的污染物浓度，mg/L。

在本研究中，选择 COD、氨氮、总磷 3 种因子作为研究对象，分别构建 COD 环境容量指数、氨氮环境容量指数和总磷环境容量指数，如下所示：

$$W_{\text{COD}}=\frac{Q_{\text{地表水}}\times c_{1\text{-COD}}}{c_{0\text{-COD}}} \tag{11-2}$$

$$W_{\text{氨氮}}=\frac{Q_{\text{地表水}}\times c_{1\text{-氨氮}}}{c_{0\text{-氨氮}}} \tag{11-3}$$

$$W_{\text{总磷}}=\frac{Q_{\text{地表水}}\times c_{1\text{-总磷}}}{c_{0\text{-总磷}}} \tag{11-4}$$

式中：Q —— 流域内各地区的地表水资源量，万 m^3；

c_1 —— 流域内各地区的水功能目标对应的污染物浓度，mg/L；

c_0 —— 流域内各地区内的所有断面污染物平均浓度，mg/L。

11.2.2 水环境承载力指数构建

可以通过水环境承载率（或称开发利用强度）来评价某一区域水环境承载力承载状态，承载率是指区域环境承载量（各要素指标的现实取值）与该区域环境承载量阈值（各要素指标上限值）的比值，即相对应的发展变量（人类活动强度，也可理解为人类活动给水系统带来的压力）与水环境承载力（水环境承载力各分量的上限值）的比值；环境承载量阈值可以是容易得到的理论最佳值或预期要达到的目标值（标准值）。

单要素水环境承载率（I_k）的表达式为

$$I_k = \frac{\mathrm{ECQ}_k}{\mathrm{ECC}_k} \tag{11-5}$$

式中：k —— 某单一水环境要素；

I —— 水环境承载率；

ECQ —— 水环境承载量；

ECC —— 水环境承载力。

依据水环境要素对人类生存与活动影响的重要程度，若选择水资源承载率、COD 承载率、氨氮承载率作为表征区域水环境承载力的指标，则各分量承载率评价公式如下：

COD 承载率=COD 排放量/COD 可利用环境容量　(11-6)

氨氮承载率=氨氮排放量/氨氮可利用环境容量　(11-7)

总磷承载率=总磷排放量/总磷可利用环境容量　(11-8)

水资源承载率=用水总量/水资源可利用量　(11-9)

基于以上理论，结合水环境容量指数，构造 COD 承载力超载指数、氨氮承载力超载指数、总磷承载力超载指数和水资源承载力超载指数来反映流域内各地区水环境承载力承载状态的相对大小，指数构造如下：

$$\text{COD承载力超载指数}I_{\mathrm{COD}} = \sqrt{\frac{\text{COD排放量}}{\text{COD容量指数}}} = \sqrt{\frac{P_{\mathrm{COD}} \times c_{0\text{-COD}}}{Q_{\text{地表水}} \times c_{1\text{-COD}}}} \tag{11-10}$$

$$\text{氨氮承载力超载指数}I_{\text{氨氮}} = \sqrt{\frac{\text{氨氮排放量}}{\text{氨氮容量指数}}} = \sqrt{\frac{P_{\text{氨氮}} \times c_{0\text{-氨氮}}}{Q_{\text{地表水}} \times c_{1\text{-氨氮}}}} \tag{11-11}$$

$$\text{总磷承载力超载指数}I_{\text{总磷}} = \sqrt{\frac{\text{总磷排放量}}{\text{总磷容量指数}}} = \sqrt{\frac{P_{\text{总磷}} \times c_{0\text{-总磷}}}{Q_{\text{地表水}} \times c_{1\text{-总磷}}}} \tag{11-12}$$

$$\text{水资源承载力超载指数}I_{\text{水资源}} = \sqrt{\frac{\text{用水总量}}{\text{水资源总量}}} \tag{11-13}$$

式中：P_{COD}、$P_{\text{氨氮}}$、$P_{\text{总磷}}$ —— 流域内各地区的 COD 排放量、氨氮排放量和总磷排放量，t。

由于用于构建指数的指标在数量级上差别较大，为了使输出指数更加合理、减小模型训练误差，对指数进行开平方处理。

根据水环境承载力指数表征的内涵，承载力指数越小表示水环境承载力承载状态越优，承载力指数越大表示超载状态越严重。

11.3 BP 神经网络模型构建与验证

11.3.1 构建模型的类型

在运用 BP 神经网络构建预警模型时，本研究分别尝试了构建单变量模型和多变量模型。单变量模型即是利用警情指标（水环境承载力超载指数）本身的历史数据构建模型，输入的是历史的水环境承载力超载指数，输出的是未来的水环境承载力超载指数；而多变量模型除了警情指标即水环境承载力超载指数这个指标外，同时将系统中的其他影响警情的指标纳入考虑范围，输入除了历史的水环境承载力超载指数之外，还加入了反映警情的指标，输出则与单变量模型一致，为未来的水环境承载力超载指数。

在时间序列神经网络模型的构建过程中，输入层神经元个数（即输入步长 m）、输出层神经元个数（即输出步长 n）的选择非常重要。如果输入步长选择过大，模型中的输入数据就会过多，冗余无关的历史数据可能就会被引入模型中；如果输入步长太小，可能无法反映变化趋势。同样，n 的选择也会直接影响预测的精度。通过综合考虑和多次尝试，最终选择 m=3、n=1，选取 2008—2017 年北运河流域主要涉及的 19 个地区（门头沟区在北运河流域上游，但涉及范围很大，因此没有纳入预警范围）的水环境承载力预警指数构建训练样本。依据输入步长为 3、输出步长为 1 构造训练样本，从而得到 2011—2017 年共 133 组样本，进而将 2011—2016 年的 114 组数据作为训练数据，利用十折交叉验证划分训练集和验证集，进行参数优选；2017 年的 19 组数据作为测试集用来检验训练后的神经网络的输出误差。此后再分别构建 COD 承载力预警模型、氨氮承载力预警模型、总磷承载力预警模型和水资源承载力预警模型。

对于单变量模型（用前 3 年的水环境承载力超载指数预测后一年的水环境承载力超载指数）来判断水环境承载力超载状态，其样本构造方式见表 11-2。

表 11-2 单变量样本构造方式

输入层	输出层	类型
x_{2008}，x_{2009}，x_{2010}	x_{2011}	训练集和验证集
x_{2009}，x_{2010}，x_{2011}	x_{2012}	
x_{2010}，x_{2011}，x_{2012}	x_{2013}	
x_{2011}，x_{2012}，x_{2013}	x_{2014}	
x_{2012}，x_{2013}，x_{2014}	x_{2015}	
x_{2013}，x_{2014}，x_{2015}	x_{2016}	
x_{2014}，x_{2015}，x_{2016}	x_{2017}	测试集

注：x 为 COD（氨氮、总磷、水资源）承载力超载指数。

对于多变量模型（用前 3 年的水环境承载力超载指数及影响警情的指标预测后一年的水环境承载力超载指数），其系统输入值过多，会使 BP 神经网络在验证的时候数据集不能很好地拟合数据，所以在本研究中分别构建了 COD 承载力预警模型、氨氮承载力预警模型、总磷承载力预警模型和水资源承载力预警模型 4 套预警模型。模型输入指标和输出指标见表 11-3。

表 11-3　各模型的输入指标和输出指标

模型	指标类别	指标名称
COD 承载力预警模型	输入指标	COD 承载力超载指数
		总人口
		地区生产总值
		第三产业占比
		万元地区生产总值 COD 排放量
		地表水资源量
		降水量
		节能环保支出占比
		污水处理厂处理规模
	输出指标	COD 承载力超载指数
氨氮承载力预警模型	输入指标	氨氮承载力超载指数
		总人口
		地区生产总值
		第三产业占比
		万元地区生产总值氨氮排放量
		地表水资源量
		降水量
		节能环保支出占比
		污水处理厂处理规模
	输出指标	氨氮承载力超载指数
总磷承载力预警模型	输入指标	总磷承载力超载指数
		总人口
		地区生产总值
		第三产业占比
		万元地区生产总值总磷排放量
		地表水资源量
		降水量
		节能环保支出占比
		污水处理厂处理规模
	输出指标	总磷承载力超载指数

模型	指标类别	指标名称
水资源承载力预警模型	输入指标	水资源承载力超载指数
		总人口
		地区生产总值
		第三产业占比
		万元地区生产总值水耗
		人均水耗
		水资源总量
		节能环保支出占比
		降水量
	输出指标	水资源承载力超载指数

每个模型中选取了8个反映警情的指标，因此多变量模型样本的构造方式见表11-4。

表 11-4　多变量样本构造方式

输入层	输出层	类型
y_{m2008}，y_{m2009}，y_{m2010}，x_{2008}，x_{2009}，x_{2010}	x_{2011}	训练集和验证集
y_{m2009}，y_{m2010}，y_{m2011}，x_{2009}，x_{2010}，x_{2011}	x_{2012}	
y_{m2010}，y_{m2011}，y_{m2012}，x_{2010}，x_{2011}，x_{2012}	x_{2013}	
y_{m2011}，y_{m2012}，y_{m2013}，x_{2011}，x_{2012}，x_{2013}	x_{2014}	
y_{m2012}，y_{m2013}，y_{m2014}，x_{2012}，x_{2013}，x_{2014}	x_{2015}	
y_{m2013}，y_{m2014}，y_{m2015}，x_{2013}，x_{2014}，x_{2015}	x_{2016}	
y_{m2014}，y_{m2015}，y_{m2016}，x_{2014}，x_{2015}，x_{2016}	x_{2017}	测试集

注：y为各模型中反映警情的指标，m=1，2，…，8；x为COD（氨氮、总磷、水资源）承载力超载指数。

11.3.2　单变量模型构建与训练

根据塔肯斯（Takens）嵌入定理，当系统中没有其他噪声时，单个时间序列长度只要足够长且能够较好地体现混沌系统内部演化的规律，采用单变量的时间序列就能达到较好的模拟效果。因此，在本研究中首先构建单变量神经网络模型，模型的输入与输出均选择水环境承载力超载指数，即利用其自身的历史数据构建BP神经网络预警模型。

11.3.2.1　模型构建与训练

根据上文中选择BP神经网络参数和结构的方法、原则，在MATLAB中构建三层BP神经网络。模型输入为前3年的承载力超载指数，输出为后一年的承载力超载指数，所以模型的输入节点数为3，输出节点数为1。隐含层节点数的选择非常重要，考虑研究问题的复杂性和非线性因素，本研究在十折交叉验证的基础上利用试错法来选择隐含层的节点个数，即选取输出误差最小时对应的隐含层节点数。具体操作方法是将隐含层节点数由5个逐步增加到30个，逐一进行训练，平均绝对误差见表11-5。

表11-5　不同隐含层节点数的平均绝对误差

隐含层节点数	COD承载力预警模型误差	氨氮承载力预警模型误差	总磷承载力预警模型误差	水资源承载力预警模型误差
5	0.228 6	0.195 8	0.317 6	0.138 5
6	0.148 4	0.343 2	0.187 1	0.206 6
7	0.246 2	0.382 1	0.366 3	0.127 9
8	0.146 1	0.360 3	0.349 3	0.263 7
9	0.162 4	0.242 3	0.189 8	0.162 7
10	0.220 4	0.429 3	0.309 6	0.218 1
11	0.294 8	0.311 3	0.274 6	0.200 2
12	0.204 3	0.463 2	0.462 3	0.263 1
13	0.252 4	0.275 9	0.316 8	0.115 4
14	0.266 3	0.265 3	0.445 5	0.370 1
15	0.219 3	0.106 0	0.445 9	0.269 1
16	0.288 8	0.465 4	0.437 5	0.171 8
17	0.239 9	0.261 3	0.267 6	0.311 5
18	0.194 5	0.490 8	0.578 3	0.192 2
19	0.246 5	0.634 9	0.442 9	0.331 9
20	0.416 5	0.379 7	0.466 9	0.154 7
21	0.151 1	0.526 2	0.301 7	0.163 2
22	0.359 5	0.559 4	0.490 1	0.239 2
23	0.279 9	0.593 6	0.496 5	0.199 1
24	0.242 9	0.562 0	0.439 7	0.123 4
25	0.299 6	0.663 9	0.301 4	0.320 1
26	0.319 3	0.805 4	0.297 2	0.353 1
27	0.351 2	0.507 9	0.460 7	0.326 1
28	0.387 9	0.278 1	0.397 6	0.134 3
29	0.175 6	0.441 6	0.415 3	0.195 6
30	0.471 9	0.553 5	0.377 5	0.137 3

由表11-5可知，COD承载力预警模型、氨氮承载力预警模型、总磷承载力预警模型和水资源承载力预警模型分别在隐含层节点数为8个、15个、9个和13个时对应的误差最小，因此将以上隐含层节点数作为模型训练的隐含层节点数。

经过反复训练，最终的模型主要参数见表11-6。

表 11-6　各单变量模型主要参数

预警模型	隐含层节点数	隐含层传递函数	输出层传递函数	训练函数
COD 承载力	8	logsig	purelin	trainlm
氨氮承载力	15	tansig	purelin	trainlm
总磷承载力	9	tansig	purelin	trainlm
水资源承载力	13	tansig	purelin	trainlm

在训练中，目标误差选择 0.000 1，学习步长选择 0.01，在 MATLAB 中的相关参数设置见图 11-1。

```
%设置学习步长
net20.trainParam.lr = 0.01;
%设置动量项系数
net20.trainParam.mc = 0.9;
%设置显示数据间隔
net20.trainParam.show = 50;
%设置训练次数
net20.trainParam.epochs = 5000;
%设置收敛误差
net20.trainParam.goal=0.0001;
```

图 11-1　单变量模型在 MATLAB 中的相关参数设置

利用训练好的预警模型对训练样本进行仿真，模型预测值与真实值对比见图 11-2～图 11-5。

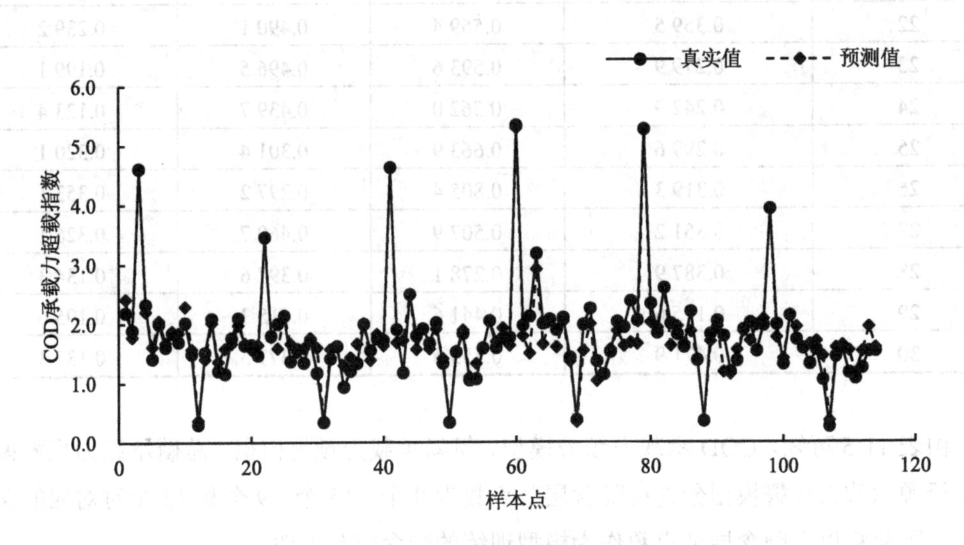

图 11-2　COD 承载力预警模型训练样本预测值与真实值

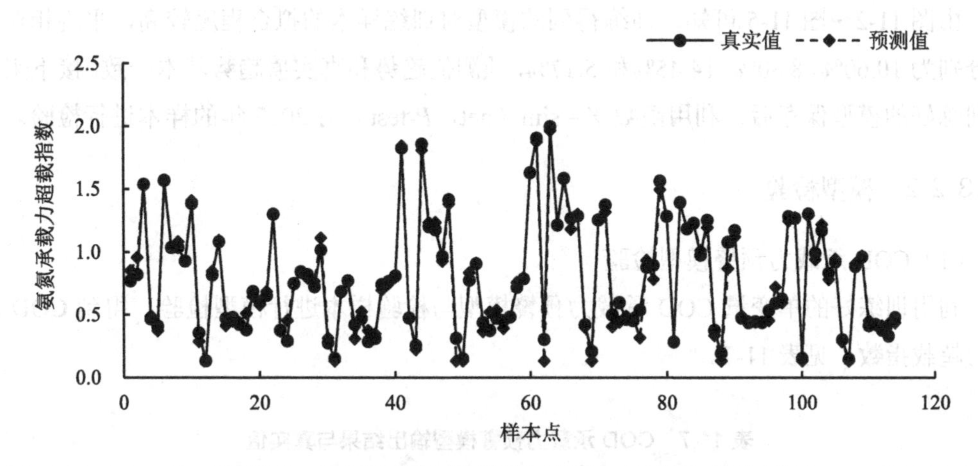

图 11-3 氨氮承载力预警模型训练样本预测值与真实值

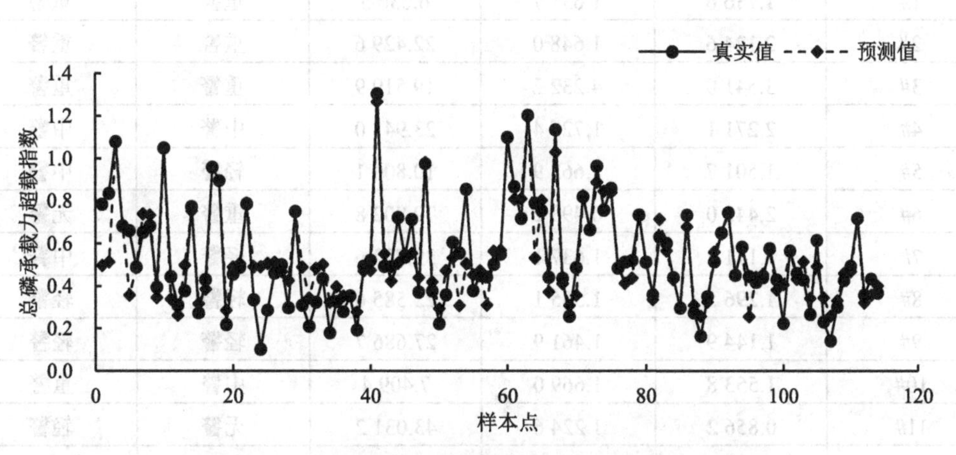

图 11-4 总磷承载力预警模型训练样本预测值与真实值

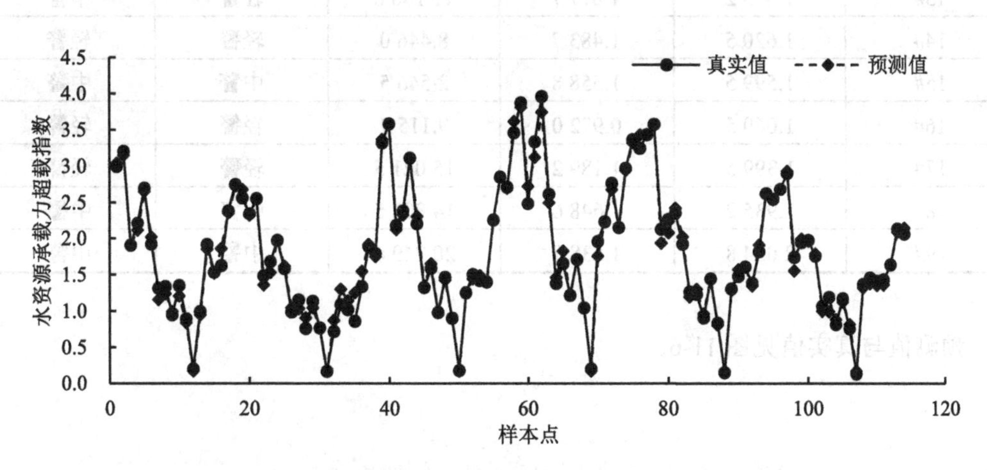

图 11-5 水资源承载力预警模型训练样本预测值与真实值

由图 11-2～图 11-5 可知，训练得到的模型对训练样本的拟合程度较高，平均相对误差分别为 10.60%、8.80%、14.45%和 5.17%，预测值趋势和真实值趋势基本一致。接下来，将训练好的模型保存后，利用函数 $Y=\text{sim}$（net，P-test）对 2017 年的样本进行检验。

11.3.2.2 模型检验

（1）COD 承载力预警模型检验

利用训练好的单变量 COD 承载力预警模型与检验样本进行模型检验，得到 COD 承载力超载指数，见表 11-7。

表 11-7 COD 承载力预警模型输出结果与真实值

样本	真实值	预测值	相对误差/%	实际警度	预报警度
1#	1.736 6	1.631 7	6.036 5	重警	重警
2#	2.124 6	1.648 0	22.429 6	重警	重警
3#	3.541 0	4.232 2	19.519 9	重警	重警
4#	2.271 1	1.727 4	23.941 0	中警	中警
5#	1.501 7	1.663 9	10.804 1	轻警	中警
6#	2.442 0	0.493 2	79.802 8	重警	无警
7#	1.171 2	1.637 1	39.772 6	轻警	中警
8#	1.296 5	1.585 1	22.585 6	轻警	轻警
9#	1.144 9	1.461 9	27.686 7	轻警	轻警
10#	1.553 8	1.669 0	7.409 4	中警	重警
11#	0.856 2	1.224 6	43.031 2	无警	轻警
12#	0.250 1	0.389 9	55.872 1	无警	无警
13#	1.455 2	1.617 7	11.168 8	轻警	中警
14#	1.620 5	1.483 7	8.446 0	轻警	轻警
15#	1.599 5	1.558 8	2.546 5	中警	中警
16#	1.069 5	0.972 0	9.115 9	轻警	轻警
17#	1.399 5	1.189 2	15.021 5	轻警	轻警
18#	1.935 2	1.648 6	14.808 5	中警	中警
19#	2.054 8	1.638 7	20.249 6	中警	中警

预测值与真实值见图 11-6。

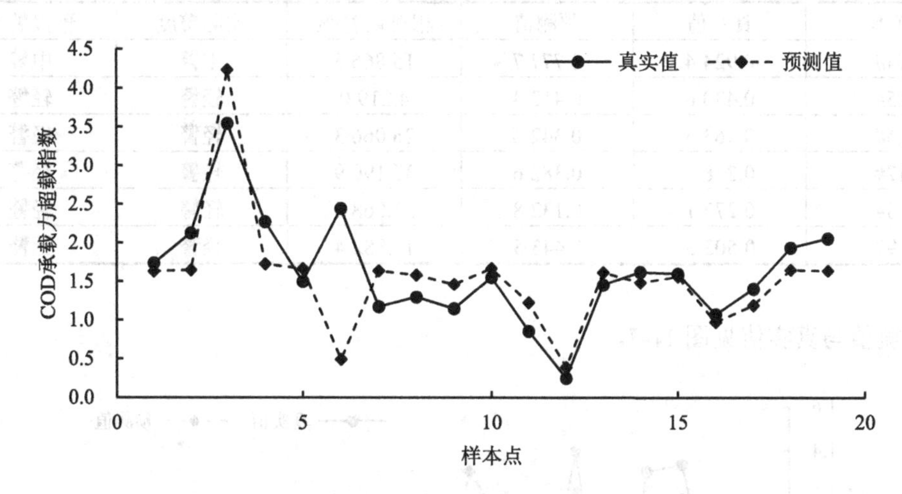

图 11-6 COD 承载力预警模型预测值与真实值

结果显示，构建的预警模型精度较高，根据 COD 承载力预警模型的输出结果，预测值与真实值之间的绝对误差最大值为 1.95，最小值为 0.041，均方根误差（RMSE）为 0.55，相关系数（*R*）为 0.71，检验样本的平均绝对误差百分比（MAPE）为 23.15%。对比后发现，5#、6#、7#、10#、11#和 13#样本进行警度转换后，预报警度与实际警度不一致，模型预报警度的准确率为 68.42%。

（2）氨氮承载力预警模型检验

将检验样本代入训练好的单变量氨氮承载力预警模型，对模型进行检验，得到氨氮承载力超载指数，见表 11-8。

表 11-8 氨氮承载力预警模型输出结果与真实值

样本	真实值	预测值	相对误差/%	实际警度	预报警度
1#	0.590 6	1.070 4	81.236 8	轻警	中警
2#	0.618 4	1.077 4	74.214 4	轻警	中警
3#	1.335 2	1.181 6	11.505 0	重警	重警
4#	1.303 4	1.083 4	16.875 5	重警	重警
5#	0.205 8	0.132 8	35.474 5	无警	无警
6#	1.390 3	1.216 5	12.503 6	重警	重警
7#	0.611 2	0.768 1	25.682 1	轻警	中警
8#	0.894 8	1.048 7	17.200 2	中警	中警
9#	0.651 6	1.302 9	99.965 2	轻警	重警
10#	0.842 1	0.620 0	26.368 5	重警	中警
11#	0.226 6	0.132 8	41.385 9	无警	无警
12#	0.136 5	0.132 8	2.681 1	无警	无警
13#	0.830 3	0.884 5	6.523 8	中警	中警

样本	真实值	预测值	相对误差/%	实际警度	预报警度
14#	0.924 4	0.777 7	15.866 5	中警	中警
15#	0.430 6	0.412 4	4.219 0	轻警	轻警
16#	0.463 3	0.342 6	26.066 3	轻警	轻警
17#	0.278 9	0.382 6	37.190 9	轻警	轻警
18#	0.277 1	0.132 8	52.068 8	轻警	轻警
19#	0.503 3	0.443 5	11.882 4	轻警	无警

预测值与真实值见图 11-7。

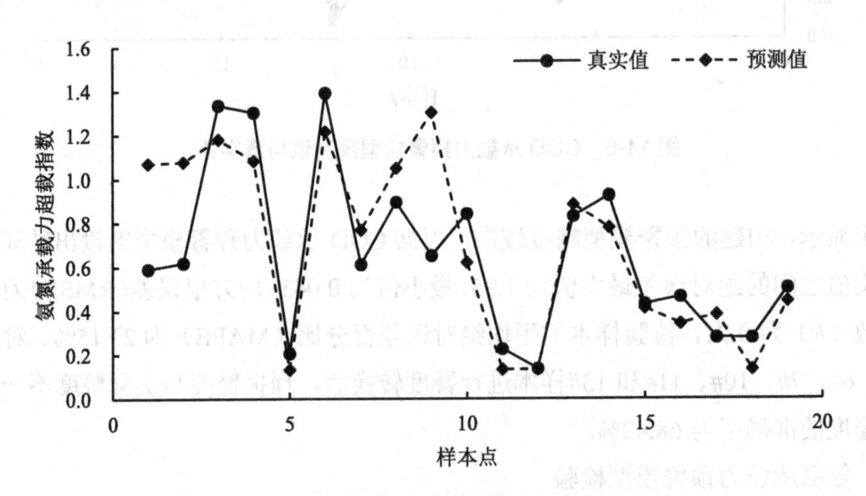

图 11-7　氨氮承载力预警模型预测值与真实值

根据氨氮承载力预警模型的输出结果，预测值与真实值之间的绝对误差最大值为 0.65，最小值为 0.003 7，均方根误差（RMSE）为 0.26，相关系数（R）为 0.81，检验样本的平均绝对误差百分比（MAPE）为 31.52%。单变量氨氮承载力预警模型整体拟合趋势较好，但有个别输出与实际值相差较大。进行警度转换后发现，1#、2#、7#、9#、10# 和 19#样本的预报警度与实际警度不一致，模型预报警度的准确率为 68.42%。

（3）总磷承载力预警模型检验

将检验样本代入训练好的单变量总磷承载力预警模型，对模型进行检验，得到总磷承载力超载指数，见表 11-9。

表 11-9　总磷承载力预警模型输出结果与真实值

样本	真实值	预测值	相对误差/%	实际警度	预报警度
1#	0.403 4	0.254 4	36.939 6	中警	轻警
2#	0.421 8	0.476 0	12.847 0	中警	中警
3#	0.583 5	1.195 5	104.880 2	重警	重警

样本	真实值	预测值	相对误差/%	实际警度	预报警度
4#	0.481 1	0.541 9	12.632 8	中警	中警
5#	0.210 6	0.174 4	17.190 6	无警	无警
6#	0.627 8	0.660 4	5.192 3	重警	中警
7#	0.339 3	0.428 1	26.165 3	轻警	中警
8#	0.314 7	0.247 4	21.398 5	轻警	轻警
9#	0.218 7	0.172 8	20.982 8	无警	无警
10#	0.548 4	0.352 9	35.646 0	重警	轻警
11#	0.174 5	0.146 9	15.834 3	无警	无警
12#	0.124 8	0.137 3	10.011 9	无警	无警
13#	0.302 4	0.231 6	23.400 0	轻警	轻警
14#	0.412 6	0.402 8	2.378 0	中警	轻警
15#	0.440 8	0.235 2	46.641 9	中警	轻警
16#	0.590 9	0.861 4	45.777 4	重警	重警
17#	0.311 1	0.317 5	2.049 0	轻警	轻警
18#	0.444 2	0.560 8	26.268 4	重警	重警
19#	0.349 4	0.670 9	92.035 2	中警	重警

预测值与真实值见图 11-8。

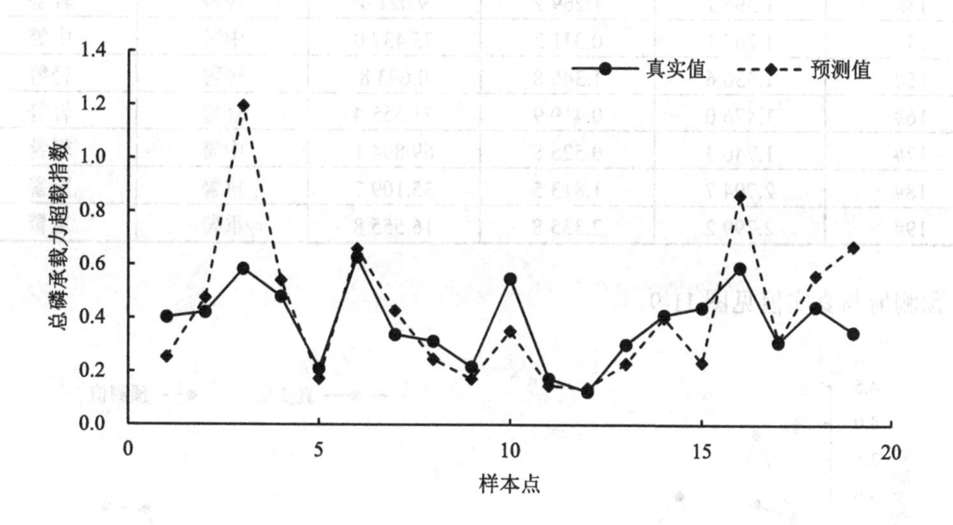

图 11-8 总磷承载力预警模型预测值与真实值

根据总磷承载力预警模型的输出结果，预测值与真实值之间的绝对误差最大值为 0.61，最小值为 0.006 4，均方根误差（RMSE）为 0.19，相关系数（*R*）为 0.75，检验样本的平均绝对误差百分比（MAPE）为 29.38%。与氨氮承载力预警模型相似，个别输出与实际值相差较大。对比后发现，1#、6#、7#、10#、14#、15#和 19#样本进行警度转换后，预报警度与实际警度不一致，模型预报警度的准确率为 63.16%。

（4）水资源承载力预警模型检验

将检验样本代入训练好的单变量水资源承载力预警模型，对模型进行检验，得到水资源承载力超载指数，见表 11-10。

表 11-10 水资源承载力预警模型输出结果与真实值

样本	真实值	预测值	相对误差/%	实际警度	预报警度
1#	2.663 8	2.680 5	0.629 1	重警	重警
2#	2.869 5	3.824 4	33.275 1	重警	重警
3#	1.720 6	1.833 6	6.568 9	中警	中警
4#	1.960 4	2.991 6	52.600 1	中警	重警
5#	1.963 9	2.309 0	17.571 2	轻警	轻警
6#	1.711 4	1.208 9	29.361 1	中警	轻警
7#	0.991 2	0.880 4	11.184 2	轻警	轻警
8#	1.067 6	1.711 0	60.256 9	轻警	中警
9#	0.801 9	0.445 8	44.410 0	无警	无警
10#	1.243 5	1.426 4	14.703 8	中警	中警
11#	0.657 6	0.978 1	48.735 5	无警	轻警
12#	0.138 1	0.147 2	6.629 7	无警	无警
13#	1.395 1	1.269 2	9.021 4	轻警	轻警
14#	1.267 1	0.311 2	75.437 0	中警	中警
15#	1.336 6	1.345 8	0.693 8	轻警	轻警
16#	1.476 0	0.419 9	71.555 4	轻警	轻警
17#	1.746 3	0.525 8	69.894 1	中警	轻警
18#	2.794 7	1.813 5	35.109 7	重警	重警
19#	2.799 2	2.335 8	16.555 8	重警	重警

预测值与真实值见图 11-9。

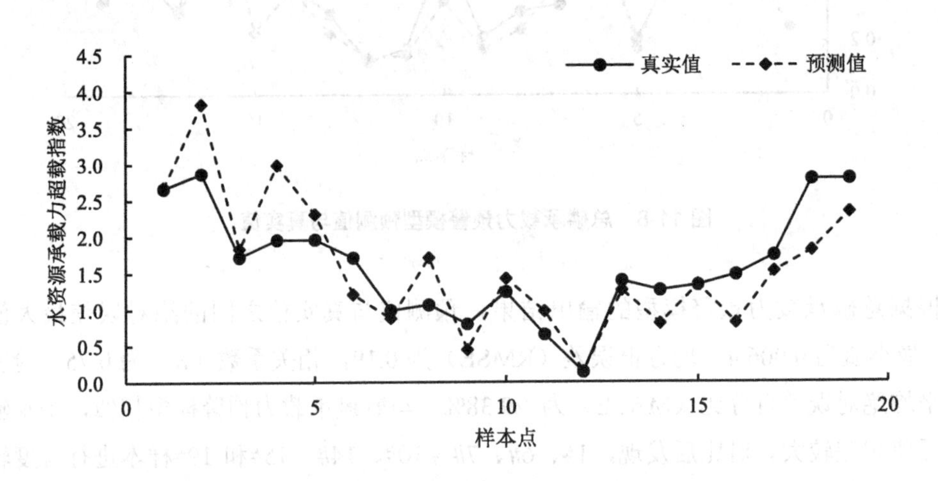

图 11-9 水资源承载力预警模型预测值与真实值

根据水资源承载力预警模型的输出结果，预测值与真实值之间的绝对误差最大值为 1.03，最小值为 0.009 2，均方根误差（RMSE）为 0.51，相关系数（*R*）为 0.82，检验样本的平均绝对误差百分比（MAPE）为 25.28%。均方根误差和平均绝对误差百分比较小，预测值与真实值的线性相关程度较高，模型拟合效果较好。4#、6#、8#、11#和 17#样本进行警度转换后，预报警度与实际警度不一致，模型预报警度的准确率为 73.68%。

通过以上分析可以看出，单变量模型仿真能够反映承载力的发展趋势，但同时也可以看到，承载力超载指数预测的精度和警度预报的正确率还有待提高，个别模型还有异常值出现，因此下面将建立更为复杂也更为有效的多变量预警模型。

11.3.3 多变量模型构建与训练

单变量模型对时间序列要求比较严格，但是在实际情况下，通常无法获取足够长度的时间序列数据，长度往往都是有限的，且包含有局限性和不确定性的信息，无法反映系统的复杂性。另外，时间序列数据通常包含一定量的噪声，这不能准确反映混沌系统的内部演化。最重要的是，在复杂的混沌系统中有多个变量，并且不同的变量相互影响和相互制约。在时间序列长度相同的情况下，拥有多个变量的时间序列包含更为丰富的动态信息，同时多变量时间序列还可以克服噪声对预测精度的影响，因此多变量时间序列比单变量时间序列更能准确反映系统内部的演化规律。

11.3.3.1 模型构建与训练

根据上文叙述的参数确定方法和原则，本研究选择三层 BP 神经网络，即 1 个输入层、1 个输出层和 1 个隐含层，通过反复训练，选取 BP 神经网络输出误差最小时的相关参数。COD 承载力预警模型、氨氮承载力预警模型、总磷承载力预警模型和水资源承载力预警模型输入为前 3 年的 8 项反映警情的指标数据和前 3 年的承载力指数，故构建的 BP 神经网络输入层节点数为 27，输出分别为对应的后一年的 COD 承载力超载指数、氨氮承载力超载指数、总磷承载力超载指数和水资源承载力超载指数，因此各模型的输出节点数都为 1。同样选择试错法来确定隐含层节点数，结果见表 11-11。

表 11-11 不同隐含层节点数的误差

隐含层节点数	COD 承载力预警模型误差	氨氮承载力预警模型误差	总磷承载力预警模型误差	水资源承载力预警模型误差
5	0.521 3	0.363 6	0.864 3	0.208 7
6	0.452 4	0.376 7	0.570 9	0.314 1
7	0.253 4	0.472 3	0.336 8	0.225 2
8	0.296 7	0.541 9	0.419 7	0.169 4

隐含层节点数	COD 承载力预警模型误差	氨氮承载力预警模型误差	总磷承载力预警模型误差	水资源承载力预警模型误差
9	0.258 6	0.300 2	0.424 3	0.240 9
10	0.543 7	0.534 3	0.535 9	0.186 6
11	0.218 7	0.491 2	0.383 2	0.230 2
12	0.350 6	0.210 5	0.394 5	0.155 8
13	0.165 9	0.202 4	0.337 6	0.342 6
14	0.242 5	0.477 8	0.389 1	0.193 6
15	0.191 6	0.248 4	0.576 4	0.234 6
16	0.274 6	0.332 4	0.400 4	0.183 5
17	0.228 2	0.326 5	0.610 7	0.234 2
18	0.187 5	0.368 9	0.433 4	0.234 5
19	0.153 2	0.292 4	0.347 6	0.263 7
20	0.325 1	0.259 5	0.322 9	0.285
21	0.282 7	0.483 7	0.363 8	0.211 4
22	0.183 5	0.405 6	0.326 3	0.207 3
23	0.603 1	0.200 2	0.374 7	0.175 4
24	0.191 6	0.323 7	0.395 3	0.185 3
25	0.134 7	0.429 4	0.589 5	0.215 5
26	0.257 9	0.356 4	0.383 5	0.293 6
27	0.184 6	0.410 2	0.315 4	0.134 6
28	0.241 5	0.249 3	0.423 7	0.204 2
29	0.311 3	0.473 4	0.244 8	0.230 2
30	0.252 4	0.312 6	0.292 6	0.140 4

由表 11-11 可知，COD 承载力预警模型、氨氮承载力预警模型、总磷承载力预警模型和水资源承载力预警模型分别在隐含层节点数为 25 个、23 个、29 个和 27 个时对应的误差最小，因此将以上隐含层节点数作为模型训练的隐含层节点数。

经过反复训练，最终选择的模型主要参数见表 11-12。

表 11-12　各多变量模型主要参数

预警模型	隐含层节点数	隐含层传递函数	输出层传递函数	训练函数
COD 承载力	25	tansig	tansig	trainlm
氨氮承载力	23	tansig	tansig	trainlm
总磷承载力	29	tansig	tansig	trainlm
水资源承载力	27	tansig	tansig	trainlm

与单变量模型相同，目标误差依然选择 0.000 1，学习步长选择 0.01，其他参数见图 11-10。

```
%设置学习步长
net.trainParam.lr = 0.01;
%设置动量项系数
net.trainParam.mc = 0.9;
%设置显示数据间隔
net.trainParam.show = 50;
%设置训练次数
net.trainParam.epochs = 50000;
%设置收敛误差
net.trainParam.goal=0.0001;
```

图 11-10 多变量模型在 MATLAB 中的相关参数设置

利用训练好的预警模型对训练样本进行仿真，模型预测值与真实值对比见图 11-11～图 11-14。

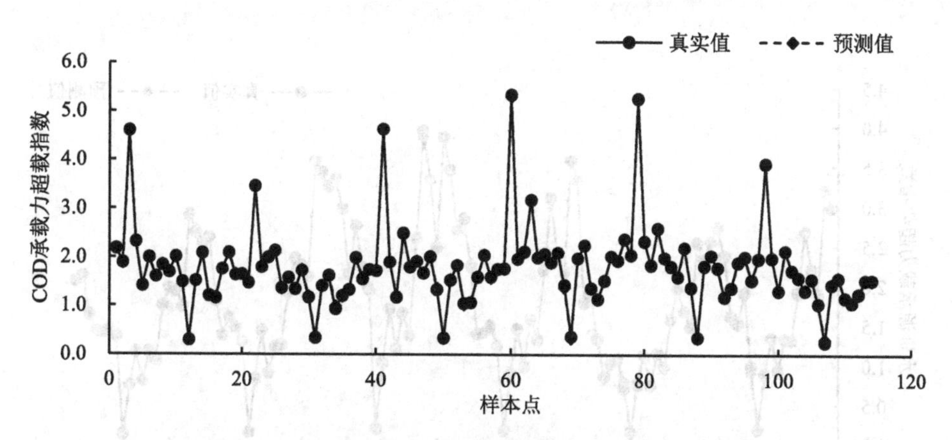

图 11-11 COD 承载力预警模型训练样本预测值与真实值

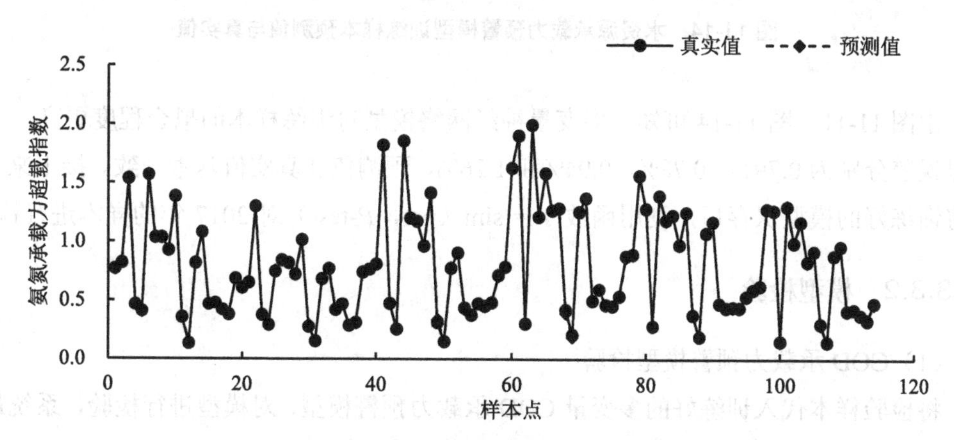

图 11-12 氨氮承载力预警模型训练样本预测值与真实值

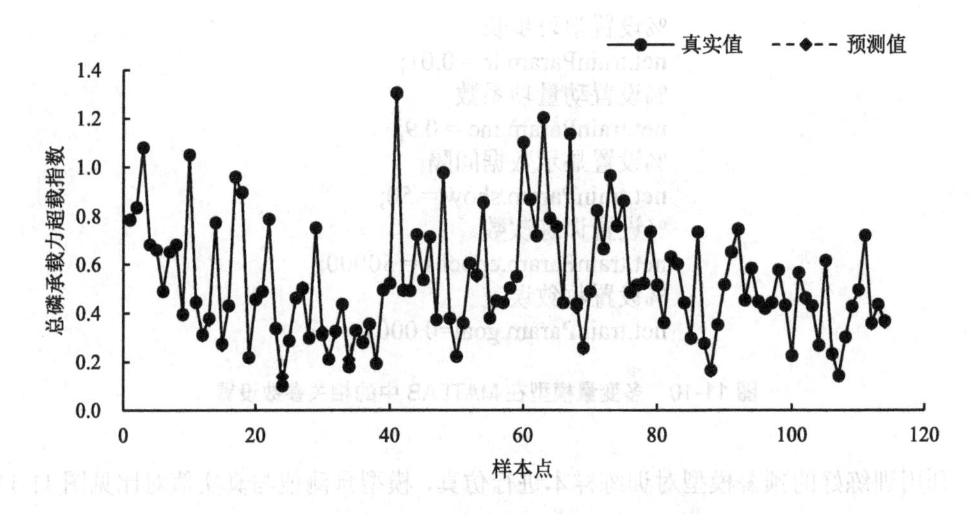

图 11-13　总磷承载力预警模型训练样本预测值与真实值

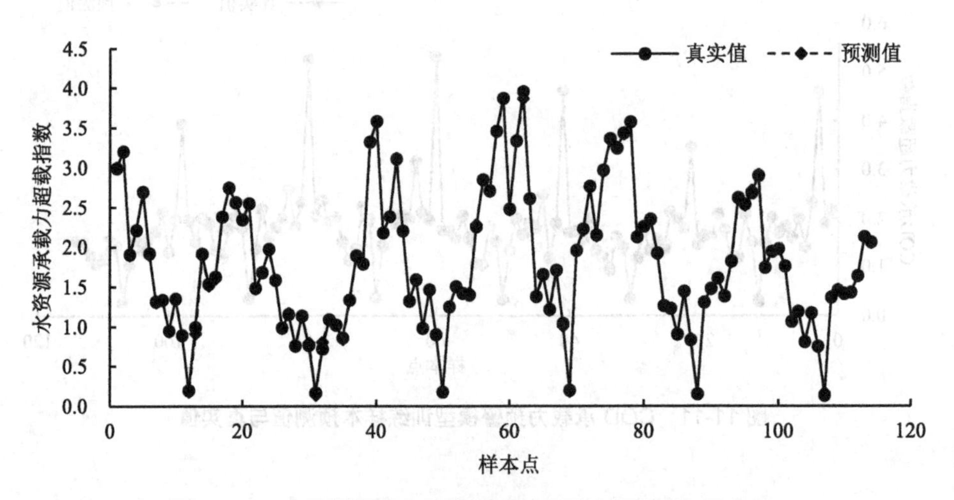

图 11-14　水资源承载力预警模型训练样本预测值与真实值

由图 11-11～图 11-14 可知，多变量神经网络模型对训练样本的拟合程度更高，平均相对误差分别为 0.79%、0.78%、0.94%和 1.26%，预测值和真实值基本一致。接下来，同样将训练好的模型保存后，利用函数 *Y* = sim（net，*P*-test）对 2017 年的样本进行检验。

11.3.3.2　模型检验

（1）COD 承载力预警模型检验

将检验样本代入训练好的多变量 COD 承载力预警模型，对模型进行检验，系统最终计算结果见表 11-13。

表 11-13 COD 承载力预警模型输出结果与真实值

样本	真实值	预测值	相对误差/%	实际警度	预报警度
1#	1.736 6	1.432 9	17.488 9	重警	中警
2#	2.124 6	1.913 8	9.918 9	重警	重警
3#	3.541 0	4.192 8	18.406 9	重警	重警
4#	2.271 1	2.249 5	0.951 1	中警	中警
5#	1.501 7	2.004 5	33.481 0	轻警	中警
6#	2.442 0	2.427 1	0.607 6	重警	重警
7#	1.171 2	1.522 3	29.974 3	轻警	轻警
8#	1.296 5	1.487 9	14.760 6	轻警	轻警
9#	1.144 9	1.055 9	7.778 0	轻警	轻警
10#	1.553 8	1.185 4	23.713 2	中警	中警
11#	0.856 2	1.024 3	19.632 7	无警	轻警
12#	0.250 1	0.344 7	37.787 5	无警	无警
13#	1.455 2	1.122 5	22.858 5	轻警	轻警
14#	1.620 5	1.382 4	14.698 3	轻警	轻警
15#	1.599 5	1.360 3	14.952 2	中警	中警
16#	1.069 5	1.286 9	20.324 5	轻警	轻警
17#	1.399 5	1.473 3	5.276 9	轻警	轻警
18#	1.935 2	1.487 9	23.114 3	中警	中警
19#	2.054 8	1.399 5	31.890 9	中警	轻警

预测值与真实值见图 11-15。

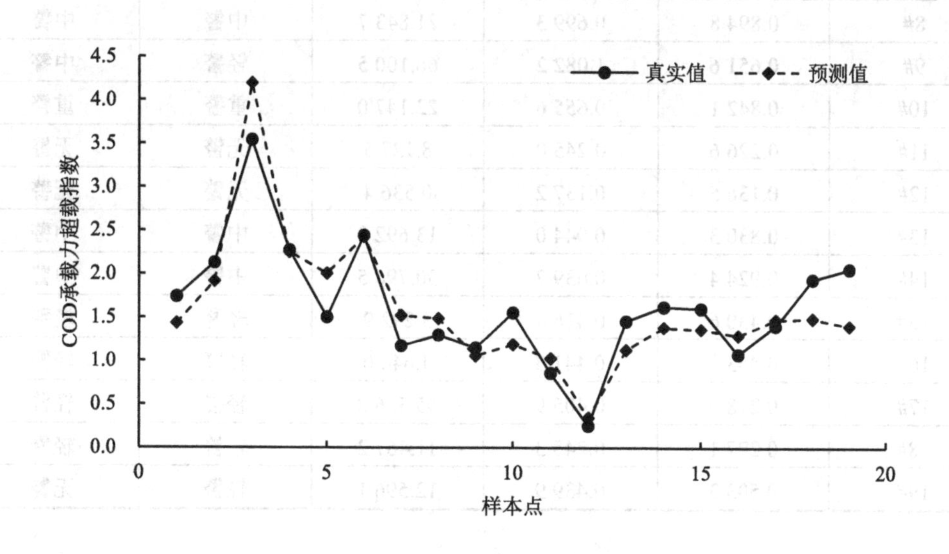

图 11-15 COD 承载力预警模型预测值与真实值

根据模型输出结果，预测值与真实值之间的绝对误差最大值为0.66，最小值为0.015，大多数输出结果误差较小，均方根误差（RMSE）为0.33，相关系数（R）为0.90，检验样本的平均绝对误差百分比（MAPE）为 18.30%，均方根误差和平均绝对误差百分比较小，预测值与真实值的线性相关程度较高，模型拟合效果较好。在对模型的性能指标进行分析后，将超载指数转化为预警等级进行检验。进行对比后发现，1#、5#、11#和 19#样本将超载指数转换为警度后，预报警度与实际警度不一致，其余均相同，模型预报警度的准确率为 78.95%。

（2）氨氮承载力预警模型检验

将检验样本代入训练好的多变量氨氮承载力预警模型，对模型进行检验，系统最终计算结果见表 11-14。

表 11-14　氨氮承载力预警模型输出结果与真实值

样本	真实值	预测值	相对误差/%	实际警度	预报警度
1#	0.590 6	0.778 3	31.777 4	轻警	中警
2#	0.618 4	0.662 0	7.044 9	轻警	中警
3#	1.335 2	1.325 5	0.724 8	重警	重警
4#	1.303 4	1.994 4	53.016 3	重警	重警
5#	0.205 8	0.224 9	9.254 7	无警	无警
6#	1.390 3	1.995 1	43.497 4	重警	重警
7#	0.611 2	0.724 2	18.492 6	轻警	中警
8#	0.894 8	0.699 3	21.843 7	中警	中警
9#	0.651 6	1.082 2	66.100 5	轻警	中警
10#	0.842 1	0.655 6	22.147 0	重警	重警
11#	0.226 6	0.245 0	8.127 5	无警	无警
12#	0.136 5	0.137 2	0.536 4	无警	无警
13#	0.830 3	0.944 0	13.692 0	中警	中警
14#	0.924 4	0.639 7	30.796 5	中警	中警
15#	0.430 6	0.416 4	3.292 9	轻警	轻警
16#	0.463 3	0.441 8	4.646 0	轻警	轻警
17#	0.278 9	0.405 9	45.536 8	轻警	轻警
18#	0.277 1	0.245 3	11.467 2	轻警	轻警
19#	0.503 3	0.439 9	12.596 1	轻警	无警

预测值与真实值见图 11-16。

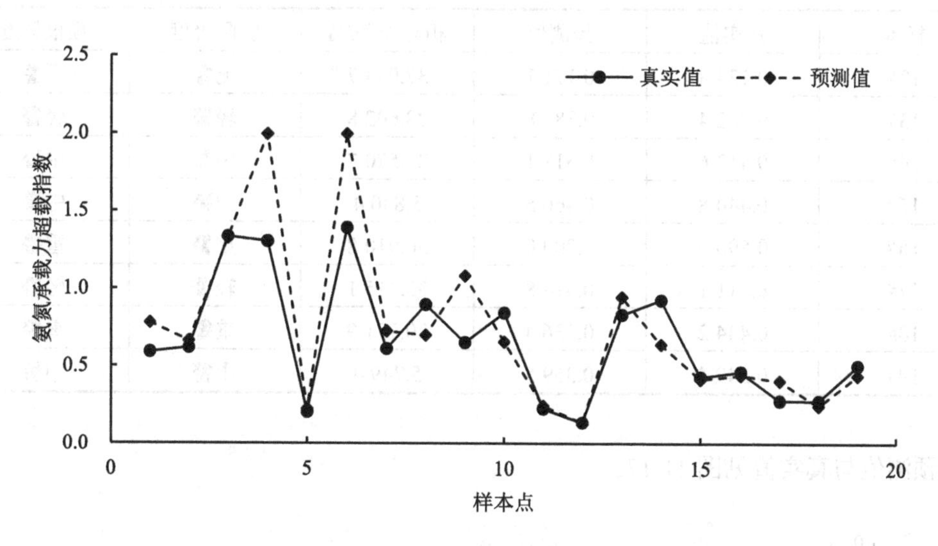

图 11-16　氨氮承载力预警模型预测值与真实值

根据模型输出结果，预测值与真实值之间的绝对误差最大值为 0.69，最小值为 0.000 73，均方根误差（RMSE）为 0.25，相关系数（R）为 0.90，检验样本的平均绝对误差百分比（MAPE）为 21.29%，整体拟合度有了明显的提升。1#、2#、7#、9#和 19#样本进行警度转换后，预报警度与实际警度不一致，模型预报警度的准确率为 73.68%。

（3）总磷承载力预警模型检验

将检验样本代入训练好的多变量总磷承载力预警模型，对模型进行检验，系统最终计算结果见表 11-15。

表 11-15　总磷承载力预警模型输出结果与真实值

样本	真实值	预测值	相对误差/%	实际警度	预报警度
1#	0.403 4	0.439 6	8.995 3	中警	中警
2#	0.421 8	0.324 3	23.126 4	中警	轻警
3#	0.583 5	0.767 8	31.574 0	重警	重警
4#	0.481 1	0.280 7	41.664 3	中警	轻警
5#	0.210 6	0.179 8	14.607 2	无警	无警
6#	0.627 8	0.926 7	47.613 9	重警	重警
7#	0.339 3	0.324 8	4.275 4	轻警	轻警
8#	0.314 7	0.337 7	7.317 1	轻警	轻警
9#	0.218 7	0.217 0	0.758 5	无警	无警
10#	0.548 4	0.551 5	0.565 3	重警	中警
11#	0.174 5	0.279 9	60.377 1	无警	轻警

样本	真实值	预测值	相对误差/%	实际警度	预报警度
12#	0.124 8	0.171 1	37.034 7	无警	无警
13#	0.302 4	0.388 8	28.602 8	轻警	轻警
14#	0.412 6	0.518 1	25.570 7	中警	中警
15#	0.440 8	0.466 5	5.830 4	中警	中警
16#	0.590 9	0.809 0	36.910 8	重警	重警
17#	0.311 1	0.414 8	33.315 1	轻警	轻警
18#	0.444 2	0.536 4	20.771 9	重警	重警
19#	0.349 4	0.369 5	5.749 4	中警	中警

预测值与真实值见图 11-17。

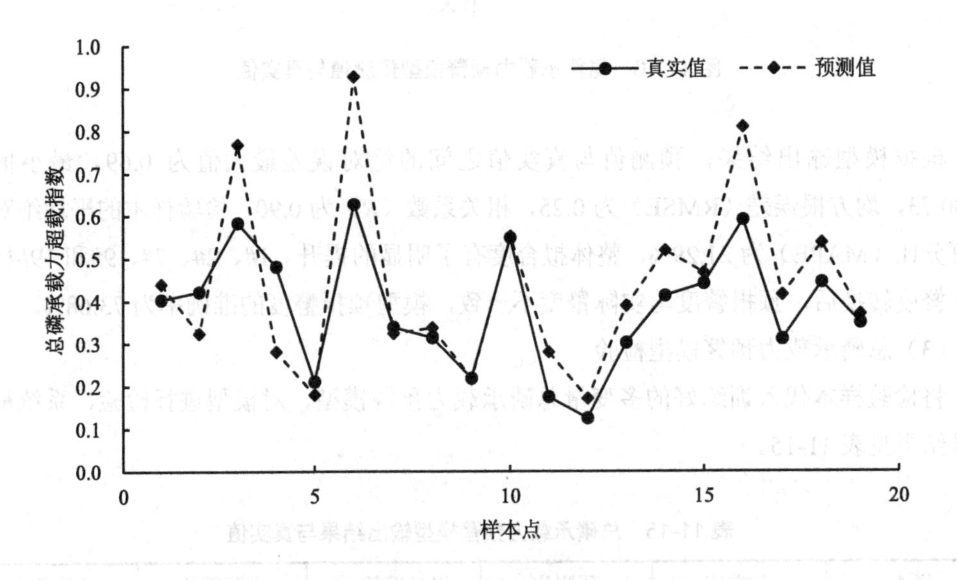

图 11-17 总磷承载力预警模型预测值与真实值

根据模型输出结果，预测值与真实值之间的绝对误差最大值为 0.30，最小值为 0.003 1，均方根误差（RMSE）为 0.12，相关系数（*R*）为 0.87，检验样本的平均绝对误差百分比（MAPE）为 22.88%，预测值与真实值的线性相关程度有了较大提升。2#、4#、10#和 11#样本进行警度转换后，预报警度与实际警度不一致，模型预报警度的准确率为 78.95%。

（4）水资源承载力预警模型检验

将检验样本代入训练好的多变量水资源承载力预警模型，对模型进行检验，系统最终计算结果见表 11-16。

表 11-16　水资源承载力预警模型输出结果与真实值

样本	真实值	预测值	相对误差/%	实际警度	预报警度
1#	2.663 8	2.425 6	8.939 4	中警	重警
2#	2.869 5	3.167 8	10.393 5	重警	重警
3#	1.720 6	1.748 7	1.637 0	中警	中警
4#	1.960 4	2.238 7	14.195 1	中警	中警
5#	1.963 9	2.058 0	4.788 9	轻警	轻警
6#	1.711 4	2.056 9	20.187 1	中警	中警
7#	0.991 2	1.087 9	9.757 2	轻警	轻警
8#	1.067 6	1.323 1	23.930 9	轻警	轻警
9#	0.801 9	1.133 5	41.346 0	轻警	无警
10#	1.243 5	1.518 8	22.133 8	中警	中警
11#	0.657 6	0.783 1	19.079 0	无警	无警
12#	0.138 1	0.186 6	35.179 2	无警	无警
13#	1.395 1	1.328 9	4.744 0	轻警	轻警
14#	1.267 1	0.758 2	40.164 8	轻警	中警
15#	1.336 6	1.268 7	5.076 1	轻警	轻警
16#	1.476 0	1.390 2	5.816 5	轻警	轻警
17#	1.746 3	2.593 0	48.481 0	重警	中警
18#	2.794 7	2.987 9	6.915 4	重警	重警
19#	2.799 2	2.978 3	6.399 9	重警	重警

预测值与真实值见图 11-18。

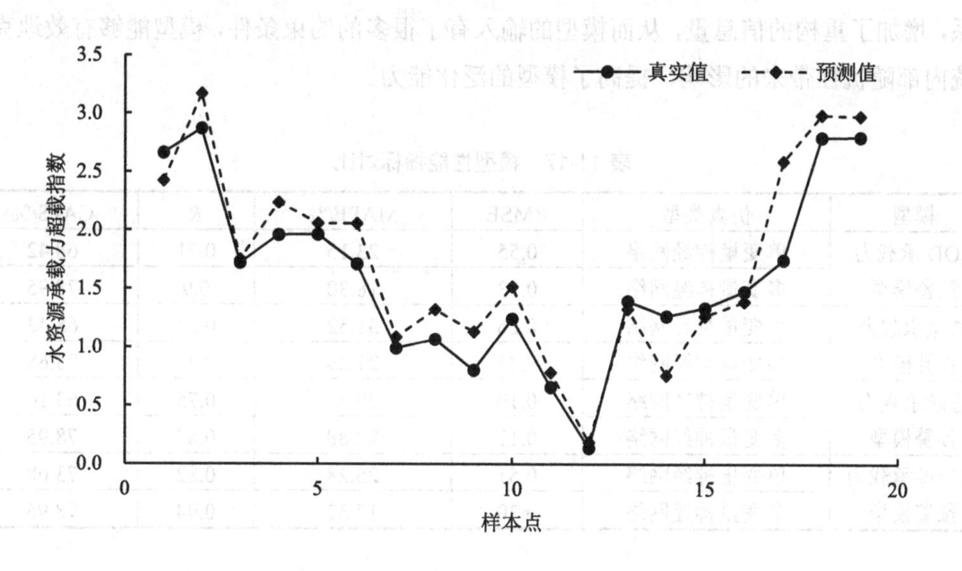

图 11-18　水资源承载力预警模型预测值与真实值

根据模型输出结果，预测值与真实值之间的绝对误差最大值为 0.85，最小值为 0.002 8，均方根误差（RMSE）为 0.30，相关系数（*R*）为 0.94，检验样本的平均绝对误差百分比（MAPE）为 17.32%，均方根误差和平均绝对误差百分比明显变小。1#、9#、14#和 17#样本进行警度转换后，预报警度与实际警度不一致，模型预报警度的准确率为 78.95%。

由历史性检验可知，各预警模型的拟合效果较好，总体误差在 20%左右。总的来说，构建的模型仿真效果可信，能够很好地预测各承载力超载指数，达到建模目的，可以成立。由于所构建的复杂系统本身存在许多的不确定因素，各区域在发展过程中，个别年份会因为政策变化、突发环境灾害甚至是统计口径的变化，使得模型内出现相对误差高的情况，这是正常的现象。

11.3.4 模型性能对比

将单变量预警模型与多变量预警模型的性能指标进行对比，得到表 11-17。可以发现，多变量预警模型的各项性能指标明显比单变量预警模型高，均方根误差和平均绝对误差百分比均比单变量预警模型有所减少，各模型均方根误差平均下降了 30.47%，各模型平均绝对误差平均下降了 7.39 个百分点，说明模型预测值与真实值之间的绝对偏离和相对偏差程度减小。相反，相关系数有所提高，各模型相关系数提高了 17.13%，说明模型预测值与真实值的线性相关程度增强，分类正确率平均提高了 9.21 个百分点，模型学习能力增强。这是因为在复杂系统中，多变量预警模型更好地利用了变量之间的相互耦合的关系，增加了重构的信息量，从而模型的输入有了很多的约束条件，模型能够有效地克服系统内部随机性带来的影响，提高了模型的泛化能力。

表 11-17 模型性能指标对比

模型	仿真类型	RMSE	MAPE/%	*R*	CATS/%
COD 承载力预警模型	单变量神经网络	0.55	23.15	0.71	68.42
	多变量神经网络	0.33	18.30	0.9	78.95
氨氮承载力预警模型	单变量神经网络	0.26	31.52	0.81	68.42
	多变量神经网络	0.25	21.29	0.9	73.68
总磷承载力预警模型	单变量神经网络	0.19	29.38	0.75	63.16
	多变量神经网络	0.12	22.88	0.87	78.95
水资源承载力预警模型	单变量神经网络	0.51	25.28	0.82	73.68
	多变量神经网络	0.30	17.32	0.94	78.95

单变量预警模型与多变量预警模型的性能对比见图 11-19～图 11-22。

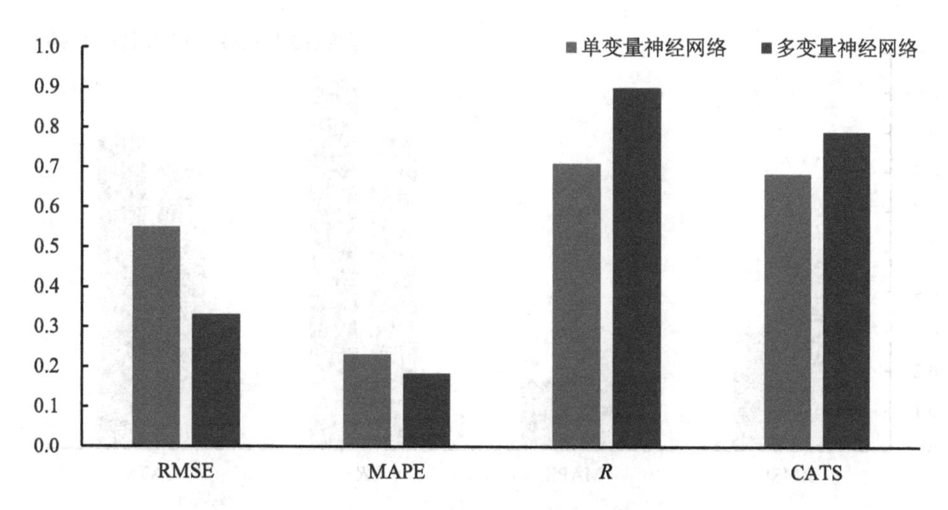

图 11-19　COD 承载力预警模型性能对比

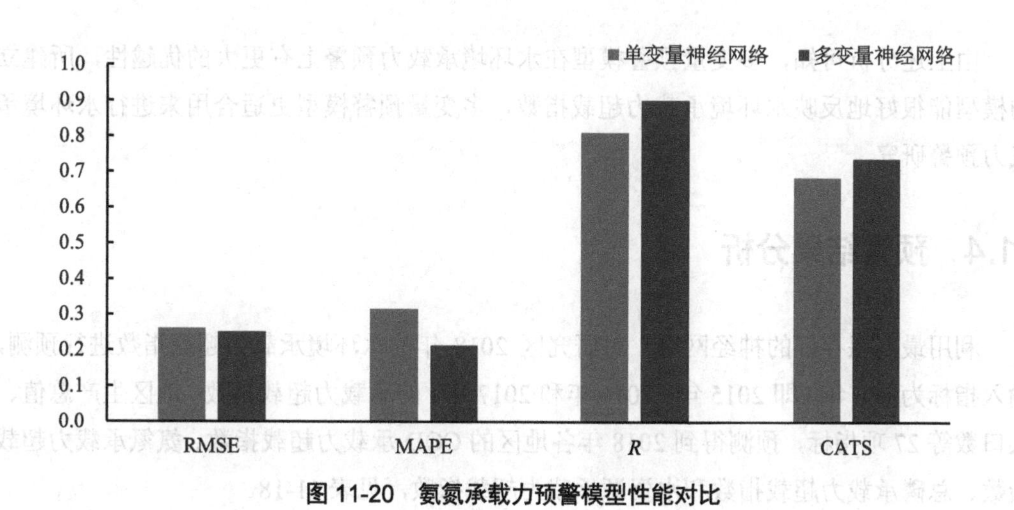

图 11-20　氨氮承载力预警模型性能对比

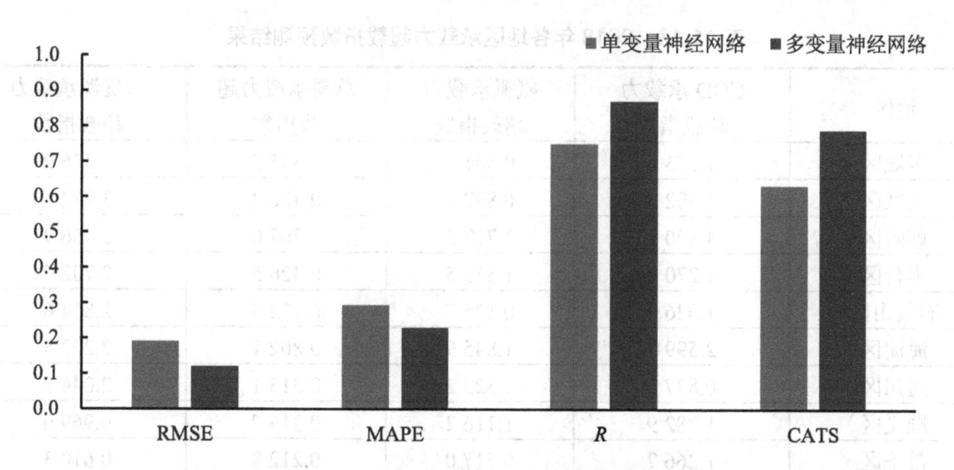

图 11-21　总磷承载力预警模型性能对比

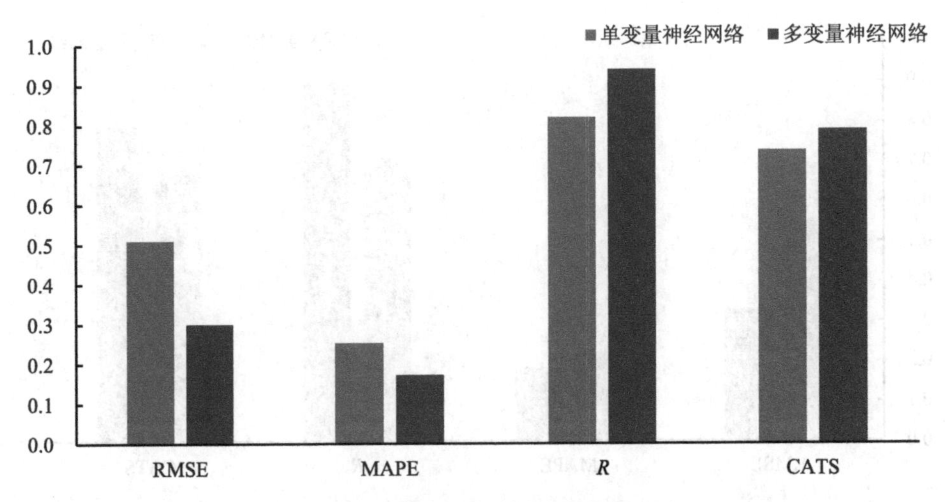

图 11-22 水资源承载力预警模型性能对比

由上述分析可知，多变量预警模型在水环境承载力预警上有更大的优越性，所建立的模型能很好地反映水环境承载力超载指数，多变量预警模型更适合用来进行水环境承载力预警研究。

11.4 预警结果分析

利用最终保存好的神经网络，对研究区 2018 年的水环境承载力超载指数进行预测，输入指标为前 3 年（即 2015 年、2016 年和 2017 年）的承载力超载指数、地区生产总值、人口数等 27 项指标，预测得到 2018 年各地区的 COD 承载力超载指数、氨氮承载力超载指数、总磷承载力超载指数和水资源承载力超载指数，见表 11-18。

表 11-18 2018 年各地区承载力超载指数预测结果

地区	COD 承载力超载指数	氨氮承载力超载指数	总磷承载力超载指数	水资源承载力超载指数
东城区	1.273 6	0.301 5	0.345 5	3.326 9
西城区	1.902 5	0.882 8	0.486 2	3.732 1
朝阳区	4.600 1	1.717 3	0.767 6	2.466 9
丰台区	4.270 9	1.513 5	0.326 5	2.702 0
石景山区	1.026 8	0.175 7	0.172 5	2.874 6
海淀区	2.599 7	1.845 9	0.802 1	2.202 5
通州区	0.877 6	1.323 2	0.315 1	2.044 2
顺义区	1.282 9	1.116 2	0.319 7	0.969 0
昌平区	1.266 7	0.517 0	0.212 8	0.610 3

地区	COD 承载力超载指数	氨氮承载力超载指数	总磷承载力超载指数	水资源承载力超载指数
大兴区	1.140 1	1.173 2	0.818 0	2.325 8
怀柔区	0.613 8	0.223 4	0.169 8	1.128 8
延庆区	0.380 0	0.144 5	0.185 8	0.202 7
安次区	1.047 1	0.219 0	0.187 0	2.142 5
广阳区	1.993 0	1.248 8	0.611 0	1.589 6
香河县	0.961 5	0.508 5	0.315 2	1.996 6
武清区	1.278 0	0.464 7	0.529 3	1.706 5
北辰区	1.656 0	0.615 8	0.212 3	2.244 0
红桥区	1.356 3	0.419 2	0.809 6	3.200 3
河北区	1.034 6	0.772 7	0.251 1	3.117 8

以上是各地区不同水环境承载力分量（包括水环境容量与水资源承载力等）的水环境承载力超载指数，本研究将结合内梅罗指数法和短板法得到水环境承载力的综合预警等级。内梅罗指数法克服了平均值法各要素分摊的缺陷，兼顾了各要素的平均值和最高值，可以突出超载最严重的要素的影响和作用。根据卡顿提出的最小法则，环境承载力是由最不充足且不便获取的物资确定的，这就是短板效应。因此在本研究中，先用内梅罗指数法计算水环境容量超载指数，对水环境容量超载指数进行预警等级划分后，根据短板效应取水环境容量预警等级和水资源承载力预警等级中较严重的预警等级，得到水环境承载力综合预警等级。水环境容量超载指数计算结果见表 11-19。

表 11-19 2018 年各地区水环境容量超载指数

地区	水环境容量超载指数	地区	水环境容量超载指数
东城区	1.008	怀柔区	0.495
西城区	1.551	延庆区	0.317
朝阳区	3.656	安次区	0.816
丰台区	3.346	广阳区	1.676
石景山区	0.795	香河县	0.800
海淀区	2.216	武清区	1.050
通州区	1.108	北辰区	1.309
顺义区	1.111	红桥区	1.136
昌平区	1.012	河北区	0.878
大兴区	1.110		

11.4.1 COD 承载力预警结果

根据上述预警等级划分方法确定 COD 承载力预警警度，结果见表 11-20。

表 11-20　COD 承载力警度划分

警限标准			$I<0.76$	$0.76 \leqslant I<1.31$	$1.31 \leqslant I<2.25$	$I \geqslant 2.25$
变化过程	变差	$k>0$	黄色预警区	橙色预警区	红色预警区	红色预警区
	变好	$k \leqslant 0$	绿色无警区	黄色预警区	橙色预警区	

根据警度划分表，得到 2018 年北运河流域各地区的 COD 承载力警度，见表 11-21。

表 11-21　2018 年北运河流域 COD 承载力预警结果

地区	COD 承载力超载指数	变化趋势（k）	警度	警示灯颜色
东城区	1.273 6	>0	中警	橙色
西城区	1.902 5	>0	重警	红色
朝阳区	4.600 1	<0	重警	红色
丰台区	4.270 9	<0	重警	红色
石景山区	1.026 8	<0	轻警	黄色
海淀区	2.599 7	<0	重警	红色
通州区	0.877 6	<0	轻警	黄色
顺义区	1.282 9	<0	轻警	黄色
昌平区	1.266 7	<0	轻警	黄色
大兴区	1.140 1	>0	中警	橙色
怀柔区	0.613 8	<0	无警	绿色
延庆区	0.380 0	<0	无警	绿色
安次区	1.047 1	<0	轻警	黄色
广阳区	1.993 0	<0	中警	橙色
香河县	0.961 5	>0	中警	橙色
武清区	1.278 0	<0	轻警	黄色
北辰区	1.656 0	<0	中警	橙色
红桥区	1.356 3	>0	重警	红色
河北区	1.034 6	<0	轻警	黄色

2018 年北运河流域 COD 承载力超载指数分布情况见图 11-23，COD 承载力预警结果见图 11-24。

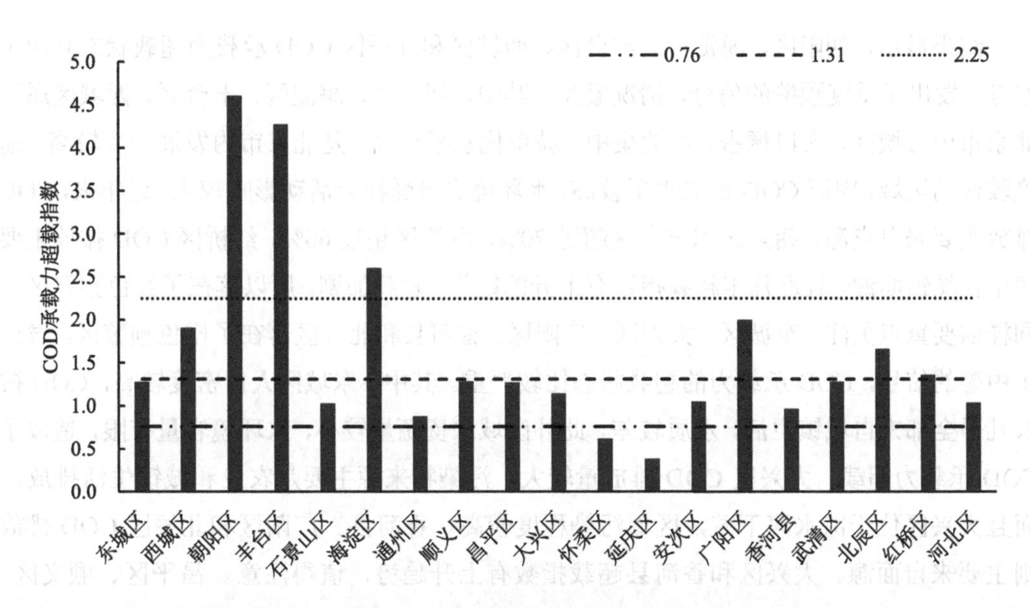

图 11-23　2018 年北运河流域 COD 承载力超载指数分布

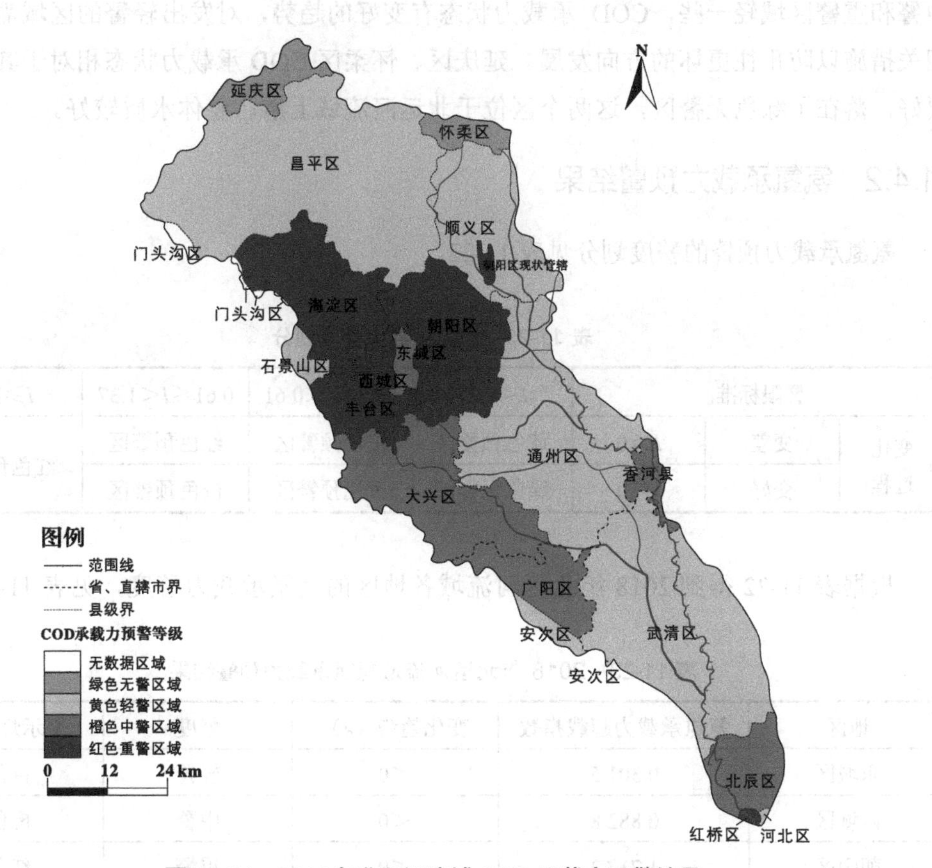

图 11-24　2018 年北运河流域 COD 承载力预警结果

结果显示，朝阳区、海淀区、丰台区、西城区和红桥区 COD 承载力超载状态亮起了红灯，发出了重度预警的信号，情况紧急。其中，朝阳区、海淀区、丰台区、西城区属于北京市中心城区，人口稠密、产业集中，城市化水平较高，是北京市内发展程度较高、速度较快的区域，因而 COD 排放水平较高，水环境质量受社会活动影响较大。近年来，COD 排放主要来自点源，朝阳区和丰台区超过 70%，海淀区超过 60%。红桥区 COD 排放主要集中在城镇面源，且近几年超载指数有上升的趋势，超载加剧，所以落在了红色预警区，同样需要重点关注。东城区、大兴区、广阳区、香河县和北辰区落在了橙色预警区，发出了中警的信号，COD 承载力的超载状态比较严重。其中，东城区人口密度较高，COD 排放几乎全部来自城镇生活，水质较差，此外区域水资源量较小，水环境容量有限，造成了 COD 承载力超载。大兴区 COD 排放量较大，污染物来源主要是农业和城镇生活排放，而且大兴区位于凉水河下游，区域污染程度较高。香河县、广阳区和北辰区 COD 排放则主要来自面源。大兴区和香河县超载指数有上升趋势，值得注意。昌平区、顺义区、石景山区、武清区、通州区、河北区和安次区 COD 承载力超载状态比北运河流域中的中警和重警区域轻一些，COD 承载力状态有变好的趋势，对发出轻警的区域需要采取相关措施以防止往更坏的方向发展。延庆区、怀柔区 COD 承载力状态相对于其他地区要好，落在了绿色无警区，这两个区位于北运河流域上游，整体水质较好。

11.4.2 氨氮承载力预警结果

氨氮承载力预警的警度划分见表 11-22。

表 11-22 氨氮承载力警度划分

警限标准			$I<0.27$	$0.27\leqslant I<0.61$	$0.61\leqslant I<1.37$	$I\geqslant1.37$
变化过程	变差	$k>0$	黄色预警区	橙色预警区	红色预警区	红色预警区
	变好	$k\leqslant0$	绿色无警区	黄色预警区	橙色预警区	

根据表 11-22 得到 2018 年北运河流域各地区的氨氮承载力警度，见表 11-23。

表 11-23 2018 年北运河流域氨氮承载力预警结果

地区	氨氮承载力超载指数	变化趋势（k）	警度	警示灯颜色
东城区	0.301 5	<0	轻警	黄色
西城区	0.882 8	<0	中警	橙色
朝阳区	1.717 3	<0	重警	红色
丰台区	1.513 5	>0	重警	红色

地区	氨氮承载力超载指数	变化趋势（k）	警度	警示灯颜色
石景山区	0.175 7	<0	无警	绿色
海淀区	1.845 9	<0	重警	红色
通州区	1.323 2	<0	中警	橙色
顺义区	1.116 2	<0	中警	橙色
昌平区	0.517 0	<0	轻警	黄色
大兴区	1.173 2	>0	重警	红色
怀柔区	0.223 4	<0	无警	绿色
延庆区	0.144 5	<0	无警	绿色
安次区	0.219 0	<0	无警	绿色
广阳区	1.248 8	<0	中警	橙色
香河县	0.508 5	<0	轻警	黄色
武清区	0.464 7	<0	轻警	黄色
北辰区	0.615 8	<0	中警	橙色
红桥区	0.419 2	<0	轻警	黄色
河北区	0.772 7	<0	中警	橙色

2018 年北运河流域氨氮承载力超载指数分布情况与预警结果分别见图 11-25 和图 11-26。

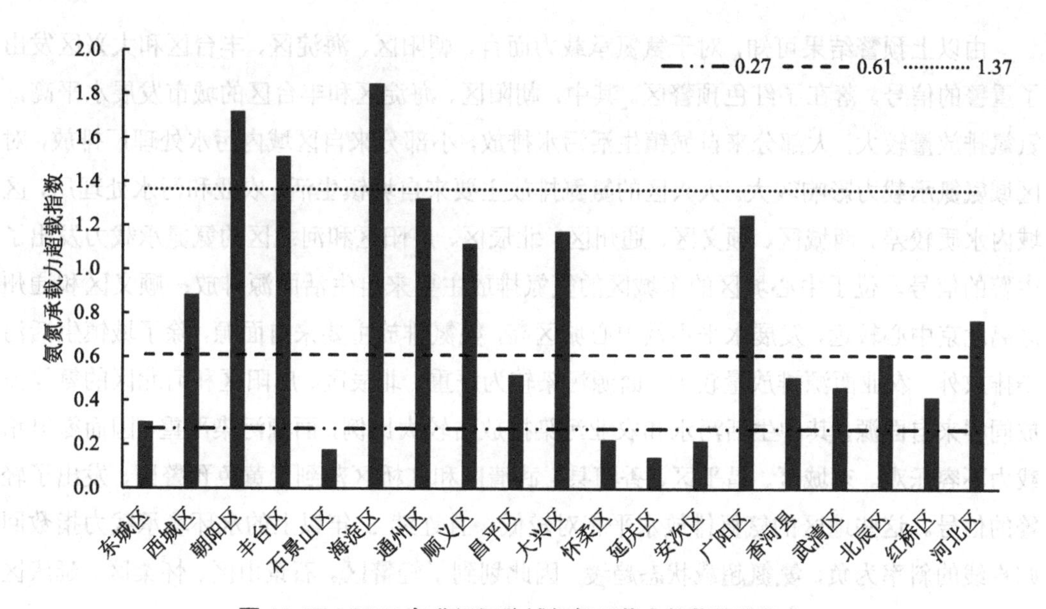

图 11-25　2018 年北运河流域氨氮承载力超载指数分布

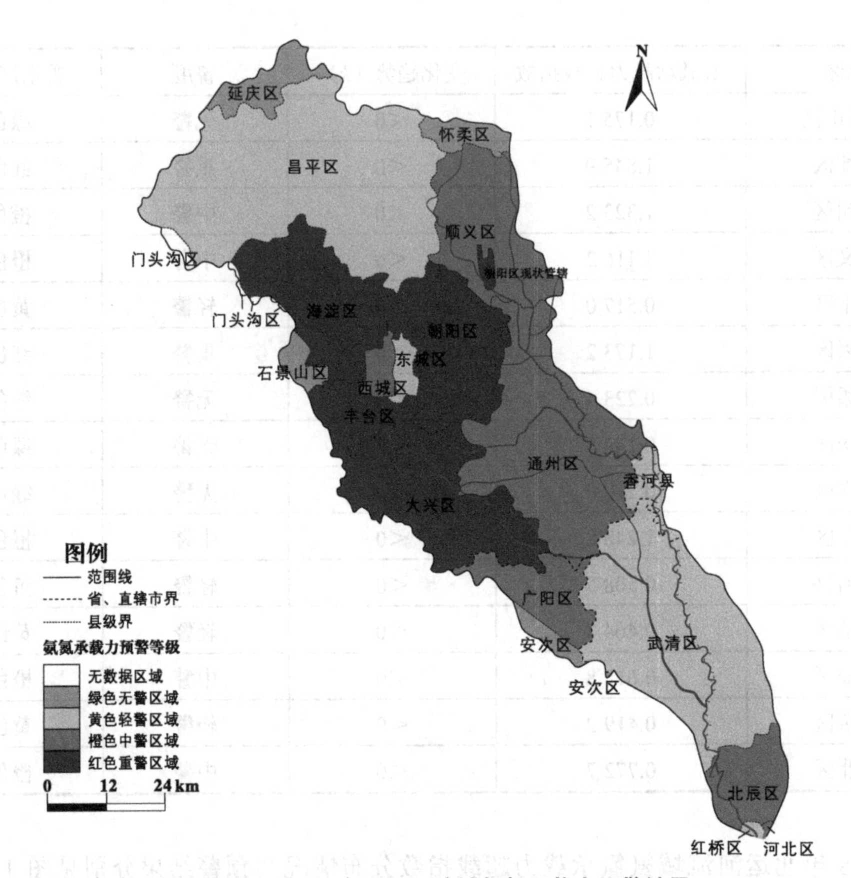

图 11-26　2018 年北运河流域氨氮承载力预警结果

由以上预警结果可知，对于氨氮承载力而言，朝阳区、海淀区、丰台区和大兴区发出了重警的信号，落在了红色预警区。其中，朝阳区、海淀区和丰台区的城市发展水平高，氨氮排放量较大，大部分来自城镇生活污水排放，小部分来自区域内污水处理厂排放，对区域氨氮承载力影响较大。大兴区的氨氮排放主要来自城镇生活、农业和污水处理厂，区域内水质较差。西城区、顺义区、通州区、北辰区、广阳区和河北区的氨氮承载力发出了中警的信号。位于中心城区的东城区的氨氮排放主要来自生活面源排放；顺义区和通州区离北京中心较远，发展水平不及中心城区高，氨氮排放主要来自面源，除了城镇生活污染排放外，农业面源排放量较大，面源污染较为严重。北辰区、广阳区和河北区的氨氮排放同样来自面源，其中生活污水和农业污染排放占较大比例，面源污染严重，因而氨氮承载力不容乐观。东城区、昌平区、香河县、武清区和红桥区落到了黄色预警区，发出了轻警的信号。这些地区的氨氮排放水平相对较低，且连续 3 年以上的水环境承载力指数回归直线的斜率为负，氨氮超载状态趋缓，因此划到了轻警区。石景山区、怀柔区、延庆区和安次区落在了绿色无警区域，氨氮承载力状态较其他区域好。

11.4.3 总磷承载力预警结果

总磷承载力预警的警度划分见表 11-24。

表 11-24　总磷承载力警度划分

<table>
<tr><td colspan="3">警限标准</td><td>$I<0.20$</td><td>$0.20\leqslant I<0.35$</td><td>$0.35\leqslant I<0.58$</td><td>$I\geqslant 0.58$</td></tr>
<tr><td rowspan="2">变化过程</td><td>变差</td><td>$k>0$</td><td>黄色预警区</td><td>橙色预警区</td><td>红色预警区</td><td rowspan="2">红色预警区</td></tr>
<tr><td>变好</td><td>$k\leqslant 0$</td><td>绿色无警区</td><td>黄色预警区</td><td>橙色预警区</td></tr>
</table>

根据表 11-24 得到 2018 年北运河流域各地区的总磷承载力警度，见表 11-25。

表 11-25　2018 年北运河流域总磷承载力预警结果

地区	总磷承载力超载指数	变化趋势（k）	警度	警示灯颜色
东城区	0.345 5	<0	中警	橙色
西城区	0.486 2	<0	中警	橙色
朝阳区	0.767 6	<0	重警	红色
丰台区	0.326 5	<0	轻警	黄色
石景山区	0.172 5	<0	无警	绿色
海淀区	0.802 1	<0	重警	红色
通州区	0.315 1	<0	轻警	黄色
顺义区	0.319 7	<0	轻警	黄色
昌平区	0.212 8	<0	轻警	黄色
大兴区	0.818 0	<0	重警	红色
怀柔区	0.169 8	<0	无警	绿色
延庆区	0.185 8	<0	无警	绿色
安次区	0.187 0	<0	无警	绿色
广阳区	0.611 0	<0	重警	红色
香河县	0.315 2	<0	轻警	黄色
武清区	0.529 3	<0	中警	橙色
北辰区	0.212 3	<0	轻警	黄色
红桥区	0.809 6	>0	重警	红色
河北区	0.251 1	>0	中警	橙色

2018 年北运河流域总磷承载力超载指数分布情况与预警结果分别见图 11-27 和图 11-28。

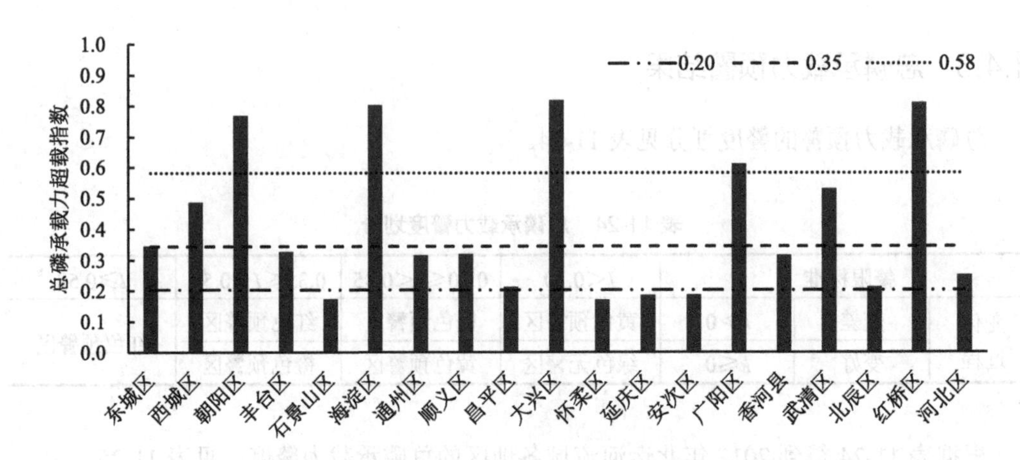

图 11-27　2018 年北运河流域总磷承载力指数分布

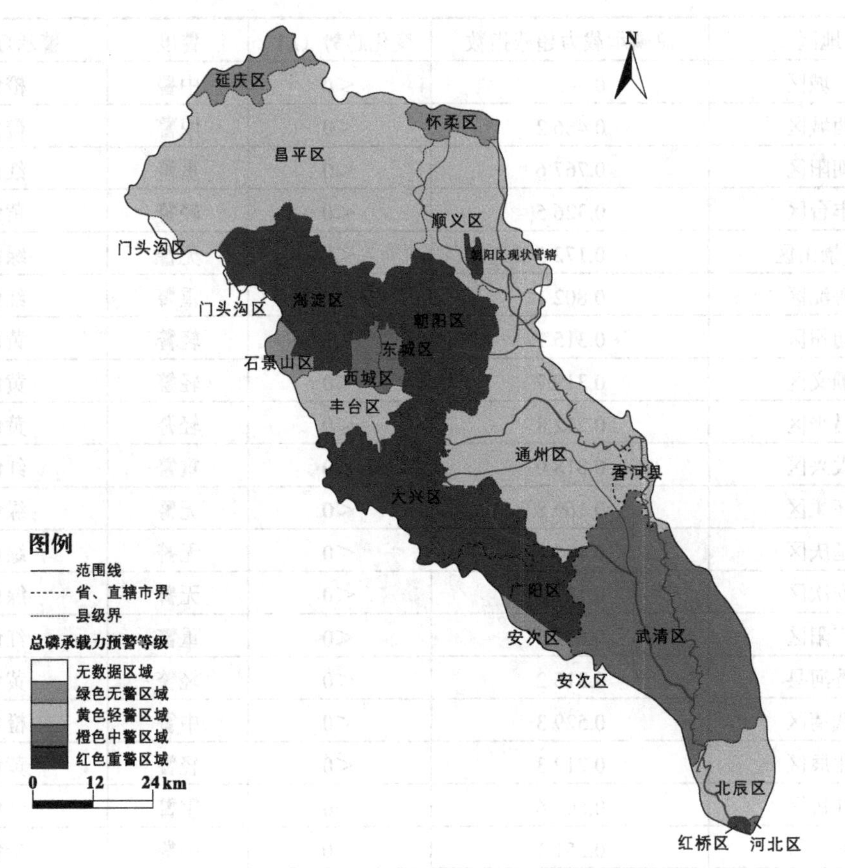

图 11-28　2018 年北运河流域总磷承载力预警结果

由图 11-27 和图 11-28 预警结果可知，朝阳区、海淀区、大兴区、广阳区和红桥区属于红色预警区，发出了重警信号。其中，朝阳区和海淀区发展水平高、发展速度快，总磷排放水平高，总磷承载力超载依然严重，总磷排放主要来自区域内城镇生活污水和污水处理厂。大兴区和广阳区面源污染比较严重，总磷排放绝大部分来自农业面源，主要是畜禽养殖和种植业。西城区、东城区、武清区和河北区属于橙色预警区，发出了中警的信号。西城区和东城区发展水平较高，总磷排放主要来自城镇生活污水。武清区和河北区的总磷排放主要集中在农业，其次是城镇生活排放，农业面源污染较为严重，水质较差。丰台区、通州区、顺义区、香河县、昌平区、北辰区落在了黄色轻警区，超载状态好转，且处于黄色轻警区的几个地区的超载指数呈下降趋势。延庆区、怀柔区、石景山区和安次区则属于绿色无警区，总磷排放水平较低，情况较好。

11.4.4　水资源承载力预警结果

水资源承载力预警的警度划分见表 11-26。

表 11-26　水资源承载力警度划分

<table>
<tr><td colspan="3">警限标准</td><td>I<1.19</td><td>1.19≤I<2.14</td><td>2.14≤I<3.08</td><td>I≥3.08</td></tr>
<tr><td rowspan="2">变化过程</td><td>变差</td><td>k>0</td><td>黄色预警区</td><td>橙色预警区</td><td>红色预警区</td><td rowspan="2">红色预警区</td></tr>
<tr><td>变好</td><td>k≤0</td><td>绿色无警区</td><td>黄色预警区</td><td>橙色预警区</td></tr>
</table>

根据表 11-26 得到 2018 年北运河流域各地区的水资源承载力警度，见表 11-27。

表 11-27　2018 年北运河流域水资源承载力预警结果

地区	水资源承载力超载指数	变化趋势（k）	警度	警示灯颜色
东城区	3.326 9	<0	重警	红色
西城区	3.732 1	<0	重警	红色
朝阳区	2.466 9	<0	中警	橙色
丰台区	2.702 0	<0	中警	橙色
石景山区	2.874 6	<0	中警	橙色
海淀区	2.202 5	<0	中警	橙色
通州区	2.044 2	<0	轻警	黄色
顺义区	0.969 0	<0	无警	绿色
昌平区	0.610 3	<0	无警	绿色
大兴区	2.325 8	>0	重警	红色
怀柔区	1.128 8	<0	无警	绿色
延庆区	0.202 7	<0	无警	绿色
安次区	2.142 5	<0	轻警	黄色
广阳区	1.589 6	>0	中警	橙色

地区	水资源承载力超载指数	变化趋势（k）	警度	警示灯颜色
香河县	1.996 6	<0	轻警	黄色
武清区	1.706 5	<0	轻警	黄色
北辰区	2.244 0	<0	中警	橙色
红桥区	3.200 3	>0	重警	红色
河北区	3.117 8	>0	重警	红色

2018 年北运河流域水资源承载力超载指数分布情况与预警结果分别见图 11-29 和图 11-30。

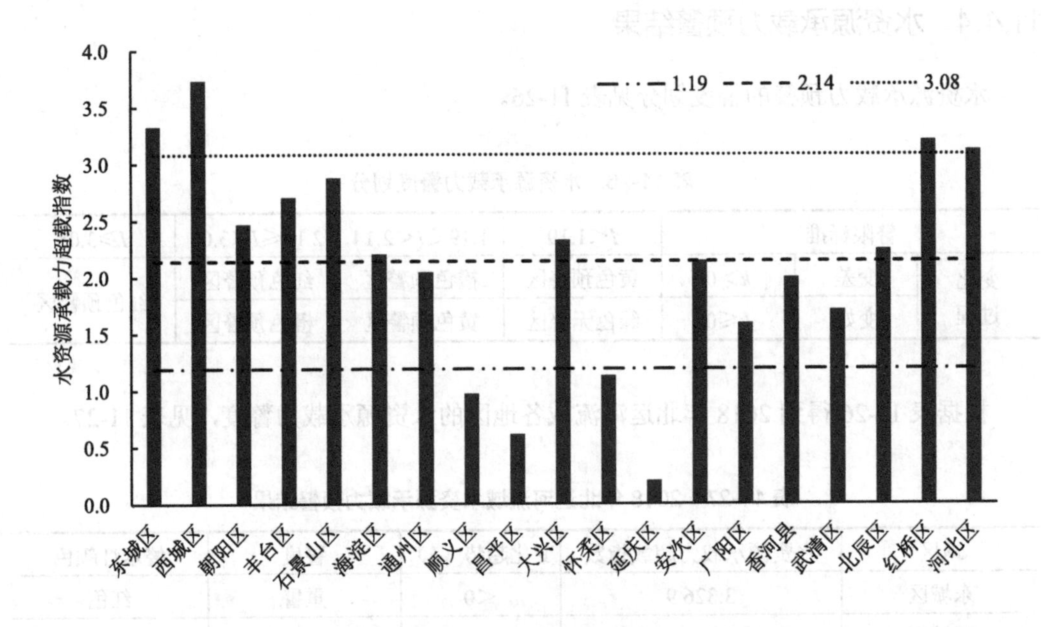

图 11-29　2018 年北运河流域水资源承载力超载指数分布

由预警结果可知，对水资源承载力而言，东城区、西城区、大兴区、红桥区和河北区发出了重警的信号；朝阳区、海淀区、石景山区、丰台区、广阳区和北辰区发出了中警的信号。由图 11-30 可以看出，北京中心城区水资源情况比较危急，主要原因是这些地区的水资源紧缺，同时人口密度较高，生活用水量大，水体受到人类活动影响较大，因此水资源承载力超载状况严重。红桥区和河北区相对来说水资源量很少，主要是生活用水量大，造成水资源紧张，且这 2 个地区连续 3 年以上的水环境承载力超载指数回归直线的斜率为正，有超载加剧的可能，因此划到了红色预警区。通州区、武清区水资源量相对丰富，人均水资源量较大，因此落在了黄色预警区。位于上游的怀柔区、延庆区、昌平区、顺义区水资源超载情况较好。

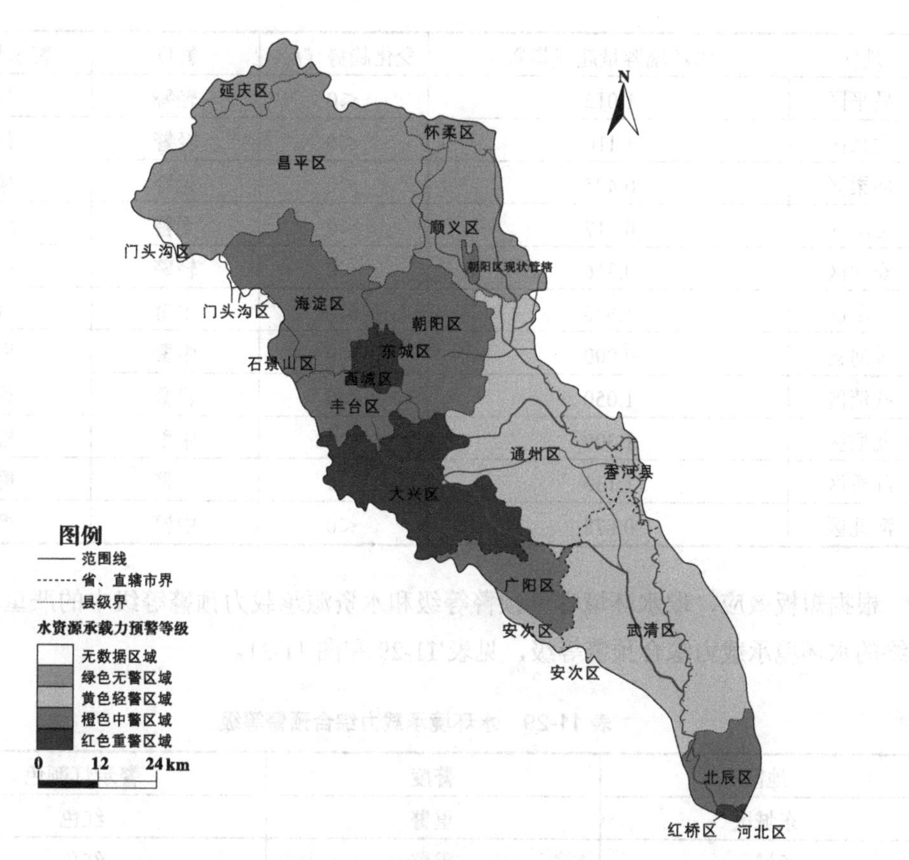

图 11-30　2018 年北运河流域水资源承载力预警结果

11.4.5　水环境承载力综合预警等级

水环境承载力综合预警的警度划分见表 2-1。

根据上述预警等级划分方法，对水环境容量超载指数进行警度划分，见表 11-28。

表 11-28　水环境容量超载状态预警结果

地区	水环境容量超载指数	变化趋势（k）	警度	警示灯颜色
东城区	1.008	<0	轻警	黄色
西城区	1.551	>0	中警	橙色
朝阳区	3.656	>0	重警	红色
丰台区	3.346	<0	重警	红色
石景山区	0.795	<0	轻警	黄色
海淀区	2.216	<0	重警	红色
通州区	1.108	<0	轻警	黄色
顺义区	1.111	<0	轻警	黄色

地区	水环境容量超载指数	变化趋势（*k*）	警度	警示灯颜色
昌平区	1.012	<0	轻警	黄色
大兴区	1.110	<0	轻警	黄色
怀柔区	0.495	<0	无警	绿色
延庆区	0.317	<0	无警	绿色
安次区	0.816	<0	轻警	黄色
广阳区	1.676	<0	中警	橙色
香河县	0.800	<0	中警	橙色
武清区	1.050	<0	轻警	黄色
北辰区	1.309	<0	中警	橙色
红桥区	1.136	>0	中警	橙色
河北区	0.878	<0	中警	橙色

根据短板效应，取水环境容量预警等级和水资源承载力预警等级中的严重者，得到最终的水环境承载力综合预警等级，见表 11-29 和图 11-31。

表 11-29　水环境承载力综合预警等级

地区	警度	警示灯颜色
东城区	重警	红色
西城区	重警	红色
朝阳区	重警	红色
丰台区	重警	红色
石景山区	中警	橙色
海淀区	重警	红色
通州区	轻警	黄色
顺义区	轻警	黄色
昌平区	轻警	黄色
大兴区	重警	红色
怀柔区	无警	绿色
延庆区	无警	绿色
安次区	轻警	黄色
广阳区	中警	橙色
香河县	中警	橙色
武清区	轻警	黄色
北辰区	中警	橙色
红桥区	重警	红色
河北区	重警	红色

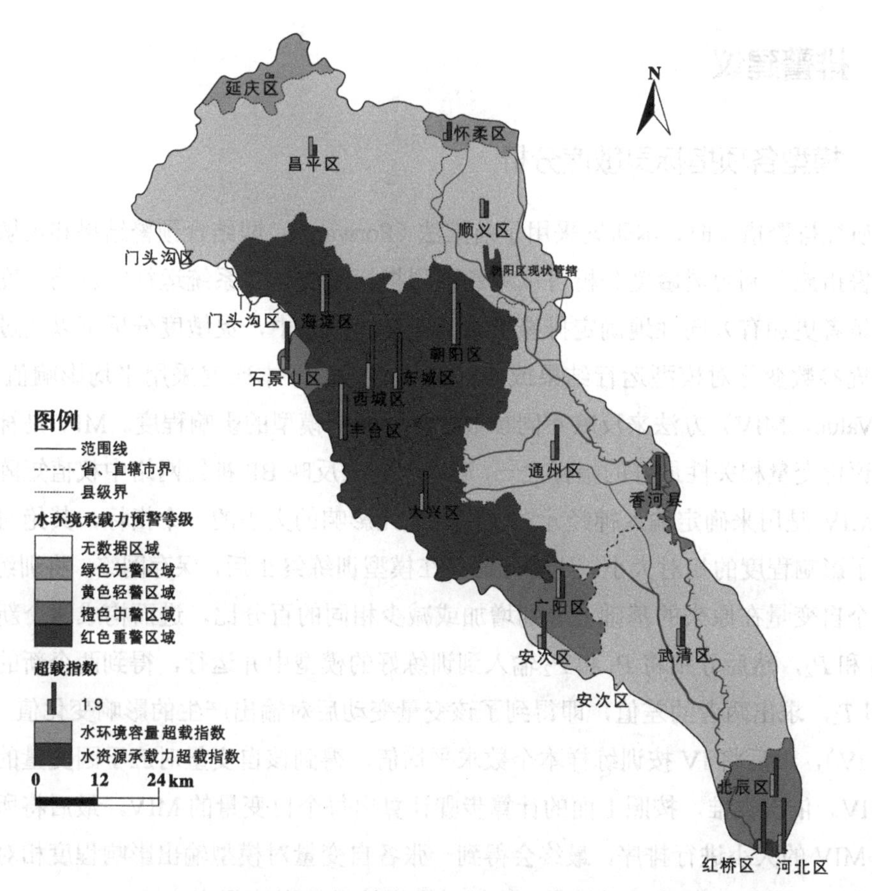

图 11-31　2018 年北运河流域水环境承载力综合预警结果

综合各水环境承载力要素，最终得到水环境承载力综合预警等级。朝阳区、海淀区、西城区、东城区、丰台区、大兴区、河北区和红桥区落在了红色重警区域；石景山区、广阳区、北辰区和香河县处于橙色中警区域；昌平区、顺义区、通州区、武清区和安次区处于黄色轻警区域；怀柔区和延庆区处于绿色无警区域。结合上文，水环境承载力各个分量预警结果表明，北运河流域上游地区水环境承载力承载状态较好，中下游地区相对较差。

由预警结果可知，北运河流域有一半以上地区处于重警或中警的状态，水环境承载力超载状态严重，如果不加以调控，水环境承载力将持续超载，甚至会让流域的水环境往衰败的方向发展。面对如此严峻的形势，必须采取相应的排警措施。

11.5 排警建议

11.5.1 模型各项指标灵敏度分析

在研究排警措施时，本研究采用了前推法（Forward），即结合预警结果和灵敏度分析提出排警措施。利用灵敏度分析可以考察不同指标的变化对系统运行的影响程度，进而帮助决策者更加有方向性地确定排警措施。在神经网络中，灵敏度分析可以通过调整参数来研究参数变化对模型运行结果或研究对象的影响。本研究采用平均影响值（Mean Impact Value，MIV）方法来反映不同参数对神经网络模型的影响程度。MIV 是神经网络评价中评价变量相关性最好的指标之一，可以用它来反映 BP 神经网络中权值矩阵的变化情况。MIV 是用来确定输入神经元对输出神经元影响的大小的一个指标，其绝对值的大小代表了影响程度的相对大小。计算方法是在模型训练终止后，保存网络，将训练样本 P 中每一个自变量在原来的基础上分别增加或减少相同的百分比，进而构成两个新的训练样本 P_1 和 P_2，然后分别将 P_1 和 P_2 输入到训练好的模型中并运行，得到两个新的预测结果 T_1 和 T_2，求出两者的差值，即得到了该变量变动后对输出产生的影响变化值（Impact Value，IV），最后将 IV 按训练样本个数求平均值，得到该自变量对应于因变量的模型输出的 MIV。依次类推，按照上面的计算步骤计算出每个自变量的 MIV，最后将所有自变量根据 MIV 的大小进行排序，最终会得到一张各自变量对模型输出影响程度相对重要性的位次表，根据位次表可以判断输入特征对模型结果的影响程度。

将 COD 承载力预警模型、氨氮承载力预警模型、总磷承载力预警模型和水资源承载力预警模型中各输入变量分别在原来的基础上增加或减少 20%，分别计算各自变量的 MIV，进行排序，得到各自变量对各自预警模型影响程度的位次表，分别见表 11-30 和表 11-31。

表 11-30　水环境容量各分量承载力预警模型输入指标的 MIV 位次表

COD 承载力预警模型指标	MIV	氨氮承载力预警模型指标	MIV	总磷承载力预警模型指标	MIV
降水量	1.112 7	降水量	0.672 2	降水量	0.647 0
第三产业占比	0.589 2	第三产业占比	0.300 5	第三产业占比	0.215 7
节能环保支出占比	0.184 7	节能环保支出占比	0.119 8	节能环保支出占比	0.096 9
总人口	0.155 0	总人口	0.106 8	总人口	0.066 8
地表水资源	0.090 7	地区生产总值	0.074 3	地区生产总值	0.064 3
污水处理厂处理规模	0.077 6	地表水资源量	0.073 9	地表水资源量	0.033 7
地区生产总值	0.074 8	污水处理厂处理规模	0.031 0	污水处理厂处理规模	0.018 4
万元地区生产总值 COD 排放量	0.012 8	万元地区生产总值氨氮排放量	0.016 0	万元地区生产总值总磷排放量	0.011 3

表 11-31　水资源承载力预警模型输入指标的 MIV 位次表

水资源承载力预警模型	MIV
降水量	0.599 3
第三产业占比	0.279 2
总人口	0.096 1
节能环保支出占比	0.082 7
地区生产总值	0.076 5
人均水耗	0.073 5
水资源总量	0.065 3
万元地区生产总值水耗	0.057 7

根据上述结果绘制 MIV 排序图，见图 11-32。

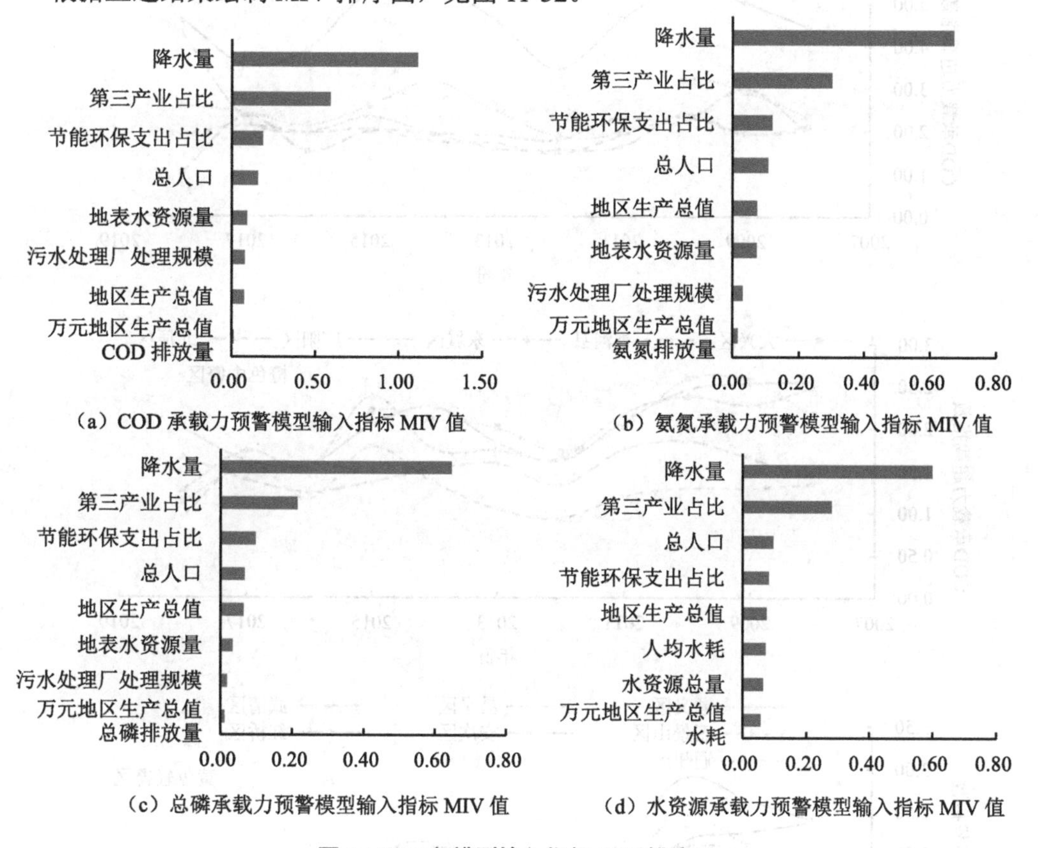

图 11-32　各模型输入指标 MIV 排序图

由图 11-32 可知，对 COD 承载力预警模型、氨氮承载力预警模型和总磷承载力预警模型而言，降水量、第三产业占比、节能环保支出占比 3 项指标对神经网络模型的影响排在前三位，即对输出的警情指标影响较大。对水资源承载力预警模型而言，降水量、第三产业占比、总人口、节能环保支出占比和地区生产总值 5 项指标对神经网络模型的影响较为明显。

11.5.2 2008—2018 年北运河流域水环境承载力超载状态时序变化分析

接下来对各地区超载指数的时序变化进行分析，分析水环境承载力超载状态的走势。根据预警警度，将地区分为红色重警区、橙色中警区、黄色轻警区和绿色无警区并进行分析。

11.5.2.1 COD 承载力超载状态时序变化分析

对北运河流域各地区 2008—2018 年 COD 承载力超载指数进行分析，得到图 11-33。

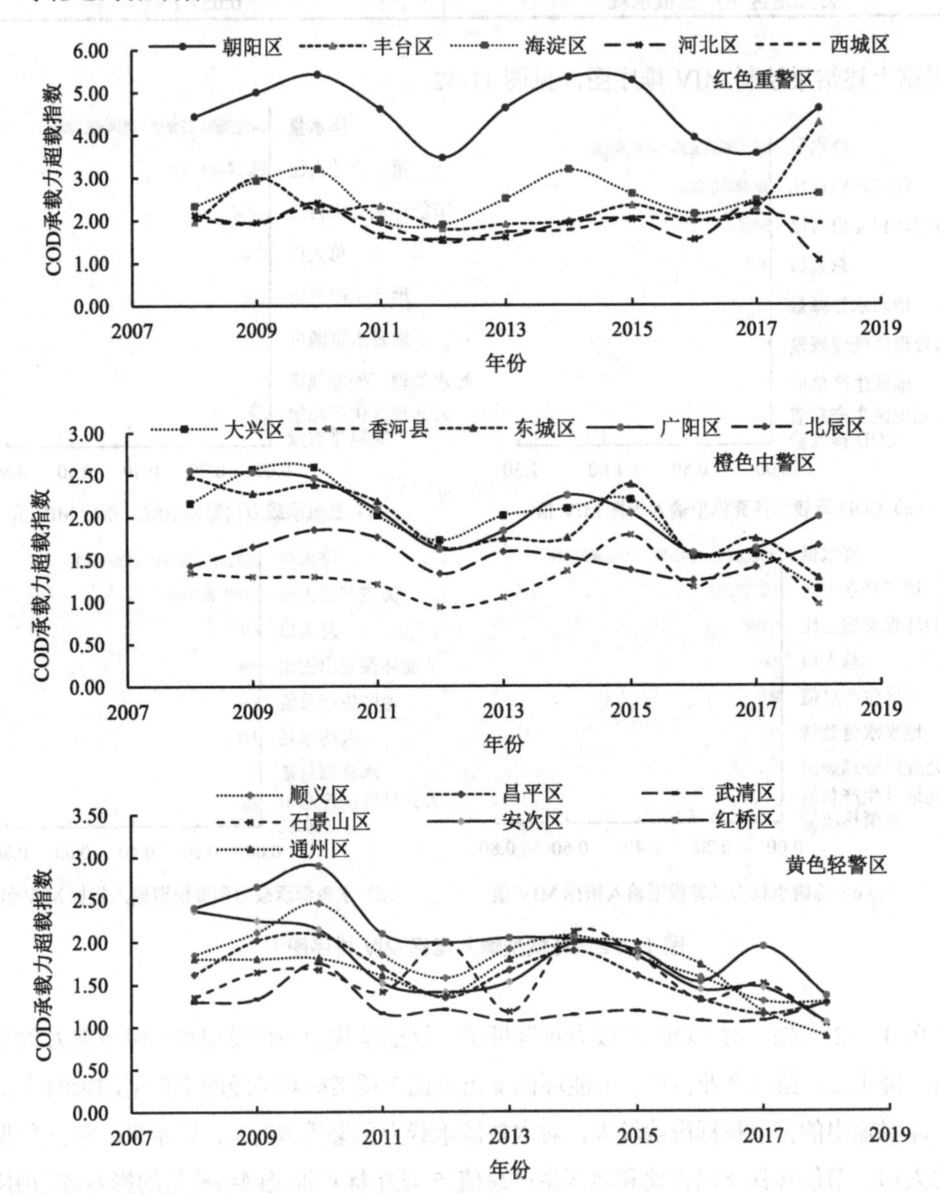

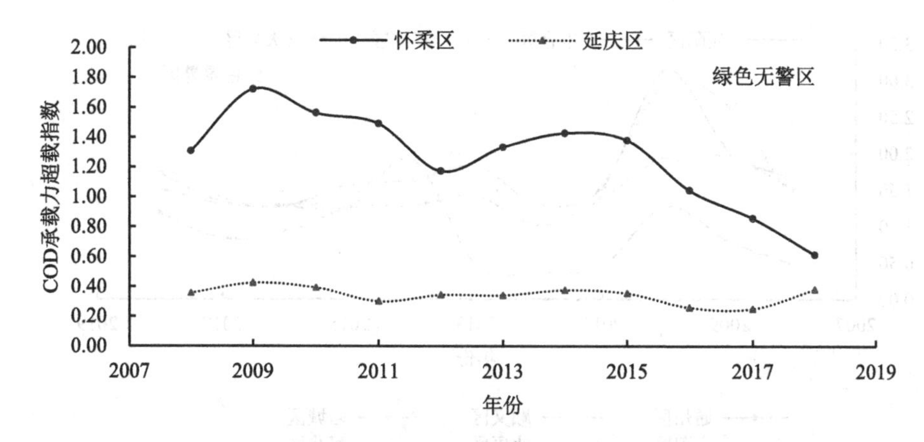

图 11-33　2008—2018 年北运河流域各地区 COD 承载力超载指数变化情况

由图 11-33 可以看出，2008—2018 年北运河流域 COD 承载力超载水平波动较大，大部分地区呈“M”形曲线，承载情况变化差异大，于 2010 年、2014 年出现较大幅度上升，于 2012 年出现了一定幅度的下降。这主要是因为 2012 年为丰水年，水资源量增加，进而水环境容量变大，所以 COD 承载力超载状况有所好转，COD 承载力超载指数下降。相反，2010 年和 2014 年降水量少，水资源减少，进而导致水环境容量减小，在排放量没有相应减少的情况下，COD 承载力超载指数上升，超载状态加重。氨氮承载力超载指数、总磷承载力超载指数和水资源承载力超载指数在 2012 年和 2014 年出现下降和上升的原因与此类似，不再赘述。2018 年预警结果落在红灯预警区的几个地区中，朝阳区的 COD 承载力超载指数水平一直较高，说明朝阳区的 COD 超载情况比较严重。此外，朝阳区和丰台区虽然在 2015 年后指数有大幅度下降，但是在 2017 年后又出现了大幅度上升，这个变化源于 COD 排放量的增加。2018 年预警结果落在橙灯预警区的地区的 COD 承载力指数变化呈波浪状，说明 COD 承载力承载状态比较不稳定。其中，大兴区 2018 年的预警结果比 2017 年上升了 20%，需要引起注意，防止超载持续加剧。根据 2018 年预警结果发出轻警信号的几个地区的 COD 承载力超载指数在这些年整体呈波动下降趋势，通过一定的排警手段，这些地区很有希望进入绿色无警区。位于绿色无警区的怀柔区虽然历史水平不低，但是 2014—2018 年下降幅度较大，到 2018 年下降到了 0.5 左右。

11.5.2.2　氨氮承载力超载状态时序变化分析

北运河流域各地区 2008—2018 年氨氮承载力超载指数时序变化情况见图 11-34。

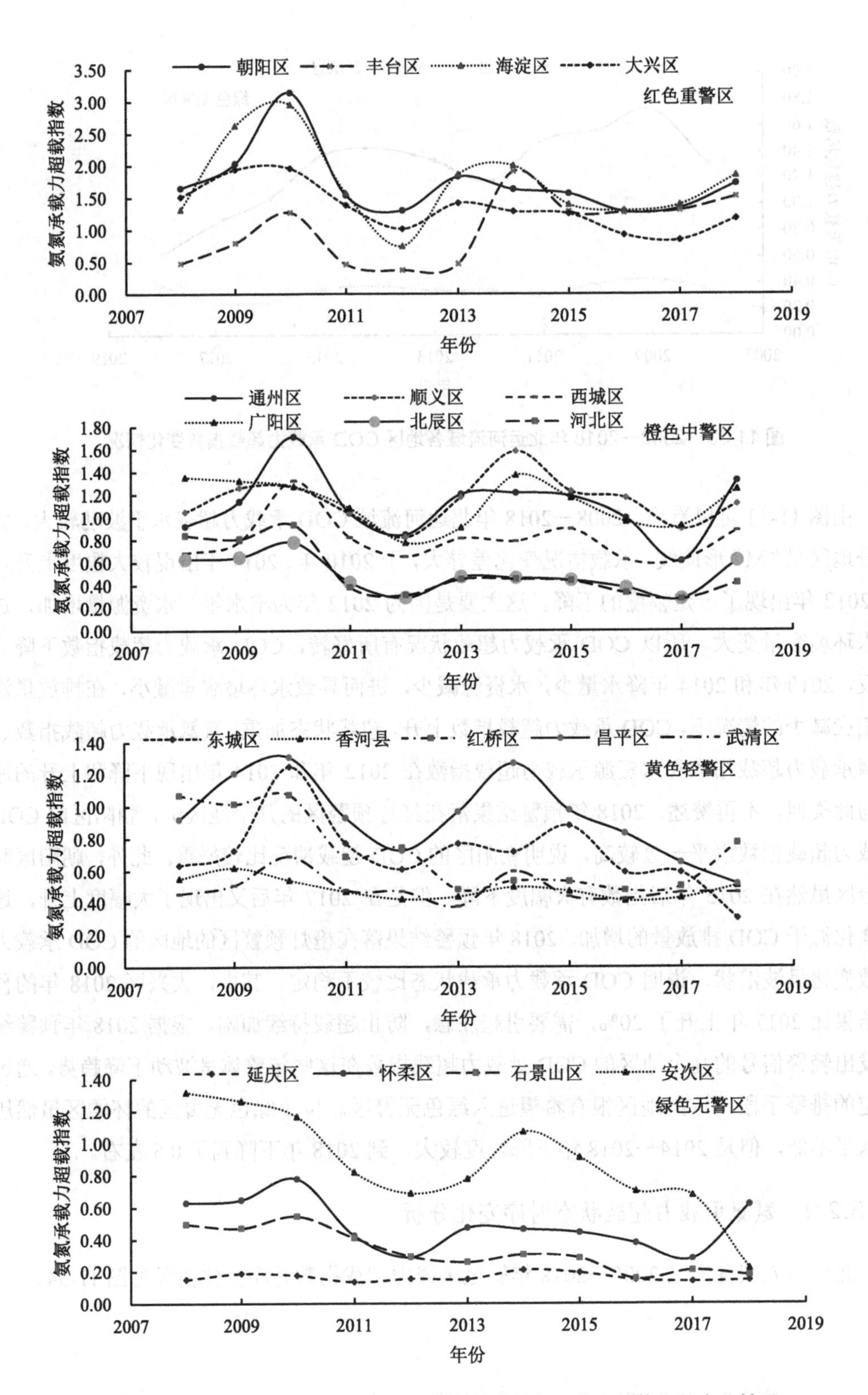

图 11-34　2008—2018 年北运河流域各地区氨氮承载力超载指数变化情况

由图 11-34 可知，2018 年预警结果位于红色重警区的朝阳区、海淀区的氨氮承载力超载指数历史水平较高，在 2014 年后呈缓慢下降趋势，说明氨氮承载力超载状态逐渐变好，区域治理取得一定成效。丰台区的氨氮承载力指数总体呈上升趋势，超载加剧。处于橙色中警区的几个地区的超载指数波动较大，且 2018 年预测的氨氮承载力超载指数均比 2017 年有一定的上升，超载情况加重。位于黄色轻警区的东城区和昌平区超载指数水平高于其他地区，2014 年后呈下降趋势；香河县在 2012 年前超载指数较高，之后波动下降，但是 2018 年预警结果又有上升趋势。位于绿色无警区的安次区的氨氮承载力超载指数历史水平较高，但后几年快速下降到较低水平，石景山区和延庆区的氨氮承载力超载指数一直较低，这几个地区相对于其他地区来说氨氮承载力处于无警状态。

11.5.2.3　总磷承载力超载状态时序变化分析

北运河流域各地区 2008—2018 年总磷承载力超载指数时序变化见图 11-35。

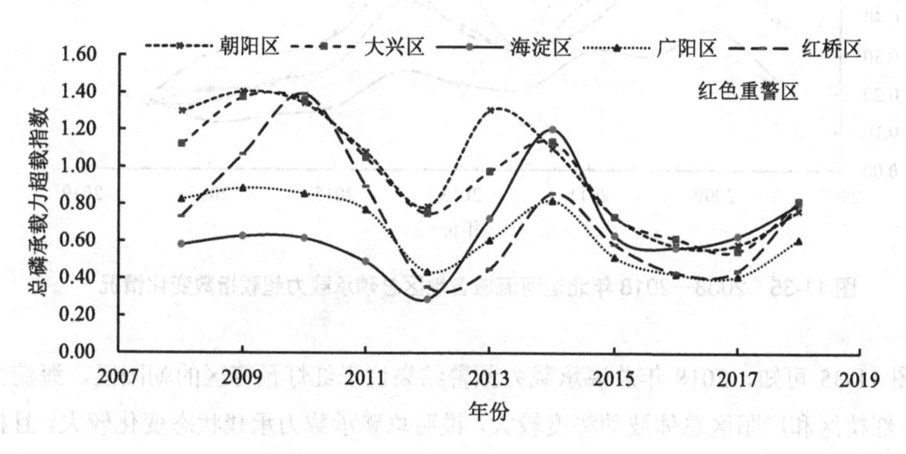

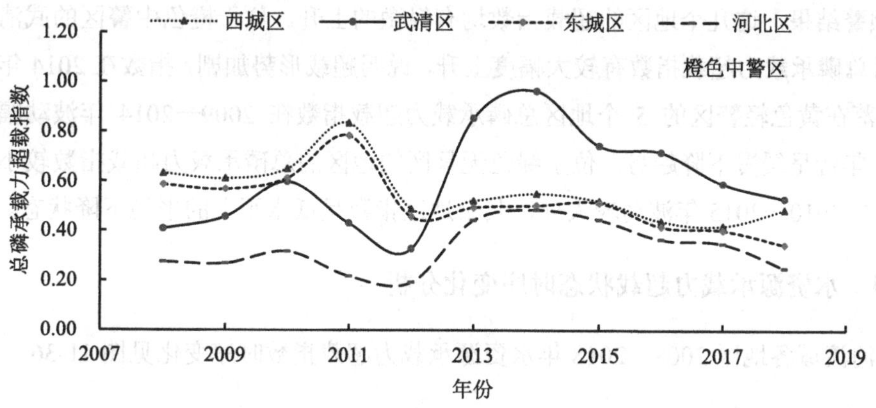

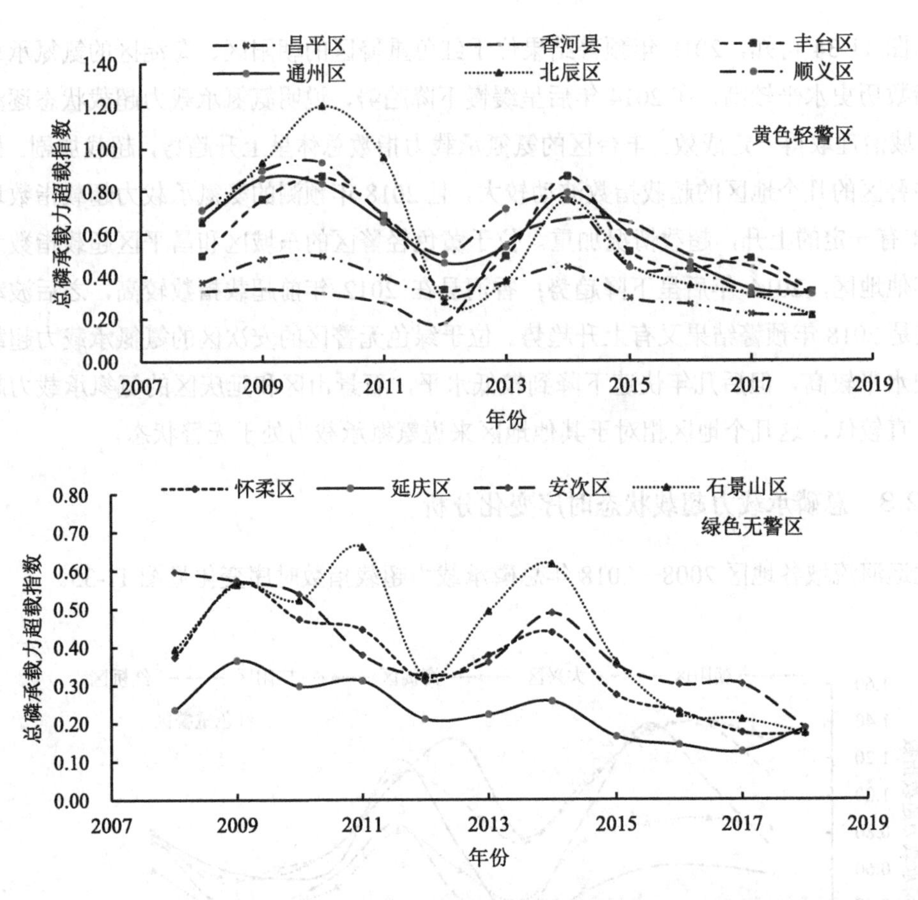

图 11-35　2008—2018 年北运河流域各地区总磷承载力超载指数变化情况

由图 11-35 可知，2018 年总磷承载力预警结果位于红灯预警区的朝阳区、海淀区、大兴区、红桥区和广阳区总体波动幅度较大，说明总磷承载力承载状态变化较大，且根据 2018 年预警结果，这几个地区的超载指数均有轻微的上升。位于橙色中警区的武清区在 2012 年后总磷承载力超载指数有较大幅度上升，说明超载形势加剧，指数在 2014 年后开始下降。落在黄色轻警区的 5 个地区总磷承载力超载指数在 2009—2014 年波动幅度较大，2014 年皆呈缓慢下降趋势。位于绿色无警区的地区的总磷承载力超载指数较小，除石景山区在 2010—2015 年波动较大外，其余地区指数呈低水平上的平稳下降状态。

11.5.2.4　水资源承载力超载状态时序变化分析

北运河流域各地区 2008—2018 年水资源承载力超载指数时序变化见图 11-36。

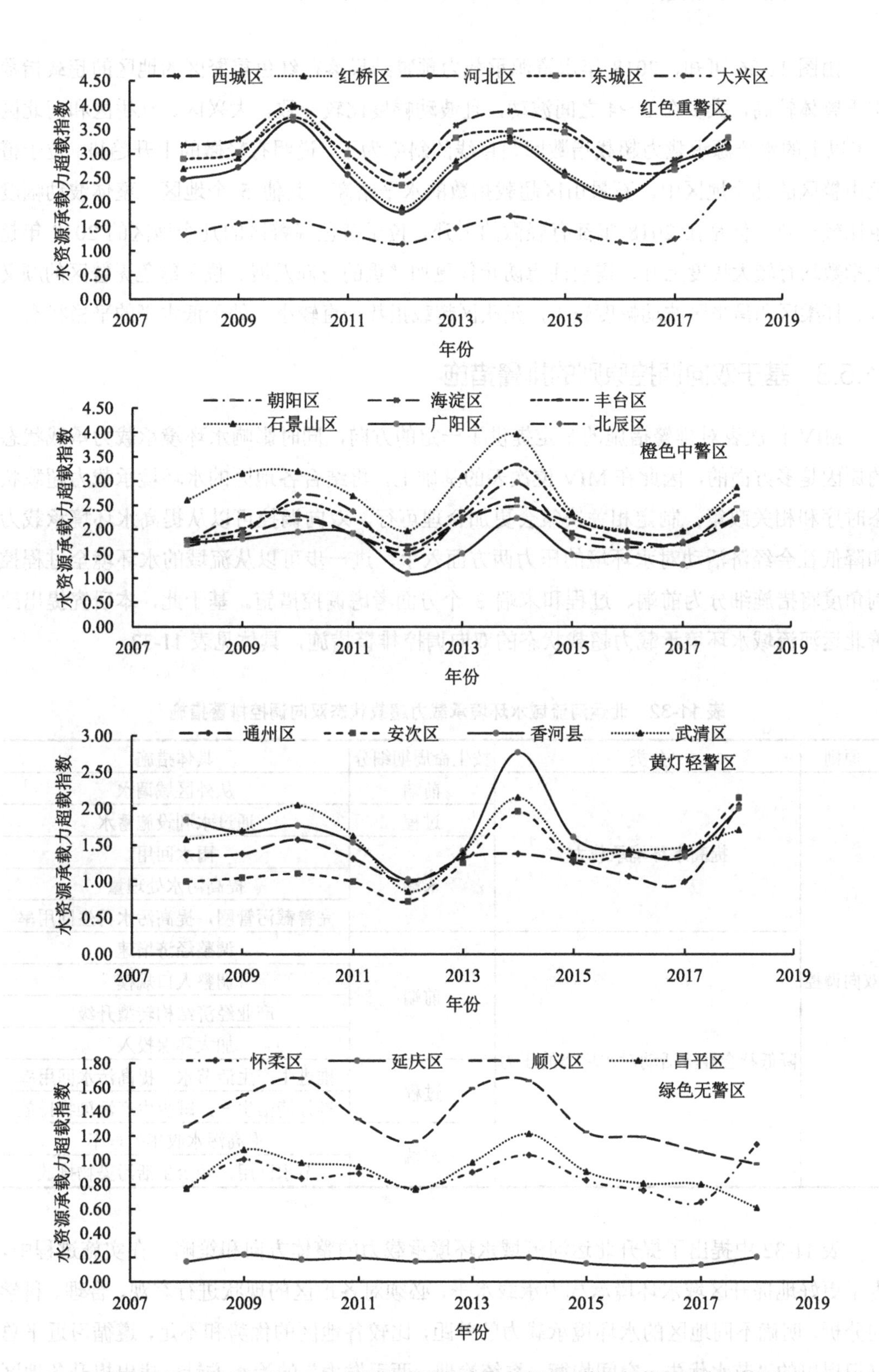

图 11-36　2008—2018 年北运河流域各地区水资源承载力超载指数变化情况

由图 11-36 可知，2018 年水资源承载力预警结果落在红色重警区的地区的超载指数水平整体较高，大多在 2～4 之间波动，且波动幅度比较一致。大兴区、红桥区和河北区 3 年以上的水资源承载力超载指数回归直线的斜率为正，说明有轻微的上升趋势。位于橙色中警区的几个地区中，石景山区超载指数的水平略高于其他 5 个地区，整体波动幅度也比较一致，但是在 2018 年都有轻微的上升。位于黄色轻警区的几个地区的 2018 年超载指数均有较大幅度上升，需要注意防止往更加严重的方向发展。位于绿色无警区的顺义区、怀柔区和昌平区波动幅度较大，延庆区超载指数一直较小，处于低水平的平稳状态。

11.5.3 基于双向调控原则的排警措施

MIV 位次表对排警措施的制定提供了一定的方向，同时影响水环境承载力承载状态的原因是多方面的，因此在 MIV 位次表的基础上，再结合各地区的水环境承载力超载状态时序和相关政策，制定相关决策会更加合理可行。双向调控可以从提高水环境承载力和降低社会经济活动对水环境的压力两方面入手，进一步可以从流域的水环境全过程控制角度将措施细分为前端、过程和末端 3 个方面考虑调控措施。基于此，本研究提出改善北运河流域水环境承载力超载状态的双向调控排警措施，具体见表 11-32。

表 11-32 北运河流域水环境承载力超载状态双向调控排警措施

<table>
<tr><th>原则</th><th>分类</th><th>按生命周期细分</th><th>具体措施</th></tr>
<tr><td rowspan="13">双向调控</td><td rowspan="5">提高水环境承载力</td><td>前端</td><td>从外区域调水</td></tr>
<tr><td>过程</td><td>通过水利设施蓄水</td></tr>
<tr><td rowspan="3">末端</td><td>雨水回用</td></tr>
<tr><td>提高污水处理量</td></tr>
<tr><td>完善截污管网，提高污水再生回用率</td></tr>
<tr><td rowspan="8">降低社会经济活动对水环境的压力</td><td rowspan="4">前端</td><td>调整经济增速</td></tr>
<tr><td>调整人口规模</td></tr>
<tr><td>产业经济结构转型升级</td></tr>
<tr><td>加大环保投入</td></tr>
<tr><td rowspan="2">过程</td><td>推进生产生活节水、提高污水回用率</td></tr>
<tr><td>推行清洁生产，减少生产污染物排放</td></tr>
<tr><td rowspan="2">末端</td><td>提高污水收集处理率</td></tr>
<tr><td>节水回用，减少生活污染物排放</td></tr>
</table>

表 11-32 中提出了提升北运河流域水环境承载力的整体方向和策略。在实施过程中，为了更好地提升区域水环境承载力承载水平，必须对各地区的现状进行客观、合理、科学的分析，明确不同地区的水环境承载力的差距，比较各地区的优势和不足，遵循习近平总书记提出的“节水优先、空间均衡、系统治理、两手发力”的治水方针，找出提升各地区

水环境承载力的准确途径。

处于红色预警区与橙色预警区的地区的水环境承载力超载比较严重，在行政管理中需要重点治理，具体如下。

朝阳区、海淀区：属于北京中心城区，区域经济发展速度快，人口稠密，产业密集，区域第三产业占比已经达到很高水平，在流域内的水环境承载力常年超载严重，主要问题在于区域污染物排放量大，集中在城镇生活污水、污水处理厂的排放，其次是水资源较为紧张。建议工作重心可以放在减少生活污水直排上，积极开展水污染防治工作，成立水污染综合治理领导小组，实行“谁污染，谁补偿”的经济补偿机制，督促属地落实责任；开展追根溯源工作，摸排排水口，加强执法和监管力度；继续大力实行河长制，制定本区域水质评定目标，量化考核；加大专项投入，大力加强节水理念宣传，取得社会共识。通过这一系列措施，逐步减缓区域水环境承载力超载状况，使区域水环境承载力与经济社会发展逐步适应。

西城区、东城区、丰台区：水环境承载力超载的主要原因是水资源短缺，区域内人口多，生活用水量大，供需矛盾仍然突出。区域内生活污水排放是主要的污染来源。建议工作重心可以放在水资源的高效利用上，严格落实区域用水总量控制和行业用水效率控制，进一步强化计划用水和定额管理，制订区域的用水计划，深入推行河长制，加强督查工作；西城区可以加大力度推行街巷长制，协助推进河长制工作体系建设；开展清理河道行动，对重点河段进行整治，减轻水体污染。

大兴区：水环境承载力超载的主要原因是区域内水体污染严重。一方面，大兴区位于凉水河下游，水体水质较差；另一方面，2013 年以来，随着疏解整治力度的不断加大以及回迁房、保障房的建设，人口快速由城区向郊区聚集，由建成区向非建成区转移，导致生活污水产生量大大超过规划预期；此外，区域内“散乱污”企业、畜禽养殖等的污水直接入河的现象还时有发生，尚未得到全面的控制，面源污染较为严重。建议工作重心可以放在调控经济发展方式上，加快产业经济结构转型升级，调整人口规模；加快推进农村治污工作，解决好农村地区污染收集和处理问题，在农村推行节水宣传；加快农业高效节水建设，推进雨养农业（单纯依靠天然降水为水源的农业生产）、水肥一体及测土配方，鼓励使用低污染化肥，加强农用排水沟渠的生态恢复，减少多余养分的输入，提高农业排涝水的自净能力；向工业企业推行清洁生产，减少生产污染物排放，解决区域性工业环境污染问题。

河北区、红桥区：位于北运河水系的下游，区域来水水质较差，污染物主要来自城镇面源，还存在雨污合流及部分排污口治理效果反复的现象，造成超设计负荷，污水直接溢流至河道的情况经常发生；部分支流排污口由于治理后清掏不及时，时常会出现治理效果反复。合流的排水体系及合流口的管理、日常的污水直排以及降雨天污水处理厂（站）

严重超负荷的现状，造成河道水质在降雨天恶化明显，给北运河有限的水系水环境承载力带来了巨大的挑战；同时，区域内的水资源量比较紧张。建议工作重心可以放在加强日常巡查、全面推进水污染治理上，改善水环境质量；做好雨污混接点的排查改造工作，严防生活污水通过雨水口门向河道排放；做好雨水管道和雨污合流管道的精细化管理工作；加大执法力度，持续开展专项整治行动。

石景山区：整体来看区域水质较好，污染物排放主要来自城镇面源，水资源较为短缺，用水量较大，主要是工业用水和生活用水。区域内第三产业占比约为 70%，还有提升的空间。建议工作重点可以放在加快产业经济结构转型升级上，对工业结构和布局进行调整，加强工业节水技术改造；推进河长制及“清四乱”专项行动。

广阳区、北辰区和香河县：污染物排放主要来自生活面源与农业面源，区域内农业面源污染较为严重，用水大部分都是农业用水。建议工作重点可以放在农业面源污染治理上，推行农业高效节水建设，鼓励施用低污染化肥，提高农业排涝水的自净能力；对固定污染源进行清理整顿，整治“散乱污”企业。

第 12 章

基于系统动力学的昆明市水环境承载力中长期预警

12.1 案例区概况

12.1.1 自然环境概况

（1）地理位置

昆明市地处我国西南边陲、云贵高原中部，是云南省中部湖盆群的中心地带，地处东经 102º10′～103º41′、北纬 24º24′～26º33′。东西最大横距 152 km，南北最大纵距 237.5 km，面积为 21 011 km^2。

昆明市北临金沙江，与四川省凉山彝族自治州会东县、会理县隔河相望；东与曲靖市会泽县、马龙县、陆良县和红河哈尼族彝族自治州泸西县相连；南与玉溪市红塔区、峨山县、江川区、澄江县、华宁县及红河哈尼族彝族自治州弥勒市相邻；西与楚雄彝族自治州武定县、禄丰县及玉溪市易门县接壤。

（2）地形地貌

昆明市地处金沙江、南盘江、红河的分水岭地带，地势北高南低，由北向南呈阶梯状逐渐低缓，北部多山，南部较平坦；中部隆起，东西两侧较低。云岭山脉由西向东横亘伸延，大部分分属拱王山系和梁王山系。境内以湖盆岩溶高原地貌形态为主，红色山原地貌次之，地貌复杂多样。

昆明市主要地貌类型有山地、盆地（俗称“坝子”）、丘陵和河谷。其中，丘陵、山地面积约占全市总面积的 88%，盆地约占 10%，湖泊水域约占 2%，昆明市属典型的山地城市。多山的地貌特点使得昆明市的建设发展空间相对较小，山体的坡度普遍较大，不适宜种植农作物或果树等。昆明市的盆地与高原相间分布、形状多样，盆地面积 1～100 km^2

不等，盆地是昆明市主要的工农业生产集中区，也是人群密集居住区。丘陵一般出现在盆地边缘与中山连接部位，海拔在 2 000 m 左右。典型的丘陵如滇池盆地的东北、东和东南边缘，宜良盆地东部边缘等。昆明地区的河谷多为宽窄不一的河漫滩，侵蚀河谷盆地和河曲阶地。禄劝县和东川区北部边缘受金沙江、普渡河、小江强烈切割，形成深度为 1 000～2 500 m 的中高山河谷，河流两岸高山耸立、基岩裸露、山势险峻，坡度一般为 35°～45°。

（3）水系与流域

昆明市内水体分属三大水系。金沙江（长江上游）水系：从昆明北部边缘流过，在昆明市内长 90 km。昆明市内的金沙江流域面积为 16 862 km^2，占昆明市总面积的 80.25%。南盘江（珠江上游）水系：在昆明市内长 124 km，流域面积为 3 875 km^2，占昆明市总面积的 18.44%。元江（红河上游）水系：昆明市内流域面积为 274 km^2，占昆明市总面积的 1.30%。三大水系受地质、地貌及森林植被影响，在昆明市内的河流流程短、上下游相对高差较大、水流季节性强。

昆明市内主要湖泊有滇池、阳宗海等。滇池是云贵高原最大的淡水湖泊，湖面海拔为 1 886 m，湖面面积为 309.5 km^2，多年（1953—2008 年）平均水资源量为 5.56 亿 m^3，容水量为 15.6 亿 m^3，流域面积达 2 920 km^2，属长江流域金沙江水系，湖体略呈弓形。滇池具有城市供水、农灌、旅游、水产养殖和工业用水等功能，但由于 20 世纪 70 年代以来周围城市、工业的发展与四周农田的开发，滇池水质受到严重污染，一度超过国家地表水环境质量Ⅴ类标准，处于严重富营养化状态。近年来，昆明市的绿化和滇池的治理使入滇河道大观河的水质明显好转，滇池水质也有所改善，2018 年滇池水质首次达到全年Ⅳ类标准。阳宗海属珠江流域南盘江水系，为高原断陷湖泊，总库容量为 6.04 亿 m^3，具有饮用供水、农灌、旅游、水产养殖和工业用水等功能。清水海属金沙江水系，库容为 1.2 亿 m^3，清水海是昆明市在建的主要供水水源。

作为城市重点饮用水水源的大型水库有松华坝水库和云龙水库。其中，松华坝水库属滇池流域，设计库容为 2.29 亿 m^3，水库水源来自地下水和降水；云龙水库位于昆明市东北部禄劝县，设计总库容为 4.84 亿 m^3。

12.1.2 社会经济概况

昆明市是云南省省会，是云南省的政治、经济、文化中心，是我国重要的旅游商贸城市，面向东南亚、南亚开放的灯塔。

（1）人口概况

2020 年，昆明市常住人口为 846 万人，其中城镇常住人口 674 万人，占 79.67%，乡村人口 172 万人，占 20.33%。全市共有家庭户 3 004 398 户，集体户 315 728 户。户籍总人口 582.88 万人，其中城镇人口 400.55 万人，占户籍总人口的 68.72%。人口自然增长率为 3.48‰。

（2）经济概况

2021 年，昆明市地区生产总值为 7 222.50 亿元，占全省地区生产总值的 26.6%，排名云南省地州市的第一位。按可比价格计算，2021 年昆明市地区生产总值比 2020 年增长 3.7%，两年平均增长 3.0%。其中，第一产业增加值为 333.12 亿元，增长 6.9%；第二产业增加值为 2 287.71 亿元，下降 0.3%；第三产业增加值为 4 601.67 亿元，增长 5.4%。三次产业结构为 4.6∶31.7∶63.7。

2021 年，昆明市人均地区生产总值为 8.54 万元，全体居民人均可支配收入为 42 533 元，同比增长 9.7%。按常住地分，昆明市城镇居民人均可支配收入为 52 523 元，同比增长 9.4%；农村居民人均可支配收入 19 507 元，同比增长 10.1%。2021 年，昆明市全体居民人均消费支出 33 556 元，同比增长 12.0%。按常住地分，城镇居民人均消费支出 41 444 元，同比增长 11.8%；农村居民人均消费支出 15 376 元，同比增长 11.3%。地方一般公共预算收入 689.1 亿元，同比增长 5.9%；全市一般公共预算支出 928.2 亿元，同比增长 6.1%。面对能源消费总量和强度控制（能耗双控）、房地产市场金融监管从严从紧、稳增长压力较大的局面，昆明市贯彻落实国家、云南省的各项决策部署，持续优化财政预算管理，全力支持社会经济发展，保市场主体，畅通产业链、供应链，助力企业纾困发展，有力推动经济恢复和社会稳定。

12.1.3　水资源和水环境概况

昆明市主城区位于滇池流域中部，用水主要来源于滇池流域的地表水及少量的地下水。大气降水是滇池流域水资源的主要补给，其中昆明市的多年平均降水量为 1 000 mm 左右，多年平均水资源总量为 73.13 亿 m^3，人均水资源量为 733 m^3（以 2020 年人口计）。滇池流域多年平均水资源量为 5.56 亿 m^3、多年平均径流深为 188.7 mm，滇池正常高水位为 1 887.5 m、平均水深为 5.3 m，湖泊容积为 15.6 亿 m^3，多年平均入湖径流量为 9.7 亿 m^3，湖面蒸发量为 4.4 亿 m^3。截至 2015 年，滇池流域内已建成大中小各类水库 167 座、小坝塘 445 座，总库容为 4.37 亿 m^3。昆明市区对地下水的开采始于 1916 年，到 21 世纪 20 年代，昆明城区内有 503 眼开采深井，在用的有 364 眼，每天的开采量为 16.18 万 m^3。

随着昆明市城市规模的扩大和经济的加速增长，昆明市地表水的污染也日益增加。随着人口的增加、经济的增长、水资源需求量的增大，更多的污染物排入滇池、河流，导致水质恶化，出现城市水质型缺水，加重了城市的水资源危机，水资源面临着质与量的双重危机。滇池是滇中盆地最大的地表水体，对昆明市的城市供水、生态环境及可持续发展具有重要作用。20 世纪 50 年代，滇池湖水清澈见底，湖底水草丰富，游鱼成群，植被群落多种多样。从 60 年代起，水体开始富营养化，湖水的理化性质发生了变化。到 70 年代，外海和草海的水质均降为Ⅲ类。从60年代到80年代末的近30年间，滇池水质从Ⅲ类迅速下降到劣Ⅴ类，水体的富营养化导致水中藻类的大量繁殖，水葫芦疯长，水环境遭受严重的破坏。2007年12月—2011年12月，昆明市政府致力于昆明市的绿化和滇池的治理，入滇河道大观河的水质明显好转，滇池水质也有所提升，但滇池水仍然无法饮用。2016年，昆明市总结“十二五”滇池流域水污染防治工作，开始实施《滇池流域水环境保护治理“十三五”规划（2016—2020年）》，紧紧围绕湖泊水质改善，全面持续开展滇池流域的截污治污、河道整治、内源治理、生态修复等工作，滇池草海、外海水质全年由劣Ⅴ类提升为Ⅴ类。从2017年起，昆明市开始探索建立并全面推行滇池流域河道生态补偿，滇池全湖水质稳定保持在Ⅴ类。2018年，滇池水质首次达到全年Ⅳ类，与2017年同期相比水质改善明显，蓝藻水华程度明显减轻，全湖由重度水华向中度、轻度水华过渡。2019年，滇池全湖水质保持在Ⅳ类，COD、总氮、总磷浓度较1995年分别下降53.6%、57.4%、78.2%。尽管“十三五”时期以来，滇池水质总体好转，但滇池水质依然不稳定，存在流域内生态用水不足、城市雨水及再生水综合利用率低、水资源综合调度体系尚不健全等问题。

12.2 基于昆明市水系统分析的警源识别

12.2.1 研究目标与系统边界

对昆明市的水环境承载力超载状态进行预警的前提条件是考察昆明市未来的社会经济发展对水环境的影响，这也是警源识别的目标。

本研究的系统边界为昆明市行政区范围。昆明市具有相对稳定的人口结构和产业体系。在此范围内，将与超载状态相关的重要元素都划入系统范围，而系统外部的影响可以通过其他输入变量在系统中体现。

12.2.2 子系统划分和系统因果反馈回路的建立

昆明市的社会经济和水环境在相互影响和相互作用下形成了一个非线性、高阶次的复杂系统。本研究利用系统分析法，并收集昆明市水系统背景资料，围绕考察昆明市未来社会经济发展对水环境影响这一目标，将昆明市行政区范围划定为系统边界，进而通过系统结构分析，划分为人口、经济、水资源、水环境4个子系统；同时，综合考虑子系统组成要素之间的联系，形成系统因果反馈回路图（见图12-1）。

根据昆明市系统因果反馈回路图，影响水环境容量的警源可追溯到居民生活污染排放和产业污染排放；影响水资源承载力的警源可追溯到居民生活用水、各产业用水和城市环境杂用水；而过多的生产生活用水会直接导致生态需水保障率的降低，容易引起水生态承载力超载；此三者的警源均可归纳为人口和经济规模。因此，人口和经济规模是昆明市水环境承载力超载状态的警情来源。

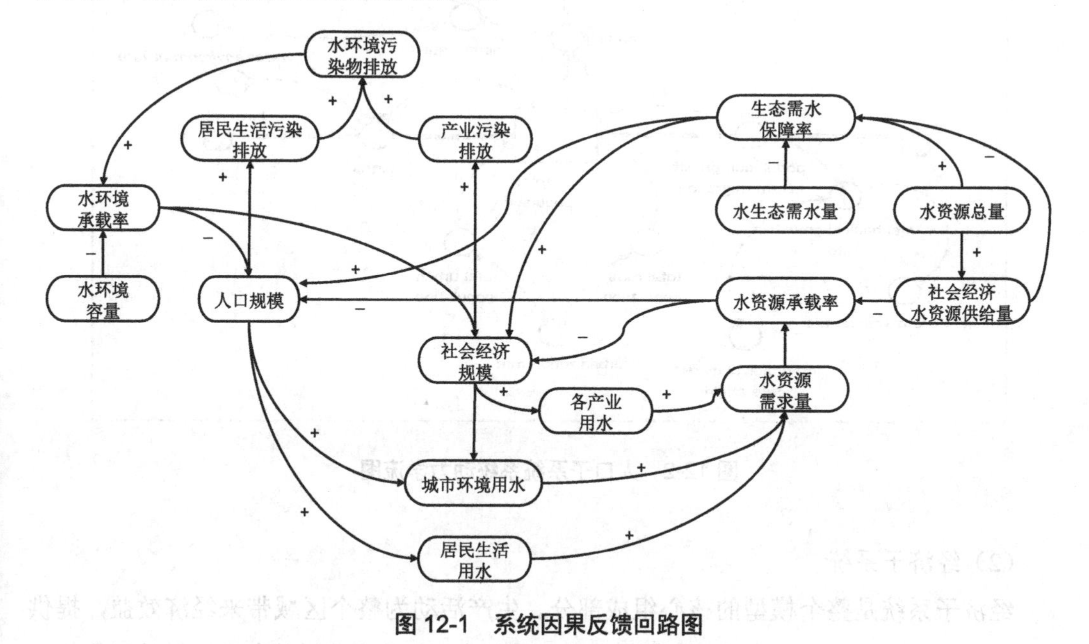

图 12-1　系统因果反馈回路图

12.3　昆明市水环境承载力超载状态警情预测

12.3.1　昆明市水系统的系统动力学模型构建

本研究采用系统动力学方法对昆明市的水环境承载力超载状态进行警情预测，动态跟踪警兆、警情的发展，并结合情景分析，考察目前发展情境下昆明市未来的水环境承载力超载状态与趋势，从而为昆明市环保部门的排警决策提供支撑。主要的系统动力学模型构建如下。

（1）人口子系统

本研究主要考虑行政区常住人口。常住人口作为模型的核心之一，一方面是经济发展不可或缺的因素；另一方面，人类的生产生活利用和消耗了资源，产生污染物并向环境排放了污染物，并在排放过程中对污染物进行了一定的削减。本模型中人口子系统的变量组成和相互关系见图 12-2。

本子系统中存在水资源子系统和水环境子系统对人口机械迁移率和死亡率造成的反馈影响，资源环境的超载会降低人口迁入率并提升死亡率。人口子系统涉及的变量主要包括出生率、死亡率、机械迁移率、城镇化率和人口总量。

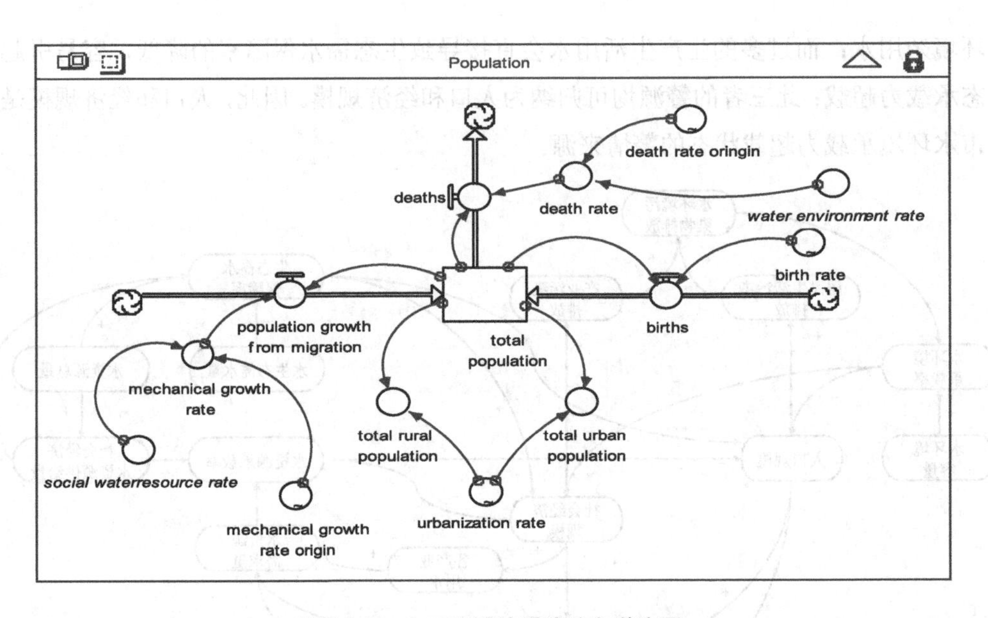

图 12-2　人口子系统系统动力学流图

（2）经济子系统

经济子系统是整个模型的核心组成部分。生产活动为整个区域带来经济效益，提供消费产品和就业机会，同时经济的发展也需要消耗水资源和能源，并向环境排放污染物。经济子系统的结构及其与其他子系统之间的关系见图 12-3。在模型中，按照社会经济统计的分类，将经济子系统分为第一产业、第二产业和第三产业 3 个模块。本子系统系统动力学流图见图 12-3。

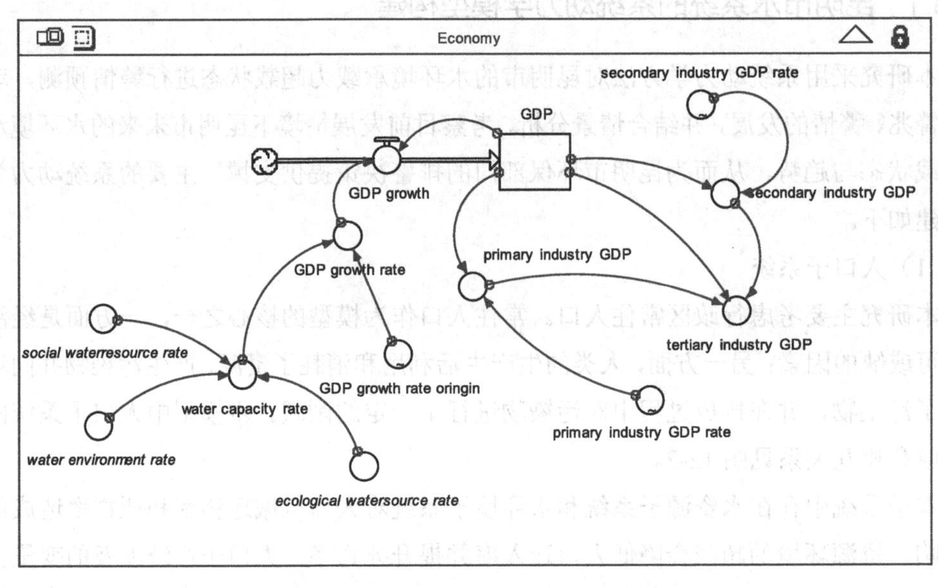

图 12-3　经济子系统系统动力学流图

经济子系统涉及的变量主要包括第三产业增加值、第二产业增加值、第一产业增加值、地区生产总值、地区生产总值增长率。此外，水环境和水资源子系统中的水资源与水环境承载率将对地区生产总值增长率造成影响，如果资源环境超载，则会对地区生产总值增长产生负面影响。

（3）水资源子系统

水资源是昆明市社会经济发展的物质基础，同时水资源的相对稀缺性制约着社会经济的发展。水资源子系统包括水资源供给和水资源需求两部分。水资源供给来源包括地表水、地下水、再生水和区外调水等。水资源需求包括生活需水、生产需水和生态需水等。生活需水包括城镇居民生活用水和农村居民生活用水；生产需水是指有经济产出的各类生产活动所需的水量，包括三次产业需水量和城市环境杂用水等；生态需水主要以研究区水体的生态需水量表征。水资源子系统系统动力学流图见图 12-4。

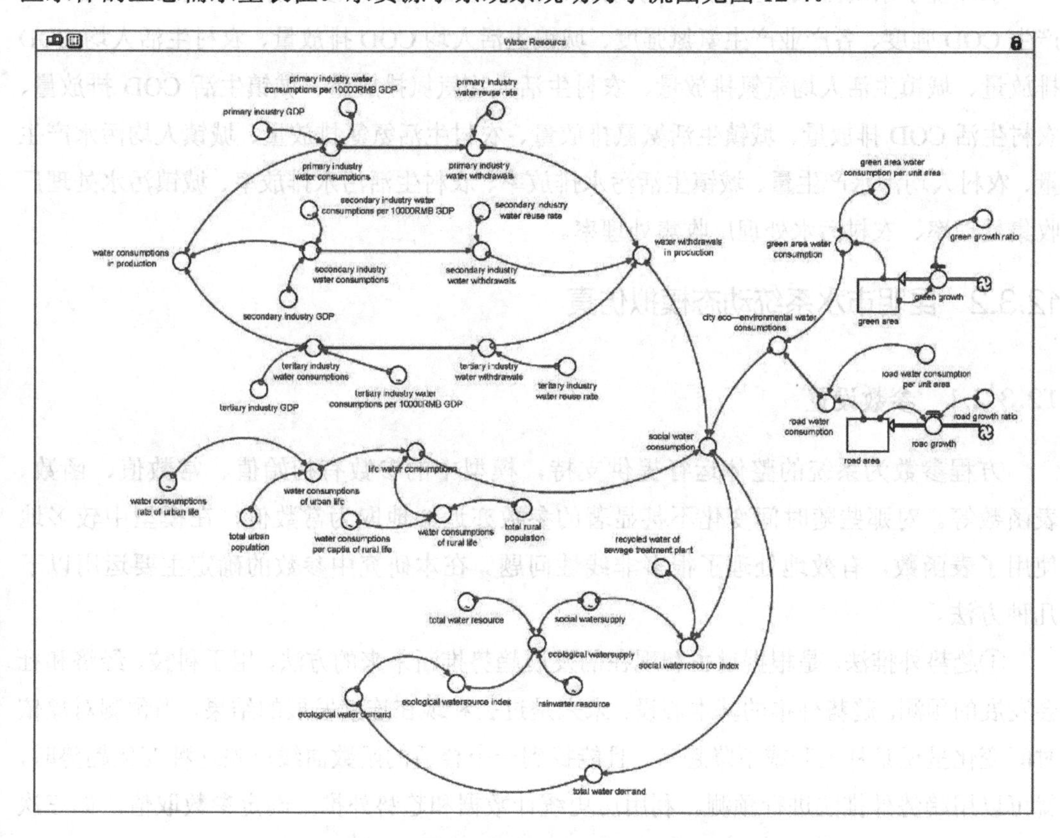

图 12-4　水资源子系统系统动力学流图

水资源子系统涉及的变量主要包括城镇生活人均水资源消耗量、农村生活人均水资源消耗量、城镇生活水资源消耗量、农村生活水资源消耗量、生活水资源总消耗量，各产业单位增加值水资源消耗量、各产业水资源重复利用率、第一产业水资源消耗量、第二产业水资源消耗量、第三产业水资源消耗量、第一产业实际取水量、第二产业实际取水量、第三产业实际取水量、生产实际取水量，单位道路面积需水量、道路面积年均增长率、道路面积，单位绿地面积需水量、绿地面积年均增长率、绿地面积，生态需水量、生态环境需水量、总需水量、总水资源量、雨水利用量、污水处理厂再生水量等。

（4）水环境子系统

环境是人类赖以生存的基础，是生活、生产的纳污场所。人类在生活和生产活动过程中，不断向环境排放污水，同时又将生产活动中获得的物质和资金投入污染防治设施中，削减部分污染物，剩余部分污染物被排入环境中。因为区域的环境容量是有限的，一旦污染物的排放量超过水环境容量的阈值，就可能对环境造成不可逆的破坏。因此，污染物的排放需要控制在水环境容量范围内。

水环境子系统污染产生模块系统动力学流图见图 12-5，涉及的变量主要包括各产业产生 COD 强度、各产业产生氨氮强度、城镇生活人均 COD 排放量、农村生活人均 COD 排放量、城镇生活人均氨氮排放量、农村生活人均氨氮排放量、城镇生活 COD 排放量、农村生活 COD 排放量、城镇生活氨氮排放量、农村生活氨氮排放量、城镇人均污水产生量、农村人均污水产生量、城镇生活污水排放率、农村生活污水排放率、城镇污水处理厂收集处理率、农村污水处理厂收集处理率。

12.3.2 昆明市水系统动态模拟仿真

12.3.2.1 参数设置

方程参数为系统的整体运行提供支持，模型中的参数有初始值、常数值、函数、表函数等。对那些随时间变化不甚显著的参数亦近似地取为常数值，在模型中较多地使用了表函数，有效地处理了很多非线性问题。在本研究中参数的确定主要运用以下几种方法。

①趋势外推法。是根据过去和现在的发展趋势推断未来的方法，用于科技、经济和社会发展的预测。趋势外推的基本假设：未来是过去和现在连续发展的结果。当预测对象依时间变化呈现某种上升或下降趋势，且能找到一个合适的函数曲线反映这种变化趋势时，就可以用趋势外推法进行预测。利用历史统计数据和趋势外推法确定参数取值，如三次产业中各行业能源消耗强度、污染物排放强度等。

②平均值法。对于部分随时间变化不显著的参数，依据尽量简化模型的原则，均取平均值作为常数值，如单位面积道路需水量等，根据数据之间的数量关系采取平均值法进行赋值。

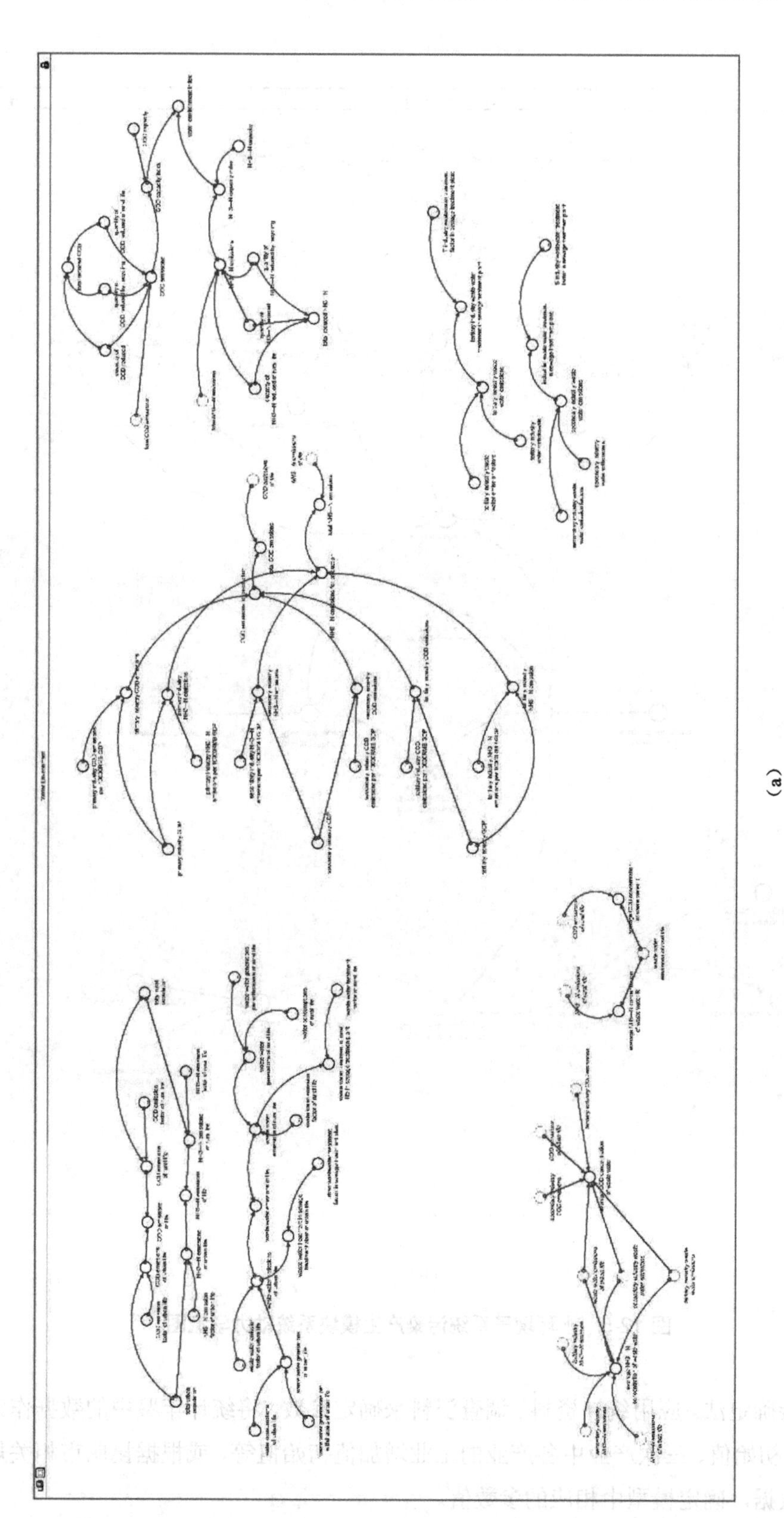

(a)

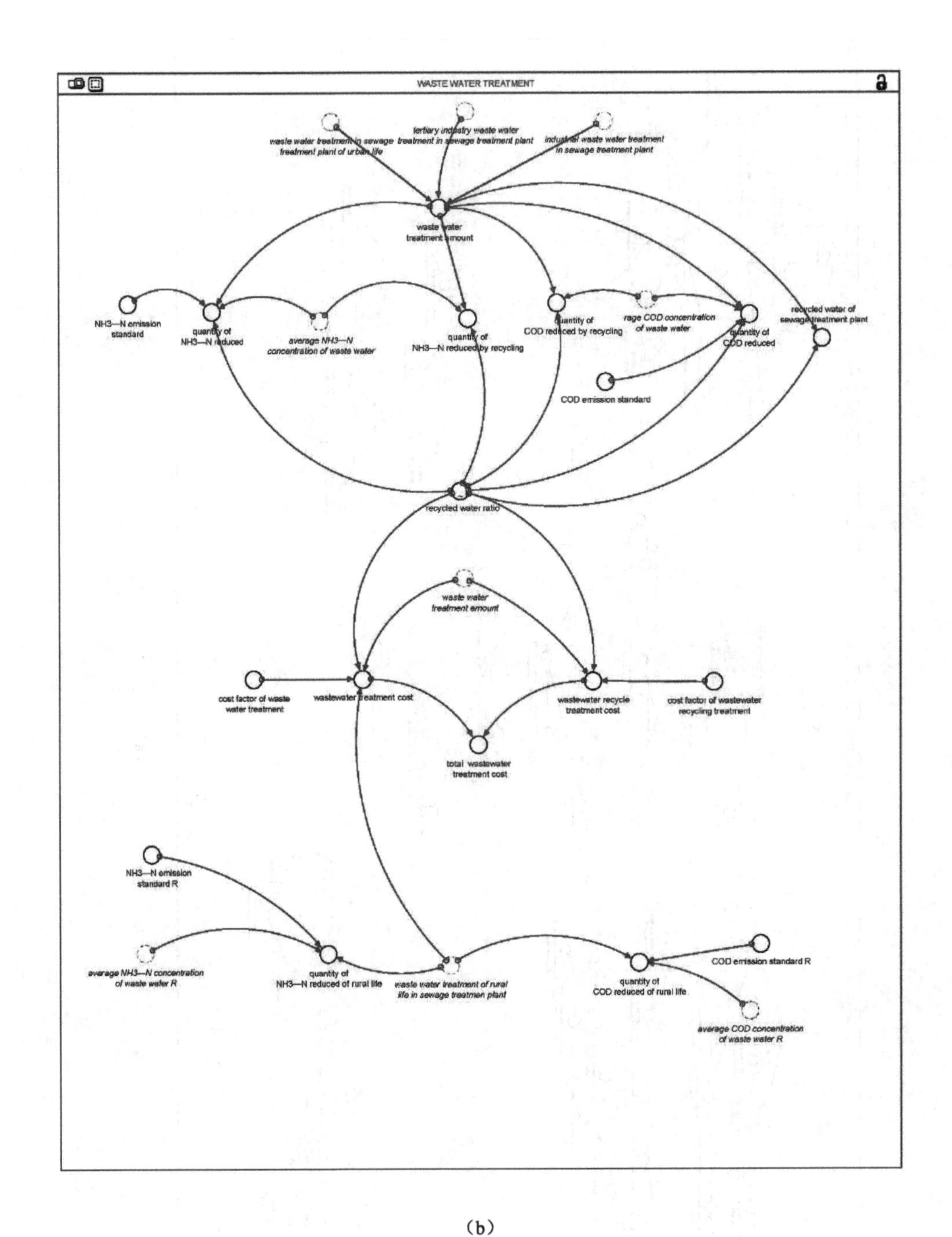

（b）

图 12-5 水环境子系统污染产生模块系统动力学流图

③直接确定法。应用统计资料、调查资料来确定参数，将统计年鉴中的数据作为初始值，如人口初始值、三次产业中各产业的工业增加值初始值等，或根据昆明市相关规划等资料中的数据，确定模型中相应的参数值。

本研究中模型参数的数据资料主要来源于《昆明统计年鉴》《污染源普查数据集》《昆明市水资源公报》《昆明环境状况公报》《昆明市城市总体规划》《昆明市工业产业布局规划纲要》《昆明市环境保护与生态建设“十二五”规划》《昆明生态市建设规划》《昆明市循环经济发展总体规划》《昆明市土地利用总体规划中期评估报告》《昆明市城镇再生水利用规划》以及相关研究结果等。

12.3.2.2　模型有效性检验

为了验证模型结构与现实情况的吻合程度，需要进行模型的有效性检验，检验模型获取的信息与行为是否可以反映实际情况的特性和趋势变化规律。通过对模型的验证分析，可以确认模型是否能够正确反映所要解决的问题。

（1）直观性检验

直观性检验是在对大量的文献资料做进一步分析的基础上，检验模型的逻辑关系、运行机制是否与现实系统一致，变量间的方程表述是否合理。本研究构建的系统动力学模型所包含的变量、回路能够描述昆明市社会、经济、水资源、水环境各要素及其相互之间的关系，模型结构与实际结构基本一致，且进行了方程检验和量纲检验。

（2）历史数据检验

在仿真过程中，取 DT=1 年，基准年为 2009 年，仿真的时间为 2010—2014 年，共计 5 年。根据已经建立的系统动力学模型，通过 Stella 软件编写仿真程序，模拟昆明市经济、人口、水资源和水环境各要素在 2010—2014 年的发展情况，将模拟值与实际值比较，结果见表 12-1～表 12-5。

表 12-1　地区生产总值模拟值、实际值与误差　　单位：万元

年份	模拟值	实际值	误差
2010	21 203 031	20 911 686	−1.37%
2011	25 095 813	23 869 996	−4.88%
2012	30 111 433	27 316 704	−9.28%
2013	34 152 103	31 306 571	−8.33%
2014	37 129 943	35 963 715	−3.14%

表 12-2　人口模拟值、实际值与误差　　单位：万人

年份	模拟值	实际值	误差
2010	643.92	634.80	−1.42%
2011	648.64	642.05	−1.02%
2012	653.30	649.46	−0.59%
2013	657.90	656.99	−0.14%
2014	662.60	664.63	0.31%

表 12-3 水资源需求量模拟值、实际值与误差 单位：万 m^3

年份	模拟值	实际值	误差
2010	354 372	331 457.40	-6.47%
2011	352 032	326 908.40	-7.14%
2012	327 300	324 103.46	-0.98%
2013	329 200	322 099.27	-2.16%
2014	326 000	324 735.47	-0.39%

表 12-4 COD 排放量模拟值、实际值与误差 单位：t

年份	模拟值	实际值	误差
2010	93 612	90 212.12	-3.63%
2011	73 026	83 693.63	14.61%
2012	67 227	79 587.03	18.39%
2013	65 409	75 270.77	15.08%
2014	63 734	71 756.11	12.59%

表 12-5 氨氮排放量模拟值、实际值与误差 单位：t

年份	模拟值	实际值	误差
2010	8 352	8 321	-0.37%
2011	7 173	7 896	10.07%
2012	7 178	7 582	5.63%
2013	6 772	7 299	7.78%
2014	7 201	7 156	-0.62%

对所建立的系统动力学模型进行检验，变量模拟值与实际值的误差基本控制在 15%之内，检验结果显示模型与昆明市人口、经济、能源、资源、环境各要素实际运行的拟合程度较高。因数据选取时间区间仅为 5 年，个别变量短期内有幅度较大的波动，所以出现个别变量模拟结果误差超过 10%的情况是一种正常现象，因为社会、经济、水资源、水环境系统本身就存在许多不确定性因素，某些年份由于地区发展政策、各种自然灾害或其他外部环境的影响，表现在模型中就会出现个别误差较大的情况。可以说，系统模拟结果能够达到理想状态，数据结果有效可信，说明本研究所建立的社会、经济、水资源、水环境系统系统动力学模型成立。

（3）灵敏度分析

灵敏度分析是通过改变模型的参数值，检验这种变化对模型行为的影响。一般来说，一个稳定性较好的模型对大多数参数和变量的反应是不灵敏的，因此为了验证模型是否有效，还需进行灵敏度分析。

系统动力学模型对参数精度的要求并不像其他系统工程方法那么高，只要能满足建模要求和目的就可以。因此，参数的取值带有一定的近似性。灵敏度分析就是用来研究参数的变化对系统行为的影响程度，具体是指自变量的变动所引起的因变量的变动程度，变动越大，说明敏感性越强。通过不断地修正参数，让计算机一遍一遍地进行模拟，来预测模型中各个参数的灵敏度。

本研究的灵敏度分析选取的关键变量有地区生产总值、COD 排放量、氨氮排放量、水资源需求量，通过调整出生率、死亡率、第一产业增加值占地区生产总值比率、第二产业增加值占地区生产总值比率、各产业产生 COD 强度、各产业产生氨氮强度、城镇生活人均 COD 排放量、农村生活人均 COD 排放量、城镇生活人均氨氮排放量、农村生活人均氨氮排放量、城镇生活用水强度、农村生活用水强度、各产业用水强度等 19 个主要参数值来反映对整个系统的影响。

检验方法：2010—2014 年每个参数逐年变化 10%，考察其对 9 个关键变量的影响。依据每个关键变量可以得到 5 组针对每个参数的变化灵敏度，计算均值可代表某一特定关键变量对某一特定参数的灵敏度。之后计算出每个关键变量对某个特定参数的平均灵敏度。

从结果可知，在 19 个主要参数中，绝大多数参数的灵敏度都低于 10%，参数灵敏度均较低，说明系统对大多数参数是不敏感的。根据以上历史检验和灵敏度分析结果，可以认为模型的有效性良好，能够反映实际情况，运行比较稳定，可以继续用于昆明市社会、经济、水资源、水环境系统的模拟。

12.3.2.3　模型仿真结果

社会经济发展存在不确定性，在不同的发展路线下会出现不同的趋势和结果。为了体现模型在预警中的预测目的性，本研究主要考虑按照目前的发展趋势（BAU 发展情景，即常规情景），昆明市社会、经济、水资源、水环境等各个要素可能实现的状态。在仿真过程中，取 DT=1 年，模拟系统 2015—2025 年的运行状态，结果见表 12-6 和表 12-7。

表 12-6　BAU 发展情景下昆明市的人口与经济规模

变量	2015 年	2020 年	2025 年
总人口/万人	672.16	712.31	756.11
第一产业增加值/亿元	190.89	315.82	546.20
第二产业增加值/亿元	1 696.31	3 344.97	6 725.41
第三产业增加值/亿元	2 250.13	4 828.98	10 473.54
地区生产总值增加值/亿元	4 137.33	8 489.76	17 745.51

表 12-7 BAU 发展情景下昆明市的环境压力

变量	2015 年	2020 年	2025 年
水资源需求量/亿 m^3	32.86	37.21	46.33
COD 排放量/t	68 874.40	64 304.74	77 106.05
氨氮排放量/t	7 116.46	7 552.76	8 824.26

12.3.3 昆明市水环境承载力分析

（1）水资源供给能力

昆明市多年平均年降水量为 1 000 mm 左右，多年平均水资源总量为 73.13 亿 m^3，其中地表水资源量为 55.15 亿 m^3，地下水资源量为 17.98 亿 m^3。根据相关资料，现状条件下（2015 年），滇池流域水资源量为 35.8 亿 m^3；根据已开展的前期工程情况，到 2020 年滇池流域水资源量可增至 38.62 亿 m^3；根据《滇中引水工程规划》，滇中引水工程多年平均调水量为 34.2 亿 m^3，以引水 9.7 亿 m^3 的规模估算，到 2025 年滇池流域水资源量可增至 48.32 亿 m^3 左右。

（2）水环境容量

依据《昆明市环境保护与生态建设“十二五”规划》与《滇池流域水环境保护治理“十三五”规划》以及相关学者的研究结果，本研究中昆明市的 COD 水环境容量取 41 200 t/a、氨氮取 8 357 t/a。

12.4 昆明市水环境承载力超载状态预警

12.4.1 警兆判别与警情评判

结合前面的水环境承载力估算和仿真预测结果，对昆明市在 BAU 发展情景下的警兆进行判别。水环境承载率是指区域开发强度指标值与该区域水环境承载指标值的比值。结合模型运行结果，现状发展趋势下，昆明市的水环境承载率见表 12-8。

表 12-8 BAU 发展情景下昆明市水环境承载率

变量	2015 年	2020 年	2025 年
水资源需求量	0.917 9	0.963 3	0.958 9
COD 排放量	1.671 7	1.560 8	1.871 6
氨氮排放量	0.851 6	0.903 8	0.105 6

水资源需求量、COD 排放量和氨氮排放量在 2020 年和 2025 年的承载率均大于 0.8，说明三者均处于超载状态，且随着时间推移，承载率趋于上升，超载状态愈发恶劣，其中 COD 超载状态最为严重。因此，从警兆的判别结果来看，BAU 情景下，水资源需求量、COD 排放量和氨氮排放量的警兆指标值皆大于 0.8，且有随时间上升的趋势，故可以作为具体的警兆指标，并需要进一步对警情进行评判。

对 BAU 情景下昆明市 2015—2020 年的水环境承载力超载状态综合指数和耦合协调度进行计算，计算结果分别见表 12-9 和表 12-10。从表中可以看出，水环境承载力超载状态综合指数于 2015—2018 年维持在 1.78，于 2019—2025 年不断增大，说明超载状态逐渐恶化；2015—2025 年，耦合协调度大于 0.5、小于 0.8，社会经济总功效大于水环境总功效，说明水环境难以支撑社会经济发展，子系统互相拮抗耦合。

表 12-9　BAU 情景下昆明市水环境承载力超载状态综合指数

年份	水环境容量承载率	水资源承载率	生态需水保障指数	水环境承载力超载状态综合指数
2015	2.22	0.72	0.61	1.78
2016	2.22	0.73	0.60	1.78
2017	2.22	0.75	0.58	1.78
2018	2.22	0.76	0.56	1.78
2019	2.33	0.79	0.54	1.86
2020	2.38	0.82	0.53	1.90
2021	2.44	0.88	0.50	1.95
2022	2.56	0.93	0.48	2.04
2023	2.63	1.00	0.45	2.10
2024	2.70	1.08	0.43	2.15
2025	2.78	1.15	0.43	2.22

表 12-10　BAU 情景下昆明市社会经济与水环境耦合协调度

年份	社会经济总功效（U_1）	水环境总功效（U_2）	耦合度（C）	调和指数（T）	耦合协调度（D）
2015	0.450	0.398	0.993	0.424	0.649
2016	0.523	0.451	0.989	0.487	0.694
2017	0.597	0.485	0.979	0.541	0.728
2018	0.675	0.509	0.961	0.592	0.754
2019	0.742	0.523	0.941	0.633	0.772
2020	0.812	0.532	0.915	0.672	0.784
2021	0.883	0.534	0.882	0.708	0.790
2022	0.914	0.527	0.861	0.721	0.787
2023	0.936	0.515	0.839	0.725	0.780
2024	0.956	0.492	0.805	0.724	0.764
2025	0.975	0.456	0.754	0.716	0.734

12.4.2 警度界定与预警结果

按前文提出的警情指标标准化方法，对警情指标进行标准化，标准化后的指标值位于[0，1]，越接近1，表明警情指标对应的系统运行状态越安全；越接近0，则其危急程度越严重。

表 12-11 BAU 发展情景下警情指标标准化结果

年份	水环境容量承载率	水资源承载率	生态需水保障指数	水环境承载力超载状态综合指数
2015	0.299	0.854	0.840	0.374
2016	0.299	0.847	0.855	0.374
2017	0.299	0.836	0.870	0.374
2018	0.299	0.824	0.886	0.375
2019	0.257	0.808	0.898	0.325
2020	0.235	0.787	0.910	0.298
2021	0.211	0.749	0.934	0.269
2022	0.160	0.710	0.954	0.208
2023	0.133	0.667	0.972	0.173
2024	0.104	0.616	0.990	0.136
2025	0.073	0.567	0.993	0.096

水环境承载力超载状态的警度界定中，首先要考虑恰不超载（即承载率为1）时的警限。昆明市作为全国主体功能区划中确定的重点开发区，应考虑充分利用水环境承载力，故可在临界超载点“1”时划分轻警和安全区。同样，应考虑承载率为“1.5”时的弱超载与中等超载临界点和承载率为“2.0”时的中等超载与严重超载临界点。

基于以上考虑，结合前文的控制图法，同时将数据中$\bar{X}\pm\sigma$、$\bar{X}\pm2\sigma$、$\bar{X}\pm3\sigma$纳入考量，对警度区间进行界定。因为水环境容量承载率、水资源承载率与生态需水保障指数以及水环境承载力超载状态综合指数在本研究中分别是水质、水量、水质水量结合的体现，数据具有较明显的差异，故在划分警度时予以区分，以尊重其差异性。划分情况见表 12-12。

表 12-12 BAU 发展情景下的警度划分

警度区间	水环境容量	水资源、水生态	综合指数
巨警	[0，0.297）	[0，0.333）	[0，0.234）
重警	[0.297，0.390）	[0.333，0.469）	[0.234，0.373）
中警	[0.390，0.593）	[0.469，0.519）	[0.373，0.571）
轻警	[0.593，0.797）	[0.519，0.667）	[0.571，0.872）
安全	[0.797，1]	[0.667，1]	[0.872，1]

表 12-13　BAU 发展情景下的水环境承载力超载状态警度

年份	水环境容量承载率	水资源承载率	生态需水保障指数	水环境承载力超载状态综合指数
2015	重警	安全	安全	中警
2016	重警	安全	安全	中警
2017	重警	安全	安全	中警
2018	重警	安全	安全	中警
2019	巨警	安全	安全	重警
2020	巨警	安全	安全	重警
2021	巨警	安全	安全	重警
2022	巨警	安全	安全	巨警
2023	巨警	安全	安全	巨警
2024	巨警	轻警	安全	巨警
2025	巨警	轻警	安全	巨警

按照前文提出的警情信号灯报警法，综合水环境承载力超载状态警度及社会经济和水环境耦合协调度，输出报警结果，见表 12-14。

表 12-14　BAU 发展情景下的昆明市警情信号灯预警结果

年份	超载状态警度	耦合协调度	警情信号灯
2015	中警	0.649	橙灯
2016	中警	0.694	橙灯
2017	中警	0.728	橙灯
2018	中警	0.754	橙灯
2019	重警	0.772	橙灯
2020	重警	0.784	橙灯
2021	重警	0.790	橙灯
2022	巨警	0.787	红灯
2023	巨警	0.780	红灯
2024	巨警	0.764	红灯
2025	巨警	0.734	红灯

由预警结果可见，昆明市未来的水资源暂时处于安全状态，但社会经济发展仍给昆明市环境尤其是水环境带来较大的压力。BAU 发展情景下，昆明市的 COD 水环境承载力超载状态在 2015 年、2020 年和 2025 年皆为重警状态；氨氮水环境承载力超载状态也在 2025 年进入轻警状态，如不采取一定的排警决策，昆明市水环境将面临越来越严峻的形势。

第 13 章

基于系统动力学的北运河流域水环境承载力中长期预警

13.1 案例区概况

北运河流域位于我国京津冀地区，属于海河流域，发源于北京市昌平区燕山南麓，南临永定河流域，北临潮白河流域，地跨顺义、通州等多个区（县）。流域面积为 6 166 km^2，其中山区面积为 952 km^2，占流域总面积的 16%；平原区面积 5 214 km^2，占流域总面积的 84%。北运河流域地势总体为西北高、东南低，西北为燕山南麓地区，山脊海拔高度为 1 387.69 m，平原海拔高度在 100 m 以下。北运河干流主要由两部分组成，通州区北关闸以上河段称温榆河，北关闸以下始称北运河，沿途纳通惠河、凉水河、凤港减河、龙凤河等平原河道，最后在天津市大红桥汇入海河。流域地处暖温带大陆性季风气候区，夏季高温多雨，冬季寒冷干燥，季风性显著。北运河流域多年平均降水量约为 643 mm，其中约 80%的降水集中在 6—9 月，暴雨事件频繁发生。北运河作为北京市最重要的排水河道，承担着北京城区 90%的排水任务。清河、通惠河、凉水河等几大支流的洪水均由北运河下泄，同时北运河沿线排污口众多，污水排放量大。为了调控冬季干旱少雨、夏季多暴雨等降水季节性分配不均的情况，应在北运河干流以及支流多设置闸坝。北运河流域覆盖昌平、海淀、朝阳、东城、西城等 20 个区（县），流域人口众多，经济发达，城市化水平较高。2017 年北运河流域总人口约 1 887 万人，其中城镇人口占 85%以上；流域产业结构以第三产业为主。近年来流域经济发展迅速，2017 年地区生产总值达 2 万亿元以上。

13.2 技术方法

采用中长期预警方法，水环境承载力预警框架的步骤包括确定水环境承载力的精确定义，并选择关键指标，以识别危险，安排子系统并了解其相互作用。预测状态用于构建模型并预测每个系统的未来。分析超载状态和趋势的作用是确定未来是否会出现警兆。为了量化超载状态并评估即将出现的警兆，本研究制定了不同级别的警报级别。最后，在上述研究的基础上，通过选择合理的措施来消除风险。本研究的水环境承载力预警体系图 13-1。

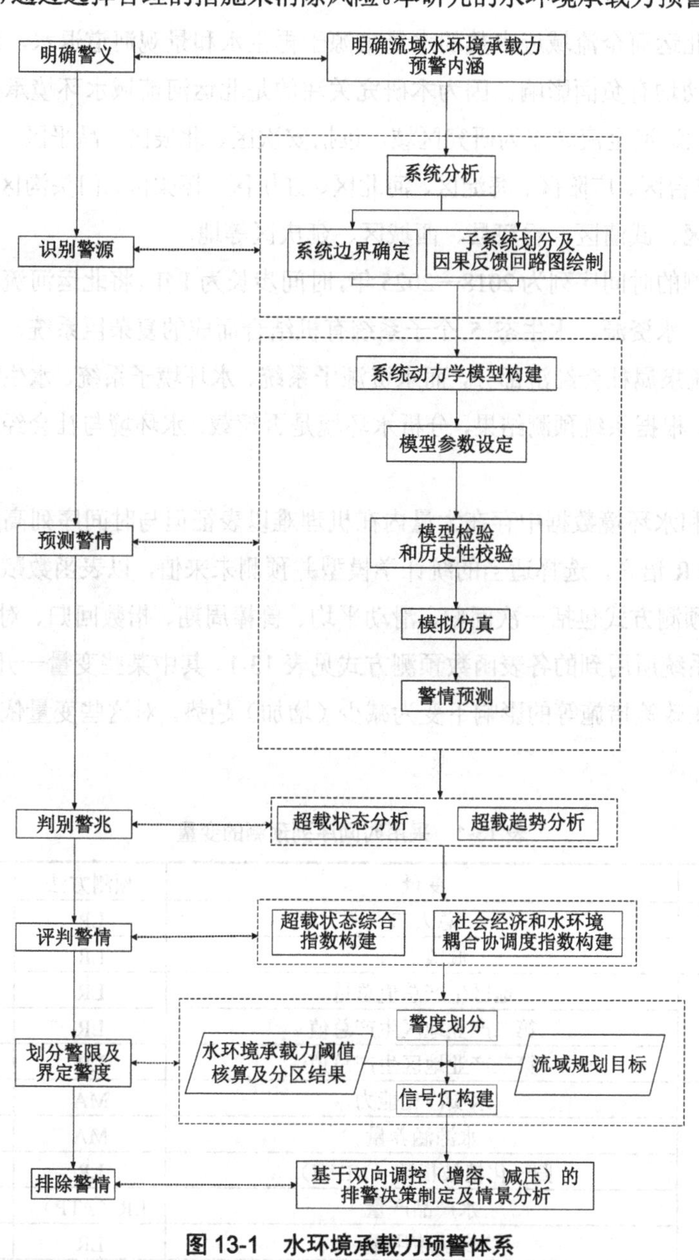

图 13-1　水环境承载力预警体系

13.2.1 明确警义

北运河流域人口稠密，经济发达。水生态、水资源和水环境承载率都是超载的，远未实现绿色可持续发展。为此，人们采取了很多措施。为了分析这些措施，长期预警的定义应该是预测承载率是否能够达到其目标，以及社会子系统和环境子系统在未来是否协调。

13.2.2 识别警源

经考察，北运河全流域近半数的水量来源于再生水和景观河道退水，这对流域内所有社会经济活动均有负面影响。因为本研究关注的是北运河流域水环境承载力对人类的影响，因此将北运河全流域作为研究区域，包括安次区、北辰区、昌平区、朝阳区、大兴区、东城区、丰台区、广阳区、海淀区、河北区、红桥区、怀柔区、门头沟区、石景山区、顺义区、通州区、武清区、香河县、西城区、延庆区等地。

本研究预测的时间序列为2018—2025年，时间步长为1年。将北运河流域看作社会、经济、水环境、水资源、水生态 5 个子系统有机结合而成的复杂巨系统，其中社会子系统、经济子系统隶属社会经济部分，而水资源子系统、水环境子系统、水生态子系统隶属生态环境部分。根据系统预测结果，分析水环境是否超载、水环境与社会经济是否协调，从而识别警源。

社会经济和水环境数据中存在大量内在机理难以表征但与时间序列高度相关的变量，利用 Python 和 R 语言，选择适当的统计学模型并预测未来值，以表函数赋值给系统动力学模型。主要预测方式包括一次回归、滑动平均、鲁棒周期、指数回归、对数回归、二次回归等，各子系统所用到的各表函数预测方式见表 13-1。其中某些变量一开始呈增加（减少）趋势，后在政策措施等的影响下变为减少（增加）趋势，对这些变量依据转折点后的数据预测。

表 13-1　采用时间序列预测的变量

子系统	变量	预测方法	备注
社会	总人口	LR	
	城镇人口	LR	
经济	地区生产总值总量	LR	
	第二产业地区生产总值	LR	
	第三产业地区生产总值	LR	
水生态	水质净化能力	MA	
	水源涵养量	MA	
	归一化植被指数（NDVI）	LR	
	水产品产量	LR（ATP）	ATP
	农药施用量	LR	

子系统	变量	预测方法	备注
水资源	人均生活用水量	MA	
	第一产业耗水量	LR	
	地表水资源总量	STL	
	地下水资源总量	STL	
	第二产业万元地区生产总值耗水量	LR	
水环境	第一产业 COD 排放量	LR	
	第一产业氨氮排放量	LR	
	第一产业总氮排放量	ER	
	第一产业总磷排放量	ER	
	生活 COD 排放量	LR（ATP）	ATP
	生活氨氮排放量	LR（ATP）	ATP
	生活总氮排放量	LR（ATP）	ATP
	生活总磷排放量	LoR	
	污水处理厂 COD 排放量	MA	
	污水处理厂氨氮排放量	MA	
	污水处理厂总磷排放量	ER	
	第二产业 COD 排放量	MA	
	第二产业氨氮排放量	MA（ATP）	ATP
	污水处理能力	LR	
	污水处理厂处理能力	ER	
	再生水量	LR（ATP）	ATP
	环保投资	QR	
	COD 浓度	STL	
	氨氮浓度	STL	
	总磷浓度	LoR（ATP）	ATP

注：表中，LR 表示一次回归（Linear Regression），MA 表示滑动平均（Moving Average），STL 表示鲁棒周期（Seasonal and Trend Decomposition Using Loess），ER 表示指数回归（Exponential Regression），LoR 表示对数回归（Logarithmic Regression），QR 表示二次回归（Quadratic Regression）。某些变量一开始呈增加（减少）趋势，后在政策措施等的影响下变为减少（增加）趋势，对这些变量依据转折点后的数据预测，备注为 ATP（After the Turning Point）。

13.2.3 预测警情

（1）子系统构建

所构建的基于系统动力学的水环境承载力超载状态模拟系统是由经济子系统、社会子系统、水生态子系统、水资源子系统、水环境子系统构成的，其中社会子系统、经济子系统用于表征社会经济情况，水生态子系统、水资源子系统、水环境子系统用于表征水环境情况，各子系统间以直接和间接的反馈作用相互影响（见图 13-2），各子系统分别输出量化指数，其中水生态子系统、水资源子系统、水环境子系统还会分别输出承载状态警度。水环境承载力超载状态模拟系统是对各子系统的综合集成，通过分析各量化指数，评价水环境和社会经济的耦合协调度，分析水生态警度、水质警度、水资源承载力承载状态警度，预测水环境承载力超载状态警度，结合耦合协调度与超载状态警度输出警灯。

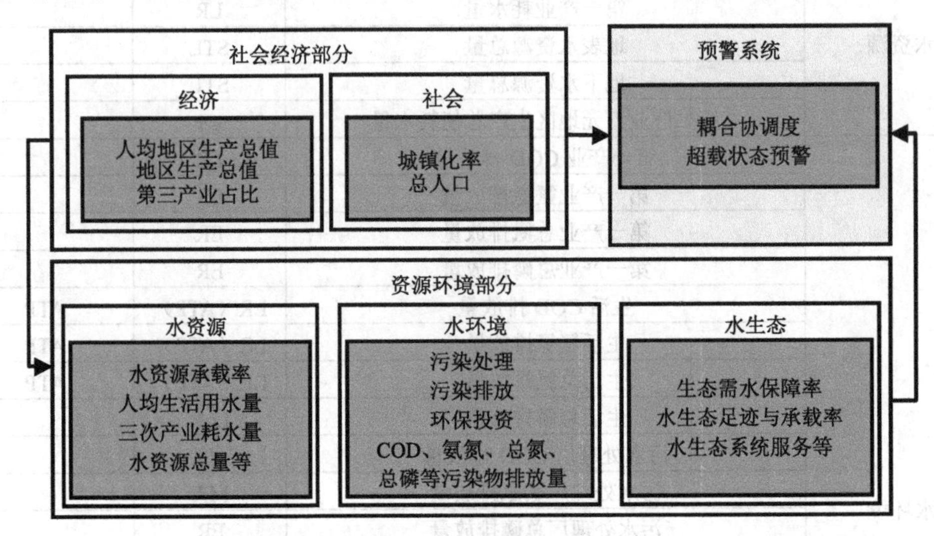

图 13-2　子系统间的关系

（2）模型检验

基于系统动力学构建的模型大都存在一定误差。为明确误差是否处于可接受的范围内，可输入以往某一年的数据，对后几年做出预测并将预测结果与实际值进行对比，以此来判别系统动力学模型是否合理。由于环境子系统和社会子系统均存在影响因素多且复杂的问题，不可能像物理、化学实验那样达到相当精确的预测程度，一般认为预测值与实际值的误差不大于 15%即为合理。

（3）未来情景模拟

根据以上方法和所建模型，分别预测各子系统的量化指数，具体包括对水环境子系统、水资源子系统、水生态子系统的预测和对未来社会经济方面的预测。其中，社会子系统应考虑总人口、城镇化率等，经济子系统应考虑地区生产总值、三次产业地区生产总值占比等，水环境子系统应综合考虑 COD、氨氮、总氮、总磷排放量等，水生态子系统应考虑水生态足迹与承载率、生态需水保障率等，水资源子系统应考虑人均生活用水量、三次产业耗水量、水资源总量等。

13.2.4　判别警兆

在以往的水环境承载力预警研究中，大都依据承载率大小进行警兆判别，这一判别方法存在一定漏洞，如一个承载力略大于水环境压力而社会经济高度发展的地区相较于承载力远大于水环境压力但极度贫困的地区更符合人类需要，因此本研究将结合承载率大小和承载力与社会环境发展是否协调两方面因素来实现警兆判别。

13.2.5 评判警情

依据以上分析，将来可能存在水环境长期超载、社会经济和水环境不能协调发展的警兆，故需构建母系统模型以定量分析水环境承载力超载状态、社会经济和水环境协调程度，从而实现对整个北运河流域水环境承载力超载警情的评价。

13.2.6 划分警限及界定警度

上述警情评价结果从两个侧面量化了水环境承载力情况，而在一般的超载状态预警工作中，需通过警情分级来表征警情的严重程度。本研究拟结合总体的超载状态警度和耦合协调度输出警灯，警灯的规制方法见表 5-5。警灯严重程度依蓝灯、绿灯、黄灯、橙灯、红灯递增，其中蓝灯表明没有警情，红灯表明警情十分严重，最终形成的母系统系统动力学流图见图 13-3。

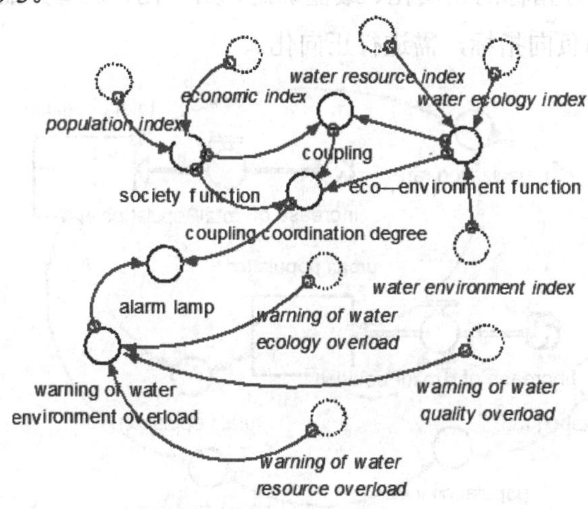

图 13-3　水环境承载力超载状态母系统系统动力学流图

13.2.7 排除警情

根据警度界定结果，分析是否存在警情。警情的出现可能有两种情况，一是水环境承载率过高，则分水环境、水生态、水资源 3 个子系统进行研究，可能的原因有水资源供给不足、水生态破坏严重、水环境污染重等，可根据具体问题提出相应对策；二是水环境情况与社会经济情况不相匹配，可能的原因有经济发达而环境治理能力相对滞后、环境保护良好但过于贫困等，可选择合适当地经济发展与环境治理现状的措施加以整治。

13.3 社会-经济-水生态-水资源-水环境子系统构建

本研究将北运河流域看作社会、经济、水生态、水资源、水环境 5 个子系统有机结合而成的复杂巨系统，其中社会子系统、经济子系统隶属社会经济部分，水资源子系统、水环境子系统、水生态子系统隶属资源环境部分，所构建的系统动力学模型如下。

13.3.1 社会子系统

通过时间序列分析预测城镇人口和总人口，据此求得城镇化率和农村人口，人口指数由城镇化率和总人口构成。社会子系统系统动力学流图见图 13-4。首先对负向指标正向化，然后采用 3σ 方法界定二者各自的最大值、最小值，进行归一化，具体如式（13-1）～式（13-3），将各指标归一化后的数值在 Python 中采用熵权法分配权重，加和求得最终结果。其他子系统各指标的正向化、最值确定、归一化、权重分配均采用此方法。社会子系统中，总人口为负向指标，需进行正向化。

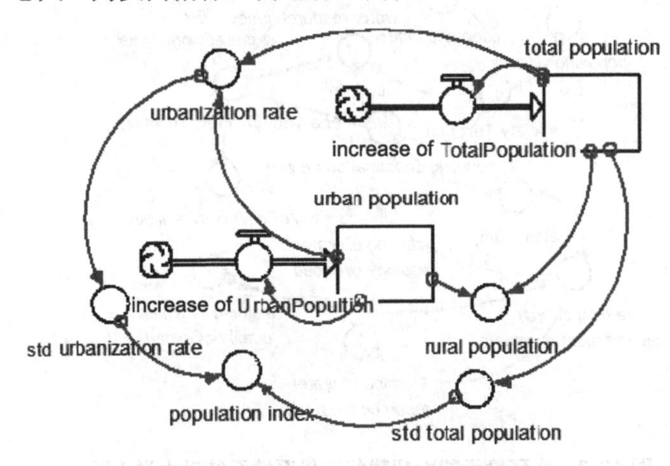

图 13-4　社会子系统系统动力学流图

$$x_i' = \frac{1}{x_i} \tag{13-1}$$

$$\sigma = \sqrt{\frac{1}{N}\sum_{i=1}^{N}\left(x_i' - \overline{X}\right)^2} \tag{13-2}$$

$$x_i'' = \frac{x_i' - 3\sigma}{6\sigma} \tag{13-3}$$

式中：x_i —— 某负向指标第 i 个指标值；

x_i' —— 某负向指标第 i 个指标值正向化后的值或某正向指标第 i 个指标值；

$\bar{X}$ —— x_i' 的均值；

N —— 某指标数据量；

σ —— 某指标标准差；

x_i'' —— 某指标第 i 个指标值归一化后的结果。

13.3.2 经济子系统

通过时间序列分析预测地区生产总值总量、第二产业地区生产总值和第三产业地区生产总值，据此求得第一产业地区生产总值和第三产业占比；用地区生产总值总量结合社会子系统求得的总人口，可得人均地区生产总值。经济指数由人均地区生产总值、地区生产总值、第三产业占比构成，这三者均为正向指标，无须正向化，首先确定极值，然后进行归一化、权重分配，加和求得最终结果。经济子系统系统动力学流图见 13-5。

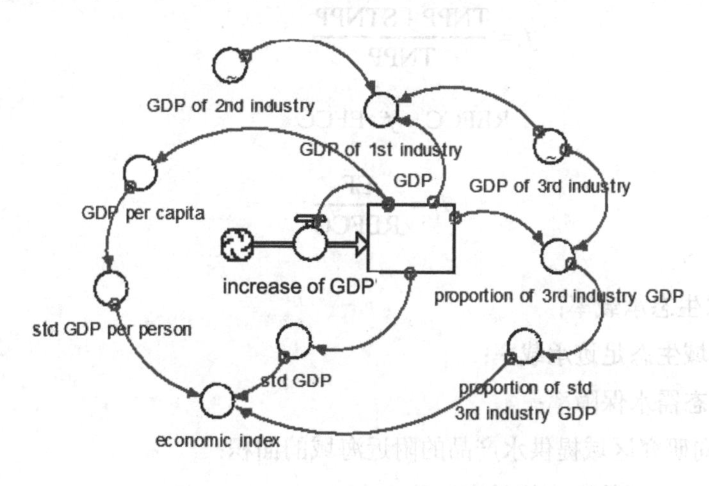

图 13-5 经济子系统系统动力学流图

13.3.3 水生态子系统

水生态承载率包括水域生态足迹承载率（EFCR）和生态需水保障率。如式（13-4）所示，它们通过内梅罗指数法进行组合（寇文杰等，2012）。该指数在加权过程中不仅考虑了平均值，还考虑了极值。EFCR 是生态足迹的延伸，生态足迹是陆地区域的经典生态评估方法。生态需水保障率来源于之前关于水生态评估的研究（崔丹等，2018）。EFCR 是水域生态足迹和生态承载力的商。水域生态足迹在以往关注区域生态承载力的研究中已有记载，而生态承载力是流域生态承载力的产物和一个因子。以往的研究已经记录了北运河流域的生态承载力，但大多数研究没有考虑渤海提供的承载力。然而，渤海所承载的北运河流域生态足迹不容忽视。考虑到水域的生态承载力与水域的净初级生产力（NPP）密切相关，引入一个因子。首先，为北运河流域提供承载力的渤海区域面积为式（13-5）中的 SA。其次，可以计算出渤海为北运河流域提供的总 NPP，如式（13-6）所示。最后，可以指定系数，如式（13-7）所示。这样就可以计算出水域的实际生态足迹承载力，如式（13-8）所示。

$$R=\sqrt{\frac{\left[\mathrm{MAX}\left(I_i,I_j\right)\right]^2+\left[\mathrm{AVG}\left(I_i,I_j\right)\right]^2}{2}} \tag{13-4}$$

$$\mathrm{SA}=\frac{C}{\mathrm{TC}}\times\mathrm{TSA} \tag{13-5}$$

$$\mathrm{STNPP}=\mathrm{SANPP}\times\mathrm{SA} \tag{13-6}$$

$$f=\frac{\mathrm{TNPP}+\mathrm{STNPP}}{\mathrm{TNPP}} \tag{13-7}$$

$$\mathrm{REFCC}=f\cdot\mathrm{EFCC} \tag{13-8}$$

$$I_i=\frac{\mathrm{EF}}{\mathrm{REFCC}} \tag{13-9}$$

式中：R —— 水生态承载率；

I_i —— 水域生态足迹承载率；

I_j —— 生态需水保障率；

SA —— 向研究区域提供水产品的附近海域的面积；

C —— 研究区域的海岸线长度；

TC —— 渤海区域的总海岸线长度；

TSA —— 提供水产品的渤海区域面积。

STNPP —— 附近海域提供的总 NPP；

SANPP —— 渤海每单位面积的平均 NPP；

f —— 水域生态足迹因子；

TNPP —— 流域内河流提供的总 NPP；

REFCC —— 水域的真实生态足迹承载力；

EFCC —— 不考虑附近渤海水产品的水域生态足迹承载力；

EF —— 水域生态足迹。

水生态子系统系统动力学流图见图 13-6。

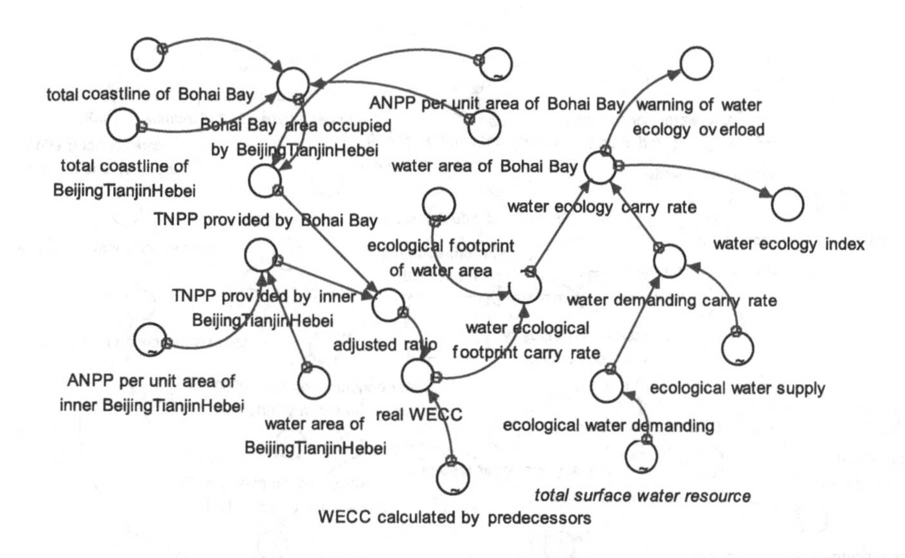

图 13-6　水生态子系统系统动力学流图

13.3.4　水资源子系统

通过时间序列分析预测人均生活用水量、第一产业耗水量、地表水资源总量、地下水资源总量、第二产业万元地区生产总值耗水量。基于第二产业万元地区生产总值耗水量和第二产业地区生产总值求得第二产业耗水量，基于人均生活用水量和总人口求得生活用水总量，将第二产业耗水量、生活用水总量和第一产业耗水量加和得到总耗水量。基于地表水资源总量和地下水资源总量求得总水资源量，同时基于生活用水总量、总水资源量和再生水量求得水资源承载率。基于第一产业耗水量和第一产业地区生产总值求得第一产业万元地区生产总值耗水量。

采用对水资源承载率分级的方法得到水资源预警，考虑到北运河流域水资源短缺现状，水资源警度的界定也应适当放宽。本研究认为当水资源承载率在［0，0.8）时为安全，在［0.8，1.6）时为轻警，在［1.6，2）时为中警，在［2，2.5）时为重警，在［2.5，+∞）时为巨警。采用熵权法构建水资源指数，包括水资源承载情况和水资源利用指数两个分量，对水资源承载率正向化、确定极值、进行归一化后分配权重求得水资源承载情况，用归一化后的单位水资源农业地区生产总值产量、单位水资源工业地区生产总值产量和人均用水情况分配权重求得水资源指数。水资源子系统系统动力学流图见图 13-7。

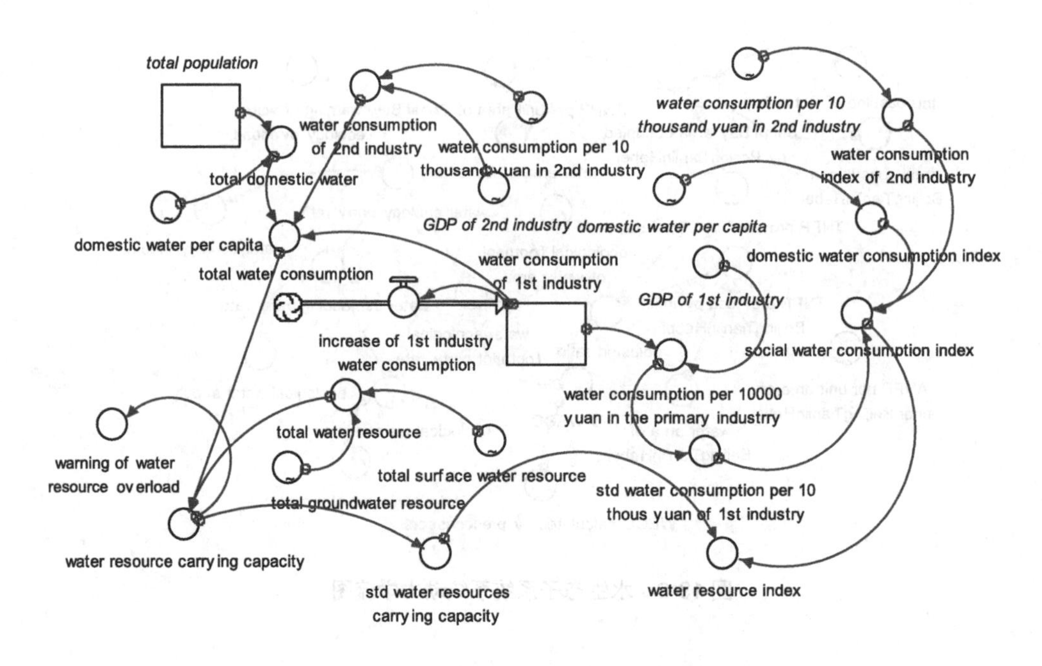

图 13-7 水资源子系统系统动力学流图

13.3.5 水环境子系统

通过时间序列分析预测第一产业、第二产业、第三产业和生活源的 COD、氨氮、总氮、总磷排放量，污水处理厂的 COD、氨氮、总磷排放量，污水处理厂年处理量，污水处理厂处理能力，再生水量，环保投资以及河流 COD、氨氮、总磷浓度。基于生活源、第一产业、第二产业、污水处理厂 COD 排放量求得总 COD 排放量，基于生活源、第一产业、第二产业、污水处理厂氨氮排放量求得总氨氮排放量，基于生活源、第一产业总氮排放量求得总氮排放量，基于生活源、第一产业、污水处理厂总磷排放量求得总磷排放量，基于环保投资和地区生产总值求得环保投资占地区生产总值的比重，基于河流 COD 浓度和河流最大允许 COD 浓度求得 COD 承载率，基于河流氨氮浓度和河流最大允许氨氮浓度求得氨氮承载率，基于河流总磷浓度和河流最大允许总磷浓度求得总磷承载率，将 COD 承载率、氨氮承载率、总磷承载率的最大值作为水环境承载率，以突出短板效应带来的问题。

采用层次分析法、熵权法构建水环境指数，准则层包括污染排放、环境现状、污染处理和环保投资 4 个部分，指标层中污染排放包括 COD 排放量、氨氮排放量、总氮排放量、总磷排放量，环境现状包括 COD 浓度、氨氮浓度、总磷浓度，污染处理包括污水处理厂年处理量、污水处理厂处理能力、再生水量，环保投资包括流域内环保支出、流域内环保投资占地区生产总值的比重等。水环境预警方法采用水环境承载率分级得到，由于北运河水质较差，因此采用较为宽松的超载状态分级方法，认为当水环境承载率在［0，1.5）时为安全，在［1.5，2.5）时为轻警，在［2.5，3.5）时为中警，在［3.5，4.5）时为重警，在［4.5，+∞）时为巨警。水环境子系统系统动力学流图见图 13-8。

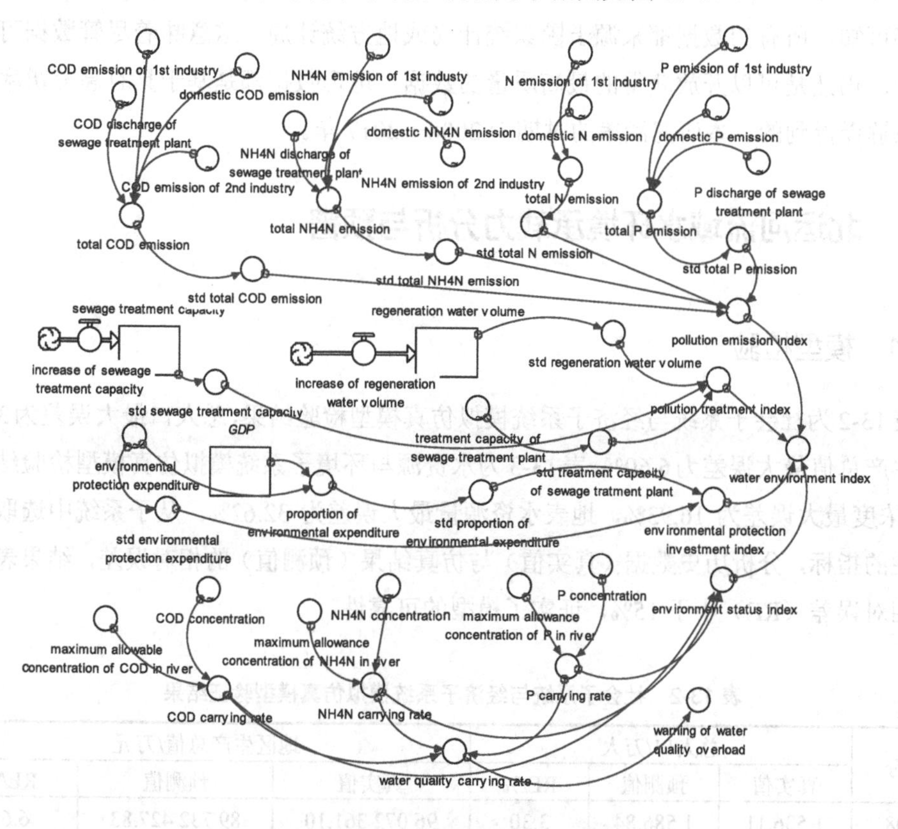

图 13-8　水环境子系统 SD 流图

13.4　北运河流域社会-经济-水生态-水资源-水环境模型的模拟仿真

13.4.1　参数设置

方程参数为系统的整体运行提供支持，模型中的参数有初始值、常数值、函数、表函数等。对那些随时间变化不甚显著的参数亦近似地取为常数值，在模型中较多地使用了表函数，有效地处理了很多非线性问题。在本研究中参数的确定主要运用了趋势外推法、平均值法、直接确定法（具体方法见 12.3.2）。

13.4.2　数据来源

本研究中模型参数的数据资料主要来源于《北京年鉴》《廊坊经济统计年鉴》《天津统

计年鉴》《河北农村统计年鉴》《北京农村年鉴》《中国区域经济统计年鉴》《天津市北辰年鉴》《天津武清年鉴》《天津市水资源公报》，以及环境统计数据、中国科学院资源环境科学与数据中心（http：//www.resdc.cn/）和地理空间数据云（http：//www.gscloud.cn/）。根据年鉴可知，所有的数据都来源于国家统计局或地方统计局，这意味着尽管数据可能存在误差，仍然是可以开放获得的最高质量的数据。地理数据都是基于具有高分辨率的遥感影像解译得到的。本研究涵盖的时期为2008—2017年。

13.5 北运河流域水环境承载力分析与预警

13.5.1 模型检验

表13-2为社会子系统与经济子系统模拟仿真模型检验结果，总人口最大误差为3.91%，地区生产总值最大误差为6.60%。表13-3为水资源与环境子系统模拟仿真模型检验结果，COD浓度最大误差为16.93%，地表水资源量最大误差为32.62%。从子系统中选取具有代表性的指标，分析历史数据（真实值）与仿真结果（预测值）的相对误差，结果表明大部分相对误差（RE）小于15%，证实了模型的可靠性。

表13-2 社会子系统与经济子系统模拟仿真模型验证结果

年份	总人口/万人			地区生产总值/万元		
	真实值	预测值	RE/%	真实值	预测值	RE/%
2008	1 536.11	1 586.84	3.30	96 072 361.10	89 732 427.83	6.60
2009	1 570.94	1 628.37	3.66	105 558 808.79	106 463 439.55	0.86
2010	1 691.88	1 669.91	1.30	121 899 344.87	123 194 451.27	1.06
2011	1 750.33	1 711.44	2.22	139 985 591.62	139 925 462.99	0.04
2012	1 797.46	1 752.98	2.47	154 577 516.01	156 656 474.71	1.34
2013	1 841.34	1 794.51	2.54	169 744 549.89	173 387 486.43	2.15
2014	1 875.31	1 836.05	2.09	187 177 121.70	190 118 498.15	1.57
2015	1 888.78	1 877.58	0.59	201 656 045.81	206 849 509.87	2.58
2016	1 898.42	1 919.12	1.09	226 640 738.02	223 580 521.59	1.35
2017	1 886.94	1 960.65	3.91	246 907 727.77	240 311 533.31	2.67

表13-3 水资源与水环境子系统模拟仿真模型验证结果

年份	COD浓度/（mg/L）			地表水资源量/万 m^3		
	真实值	预测值	RE/%	真实值	预测值	RE/%
2008	45.78	46.49	1.54	64 327.37	73 138.79	13.70
2009	48.72	44.84	7.98	49 443.03	56 235.71	13.74
2010	41.03	43.19	5.26	44 916.92	45 042.75	0.28

年份	COD 浓度/（mg/L）			地表水资源量/万 m³		
	真实值	预测值	RE/%	真实值	预测值	RE/%
2011	35.52	41.53	16.93	56 295.16	60 516.86	7.50
2012	41.91	39.88	4.82	73 332.94	75 495.79	2.95
2013	39.95	38.23	4.29	46 332.45	58 592.71	26.46
2014	37.43	36.58	2.26	35 740.50	47 399.75	32.62
2015	38.68	34.93	9.68	55 310.44	62 873.86	13.67
2016	32.72	33.28	1.71	71 149.38	77 852.79	9.42
2017	28.86	31.63	9.62	62 324.97	61 949.71	0.60

13.5.2　警度界定与预警结果

（1）超载状态与发展趋势分析

在社会经济部分中，社会子系统预测结果表明，总人口呈现稳步增加趋势，而城镇化率基本保持稳定，人口指数呈现逐年下降趋势。经济子系统预测结果表明，人均地区生产总值、地区生产总值总量均稳步增长，第三产业占比基本保持稳定，经济指数稳步增加。

研究区域社会子系统、经济子系统预测结果见图 13-9。

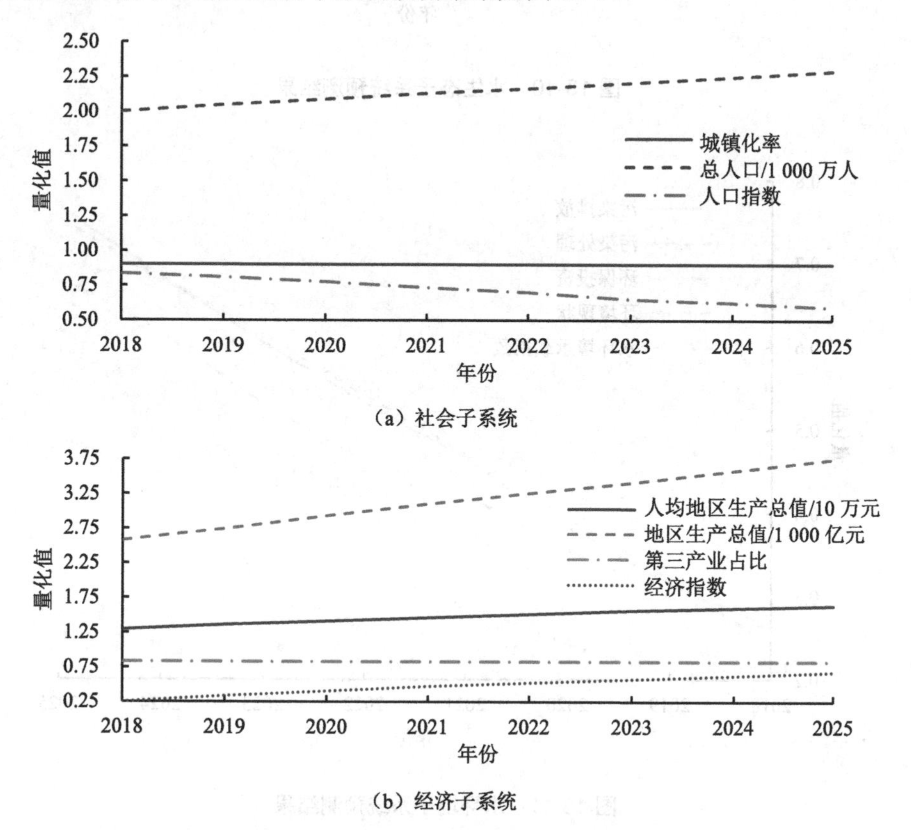

（a）社会子系统

（b）经济子系统

图 13-9　社会子系统、经济子系统预测结果

在水资源与水环境部分中，水生态子系统预测结果表明（见图 13-10），生态系统维持逐年提升，生态系统服务长期上下波动，从而使得水生态承载指数呈缓慢上升趋势。水环境子系统预测结果表明（见图 13-11），污染排放、污染处理、环保投资、环境现状等都呈向好趋势，因而水环境承载指数逐年上升。水资源子系统预测结果表明（见图 13-12），社会经济耗水情况逐年好转，水资源短缺问题波动好转，因而水资源承载指数波动上升。

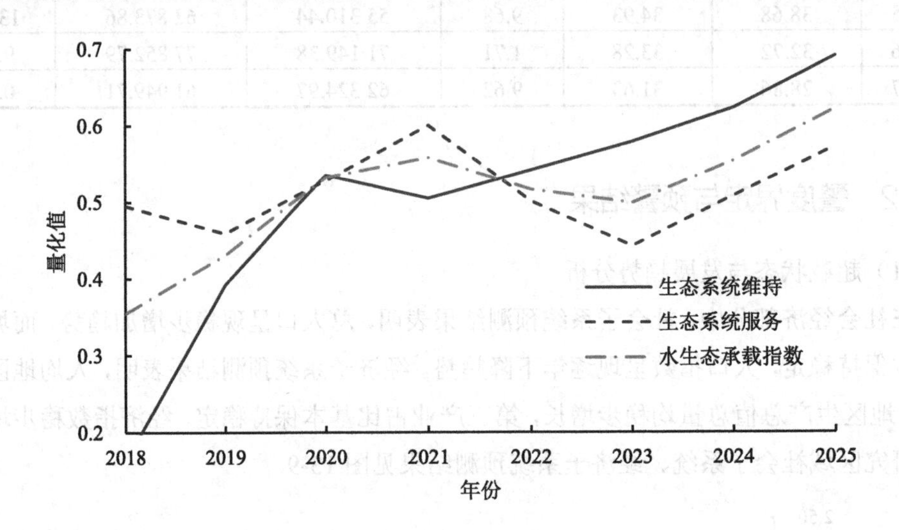

图 13-10 水生态子系统预测结果

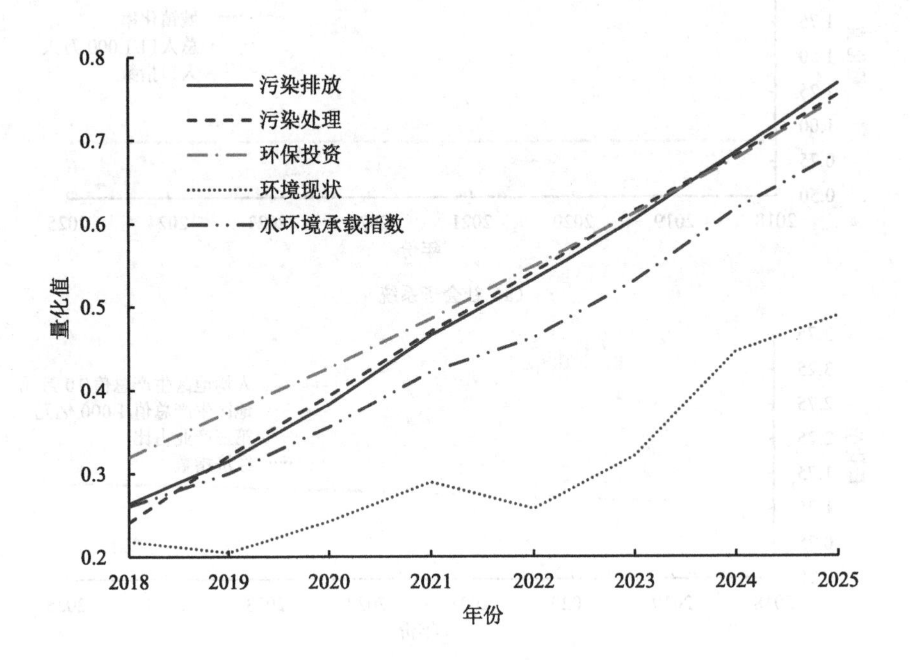

图 13-11 水环境子系统预测结果

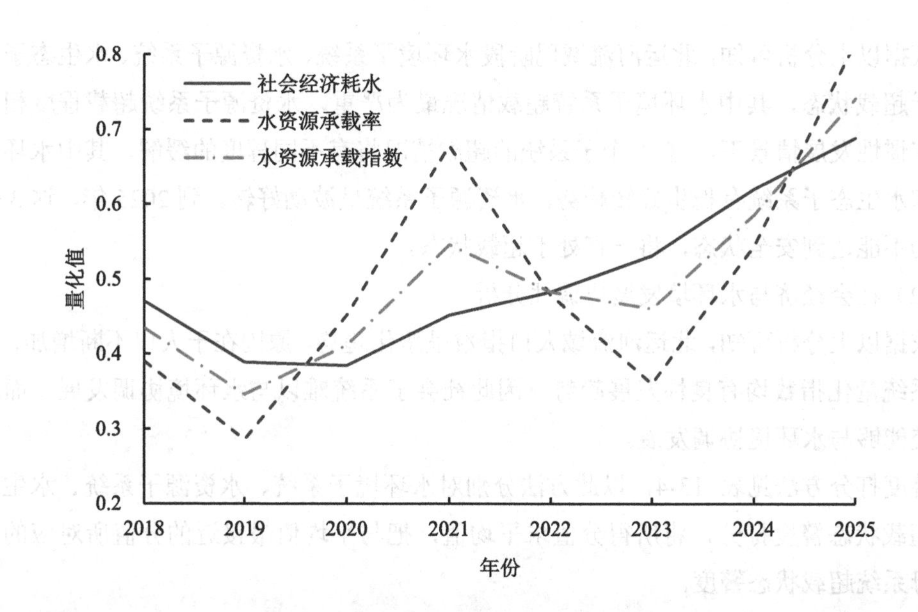

图 13-12　水资源子系统预测结果

基于以上结果，预测 2018—2025 年北运河流域水环境子系统、水生态子系统、水资源子系统超载状态，结果见图 13-13。可知水环境子系统超载状态最为严重，水资源子系统超载状态较为轻微。除水资源子系统超载状态呈波动好转外，水环境子系统、水生态子系统超载状态均随时间变化稳步好转，且水生态子系统恢复较快，而水环境子系统恢复较慢。到 2025 年，预计水资源子系统与水生态子系统将恢复到轻警，水环境子系统将恢复到中警。

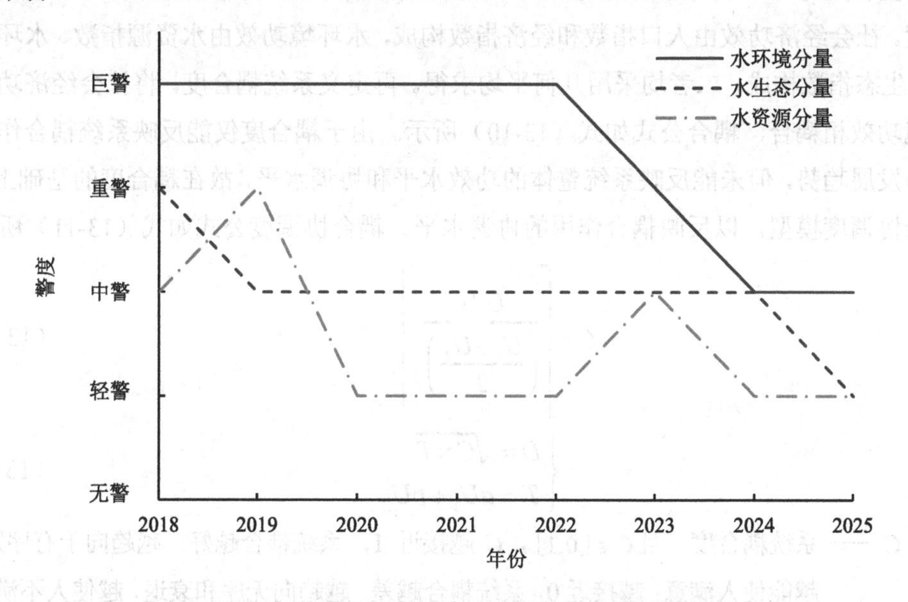

图 13-13　水环境、水生态、水资源分量超载状态预警

依据以上分析可知，北运河流域现阶段水环境子系统、水资源子系统、水生态子系统均处于超载状态，其中水环境子系统超载情况最为严重，水资源子系统超载程度相对轻微。在惯性发展情景下，这 3 个子系统的超载情况将有不同程度的缓解，其中水环境子系统和水生态子系统有稳步好转趋势，水资源子系统呈波动好转。到 2025 年，这 3 个子系统仍不能达到安全状态，将一直处于超载状态。

（2）社会经济与水环境发展协调性分析

依据以上分析可知，北运河流域人口指数呈恶化趋势，原因在于人口不断增加，其他各子系统量化指数均有良性发展趋势，因此社会子系统难以与水环境协调发展，而经济子系统能够与水环境协调发展。

警度打分方法见表 13-4，以此方法分别对水环境子系统、水资源子系统、水生态子系统超载状态警度打分，将所得分值求平均值，把与平均值最接近的分值所对应的警度作为母系统超载状态警度。

表 13-4　警度打分方法

警度	赋分	警度	赋分
安全	1	重警	4
轻警	2	巨警	5
中警	3		

借鉴崔丹等（2018）的经济社会与水生态耦合量度方法，构造社会经济与水环境耦合协调度。社会经济功效由人口指数和经济指数构成，水环境功效由水资源指数、水环境指数、水生态指数构成，二者均采用几何平均求得。再定义系统耦合度，将社会经济功效和水环境功效相耦合，耦合公式如式（13-10）所示。由于耦合度仅能反映系统耦合作用的强度和发展趋势，但未能反映系统整体的功效水平和协调水平，故在耦合度的基础上，构造耦合协调度模型，以反映耦合作用的协调水平。耦合协调度公式如式（13-11）所示。

$$C=\left[\frac{U_1U_2}{\left(\frac{U_1+U_2}{2}\right)^2}\right]^2 \tag{13-10}$$

$$\begin{cases} D=\sqrt{C\times T} \\ T=aU_1+bU_2 \end{cases} \tag{13-11}$$

式中：C —— 系统耦合度，且 $C\in[0,1]$，C 越接近 1，系统耦合越好，越趋向于有序发展，越能使人满意；越接近 0，系统耦合越差，越趋向无序和衰退，越使人不满意；

U_1 —— 社会经济功效；

U_2 —— 水环境功效；

D —— 整个系统的耦合协调度；

T —— 社会经济与水环境耦合协调度，反映了系统整体的协调水平；

a、b —— 待定系数，可调和子系统在整体系统中的重要程度，一般认为社会经济发展与水环境同等重要，故取 $a=b=0.5$。

依据以上分析，即可实现对北运河全流域水环境承载力承载状态、社会经济与水环境耦合协调程度的量化评价。

（3）预警结果分析

社会经济与水环境耦合协调度预测结果见图 13-14，可知社会经济功效和水环境功效都在向好发展，其中水环境功效最初不如社会经济功效，但是其优化速度更快，耦合协调度也逐渐向好发展。

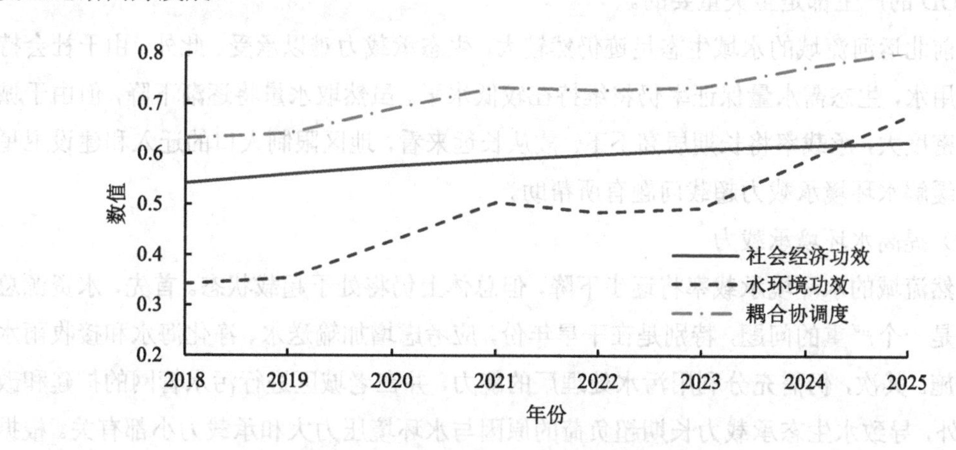

图 13-14　社会经济与水环境耦合协调度

综合水环境承载力超载状态警度和社会经济与水环境耦合协调度，输出的报警结果见表 13-5。可知在惯性发展情景下，随着超载状态警度的逐渐好转和耦合协调度的向好发展，警情信号灯也逐年好转，到 2025 年可以恢复到黄灯。

表 13-5　预测警灯

年份	超载状态预警	耦合协调度	警灯
2018	重警	0.654 258	橙灯
2019	重警	0.669 212	橙灯
2020	重警	0.680 664	橙灯
2021	重警	0.709 458	橙灯
2022	重警	0.738 098	橙灯

年份	超载状态预警	耦合协调度	警灯
2023	重警	0.771 236	橙灯
2024	中警	0.784 193	黄灯
2025	中警	0.790 901	黄灯

13.5.3 排警决策建议

（1）缓解水环境压力

未来北运河流域水环境压力将稳步下降，但由于持续严重的污染，其水环境压力在很长一段时间内仍然会很高，需要采取措施减轻压力。而且尽管北运河流域氨氮污染仍较多，但随着污水处理厂处理能力的增强，对环境的影响将逐步减少；总磷和 COD 的排放仍是未来需要长期面临的问题，主要是由于前者不易降解，而后者源于持续的生活污染排放。因此，北运河流域内定期清理淤泥以减少总磷沉积以及控制合流式污水溢流以降低 COD 的产生都是至关重要的。

目前北运河流域的水域生态足迹仍然较大，生态承载力难以承受。此外，由于社会持续大量用水，生态需水量保证率仍将维持在较低水平。虽然取水量将逐渐下降，但由于城市人口密度大，承载率将长期居高不下。故从长远来看，地区限制人口的迁入和建设卫星城会对缓解水环境承载力超载问题有所帮助。

（2）提高水环境承载力

虽然流域的水环境承载率将逐步下降，但总体上仍将处于超载状态。首先，水资源总量短缺是一个严重的问题，特别是在干旱年份，应考虑增加输送水、净化海水和接收雨水量等措施。其次，仍需充分利用污水处理厂的能力，并在老城区进行污水管网的扩建和改造。此外，导致水生态承载力长期超负荷的原因与水环境压力大和承载力小都有关。根据斑块廊道基础理论，应建设生态廊道，因为连通断面可以显著增加生物量，从而提高水生态承载力。

（3）协调社会经济与环境的关系

只要保持环境的可持续，社会经济与环境之间的关系就会得到改善。因此，必须制定和实施加强社会经济与环境协调的机制。根据上述讨论，北运河流域的双向调控排警措施见表 13-6。

表 13-6 双向调控排警措施

角度	措施		
	减压	增容	促进协同
水生态	生态补偿	生态廊道	维持现有协同机制
水环境	定期清淤、控制合流制溢流	扩建污水管网	
水资源	迁入限制、卫星城	调水、净水和再生水	

第 14 章

水环境承载力监测预警机制设计

为确保水环境承载力监测预警工作顺利实施，在综合考虑水环境承载力监测预警系统组成、工作流程与利益相关方等的基础上，构建水环境承载力监测预警机制，具体包括预警工作协调机制、分工协作机制、考核监督机制、奖惩机制与双向调控响应机制等；从水环境承载力动态评估与预警角度，建立健全河长制责任体系与考核奖惩机制，从水环境承载力监测预警角度，为落实河长制提供支撑。

14.1　水环境承载力监测预警系统

14.1.1　监测预警系统组成

水环境承载力预警是在流域水环境承载力动态监测的基础上，利用科学的预警技术方法，对水环境承载力超载状态提前进行预判，并提出相应的警告；在此基础上，为避免严重超载而导致损失，针对不同警度水平，提出排警措施。

水环境承载力监测预警工作涉及水环境承载力承载状态监测、预判、警告与排警，以及根据水环境承载力承载状态预警结果，对流域水系统进行监督与考核等管理工作。水环境承载力监测预警工作是由技术人员完成的，流域管理是由管理部门实施的。

（1）水环境承载力监测

水环境承载力监测的目的在于通过各种手段获取水环境承载力预警所需要的数据信息。社会经济形势预警需要社会经济系统运行数据信息。同样，水环境承载力预警所需的信息不仅涉及水环境质量监测信息，还包括整个水系统运行数据信息，涉及社会经济水系统和自然水资源、水环境与水生态系统；不仅涉及水域，还涉及陆域，包括水资源量、水环境容量、用水、排水与水生态指标。

本研究将水环境承载力预警分为两种类型：一是面向水环境承载力监管的，基于行政单元统计数据的水环境承载力预警；二是面向水系统规划的，基于控制单元的水环境承载力预警。前者基于行政单元统计数据，其监测即获取流域水系统运行信息的途径为统计数据，包括乡镇、区县与地市社会经济统计年鉴、环境统计年报、水资源年报和气象、水文与土地利用等数据信息，这些信息涉及统计、生态环境、水务、气象与自然资源部门；后者基于水污染控制单元，其预警结果服务于流域水系统规划，需要建立水文与水环境质量模型，并核算各控制单元的水资源供给能力、水环境容量、水资源需求与水污染物排放，因此要求预警信息更科学精细，必要时还需要进行现场试验。

与面向水环境承载力监管的水环境承载力预警中采用基于行政单元统计数据的水环境容量指数不同，面向水系统规划的基于控制单元的水环境承载力预警需要计算各控制单元的水环境容量，因此要建立水环境质量模型。这就需要计算设计流量，而设计流量是依据10年逐日水文数据确定的；其他诸如点面源、水资源与水生态数据可按网格（网格大小取决于研究区大小）核算，也可按控制单元核算。由此可见，水环境承载力预警信息获取尽管涉及的部门与前者类似，但是要求的科学性与数据精度更高，监测（数据获取）工作也更复杂，需要投入的人力、物力与时间更多。

（2）水环境承载力预警

水环境承载力预警包含明确警义、识别警源、预测警情、判别警兆、评判警情、划分警限及界定警度、排除警情等多个步骤，详见2.3节，本章不再赘述。

（3）基于水环境承载力预警的水系统监督考核

基于水环境承载力预警的水系统监督考核中，第一，需要制定科学的制度规范，不仅需要依据上级制定的制度细则明确各部门在考核中的权责，还要明确任务实施细节、工作流程、时间节点等，确保考核工作顺利推进。第二，需要明确考核目标及重点，结合预警工作实际情况构建科学的指标体系，并根据实际情况以考核周期为标准对指标不断进行微调。第三，需要对考核实践过程加强监督管理，依托大数据平台实现实时监测，建立水环境承载力预警的大数据平台。第四，细化责任人员的奖惩措施，明确权责，实施绩效考核制度，将考核结果纳入考评体系，作为干部任免奖惩的重要依据之一；通过编制明确的权责清单，制定相关细则，健全定责、分责、追责制度，树立有效的绿色发展政绩导向。第五，注重考核中社会力量的广泛参与，通过引入公众评审团制度、借助媒体平台等方式将公众参与引入考核过程中，切实发挥舆论引导作用，扩大考核的影响面，接受社会各界的广泛监督。

（4）基于水环境承载力预警的应急响应排警

水环境承载力预警的最终目的在于排除警情，根据流域水环境承载力预警结果，结合流域或区域现状和现有的环保政策，在“增容与减压”双向调控与“守、退、补”理念指导下，根据不同流域或区域的管治需求，提出排警策略与分区调控措施：对于承载状态良好、没有出现警情的地区，特别是上游源头水与水源地，需守住水生态底线；对于临近超载的地区，应尽量腾退生态空间，留出承载余量，防治水生态系统健康状态恶化；对于已严重超载地区，从提高水环境承载力与降低人类活动对水系统带来的压力（双向调控）的角度，采取补救措施，可以降低水环境承载力超载状态，改善水环境质量。

水环境承载力超载警情多数是上游发生而下游发现，应急的最初响应者不明确，控制警源与应急响应相对独立，水环境承载力应急响应工作应基于水环境承载力预警机制对水环境承载力超载警情进行警源识别、警度界定及警限划分；为了在发生超载警情时能及时、有效地开展应急响应工作，应制定详细、科学、可行的应急预案。

14.1.2　监测预警工作流程

图 14-1 为水环境承载力监测预警工作流程。

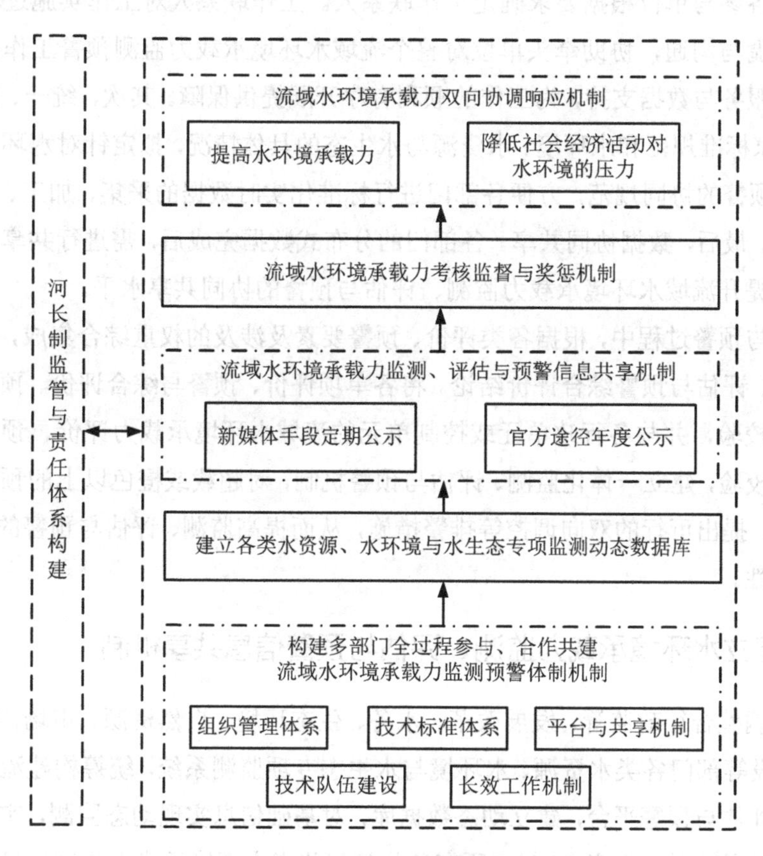

图 14-1　水环境承载力监测预警工作流程

14.2 水环境承载力监测预警机制

14.2.1 建立水环境承载力协同预警与工作协调机制

水环境承载力监测预警是一项涉及要素繁杂、管理部门众多的系统工程，因此需要充分发挥流域行政监管、发展改革、水务、生态环境、自然资源、市场监管、经贸信息、住房建设等相关部门的专业优势，构建各部门全过程参与、合作共建流域水环境承载力监测预警体制机制，探索构建一套整合集成水资源、水环境与水生态的水环境承载力监测、动态评估与预警体系（包括指标体系、评价模型与预警模型等），对水环境承载力进行定量评价与预警；在此基础上，从双向调控角度设计排警调控措施，并确保措施顺利实施。

首先，各参与单位根据要求确定工作联系人。工作联系人对工作实施过程中出现的问题进行协调与沟通，协助牵头单位对整个流域水环境承载力监测预警工作的推进提供必要的技术服务与数据支持，为工作的顺利有序开展提供保障。其次，统一、完善数据标准。依据国家标准规范和水环境、水资源与水生态的具体情况，拟定针对水环境承载力监测、评估与预警的协同规范，方便各部门进行标准化实时数据的采集、加工、存储、协同及分析应用。最后，数据协同共享。各部门的分布式数据完成后，需进行共享交换或信息协同服务，提升流域水环境承载力监测、评估与预警的协同共享水平。

在评价与预警过程中，根据各类评价、预警要素及涉及的权重综合集成，得到水环境承载力监测、评估与预警综合评价结论。将各单项评价、预警与综合评价、预警结论进行协同会商与校验，并与各行政单元或控制单元的流域水环境承载力评价、预警结论进行纵向会商与校验，建立一体化监测、评估与预警机制，对超载或橙色以上的预警的成因进行综合分析，提出可行的双向调控等排警措施，从而提高监测、评估与预警的科学性、合理性与针对性。

14.2.2 建立水环境承载力监测、评估与预警信息共享机制

系统协调整合行政监管、发展改革、水务、生态环境、自然资源、市场监管、经贸信息、住房建设等部门各类水资源、水环境与水生态专项监测系统，统筹构建流域水环境承载力监测、评估与预警平台，建立动态数据库，对基础信息实现动态监测，实现水环境的综合监管和决策支持（见表 14-1）。所有参与部门共享水环境承载力监测信息与评级及预警成果，并用于指导各自的水环境监管工作，提升水资源、水环境与水生态监管质量和效率。同时，通过数据库更新，实现对水环境承载力大小、承载状态与开发利用潜力的动态

评价，以及水环境承载力预警工作的定量化、常态化与规范化，对水环境承载力变化情况进行定期监控，及时发现问题并提出预警。

表 14-1　各相关部门水环境承载力动态数据库负责部分

资源环境要素	涉及部门	负责数据
水资源	水利部门	水资源调查评价（地表水与地下水）数据
	自然资源部门	一部分地下水调查评价数据
	农业部门	农业灌溉和淡水养殖数据
	生态环境部门	河流断面水质及水环境污染物排放量监测与评价数据
水环境	水利部门	饮用水、地表水及地下水监测管理数据
	自然资源部门	地下水监测管理数据
	生态环境部门	污水及废水监测管理数据
	城市建设部门	饮用水监测管理、污水处理设施数据
水生态	自然资源部门	耕地和建设用地管理数据
	林业部门	林地、宜林地和湿地管理数据
	农业部门	草地、农田水利用地、宜农滩涂管理数据
	水利部门	河流湖库水面、水利设施及水域岸线、海岸滩涂管理数据
	生态环境部门	自然保护区管理数据

14.2.3　建立水环境承载力评估与预警结果定期发布与公示机制

（1）建立水环境承载力指数日常发布与公示机制

通过各种新媒体（网站、微信公众号与手机 App 等），定期向社会发布水环境承载力动态评估指数与预警结果，一是使相关水环境行政管理部门及时了解水环境承载力的动态情况与发展态势，使其及时发现问题，有针对性地解决问题；二是利用信息化手段，促进公众参与流域水环境监管，将公众视为监督主体，使公众在获取动态评估与预警信息基础上，参与水环境监督管理。

（2）通过官方途径公布水环境承载力评估指数与预警年度报告

每年定期通过行政管理部门或生态环境管理部门，发布本年度水环境承载力动态评估指数与预警结果年度报告，以年度报告为载体，为公众参与提供有效途径，为水环境监管、产业结构与布局优化调整以及项目选址与基础设施建设规划等提供科学依据。

14.2.4　建立水环境承载力考核监督与奖惩机制

（1）建立考核监督与奖惩机制

为了缓解日益严重的水资源紧缺和水环境污染问题，确保水环境承载力不超载，可以持续为人类生活、生产活动提供支撑。根据水环境承载力承载状态，将水环境承载力分为5个预警等级，从高到低分别是红色、橙色、黄色、蓝色、绿色。按照不同预警等级进行考核监督。对于红色预警区，针对具体的超载因素，管理者应严格控制各项工程及项目的申请，必须依法限制、停产整顿严重破坏水环境承载力、非法排污和破坏生态资源的企业，同时应当依法依规采取一定数额的罚款、责令停业甚至关闭等措施来缓解区域资源环境承载力超载问题。对于绿色非预警区，可以根据当地具体情况建立相应的生态保护补偿机制及发展权补偿制度，鼓励各地区大力发展符合当地主体功能定位的产业，并增大绿色金融投资力度。总之，根据超载的程度，将实施不同程度的惩罚或激励措施。

（2）设置考核监督标准与目标

根据水环境承载力预警结果，结合流域每个考核监管地区实际情况，应给出其考核监督的标准与目标：对于不超载（绿灯及以下）的区域，应做到维持现状，在确保水环境质量不进一步退化的情况下发展经济；对于超载（黄灯及以上）的区域，应首先对警源进行分析，确定水环境承载力超载的主要原因，给出降低区域水环境压力的考核监督标准与目标。

（3）严格执行考核程序，实施严格奖惩制度

根据考核监督标准与目标，结合地区社会经济发展状况，在双向调控与“守、退、补”理念的指导下，从提高水环境承载力和降低社会经济活动给水环境带来的压力两方面入手，给出相应的排警对策，综合考虑对策的可行性与成本后进行筛选，确定可以满足考核监督标准与目标的双向调控排警对策。最后，对排警对策进行系统仿真模拟，考察警情是否得到缓解，若排警对策效果不佳，则应进行进一步的讨论并制定新的措施以对警情进行排除。严格对上述预警与排警的整个过程进行监督，分阶段按照监督标准进行考核；一旦未通过考核，则实施最严格的奖惩制度。

基于各区域的水环境承载力预警考核监督目标，应建立对应的监督考核方案与奖惩机制。一是应明确其考核监督与奖惩制度的政府责任人与相关部门负责人；二是针对排警对策制定对应的监督考核指标体系并赋分，针对具体排警对策落实情况，对相关部门负责人进行考核打分；三是建立动态问责机制，对考核打分情况与排警效果进行综合评判，对考核结果差的地区和相关部门负责人进行问责，实行不得提拔使用或不得担任重要职务等措施。

针对不同的预警结果与警情变化情况，应根据严重程度进行区别对待：在对负责领导干部进行考核时，对于区域水环境承载力预警结果由不超载恶化为超载的区域，应实行“一票否决制”；由不超载恶化为临界超载的区域，可要求相应负责人对地区水环境承载力进行限期恢复，若不能恢复至无警状态，亦应实行“一票否决制”；由低超载状态恶化至高预警结果的可参照前一方式分析实际情况后确定处理方案。同时，对于考核监督目标完成情况也应建立相应的奖惩机制。对于考核监督目标完成度低、考核结果差的地

区、部门，应落实相关问责机制，对该地区及相关部门负责人进行约谈或予以警告，对存在违法违规行为的，可依法依规追究责任。

14.2.5　建立水环境承载力双向协调响应机制

排警决策基于对警源、警兆、警度的分析，同时应考虑手段的可行性和措施成本。在实际操作中，可从双向调控角度提出水环境承载力超载状态的缓解对策，再进一步从水环境全过程控制角度将措施细分为前端、过程和末端 3 个方面。本研究提出了改善水环境承载力超载状态的双向调控措施，具体见表 14-2。

表 14-2　水环境承载力超载状态双向调控措施

原则	分类	按生命周期细分	具体措施
双向调控	提高水环境承载力	前端	从外区域调水
		过程	通过水利设施蓄水
		末端	雨水回用
			提高污水处理量
			完善截污管网，提高污水再生回用率
	降低社会经济活动对水环境的压力	前端	调整经济增速
			调整人口规模
			产业经济结构转型升级
			加大环保投入
		过程	推进生产生活节水、提高污水回用率
			推行清洁生产，减少生产污染物排放
		末端	提高污水收集处理率
			节水回用，减少生活污染物排放

为保障水环境承载力超载状态双向调控措施落实，需建立健全相关保障体系：首先，应建立安全领导机构，加强安全组织领导。由地方政府负责进行安全保障体系的建设和管理，统筹规划，自然资源、水利、生态环境、城建等部门建设和完善本部门管辖的与水环境承载力相关部分的机制；根据实际，逐步将饮用水水源保护目标责任制度纳入现行的生态环境保护目标责任制一起检查考核。同时要充分发挥人大、政协的检查和舆论的监督作用，检查和监督各级政府及有关部门饮用水水源保护目标责任制的落实情况。其次，应增加水管理投入，提高应急应变能力。各级财政每年都要在预算中安排专项资金，针对各地区进行精准治理，采取相应的双向调控措施。最后，应制定政策措施，提高环境管理水平。在已有的水法和水污染防治法的基础上，建立和健全以流域水环境承载力统一管理为目的、具有较强可操作性的法律体系，并强化法律的实施。建立专项资金，用于水环境承载力的安全保障、监测预警与应急响应体系的建设。

14.3 基于水环境承载力预警的河长制监管与责任体系构建

从水环境承载力动态评估与预警角度，建立健全河长制责任体系与考核奖惩机制；从水环境承载力监测预警角度，为落实河长制提供支撑。

河长制，即由我国各级党政主要负责人担任河长，负责组织领导相应河湖的管理和保护工作的制度。全面推行河长制，是以保护水资源、防治水污染、改善水环境、修复水生态为主要任务，全面建立省级、市级、县级、乡级四级河长体系，构建责任明确、协调有序、监管严格、保护有力的河湖管理保护机制，为维护河湖健康生命、实现河湖功能永续利用提供制度保障。

河长制工作的主要任务包括以下 6 个方面：一是加强水资源保护，全面落实最严格水资源管理制度，严守“三条红线”，强化地方各级政府责任，严格考核评估和监督；二是加强河湖水域岸线管理保护，严格水域、岸线等水生态空间管控，严禁侵占河道、围垦湖泊；三是加强水污染防治，统筹水上、岸上污染治理，排查入河湖的污染源，优化入河排污口的布局；四是加强水环境治理，保障饮用水水源安全，加大黑臭水体治理力度，实现河湖环境整洁优美、水清岸绿；五是加强水生态修复，依法划定河湖管理范围，强化山水林田湖系统治理；六是加强执法监管，严厉打击涉河湖违法行为。其中第一个方面的严守“三条红线”指严守水资源开发利用控制、用水效率控制、水功能区限制纳污的“红线”。

“三条红线”中，水资源开发利用控制的上限就是水环境中水资源供给能力分量，水功能区限制纳污能力的上限就是水环境容量分量，由此可见，流域水环境承载力监测预警与河长制的第一项主要任务密切相关。而这项任务的后续工作包括：实行水资源消耗总量和强度双控行动，防止不合理新增取水，切实做到以水定需、量水而行、因水制宜；坚持节水优先，全面提高用水效率，水资源短缺地区、生态脆弱地区要严格限制发展高耗水项目，加快实施农业、工业和城乡节水技术改造，坚决遏制用水浪费；严格水功能区管理监督，根据水功能区划确定的河流水域纳污容量和限制排污总量，落实污染物达标排放要求，切实监管入河湖排污口，严格控制入河湖排污总量。这就是水环境承载力预警工作中排警措施制定、实施与监管所需要考虑的重要内容。

水环境承载力动态评估与预警工作对河长制的完善有支撑作用：一是基于河长制体系，实现了多部门协作机制的建立，促进各相关部门水资源、水环境与水生态专项监测信息的共享，统筹构建水环境承载力监测、评估与预警平台，建立动态数据库，对基础信息实现动态监测，实现水环境的综合监管和决策支持；二是基于水环境承载力监测预警体系，搭建一套完整的考核监管与奖惩机制，将水环境承载力评估结果直接与河长工作考核挂钩，推动地方政府对水环境承载力进行调控；三是基于水环境承载力双向调控机制的构建，对水环境警情进行解析，并提供切实可行的高效调控措施建议，对水环境承载力的改善有重要意义，同时也为河长制中考核目标的制定提供了科学依据。

附件 1

ICS 13.020.10

CCS Z00/09

团　　　　　体　　　　　标　　　　　准

T/CSES 126—2023

水环境承载力预警技术导则

Technical guidelines for early warning of water environment carrying capacity

（发布稿）

2023-12-20 发布　　　　　　　　2023-12-20 实施

中国环境科学学会　发布

前 言

本文件按照 GB/T 1.1—2020《标准化工作导则 第 1 部分：标准化文件的结构和起草规则》的规定起草。

请注意本文件的某些内容可能涉及专利。本文件的发布机构不承担识别专利的责任。

本文件由北京师范大学环境学院提出。

本文件由中国环境科学学会归口。

本文件起草单位：北京师范大学、生态环境部环境规划院、中国环境科学研究院、中国科学技术信息研究所、中国原子能科学研究院。

本文件主要起草人：曾维华、解钰茜、蒋洪强、高红杰、胡官正、王立婷、马俊伟、曹若馨、张静、吴文俊、谢阳村、续衍雪、靳方园、李佳颖、张瑞珈、冷卓纯。

引 言

为全面支撑水环境承载能力预警体制机制建设，规范和指导水环境承载力预警，制定本文件。

1 范围

本文件规定了水环境承载力预警的总体要求、工作流程、预警内容、预警方法及技术要求。

本文件适用于流域（区域）水环境承载力的短期预警（年度预警）。

2 规范性引用文件

下列文件中的内容通过文中的规范性引用而构成本文件必不可少的条款。其中，注日期的引用文件，仅该日期对应的版本适用于本文件；不注日期的引用文件，其最新版本（包括所有的修改单）适用于本文件。

GB 3838 地表水环境质量标准

3 术语与定义

下列术语和定义适用于本文件。

3.1

水环境承载力 water environment carrying capacity

在一定时期内，一定技术经济条件下，在某一水系统功能结构不被破坏前提下，水环境可持续为人类活动提供支持能力的阈值。

3.2

预警 early warning

根据水环境承载力承载状态的发展趋势，或观测得到超载的可能性前兆，对未来水环境承载力承载状态进行预判，提前向相关部门发出警告，报告危险情况，从而最大限度地减轻危害所造成的损失的行为。

3.3

警源 warning source

对水系统（包括水环境、水生态和水资源）带来巨大压力的风险源，如不合理的经济社会活动。

3.4

警兆 warning sign

水环境承载力超载警情爆发的先兆，是警情演变时的一种初始形态，用于预示警情的发生。

3.5

警情 warning situation

水环境承载力超载状况。

3.6

警度 warning degree

警情偏离预警界限的程度，也是警情的严重或危急程度。

3.7

警限 warning limit

用于划分警度的阈值。

3.8

警情指标 warning indicator

表征水环境承载力超载状况的指标，是标准化后的压力指标和承载力指标。

3.9

先行指标 leading indicator

领先于水环境承载力承载状态变动的指标，用来预测未来水环境承载力承载状态变化态势。

3.10

一致指标 coincidence indicator

与水环境承载力承载状态变动一致的指标，用来监测并反映水环境承载力承载状态变化的当前态势。

3.11

景气指数 prosperity index

综合反映水环境承载力承载状态及其发展趋势的一种指标，亦称景气度。

3.12

扩散指数 diffusion index

评价和衡量景气指数的波动和变化状态，反映了社会经济对水环境的影响状态。

3.13

合成指数 composite index

综合反映各敏感性指标的波动幅度，包括景气循环的变化趋势和拐点、社会经济指标变化程度、社会经济对水环境的影响程度。

3.14

基准指标 benchmark indicator

通过时差相关分析划分警情指标（先行指标和一致指标）的基准。

3.15

综合预警指数 composite early warning index

基于所选取的先行指标构造综合预警指数，能够全面反映水环境承载力所面临的风险，从而进行全面预警。

4 总体要求

4.1 预警应遵循“增容与减压”双向调控方法，根据不同的区域管理需求制定排警及分区调控措施。

4.2 在进行水环境承载力预警时，应遵循以下原则：

a）水环境承载力内涵表达原则

应选取反映水环境承载力内涵的指标，即经济社会对水环境的压力以及水环境对经济社会的支持能力。

b）变动的协调性原则

水环境承载力承载状态的周期性波动与各指标之间的协同变动有关。各指标的变动应与水环境承载力承载状态的总体变动协调。

c）变动的灵敏可靠性原则

应选取灵敏可靠的指标来提高水环境承载力监测预警的功能，水环境承载力承载状态的轻微变化就会导致该指标的巨大变化。

d）变动的代表性原则

为避免指标的重复和冗杂，应选取代表性强的指标表征水环境承载力分量。

e）变动的稳定性原则

应选取指标值在合理范围内变化的指标，减少统计的不稳定性及数据的不可靠性。

f）指标数据的及时性原则

为克服各类数据的监测、统计及发布流程的时滞性，应尽量选择公布及时的指标。

4.3 预警技术流程由识别警源、判别警兆、评判警情、界定警度、预测警情与排除警情构成。技术流程见图 1。

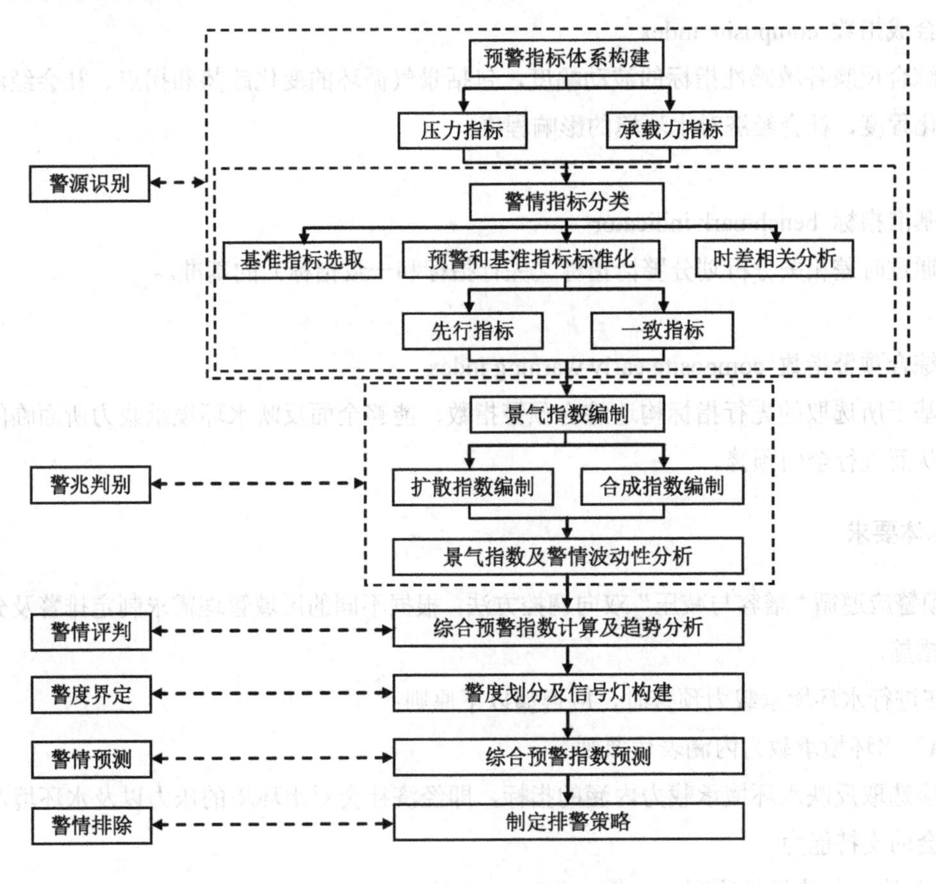

图 1　水环境承载力预警技术流程

5　警源识别与警兆判别

5.1 预警指标体系构建

5.1.1 水环境承载力预警需对其承载状态进行预判和警告，这涉及到压力指标和承载力指标。

5.1.2 宜选择可获取相关数据的指标。

5.1.3 水环境承载力预警指标体系见表 1，指标数据的获取及计算方法参见附录 A。

表 1 水环境承载力预警指标体系

一级指标	二级指标	三级指标
压力指标	社会经济子系统压力指标	总人口（P1）
		GDP（P2）
		第一、二产业占比（P3）
	水资源子系统压力指标（水资源消耗）	用水总量（P4）
		工业用水量（P5）
		生活用水量（P6）
		农业用水量（P7）
		生态环境用水量（P8）
		万元 GDP 水耗（P9）
		人均水耗（P10）
	水环境子系统压力指标（水污染排放）	工业废水 COD 排放量（P11）
		工业废水 NH_3-N 排放量（P12）
		农业废水 COD 排放量（P13）
		农业废水 NH_3-N 排放量（P14）
		农业废水 TP 排放量（P15）
		生活污水 COD 排放量（P16）
		生活污水 NH_3-N 排放量（P17）
		生活污水 TP 排放量（P18）
		污水处理厂 COD 排放量（P19）
		污水处理厂 NH_3-N 排放量（P20）
		污水处理厂 TP 排放量（P21）
		COD 排放总量（P22）
		NH_3-N 排放总量（P23）
		TP 排放总量（P24）
		万元 GDP COD 排放总量（P25）
		万元 GDP NH_3-N 排放总量（P26）
		万元 GDP TP 排放总量（P27）

一级指标	二级指标	三级指标
承载力指标	社会经济子系统承载力指标	第三产业占比（C1）
		节能环保支出占比（C2）
	水资源子系统承载力指标	年降水量（C3）
		水资源总量（C4）
		地表水资源量（C5）
		地下水资源量（C6）
	水环境子系统承载力指标	污水处理厂污水处理率（C7）
		污水处理厂处理规模（C8）
		再生水利用率（C9）
		COD 水环境容量指数（C10）
		NH_3-N 水环境容量指数（C11）
		TP 水环境容量指数（C12）

5.2 警情指标分类

5.2.1 基准指标宜选取能反映水环境质量或水环境承载力承载状态的指标。选择表征水环境质量的指标时，应符合 GB 3838 规定的水环境质量评价及相应限值。

5.2.2 流域（区域）没有单独进行河流水质达标率统计时，按照公式（1）~（3）计算水环境综合承载率指数，将其作为基准指标。

$$\mathrm{CWECRI}=\sqrt{\frac{\left[\left(\mathrm{RI_{WE}}+\mathrm{RI_{WR}}\right)/2\right]^2+\left[\max\left(\mathrm{RI_{WE}},\mathrm{RI_{WR}}\right)\right]^2}{2}} \tag{1}$$

$$\mathrm{RI_{WR}}=\frac{U_{\mathrm{WR}}}{Q_{\mathrm{WR}}} \tag{2}$$

$$\mathrm{RI_{WE}}=\frac{\left(\dfrac{\bar{C}_{\mathrm{COD}}}{C_{\mathrm{S\text{-}COD}}}+\dfrac{\bar{C}_{\mathrm{NH_3\text{-}N}}}{C_{\mathrm{S\text{-}NH_3\text{-}N}}}+\dfrac{\bar{C}_{\mathrm{TP}}}{C_{\mathrm{S\text{-}TP}}}\right)}{3} \tag{3}$$

式中：CWECRI —— 水环境综合承载率指数；

$\mathrm{RI_{WR}}$ —— 水资源承载率指数；

$\mathrm{RI_{WE}}$ —— 水环境承载率指数；

U_{WR} —— 用水总量，m^3；

Q_{WR} —— 水资源总量，m^3；

$\bar{C}_{\mathrm{COD}}$、$\bar{C}_{\mathrm{NH_3\text{-}N}}$、$\bar{C}_{\mathrm{TP}}$ —— 流域（区域）内河流监测断面平均的 COD、NH_3-N 和 TP 污染物实际浓度（用水质监测数据计算），mg/L；

$C_{\mathrm{S\text{-}COD}}$、$C_{\mathrm{S\text{-}NH_3\text{-}N}}$、$C_{\mathrm{S\text{-}TP}}$ —— 对应污染物在该流域（区域）内水功能区平均的水质目标浓度，mg/L。

5.2.3 预警指标（压力指标和承载力指标）和基准指标按照公式（4）标准化。

$$T\text{或}Y=\frac{X-X_{\min}}{X_{\max}-X_{\min}} \tag{4}$$

式中：$X_{\max}$ —— 某指标 X（压力、承载力或基准指标）的上限值；

$X_{\min}$ —— 某指标 X（压力、承载力或基准指标）的下限值；

T —— 标准化后的压力（或承载力）指标，即警情指标；

Y —— 标准化后的基准指标。

5.2.4 警情指标分类宜采用时差相关分析法，即计算警情指标相对于标准化后的基准指标的时差相关系数 R_l 及先行或滞后阶数。根据相关性最大时所对应的阶数，将警情指标分为先行指标和一致指标。

5.2.5 时差相关系数 R_l 按照公式（5）计算。

$$R_l=\frac{\sum_{t=1}^{n_l}\left(T_{t+l}-\bar{T}\right)\left(Y_t-\bar{Y}\right)}{\sqrt{\sum_{t=1}^{n_l}\left(T_{t+l}-\bar{T}\right)^2\sum_{t=1}^{n_l}\left(Y_t-\bar{Y}\right)^2}} \tag{5}$$

式中：l —— 移动的期数（年、月、日等），正值表示前移（滞后），负值表示后移（先行），零值表示未移动（一致）；

t —— 时间（年、月、日等）；

n_t —— 指标总数；

$\bar{T}$ —— T 的平均值；

$\bar{Y}$ —— Y 的平均值。

5.2.6 在 R_l 值中，选择其最大值所对应的 l 即为警情指标 X 与基准指标 Y 最接近的移动期数。若 R_l 在 $l=0$ 时最大，说明 X 是 Y 的一致指标；若 R_l 在 $l<0$ 时最大，说明 X 是 Y 的先行指标，即警兆指标，可以作为追溯并识别警源的重要参考。

5.3 景气指数编制

5.3.1 景气指数分为扩散指数（DI）和合成指数（CI）。

5.3.2 扩散指数（DI）按照公式（6）计算。

$$\mathrm{DI}_t = \left[\frac{\sum_{i=1}^{n} I_{\mathrm{P}}\left(X_i^t \geqslant X_i^{t-1}\right) + \sum_{i=1}^{n} I_{\mathrm{S}}\left(X_i^{t-1} \geqslant X_i^t\right)}{n}\right] \times 100 \tag{6}$$

式中：X_i^t —— 第 i 个警情指标 t 时刻的波动值；

n —— 指标总数；

I_{S} —— 承载力指标的数量；

I_{P} —— 压力指标的数量；

DI_t —— 扩散指数。其本质是在某一时刻（年、月、日），所有指标中增长指标的数量占比。当扩散指数大于等于 50，说明半数及以上警情指标处于景气状态；当扩散指数小于 50，说明半数以上警情指标处于不景气状态。根据先行扩散指数对一致扩散指数的领先程度（设为时差 t），可以认为先行扩散指数所预测的承载状态改变将在 t 年后出现。

5.3.3 合成指数（CI）按照以下步骤计算：

a）根据指标原时间序列，对称变化率 $C_{i(t)}$ 按照公式（7）计算。

$$C_{i(t)} = \frac{X_i^t - X_i^{t-1}}{\frac{1}{2}\left(X_i^t + X_i^{t-1}\right)} \times 100 \tag{7}$$

式中：$C_{i(t)}$ —— 对称变化率。

b）标准化因子 A_i 和标准化变化率 $S_{i(t)}$ 按照公式（8）和公式（9）计算。

$$A_i = \sum \frac{\left|C_{i(t)}\right|}{n-1} \tag{8}$$

$$S_{i(t)} = \frac{C_{i(t)}}{A_i} \tag{9}$$

式中：A_i —— 标准化因子；

$S_{i(t)}$ —— 标准化变化率；

n —— 标准化期间的年数。

c）平均变化率 $R_{(t)}$ 按照公式（10）计算。

$$R_{(t)} = \frac{\sum S_i W_i}{\sum W_i} \tag{10}$$

式中：$R_{(t)}$ —— 平均变化率；

W_i —— 第 i 项指标的权重，由各指标的时差相关系数决定。

d）令 $\overline{I}_{(0)} = 100$（即无波动），初始合成指数 $I_{(t)}$ 和合成指数 $CI_{(t)}$ 按照公式（11）和公式（12）计算。

$$I_{(t)} = I_{(t-1)} \times \frac{200 + R_{(t)}}{200 - R_{(t)}} \tag{11}$$

$$\mathrm{CI}_{(t)} = 100 \times \frac{I_{(t)}}{\overline{I}_{(0)}} \tag{12}$$

式中：$I_{(t)}$ —— 初始合成指数；

$\mathrm{CI}_{(t)}$ —— 合成指数。

e）综合合成指数 $\mathrm{CI}_{(t)\mathrm{int}}$ 按照公式（13）计算。

$$\mathrm{CI}_{(t)\mathrm{int}} = \frac{\mathrm{CI}_{(t)\mathrm{P}}}{\mathrm{CI}_{(t)\mathrm{S}}} \tag{13}$$

式中：$\mathrm{CI}_{(t)\mathrm{int}}$ —— 综合合成指数；

$\mathrm{CI}_{(t)\mathrm{P}}$ —— 压力合成指数；

$\mathrm{CI}_{(t)\mathrm{S}}$ —— 承载力合成指数。

f）当 $\mathrm{CI}_{(t)\mathrm{int}}$ 上升，说明水环境污染物增加，反之亦然。

g）当 $\mathrm{CI}_{(t)\mathrm{int}} \geqslant 100$ 时，处于景气状态；当 $\mathrm{CI}_{(t)\mathrm{int}} < 100$ 时，处于不景气状态。

h）先行合成指数相对一致合成指数的领先时差为 t，可以认为先行合成指数所预测的承载状态改变将在 t 年后出现。

6 警情评判与警度界定

6.1 警情评判

宜采用综合预警指数进行警情评判。按照公式（14）和公式（15）计算。

$$\mathrm{EWI}_{(\text{P或S})}=\sum_{i=1}^{m}\mathrm{Coe}_i T_i \tag{14}$$

$$\mathrm{CEWI}=\frac{\mathrm{EWI}_{(\mathrm{P})}}{\mathrm{EWI}_{(\mathrm{S})}} \tag{15}$$

式中：T_i —— 第 i 个警情指标（先行指标）；

Coe_i —— 第 i 个警情指标（先行指标）的权重，即时差相关系数的占比；

$\mathrm{EWI}_{(\text{P或S})}$ —— 压力（或承载力）预警指数；

CEWI —— 综合预警指数；

m —— 压力（或承载力）先行指标的个数。

6.2 警度界定

6.2.1 警限应根据水环境管理要求、水环境功能等实际情况确定。警度划分方法参见附录 B。

6.2.2 本文件以 1 作为超载状态与不超载状态的临界，以 0.5 为一档，构建预警界限，并以不同颜色的预警信号灯表示。“绿”“黄”“橙”“红” 4 种颜色分别代表整个承载状态中“无警”“轻警”“中警”“重警” 4 种情形。参见附录 B 表 B.1。

7 警情预测与警情排除

7.1 警情预测

宜采用综合预警指数进行警情预测。按照公式（16）计算。

$$\mathrm{CEWI}_{t+1}=\mathrm{CEWI}_t\times\frac{\left[1+\dfrac{(\mathrm{RCI}_{t+1}+1)(\mathrm{CEWI}_t-\mathrm{CEWI}_{t-1})}{\mathrm{CEWI}_t+\mathrm{CEWI}_{t-1}}\right]}{\left[1-\dfrac{(\mathrm{RCI}_{t+1}+1)(\mathrm{CEWI}_t-\mathrm{CEWI}_{t-1})}{\mathrm{CEWI}_t+\mathrm{CEWI}_{t-1}}\right]} \tag{16}$$

式中：CEWI_{t+1} —— t+1 时刻的综合预警指数；

CEWI_t —— t 时刻的综合预警指数；

CEWI_{t-1} —— t−1 时刻的综合预警指数；

RCI_{t+1} —— t+1 时刻先行指标综合合成指数的平均变化率。

7.2 制定排警措施

7.2.1 根据水环境承载力预警结果和“增容与减压”双向调控方法，按照不同的区域管理需求制定排警及分区调控措施。

7.2.2 不同承载状态下，可采取的排警策略包括：

a）对于无警地区，特别是上游源头水与水源地，应守住水生态底线；

b）对于轻警地区，应尽量腾退生态空间，留出承载余量；

c）对于中警或重警地区，应采取“增容与减压”调控措施，即提高水环境承载力与降低人类活动对水系统的压力。

7.2.3 宜通过敏感性分析筛选出对综合预警指数影响较大的先行压力指标和先行承载力指标，从社会经济、水资源、水环境等三个方面提出具体的双向调控排警措施。备选双向调控排警措施参见附录 C。

附录 A

（资料性）

指标含义

A.1 压力指标（P）

● 社会经济子系统压力指标

a）总人口（P1）

含义：流域（区域）内常住人口总数（万人）。

计算方法：人口普查、人口抽样调查或人口变动情况抽查。

数据来源：国家（地区）统计局网站、中国（地区）统计年鉴。

b）GDP（P2）

含义：流域（区域）内地区生产总值，是一个流域（区域）所有常住单位在一定时期内生产活动的最终成果（亿元）。

计算方法：GDP 核算的方法一般有三种，包括生产法、支出法和收入法。生产法简单来说是计算各个国民经济部门生产商品、服务的增加值之和；支出法为消费、投资、政府购买和净出口的总和；收入法为各个单位工资、利息、利润、租金、间接税和折旧总和。

数据来源：国家（地区）统计局网站、中国（地区）统计年鉴。

c）第一、二产业占比（P3）

含义：流域（区域）内第一产业和第二产业 GDP 占第一产业、第二产业和第三产业总 GDP 的比重。其中第一产业主要指生产食材以及其他一些生物材料的产业，包括种植业、林业、畜牧业、水产养殖业等直接以自然物为生产对象的产业（泛指农业）；第二产业主要指加工制造产业；第三产业是指第一产业、第二产业以外的其他行业（现代服务业或商业），主要包括交通运输业、通信产业、商业、餐饮业、金融业、教育、公共服务等非物质生产部门（%）。

计算方法：

$$P3=\frac{\text{第一产业GDP}+\text{第二产业GDP}}{\text{第一产业GDP}+\text{第二产业GDP}+\text{第三产业GDP}}\times 100\% \quad (\text{A.1})$$

数据来源：国家（地区）统计局网站、中国（地区）统计年鉴。

● 水资源子系统压力指标

水资源子系统压力指标是从不同行业水资源消耗角度构建的。

d）用水总量（P4）

含义：流域（区域）内所有用水户所使用的水量之和，通常是由供水单位提供，也可以由用水户直接从江河、湖泊、水库（塘）或地下的取水量获得（t）。

计算方法：

$$P4=\text{生活用水量}+\text{工业用水量}+\text{农业用水量}+\text{生态环境用水量} \tag{A.2}$$

数据来源：中国（地区）统计年鉴、《中国环境统计年鉴》、中国（地区）水资源公报。

e）工业用水量（P5）

含义：流域（区域）内工业生产过程中使用的生产用水及厂区内职工生活用水的总量。生产用水主要用途是：①原料用水，直接作为原料或作为原料的一部分而使用的水；②产品处理用水；③锅炉用水；④冷却用水等（t）。

计算方法：

$$P5=\text{原料用水}+\text{产品处理用水}+\text{锅炉用水}+\text{冷却用水} \tag{A.3}$$

数据来源：中国（地区）统计年鉴、《中国环境统计年鉴》、中国（地区）水资源公报。

f）生活用水量（P6）

含义：流域（区域）内人类日常生活所需用的水量，包括城镇生活用水和农村生活用水。城镇生活用水由居民用水和公共用水（含服务业、餐饮业、货运邮电业及建筑业等的用水）组成，农村生活用水除居民生活用水外还包括牲畜用水（t）。

计算方法：

$$P6=\text{城镇生活用水}+\text{农村生活用水} \tag{A.4}$$

数据来源：中国（地区）统计年鉴、《中国环境统计年鉴》、中国（地区）水资源公报。

g）农业用水量（P7）

含义：流域（区域）内用于灌溉和农村牲畜的用水总量（t）。

计算方法：

$$P7=\text{灌溉用水}+\text{农村牲畜用水} \tag{A.5}$$

数据来源：中国（地区）统计年鉴、《中国环境统计年鉴》、中国（地区）水资源公报。

h）生态环境用水量（P8）

含义：流域（区域）内的人工生态环境补水量（t），仅包括人为措施供给的城镇环境用水和河湖、湿地补水，而不包括降水、径流自然满足的水量。

计算方法：

$$P8=\text{城镇环境用水}+\text{河湖湿地补水} \tag{A.6}$$

数据来源：中国（地区）统计年鉴、《中国环境统计年鉴》、中国（地区）水资源公报。

i）万元GDP水耗（P9）

含义：流域（区域）内平均每万元GDP耗水量（t/万元）。

计算方法：

$$P9=\frac{\text{流域（区域）内总年用水量}}{\text{流域（区域）内以万元计的GDP}} \tag{A.7}$$

数据来源：中国（地区）统计年鉴、国家（地区）统计局网站、《中国环境统计年鉴》或按公式计算。

j）人均水耗（P10）

含义：流域（区域）内平均每人每年耗水量（t）。

计算方法：

$$P10=\frac{\text{流域（区域）内总年用水量}}{\text{流域（区域）内总人口}} \tag{A.8}$$

数据来源：中国（地区）统计年鉴、国家（地区）统计局网站、《中国环境统计年鉴》或按公式计算。

- 水环境子系统压力指标

水环境子系统压力指标是从水污染排放角度进行构建的。

k）工业废水COD排放量（P11）

含义：流域（区域）内的工业废水中COD的总量（t）。

计算方法：

$$P11=\frac{\text{样品中COD总量}}{\text{样品总体积}}\times\text{工业废水总排放量} \tag{A.9}$$

数据来源：《中国环境统计年鉴》。

l）工业废水NH_3-N排放量（P12）

含义：流域（区域）内的工业废水中NH_3-N的总量（t）。

计算方法：

$$P12=\frac{\text{样品中}NH_3\text{-N总量}}{\text{样品总体积}}\times\text{工业废水总排放量} \tag{A.10}$$

数据来源：《中国环境统计年鉴》。

m）农业废水COD排放量（P13）

含义：流域（区域）内的农业废水中COD的总量（t）。

计算方法：

$$P13=\frac{\text{样品中COD总量}}{\text{样品总体积}}\times\text{农业废水总排放量} \tag{A.11}$$

数据来源：《中国环境统计年鉴》。

n）农业废水 NH_3-N 排放量（P14）

含义：流域（区域）内的农业废水中 NH_3-N 的总量（t）。

计算方法：

$$P14=\frac{\text{样品中}NH_3\text{-N总量}}{\text{样品总体积}}\times\text{农业废水总排放量} \tag{A.12}$$

数据来源：《中国环境统计年鉴》。

o）农业废水 TP 排放量（P15）

含义：流域（区域）内的农业废水中 TP 的总量（t）。

计算方法：

$$P15=\frac{\text{样品中TP总量}}{\text{样品总体积}}\times\text{农业废水总排放量} \tag{A.13}$$

数据来源：《中国环境统计年鉴》。

p）生活污水 COD 排放量（P16）

含义：流域（区域）内的生活污水中 COD 的总量（t）。

计算方法：

$$P16=\frac{\text{样品中COD总量}}{\text{样品总体积}}\times\text{生活污水总排放量} \tag{A.14}$$

数据来源：《中国环境统计年鉴》。

q）生活污水 NH_3-N 排放量（P17）

含义：流域（区域）内的生活污水中 NH_3-N 的总量（t）。

计算方法：

$$P17=\frac{\text{样品中}NH_3\text{-N总量}}{\text{样品总体积}}\times\text{生活污水总排放量} \tag{A.15}$$

数据来源：《中国环境统计年鉴》。

r）生活污水 TP 排放量（P18）

含义：流域（区域）内的生活污水中 TP 的总量（t）。

计算方法：

$$P18=\frac{\text{样品中TP总量}}{\text{样品总体积}}\times\text{生活污水总排放量} \tag{A.16}$$

数据来源：《中国环境统计年鉴》。

s）污水处理厂 COD 排放量（P19）

含义：流域（区域）内的污水处理厂污水中 COD 的总量（t）。

计算方法：

$$P19=\frac{\text{样品中COD总量}}{\text{样品总体积}}\times\text{污水处理厂污水总排放量} \quad (A.17)$$

数据来源：《中国环境统计年鉴》。

t）污水处理厂 NH_3-N 排放量（P20）

含义：流域（区域）内的污水处理厂污水中 NH_3-N 的总量（t）。

计算方法：

$$P20=\frac{\text{样品中}NH_3\text{-N总量}}{\text{样品总体积}}\times\text{污水处理厂污水总排放量} \quad (A.18)$$

数据来源：《中国环境统计年鉴》。

u）污水处理厂 TP 排放量（P21）

含义：流域（区域）内的污水处理厂污水中 TP 的总量（t）。

计算方法：

$$P21=\frac{\text{样品中TP总量}}{\text{样品总体积}}\times\text{污水处理厂污水总排放量} \quad (A.19)$$

数据来源：《中国环境统计年鉴》。

v）COD 排放总量（P22）

含义：流域（区域）内的工业、农业、生活与污水处理厂废污水中 COD 的总量（t）。

计算方法：

$$P22=\text{工业废水COD排放量}+\text{农业废水COD排放量}+\text{生活污水COD排放量}+\text{污水处理厂COD排放量} \quad (A.20)$$

数据来源：《中国环境统计年鉴》。

w）NH_3-N 排放总量（P23）

含义：流域（区域）内的工业、农业、生活与污水处理厂废污水中 NH_3-N 的总量（t）。

计算方法：

$$P23=\text{工业废水}NH_3\text{-N排放量}+\text{农业废水}NH_3\text{-N排放量}+\text{生活污水}NH_3\text{-N排放量}+\text{污水处理厂}NH_3\text{-N排放量} \quad (A.21)$$

数据来源：《中国环境统计年鉴》。

x）TP 排放总量（P24）

含义：流域（区域）内的工业、农业、生活与污水处理厂废污水中 TP 的总量（t）。

计算方法：

$$P24 = \text{农业废水TP排放量} + \text{生活污水TP排放量} + \text{污水处理厂TP排放量} \quad \text{(A.22)}$$

数据来源：《中国环境统计年鉴》。

y）万元 GDP COD 排放总量（P25）

含义：流域（区域）内每万元 GDP 所产生的 COD 的总量（t/万元）。

计算方法：

$$P25 = \frac{\text{流域（区域）内COD排放总量}}{\text{流域（区域）内以万元计的GDP}} \quad \text{(A.23)}$$

数据来源：按公式计算。

z）万元 GDP NH_3-N 排放总量（P26）

含义：流域（区域）内每万元 GDP 所产生的 NH_3-N 的总量（t/万元）。

计算方法：

$$P26 = \frac{\text{流域（区域）内}NH_3\text{-N排放总量}}{\text{流域（区域）内内以万元计的GDP}} \quad \text{(A.24)}$$

数据来源：按公式计算。

aa）万元 GDP TP 排放总量（P27）

含义：流域（区域）内每万元 GDP 所产生的 TP 的总量（t/万元）。

计算方法：

$$P27 = \frac{\text{流域（区域）内TP排放总量}}{\text{流域（区域）内以万元计的GDP总量}} \quad \text{(A.25)}$$

数据来源：按公式计算。

A.2 承载力指标（C）

- 社会经济子系统承载力指标

a）第三产业占比（C1）

含义：流域（区域）内第三产业 GDP 占第一产业、第二产业和第三产业总 GDP 的比重。其中第一产业主要指生产食材以及其他一些生物材料的产业，包括种植业、林业、畜牧业、水产养殖业等直接以自然物为生产对象的产业（泛指农业）；第二产业主要指加工制造产业；第三产业是指第一产业、第二产业以外的其他行业（现代服务业或商业），主要包括交通运输业、通信产业、商业、餐饮业、金融业、教育、公共服务等非物质生产部门（%）。

计算方法：

$$C1=\frac{\text{第三产业GDP}}{\text{第一产业GDP}+\text{第二产业GDP}+\text{第三产业GDP}}\times 100\% \quad (A.26)$$

数据来源：国家（地区）统计局网站、中国（地区）统计年鉴。

b）节能环保支出占比（C2）

含义：流域（区域）内为解决现实的或潜在的环境问题、协调人类与环境的关系、保障经济社会的持续发展而支付的资金与流域（区域）GDP 的比值（%）。

计算方法：

$$C2=\frac{\text{流域（区域）内各类节能环保支出}}{\text{流域（区域）内GDP}}\times 100\% \quad (A.27)$$

数据来源：中国（地区）统计年鉴、《中国环境统计年报》、《国民经济和社会发展统计公报》和国家（地区）统计局网站。

● 水资源子系统承载力指标

水资源子系统承载力指标是从水资源来源、构成角度构建的。

c）年降水量（C3）

含义：流域（区域）内从天空中降落到地面上的液态或固态（经融化后）水，未经蒸发、渗透、流失而在水平面上积聚的深度，称作降水量。一年中月降水量的总和就是年降水量（mm）。

计算方法：通常用雨量器测定，每天定时（8 点和 20 点）观测两次。

数据来源：中国气象数据网、中国（地区）统计年鉴、《中国环境统计年鉴》、中国（地区）水资源公报。

d）水资源总量（C4）

含义：流域（区域）内降水所形成的地表和地下的产水量以及外调水量之和（m^3）。

计算方法：

$$C4=\text{地表水资源量}+\text{地下水资源量}+\text{外调水量} \quad (A.28)$$

数据来源：中国（地区）统计年鉴、《中国环境统计年鉴》、中国（地区）水资源公报。

e）地表水资源量（C5）

含义：流域（区域）内陆地表面上动态水和静态水的总量，主要包括河流、湖泊、沼泽、冰川、冰盖等各种液态和固态的水体（m^3）。

计算方法：

$$C5=\text{河流水}+\text{湖泊水}+\text{沼泽水}+\text{冰川水}+\text{冰盖水} \quad (A.29)$$

数据来源：中国（地区）统计年鉴、《中国环境统计年鉴》、中国（地区）水资源公报。

f）地下水资源量（C6）

含义：流域（区域）内地下水面以下饱和含水层中的水量（m^3）。

计算方法：

$$C6 = 渗入水 + 凝结水 + 初生水 + 埋藏水 \quad (A.30)$$

数据来源：中国（地区）统计年鉴、《中国环境统计年鉴》、中国（地区）水资源公报。

● 水环境子系统承载力指标

水环境子系统承载力指标是从污水处理规模、处理率、再生水利用率等角度进行构建的，可以作为水环境对污染物承载水平的有效度量。此外，通过构建水环境容量指数，对水环境容量相对大小进行表征，水环境容量相对大小可以由地表水资源量、断面水功能目标及上游来水污染物浓度决定。水资源量越大，断面水功能目标对应的污染物浓度越高，水环境容量指数越大；上游来水污染物浓度越高，水环境容量指数越小。

g）污水处理厂污水处理率（C7）

含义：流域（区域）内经过处理的生活污水、工业废水量占污水排放总量的比重（%）。

计算方法：

$$C7 = \frac{污水处理量}{污水排放总量} \times 100\% \quad (A.31)$$

数据来源：国家（地区）统计局网站、《中国城市建设统计年鉴》、地区水务统计年鉴、生态环境部门网站。

h）污水处理厂处理规模（C8）

含义：流域（区域）内所有污水处理厂所能处理的污水最大量（m^3）。

计算方法：

$$C8 = \sum 某一污水处理厂最大处理量 \quad (A.32)$$

数据来源：国家（地区）统计局网站、《中国城市建设统计年鉴》、地区水务统计年鉴、生态环境部门网站。

i）再生水利用率（C9）

含义：指经污水处理后实际回用的总水量占污水排放量的比例（%）。

计算方法：

$$C9 = \frac{再生水利用量}{污水排放量} \times 100\% \quad (A.33)$$

数据来源：国家（地区）统计局网站、《中国城市建设统计年鉴》、地区水务统计年鉴、生态环境部门网站。

j）COD 水环境容量指数（C10）

含义：COD 水环境容量指数（代表相对大小）可以由地表水资源量、断面水功能目标对应的 COD 浓度及上游来水 COD 浓度决定。

计算方法：

$$C10=\frac{\text{地表水资源量}\times\text{断面水功能目标对应的COD浓度?}}{\text{上游来水COD浓度}} \tag{A.34}$$

数据来源：根据公式计算。其中，流域（区域）内水功能目标所对应的污染物浓度（mg/L）及所有断面污染物平均浓度（mg/L）由流域（区域）生态环境部门提供。

k）NH_3-N 水环境容量指数（C11）

含义：NH_3-N 水环境容量指数（代表相对大小）可以由地表水资源量、断面水功能目标对应的 NH_3-N 浓度及上游来水 NH_3-N 浓度决定。

计算方法：

$$C11=\frac{\text{地表水资源量}\times\text{断面水功能目标对应的}NH_3\text{-N浓度}}{\text{上游来水}NH_3\text{-N浓度}} \tag{A.35}$$

数据来源：根据公式计算。其中，流域（区域）内水功能目标所对应的污染物浓度（mg/L）及所有断面污染物平均浓度（mg/L）由流域（区域）生态环境部门提供。

l）TP 水环境容量指数（C12）

含义：TP 水环境容量指数（代表相对大小）可以由地表水资源量、断面水功能目标对应的 TP 浓度及上游来水 TP 浓度决定。

计算方法：

$$C12=\frac{\text{地表水资源量}\times\text{断面水功能目标对应的TP浓度}}{\text{上游来水TP浓度}} \tag{A.36}$$

数据来源：根据公式计算。其中，流域（区域）内水功能目标所对应的污染物浓度（mg/L）及所有断面污染物平均浓度（mg/L）由流域（区域）生态环境部门提供。

附录 B
（资料性）
警度划分方法

B.1 警限的划分

B.1.1 系统化方法

通过对大量的历史数据进行定性分析，总结各类预警方法的经验，根据各种并列的原则或者标准对警限进行研究，综合多个方面的意见再进行适当调整，从而得出科学的结论。主要包括以下几种原则：多数原则（根据定性分析的结果，超过三分之二以上的数据区间作为有警和无警的分界）、均数原则（在假设研究对象的现状水平低于历史水平的情况下，将历史数据的平均值作为无警的界限）、半数或中数原则（将一半以上处于无警状态的样本数据作为警限）、少数原则（将少数表现为无警状态的指标界限作为无警的界限）、负数原则（将零增长或增长为负的数值作为有警的标准）及参数原则（参考与研究对象相关指标的标准值来确定警限）等。

B.1.2 校标法

校标法确定警限就是将预警管理取得较好成效的国家或地区作为标准，并将其所获得的结果作为警限划分的标准。这种确定警限的方法局限性较大，不同区域的情况不尽相同，在使用该法时需要结合当地的具体情况进行适当的修正，以符合本地的实际。校标法属于对比判断法。

B.1.3 专家确定法

在许多预警方法体系研究中，主要是根据实践中的经验来确定警限，基于此提出了专家确定法。主要是依靠各领域专家的智慧和丰富的实践经验来确定水环境承载力预警的警限，主观性很强，警限的合理程度取决于专家自身专业水平及判断能力。

B.1.4 控制图法

控制图法（Control Chart）即 3σ法，是一种常用的质量管理方法，其确定警限的原理来自控制图报警系统，其利用系统中的异常点来运作。控制图法是质量管理的核心，其基本原理是：假设被考察的质量指标 X 服从正态分布 N，当产品的生产工序处于正常状态时，其产品的指标 X 应以 99.73%的概率落在[μ-3σ，μ+3σ]范围内。如果 X 落在[μ-3σ，μ+3σ]范围外，则认为工序受到了干扰，处于异常状态，此时系统发出警报，提醒操作者采取措施来排除异常情况。在实际操作中，控制图法可采用 $\bar{X}$-R 中心线控制图法、$\bar{X}$-R 中位数或极差控制图法等。控制图法确定警限的前提是假定预警指标服从正态分布，比较其预警期望值 X 与标准差σ之间的偏离程度，测算[μ-3σ，μ+3σ]，以此作为预警区间的警戒线。该方法判断结果相对客观且操作可行。预警等级的确定要与研究区实际情况结合，不同情景下警度代表不同的意义。在某些情况下，水环境承载力超载状态的发展趋势也是确定警度所需要考虑的。发展趋势向好说明该区域有警度变低的潜力；如果水环境承载力超载情况持续加剧，则需要加大预警力度，给予重点关注，这些也是预警需要体现的内容，应该在划分警度时得以体现。

B.2 预警警度划分

将水环境承载力承载状态分为 4 个等级，结合交通信号灯设计原理，设置 4 个预警警度，分别用绿灯、黄灯、橙灯和红灯表示。

表 B.1 水环境承载力警度划分

警限标准	$(-\infty, a)$	$[a, b)$	$[b, c)$	$[c, +\infty)$
水环境承载力承载状态	不超载	轻度超载	中度超载	重度超载
警度	无警	轻警	中警	重警
警示灯颜色	绿色（0，176，80）	黄色（255，255，0）	橙色（176，89，17）	红色（255，0，0）

“绿灯”表示流域（区域）内水环境承载力承载状态良好，水环境足以支撑目前的社会经济活动，经济社会与环境协调发展，是比较满意的状态。

“黄灯”表示流域（区域）内水环境承载力轻微超载，但是水环境承载力超载状态是趋缓的，应采取一定的措施让水环境持续向好、消除警情，最终回到无警状态。

“橙灯”表示流域（区域）内水环境承载力处于较为严重的超载状态，必须采取有效的措施来减轻环境压力，改善超载状况，防止情况进一步恶化。

“红灯”表示流域（区域）内水环境承载力超载状态处于危险水平，水环境可能会进入失调、衰败的状态，应采取紧急预警措施，防止水环境状况出现不可逆转的恶化。

附录 C
（资料性）
备选双向调控排警措施

备选双向调控排警措施见表 C.1。

表 C.1 备选双向调控排警措施

调控角度	分类	存在问题	调控方案
减压	社会经济	城市化严重	城市化进程放缓
		人口增长过快	疏解人口，建设卫星城
	水资源	水资源利用量大	制定和实施生产生活节水方案
	水环境	污染排放严重	推行清洁生产，减少生产污染物排放
			完善截污管网，控制合流制污水溢流
增容	社会经济	第一、二产业占比较高	调整产业结构，增加第三产业占比
		人工建筑设施占比高	增加自然用地比例，提高植被覆盖度
		经济与生态不相适应	加大节能环保投入
	水资源	水资源短缺	增加区域外水源调水，通过水利设施蓄水，雨水回用
		水资源利用率低	加强节水技术的研发与应用，提高再生水利用比例
	水环境	污染治理能力弱	增设污水处理厂或尾水处理设施，并扩建污水管网
			提高污水处理厂处理能力
			提高污水再生回用率
			建立健全“河长制”责任体制与考核奖惩机制

附件 2

水环境承载力预警技术导则

Technical guidelines for early warning of water environment carrying capacity

（发布稿）

编制说明

标准编制组

二〇二三年十月

1 工作简介

1.1 任务来源

本标准依托于水体污染控制与治理科技重大专项（水专项）“北运河流域水质目标综合管理示范研究”（2018ZX07111003）。

水环境承载力是表征水系统所能承受的社会经济活动压力的阈值，是指导流域（区域）水系统规划与管理工作的重要依据。自党的十八届三中全会提出建立资源环境承载能力监测预警机制以来，国家相关部门不断加强承载力监测预警的研究，水环境承载力监测预警已成为保障经济社会与环境协调发展的重要抓手。水环境污染防治已进入以前瞻性预防为主、防治结合的综合治理阶段，水环境承载力预警显得尤为重要。但目前我国水环境承载力预警工作尚处于探索阶段；到目前为止，尚未形成一整套公认的可推广且科学的流域（区域）水环境承载力预警技术方法体系及其规范。

因此，亟需制定形成可推广且科学的水环境承载力预警规范，科学分析并预判流域（区域）水环境承载力承载状态趋势，为健全流域（区域）水环境监管考核与调控机制提供科学支撑。

1.2 主要工作过程

本标准编制单位成立了标准编制组，并召开了多次研讨会，讨论并确定了开展标准编制工作的原则、程序、步骤和方法。标准编制组成员在前期研究的基础上，按照 GB/T 1.1—2020《标准化工作导则　第 1 部分：标准化文件的结构和起草规则》的编制规则，形成了本标准文本和编制说明。本标准编制主要工作过程如下。

1.2.1 制定工作计划

本标准编制单位承担团体标准的编制工作后，第一时间组成标准编制组和工作团队，认真学习领会国家关于资源环境承载能力监测预警的管理要求和文件精神，收集了水环境承载力预警相关的基础资料，并制定了工作计划。

1.2.2 研究进展梳理

2019 年 12 月，通过整理文献与当前水环境承载力预警的方式，对水环境承载力预警相关内容进行梳理分析。对国内外相关研究进展与相关标准展开了研究，并汇集分析，为标准的编写提供了重要的依据。

1.2.3 明确编制要求

2020 年 4 月，编制组对标准的编制进行了初步的分析，确定了标准的基本大纲。

1.2.4 初稿起草

2020 年 6 月至 2020 年 12 月，在开展文献查阅、现场调查和专家咨询的基础上，完成了《流域水环境承载力预警技术指南（初稿）》及编制说明（初稿）。

1.2.5 标准立项

2021 年 6 月，编制组召开了标准编制工作启动会，进行了团体标准立项情况的汇报，通过中国环境科学学会团体标准立项审查。会后根据专家意见逐条修改和完善，形成《流域水环境承载力预警技术指南（编制组讨论稿）》。经过专家讨论建议，将标准名称修改为《水环境承载力预警技术指南》。

1.2.6 专家咨询

2021 年 11 月，召开《水环境承载力预警技术指南（编制组讨论稿）》技术审查会，专家组一致认为本标准的适用范围具体、思路清晰、可操作性强，可为我国流域、区域水环境承载力预警工作提供支撑。专家建议《水环境承载力预警技术指南》改为《水环境承载力预警技术导则》。

2022 年 6 月至 9 月，编制组进一步完善。经专家函询同意后，进入公开征求意见阶段。

1.2.7 公开征求意见

2022 年 9 月 30 日至 2022 年 10 月 25 日，中国环境科学学会和北京师范大学环境学院组织开展了《水环境承载力预警技术导则》公开征求意见。共邀请 22 位专家，收集了 106 条意见。2022 年 11 月至 2023 年 7 月，针对专家意见进行了大篇幅的修改。

1.2.8 技术审查

2023 年 9 月 12 日，中国环境科学学会举办了《水环境承载力预警技术导则》技术审查会，共邀请了 5 位专家。会上，专家与编制组针对适用范围、术语定义等内容展开讨论，最终一致认为《水环境承载力预警技术导则》定位准确、适用范围清晰、结构设置合理、内容表述规范，具有良好的可操作性，征求意见处理恰当。会后，编制组历时一个月完成了对送审稿的修改，形成报批稿。

1.2.9 正式发布

根据《中国环境科学学会标准管理办法》的相关规定，批准《水环境承载力预警技术导则》（T/CSES 126—2023）标准，并予发布。以上标准自 2023 年 12 月 20 日起实施。

2 水环境承载力预警相关实证案例

2.1 北运河流域行政单元水环境承载力预警

对北运河流域各行政单元的水环境承载力进行预警，景气指数分析结果显示：先行扩散指数领先一致扩散指数 0～1 年，表现出较好的先行性；一致扩散指数除在 2013 年达到峰值以外，均处于不景气状态，水环境承载力承载状态转好，且在 2013 年后持续下降并在 2015 年跌入谷值，与水环境承载率指标在 2013 年后逐年变小的趋势基本吻合；先行扩散指数在 2010 年后（除 2015 年）一直处于 50 及以上，说明先行指标处于景气状态，但先行指数有继续下降的趋势，说明下一年水环境持续变差的风险在减小。合成指数分析结果显示：先行综合合成指数及一致综合合成指数波动性较好，先行综合合成指数领先一致综合合成指数 1~2 年，表现出较好的先行性；一致综合合成指数在 2012 年和 2015 年都下降到较低点，且 2015 年以后都小于 100，说明在这些时期，水环境承载力提升较快，与水环境承载率指数变化情况相符合；一致综合合成指数在 2009 年和 2014 年都达到了较高值，且数值均在 100 以上，说明社会经济对水环境的压力增长速度大于水环境承载力提升的速度；先行综合合成指数在 2017 年下降到了 100 以下，预示着 2018 年的水环境承载状态将会出现一定程度的好转。

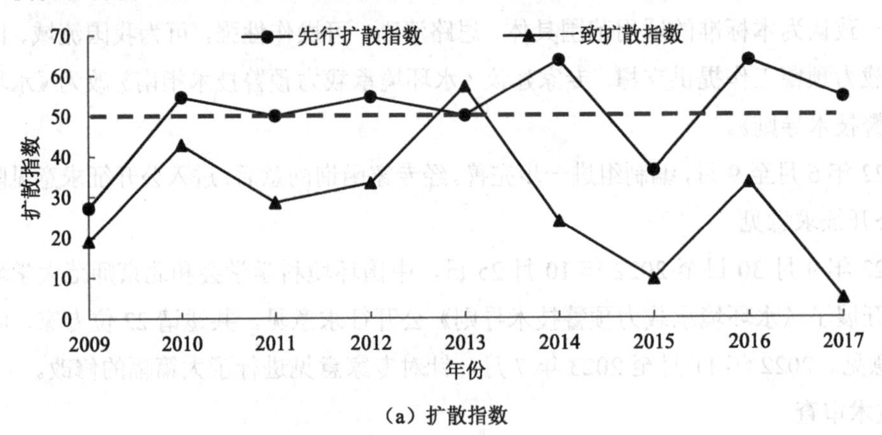

（a）扩散指数

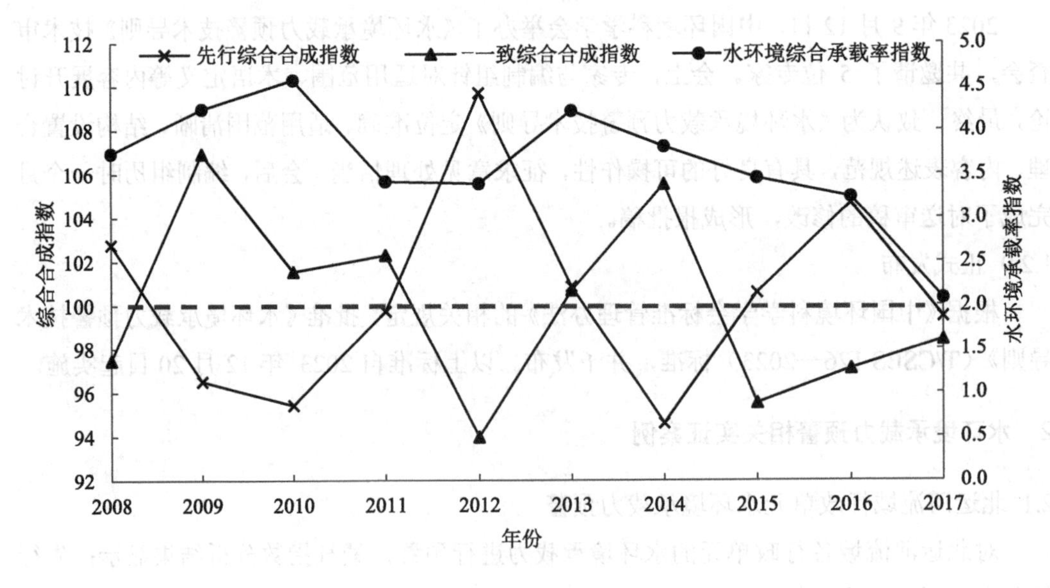

（b）合成指数

图 1　景气指数结果

综合预警结果显示，除门头沟区、延庆区和怀柔区由于在流域内包含的区域各指标数据过小导致计算结果较小而不参加分析外，北运河流域其他区域都有超载风险或已严重超载。对比 2017 年，昌平区、东城区、朝阳区、丰台区、石景山区、海淀区和顺义区的水环境承载力承载状态都有所改善，但整体变化不大，预警等级未降低，而其他 10 个地区的水环境承载力承载状态都出现了恶化，北运河流域水环境承载力承载状态不容乐观。从空间分布上看，北运河流域干流上游和中游区域的水环境承载力承载状态好于下游及中游人口密度大、水资源消耗多的城区和工业或农业污染排放量大的地区，主要是由于上游地区植被覆盖多、水源涵养量大、人为干扰少，且干流径流量大、水量充足，使得这些区域的社会经济压力较小或水环境承载力较大。

图 2 2018 年北运河流域水环境承载力预警结果（略）

通过对橙色及红色警情地区的先行指标进行分析，提出双向调控排警措施。压力来源分析显示，东城区、西城区、通州区、大兴区、朝阳区、海淀区和丰台区需要重点控制人口、生活用水量及生活污水 TP 的排放，尤其是朝阳区、丰台区和海淀区生活源的减排压力较大，并且朝阳区和丰台区需抓紧减少污水处理厂中氨氮及 COD 的排放。尽管流域内其他区域的减排重点也主要集中在人口控制、生活用水量和生活源污染排放等方面，但减排压力较小。此外，北辰区和香河县应更关注工业源的减排，尽快采取措施降低工业用水量，减少工业废水氨氮的排放。承载力来源分析显示，现阶段通州区、海淀区、丰台区和武清区的污水处理厂建设较充足，朝阳区和丰台区的污水资源化工作较好，再生水量相较于其他地区高。但目前，各地区林草覆盖度和地表水资源量都严重不足，尤其是中心城区（如东城区、西城区、北辰区、河北区等）城市化严重、植被覆盖较少，且与经济欠发达的安次区、广阳区和香河县等地区一样，地区内的污水处理能力不足，导致下一年承载力较差，应采取措施全面提升承载力。

2.2 京津冀地区水环境承载力预警

对京津冀地区水环境承载力进行预警，景气指数分析结果显示：先行扩散指数和一致扩散指数都表现出一定的波动性，2010 年后，先行指数领先一致扩散指数的时间为 1～2 年，先行扩散指数表现出一定的先行性；先行扩散指数在 2016 年表现为下降趋势且远小于 50，说明一致扩散指数在预测年（2017 年）也将表现出继续下降的趋势，水环境承载力承载状态将会持续变好。先行综合合成指数领先一致综合合成指数的时间为 0～2 年，说明指标选取是比较科学合理的，先行合成指数表现出较好的先行性。一致综合合成指数经历了先下降后增长的一个过程：在 2010 年最低，与水环境质量变化情况基本吻合；先行综合合成指数在 2016 年下降，预示着 2017 年的水质将会出现一定程度的好转。

综合预警结果显示，2017 年北京市、天津市及河北省水环境承载力承载状态较好；2004—2016 年，北京市和河北省的水环境承载力综合警情指数都呈现下降趋势；其中，北京市水环境承载力承载状态自 2005 年以后一直处于弱载，河北省虽然在 2015 年以后才摆脱了超载的境况，但总体上承载状态改善幅度较大。此外，天津市的水环境承载力承载状态在近十几年间仍有波动，主要是由于用水总量仍在增加，且 2006 年、2015 年和 2016 年的环境污染治理投资占比下降明显，未能与经济发展规模保持同步增长，未来还需警惕社会经济发展压力的回升，需进一步加大环保治理的力度。

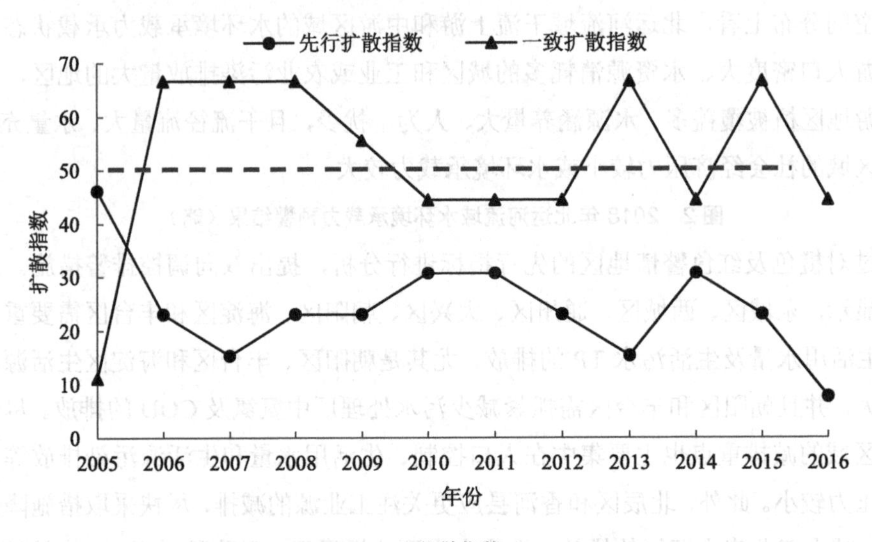

（a）扩散指数

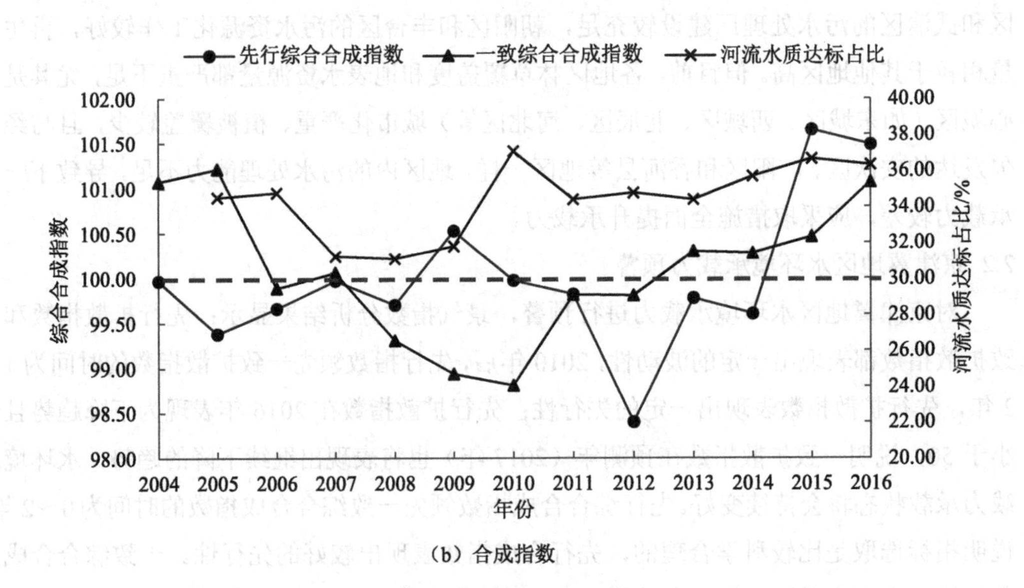

（b）合成指数

图 3　景气指数结果

图 4　2017 年京津冀地区水环境承载力预警结果（略）

通过对先行指标中的压力来源进行分析，京津冀地区整体上还需进一步调整产业结构，降低第一产业、第二产业占比（主要是天津市和河北省），并减少农业用水量及工业废水氨氮排放量；河北省应减少用水量，尤其是农业用水量；此外，北京市、天津市、河北省均需继续提倡节水，降低人均用水量，并提高用水效率，降低万元 GDP 水耗。承载力来源分析结果显示，现阶段京津冀地区的污水处理率较高，但天津市和河北省还应继续加大再生水利用量，加强污水资源化力度；河北省相较于其他 2 个地区，降水量较充沛、供水量充足，北京市和天津市由于天然禀赋而淡水资源不足，还需在节水的同时，积极寻求其他区域水源的跨境补给；此外，对于环境污染治理投资，除北京市外，天津市和河北省明显不足，导致京津冀地区的环境污染治理投资占比较低，今后应提升环境污染治理投资量，进而全面提升承载能力。

2.3 黄河流域行政单元水环境承载力预警

对黄河流域行政单元水环境承载力进行预警，景气指数分析结果显示：先行扩散指数领先于一致扩散指数 1～3 年，表现出良好的先行性。一致扩散指数反映了当前水环境承载力承载状态变化趋势，一致扩散指数仅在 2011 年和 2020 年超过 50，处于景气状态，其余时间均处于不景气状态，整体呈下降趋势，说明黄河流域水环境承载力承载状态有所改善。先行扩散指数能够提前预判水环境承载力承载状态的变化趋势，除 2019 年、2020 年，先行扩散指数的数值都处于 50 及以下，处于不景气状态，但在 2019 年、2020 年超过 50，预示着 2021 年水环境承载力承载状态会变差。先行综合合成指数领先一致综合合成指数 0～2 年。一致综合合成指数在 2010 年至 2015 年大于 100，其余年份数值均小于 100，说明黄河流域水环境承载力在此期间处于超载状态。但从 2013 年开始，一致综合合成指数显著下降，并从 2016 年开始，一致综合合成指数小于 100，预示着一致综合合成指数在 2021 年将会呈上升趋势，说明 2021 年的水环境承载力承载状态有变差风险。

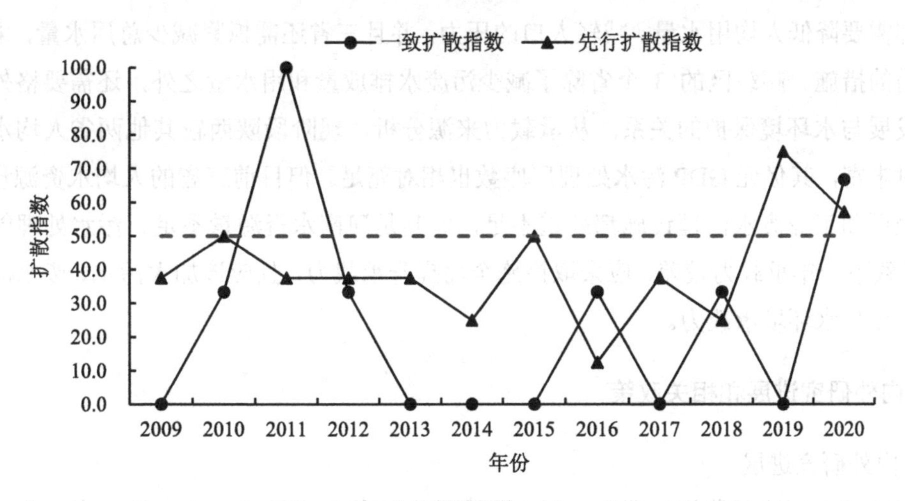

(a) 扩散指数

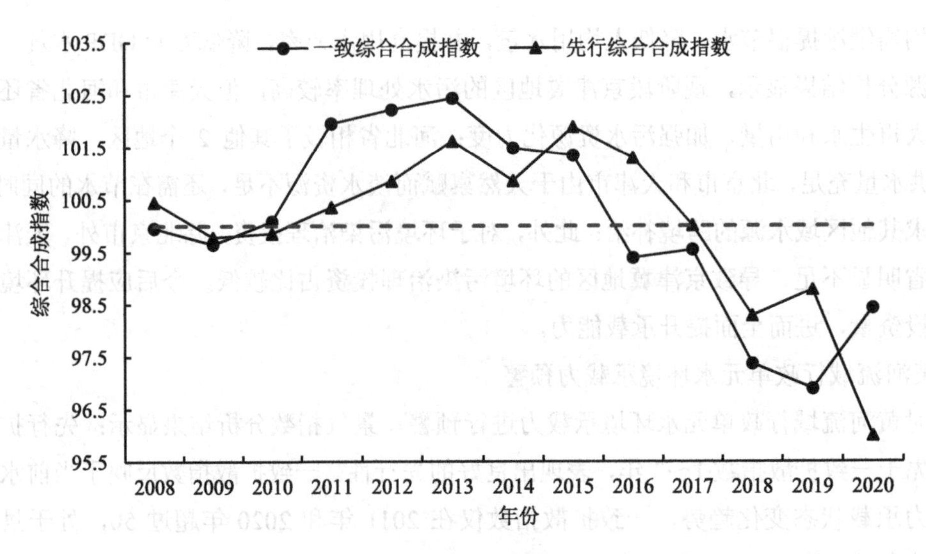

（b）合成指数

图 5　景气指数结果

预警结果显示：总体而言，整个黄河流域水环境承载力向好发展。但内蒙古的水环境承载力承载状态都有所变差；山西有所好转但仍处于超载状态，应该对水资源保护加以重视；青海、甘肃、宁夏、陕西、河南、山东有所好转，但不能掉以轻心，要继续重视水资源和水环境的保护。

图 6　2020 年黄河流域水环境承载力预警结果（略）

通过对黄色、橙色及红色警情地区的先行指标中的压力和承载力来源进行分析，从压力来源分析，处于超载区的陕西和河南需要重点控制污水排放量。同时，陕西、山西、河南都需要降低人均用水量、减轻人口的压力，并且三省还需抓紧减少总用水量，采取以供定需的措施。超载区的 3 个省除了减少污废水排放量和用水量之外，还需要格外重视经济发展与水环境保护的关系。从承载力来源分析，现阶段陕西较其他两省人均水资源量相对丰富，其亿元 GDP 污水处理厂座数也相对充足。但目前三省的人均水资源量、污水处理厂和工业废水治理设施都严重不足，尤其是河南水资源量不足、污水处理能力不够，导致下一年承载力较差，应采取措施全面提升承载力，且应该加大污水、废水的处理力度，提高水环境承载力。

3　国内外研究进展和相关政策

3.1　国内外研究进展

国外在水环境预警相关研究中对生态预警方面的研究较多，水污染、水安全方面预警亦有，但是对水环境承载力预警的研究还不多见；国内学者在不同的领域从不同的角度对承载力预警进行了丰富的研究，但是部分研究中预警思路还是局限于评价思路，且大部分研究最终停留在现状评价的阶段，实际上是现状警情评价。总体来说在水环境领域中，预警研究仍处于起步阶段，真正意义上的水环境承载力预警研究还不多，有很大的研究空间。现今水环境承载力预警研究大多还停留在现状评价方面，沿用评价的方法来进行水环境承载力预警研究，仅对现状进行分析，缺乏后期的处理，没有做到对未来水环境承载力超载状态的预判。这并未真正体现预警的内涵，预警应该是建立在对未来的情况进行预判的基础上，对未来的环境超载状态进行警情评判，并有针对性地提出排除警情的响应对策。在水环境承载力警义界定方面，大多将水环境容量超载或水资源量供不应求等单要素状况作为警情，比较片面，没有进行最终的综合考虑；在警度量化上，难以对警情指标采取合适的评判方法，评判时只考虑了承载率单一指标，没有考虑系统水环境承载力超载状态的变化趋势；在确定警限方面，往往都是通过文献调研或者是专家经验来获取，主观性较强，没有结合研究区的具体规划情况。

此外，现有水环境承载力预警技术的关注点主要集中在水资源和水环境方面，缺乏对陆域生态系统因素的考量，对水环境承载力进行系统性综合预警的研究较少。而水系统是一个包括水资源、水环境和水生态（本文件中只限于陆域生态）3 个子系统的复合系统；水环境承载力应包含水资源承载力、水环境容量与水生态承载力 3 个分量，是一综合承载力概念。分别将水资源短缺或水环境质量超标或容量不足而超载界定为警情，不能全面客观地反映流域水系统的超载状态。

3.2 相关政策

在相关标准方面，尽管目前国内外对水环境承载力预警有技术标准出台，且近年我国学者已广泛开展资源环境承载力预警技术方法与机制研究，我国各相关部委积极探索建立了各自的监测预警机制，出台了若干技术指导文件，但在目前的技术文件中并没有从已有预警概念、内涵及其理论方法入手，且受数据资料与技术方法限制，很多预警工作仍停留在现状评价层面，将预警与警情现状评价概念相混淆，缺乏对未来承载力承载状态的预判，没有实现真正意义上的预警。由于承载力预警概念内涵与警义不清，很多研究（包括发改、国土、水利与海洋等相关部门出台的资源环境承载力预警相关指导性政策文件）所建承载力“预警”指标体系大多借鉴可持续发展状态综合评价，无法判断是可持续发展状态（能力）评价，还是承载力预警。具体如下。

3.2.1 国家发改委等 13 部委《资源环境承载能力监测预警技术方法（试行）》（发改规划〔2016〕2043 号）

该技术方法阐述了资源环境承载能力监测预警的基本概念、技术流程、集成方法与类型划分等技术要点，但其核心是通过资源环境超载状态评价，对区域可持续发展状态进行预判，而不是在未来超载状态预判基础上，提出超载状态警告。图 7 为资源环境承载能力预警（2016 版）技术路线。

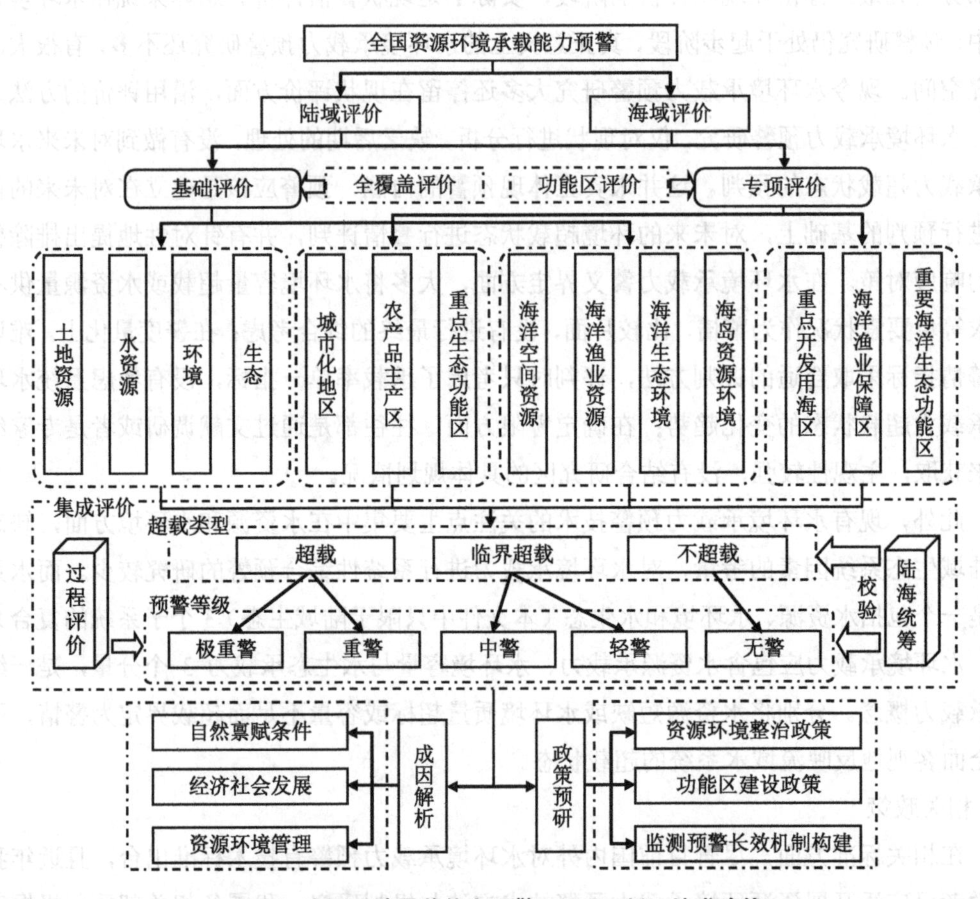

图 7　资源环境承载能力预警（2016 版）技术路线

3.2.2 水利部办公厅《关于做好建立全国水资源承载能力监测预警机制工作的通知》（办资源〔2016〕57 号）及《全国水资源承载能力监测预警技术大纲（修订稿）》

该技术大纲界定了水资源承载能力、承载负荷（压力）的核算方法及承载状态的评价方法，主要阐述了水资源承载能力评价的相关内容，而不是水资源承载能力监测预警技术方法。图 8 为水资源承载能力评价总体技术路线。

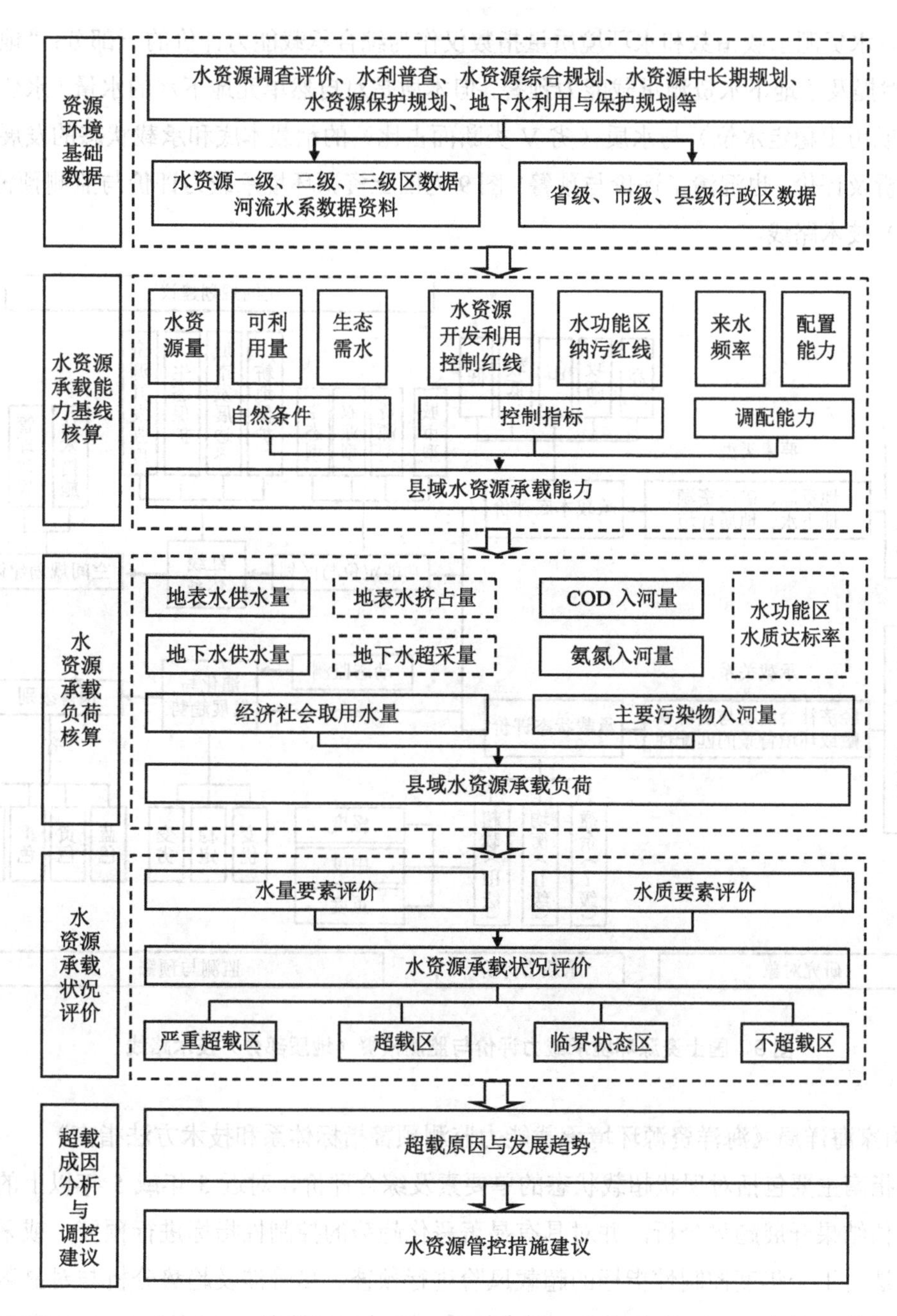

图 8 水资源承载能力评价总体技术路线

3.2.3 国土资源部办公厅《国土资源环境承载力评价技术要求（试行）》（国土资厅函〔2016〕1213 号）

该技术要求在“土地部分”的土地综合承载力评价是在区域资源禀赋、生态条件和环境本底调查等基础上，通过识别国土开发的资源环境短板要素，开展综合限制性和适宜性评价，水资源承载指数和水环境质量指数仅作为综合承载能力评价的一部分；“地质部分”虽然提及了地下水资源承载能力预警，但本质是对自然单元地下水的水量（水位与控制水位或历史稳定水位）与水质（劣V类断面占比）的承载本底和承载状态的发展趋势进行分析及评价，也混淆了评价与预警。图9为国土资源环境承载力评价与监测预警（地质部分）技术路线。

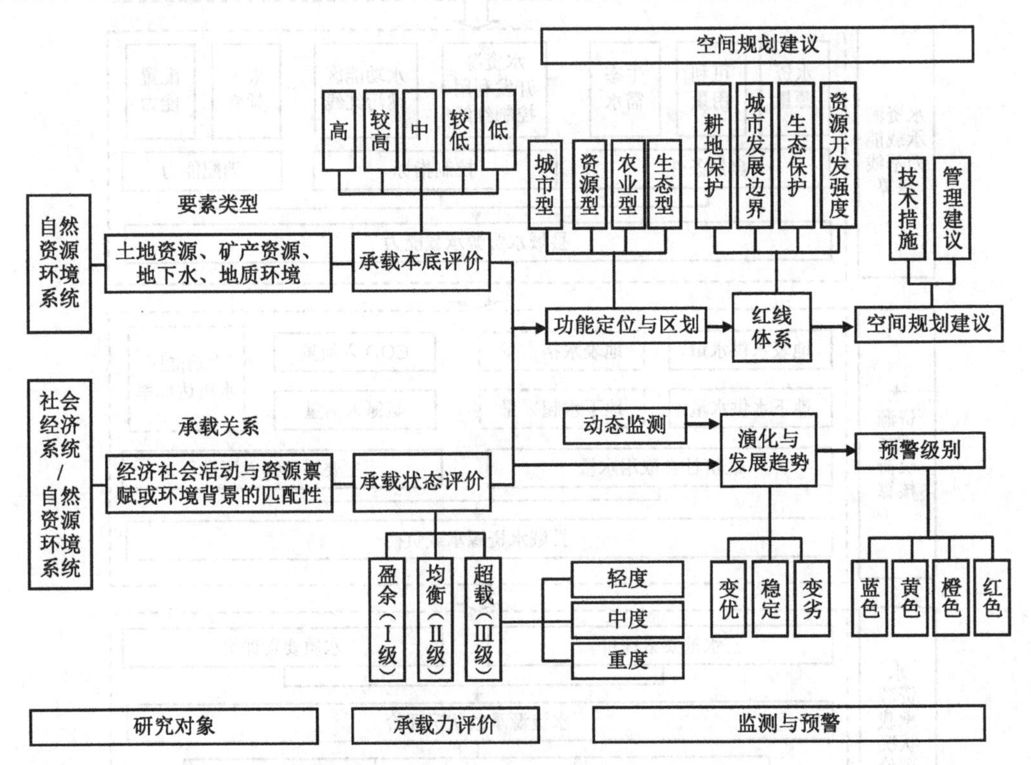

图9　国土资源环境承载力评价与监测预警（地质部分）技术路线

3.2.4 国家海洋局《海洋资源环境承载能力监测预警指标体系和技术方法指南》

该指南主要包括对现状超载状态的单要素及综合评价，对近5年或5年以上的二级指标评估结果开展趋势分析，并对具有显著恶化趋势的控制性指标进行预警，或采用灰色模型法对下一年度控制性指标的超载风险进行预警。尽管涉及趋势分析与对显著恶化趋势指标的短期预测，但警义不清、不成体系，缺乏判别警兆、评判警情、界定警度与排除警情等，未能实现系统化的综合预警。图10为海洋资源环境承载能力评价与监测预警技术路线。

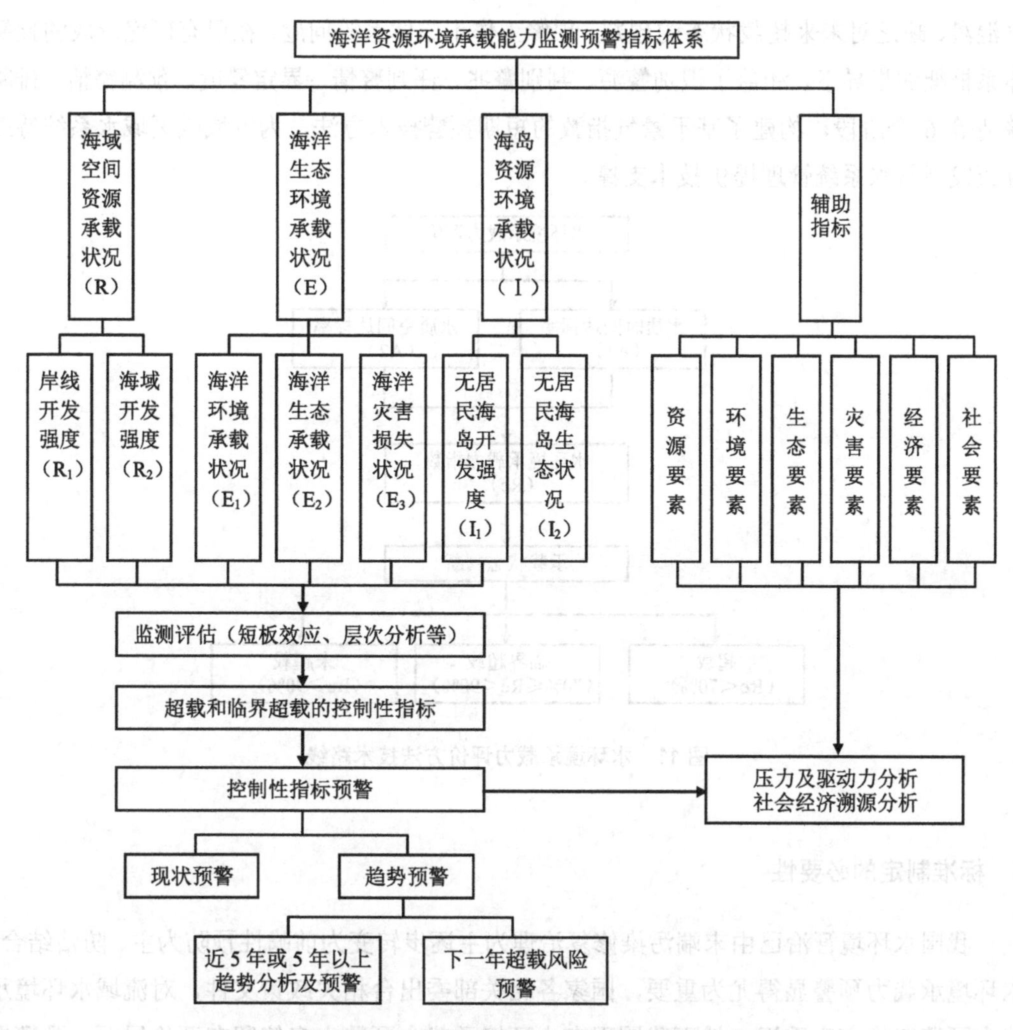

图 10　海洋资源环境承载能力评价与监测预警技术路线

3.2.5 生态环境部《关于开展水环境承载力评价工作的通知》（环办水体函〔2020〕538 号）和《水环境承载力评价方法（试行）》

该评价方法提出了水质时间达标率和水质空间达标率两个评价指标以及所构造的综合承载力指数的计算方法，及承载状态（超载、临界超载、未超载）判定标准，主要是通过水质达标情况反映水环境承载力超载情况，也未涉及水环境承载力预警相关内容。图 11 为水环境承载力评价方法技术路线。

整体来看，水环境承载力预警无论是从相关理论研究还是相应技术方法指南与标准方面都尚未完善，从预警内涵到相应技术方法仍存在诸多不足之处，亟需构建真正意义上的水环境承载力预警技术导则来填补空白。为避免上述技术文件中存在的问题，本次编写的水环境承载力预警技术导则相较上述有关技术文件，解决了水环境承载力预警概念混淆、缺乏对未来超载状态的预判、预警工作不成体系等问题，在已有研究形成的预警体系框架的指导下，涵盖了识别警源、判别警兆、评判警情、界定警度、预测警情、排除警情等 6 个阶段，构建了基于景气指数的短期预警技术方法，为流域或区域水系统持续健康发展与水系统管理提供技术支撑。

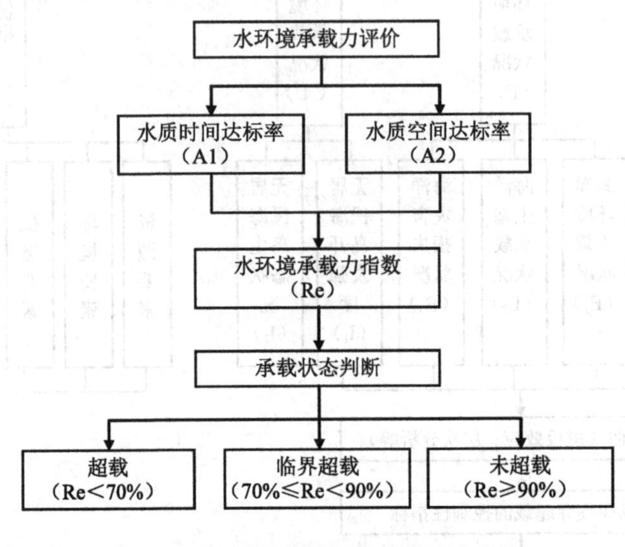

图 11　水环境承载力评价方法技术路线

4　标准制定的必要性

我国水环境管治已由末端污染修复治理为主逐步转变为前瞻性预防为主、防治结合，水环境承载力预警显得尤为重要，国家各相关部委出台相关政策文件，对流域水环境承载力预警工作高度重视。然而我国现有水环境承载力预警大多停留在评价层面，预警概念内涵不清，警限与警度划分不科学，预警技术方法体系尚处于探索阶段，亟需建立水环境承载力预警技术体系，促进流域（区域）水系统协调发展，为提升可持续发展形势分析能力与流域（区域）水系统管理能力提供技术支撑。

5　标准制定的原则与技术思路

5.1 标准制定的原则

标准编制组以水体功能目标为导向，本着科学性、普遍适用性和实用性的原则，致力于实现流域（区域）水环境承载力的预警。

5.1.1 科学性

充分利用相关领域的科学原理，熟悉国内外相关领域的研究进展，吸取多年来相关工作所取得的成果和经验。

5.1.2 普遍适用性

充分考虑国内现有的技术和装备水平以及社会经济承受能力，选择合适的研究方法和预警指标，适用于在大多数地区开展工作。

5.1.3 实用性

规范内容详尽，工作流程简洁，便于实施与监督。

5.2 标准制定的技术思路

在涵盖识别警源、判别警兆、评判警情、界定警度、预测警情与排除警情等 6 个阶段的预警体系框架指导下，构建基于景气指数的短期预警技术方法。该方法依据经济周期性及其导致的水环境压力的波动性，首先在基准警情与影响警情指标体系构建基础上，利用时差相关分析法，将指标划分为先行指标与一致指标，识别警源；进一步基于景气指数（包括扩散指数与合成指数）的波动，对流域（区域）水环境承载力超载趋势进行分析，判别警兆；然后利用构建的综合预警指数对未来承载状态进行定量预测，评判警情，并通过划分警限并界定警度，进行预警；最后，根据预警结果，制定排警策略。

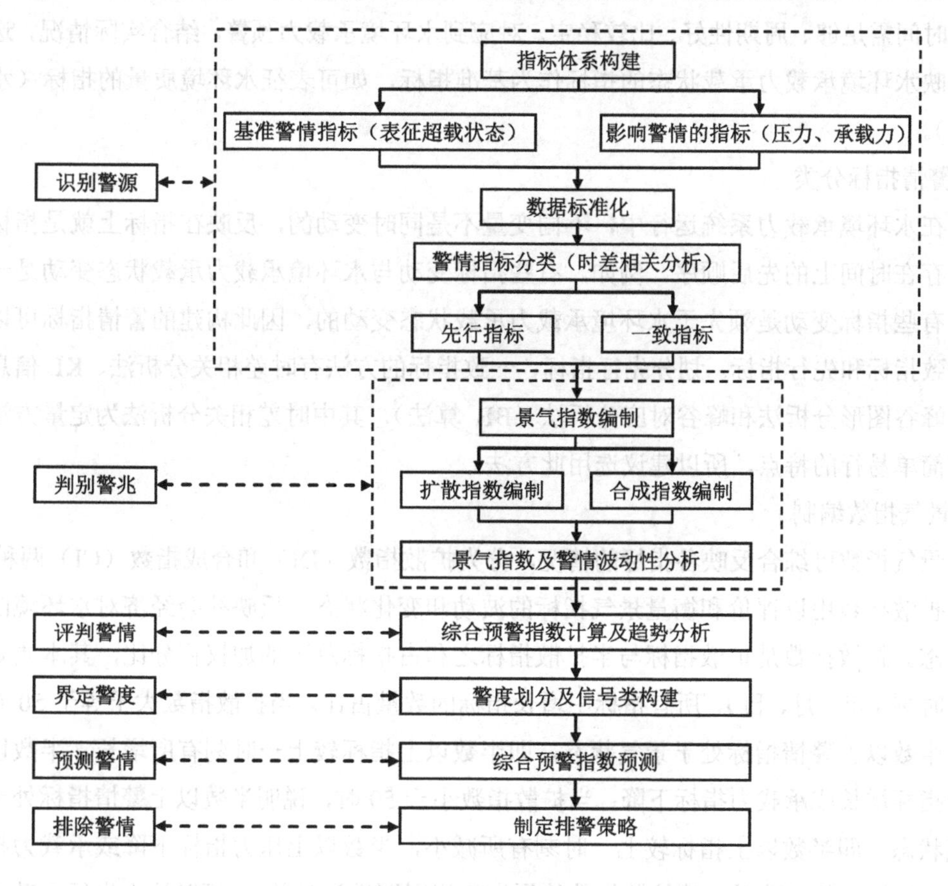

图 12 技术路线

6 标准主要内容说明

6.1 预警指标体系构建

对于水环境承载力系统，随着经济的周期波动，人类经济活动对水环境造成的压力表现出一定的周期性波动趋势，这种“水环境承载周期性”是水环境承载力预警系统研究的主要理论基础。水环境承载力预警的波动特征能够通过指标的变动体现出来，而指标的变化也是水环境承载力承载状态的微观体现。因此，指标作为测量水环境承载力承载状态变化的指示器，在水环境承载力预警研究中起着至关重要的作用。基于水环境承载力的概念，可从水资源承载力以及水环境承载力两个方面选取水环境承载对经济活动变动敏感的指标，构建水环境承载力预警景气指标体系，如社会经济规模、结构，水资源量及用水量，污染排放及处理，生态系统水源涵养服务等，并同时考虑数据的可获取情况。

此外，由于景气波动的传导和扩散不会同时发生，所以需要选取基准指标，作为后续划分警情指标（先行指标、一致指标）的依据。基准指标选取的基础和依据主要是该指标记录时间需足够、周期性好、比较稳定。对应到水环境承载力预警，结合实际情况，选取能反映水环境承载力承载状态的指标作为基准指标，如可表征水环境质量的指标（水质指标）。

6.2 警情指标分类

在水环境承载力系统运行中，不同变量不是同时变动的，反映在指标上就是指标的变动存在时间上的先后顺序。例如，有些指标变动与水环境承载力承载状态变动是一致的，有些指标变动是领先于水环境承载力承载状态变动的，因此构建的警情指标可以分为一致指标和先行指标。划分先行指标、一致指标的方法有时差相关分析法、KL 信息量法、峰谷图形分析法和峰谷对应分析法（BB 算法），其中时差相关分析法为定量方法，具有简单易行的特点，所以建议选用此方法。

6.3 景气指数编制

景气指数可综合反映各指标的情况，分为扩散指数（DI）和合成指数（CI）两种。

扩散指数用以评价和衡量景气指标的波动和变化状态，反映社会经济对水环境的影响状态。扩散指数是扩散指标与半扩散指标之和占指标总数的加权百分比，其本质是在某一时刻（年、月、日），所有指标中增长指标的数量占比。当扩散指数大于等于 50 时，说明半数以上警情指标处于景气状态，即半数以上指标较上一时刻有所增长，半数以上压力指标增长或承载力指标下降；当扩散指数小于 50 时，说明半数以上警情指标处于不景气状态，即半数以上指标较上一时刻有所减小，半数以上压力指标下降或承载力指标增长；先行扩散指数对一致扩散指数的领先时间周期设为时差 t，可以认为先行扩散指数所预测的承载状态改变将在 t 年后出现。

合成指数是将各敏感性指标的波动幅度综合起来的指数，不仅能反映景气循环的变化趋势、判断变化的拐点，还可以表征社会经济等指标的整体变化程度，反映社会经济对水环境的影响程度。当合成指数上升，说明社会经济对环境影响大，水环境污染物有增加的可能，反之亦然。100 是合成指数的临界值，当合成指数大于 100 时，说明处于景气状态；当合成指数小于 100 时，说明处于不景气状态。先行合成指数对一致合成指数的领先时间周期设为时差 t，可以认为先行合成指数所预测的承载状态改变将在 t 年后出现。合成指数不仅能对水环境承载力承载状态进行预警，还可以预测承载状态波动水平。

6.4 综合预警指数构建及计算

水环境承载力预警指标体系中每一个指标只能反映水环境承载力某一方面所面临的风险，而要进行全面预警，必须构建综合预警指数。首先，选取能够反映综合承载情况的先行指标（压力或承载力指标），并采用极值法将指标标准化，将每个指标对应的时差相关系数与其同类型（压力或承载力）指标相关系数之和的比值作为各指标权重；然后，分别计算先行压力指标的预警指数及先行承载力指标的预警指数，并以比值作为综合预警指数。从而确定景气信号灯的输出。

6.5 预警界限构建

预警信号灯是选取重要的先行指标作为信号灯指标的基础，从这些指标出发评判经济发展对水环境承载力承载状态的影响，给出承载状态的判断。借鉴交通信号灯的方法，预警信号灯系统用绿、黄、橙、红等 4 种颜色分别代表整个承载状态中“无警”“轻警”“中警”“重警”等 4 种情形，所以预警信号灯给人的印象直观易懂；当预警信号灯为黄色时，可以预先知道承载状态已经偏离了正常运行的情形，从而可以提前采取一些调控手段防止“超载”情形的发生。

综合预警指数是压力预警指数与承载力预警指数的比值，所以 1 作为恰不超载状态，以 0.5 为一档，构建预警界限。

6.6 综合预警指数预测

为了全面预测水环境承载力所面临的风险，宜采用综合预警指数进行警情预测。在综合预警指数的预测模型中，下一时刻的综合预警指数与下一时刻的合成指数变化率及前两时刻的综合预警指数有关；且由于合成指数变化率呈周期性变化，下一时刻的合成指数变化率可用时间序列模型进行预测。

6.7 制定排警措施

排警决策要基于对警源、警兆、警度的分析，同时应考虑手段的可行性和措施成本。在实际操作中，可从双向调控角度提出水环境承载力超载状态的缓解对策，从提高水环境承载力和降低社会经济活动对水环境的压力两个方面入手，从流域的水环境全过程控制角度将调控措施细分为前端、过程和末端三个方面，考虑研究区的特性，对可行的手段进行筛选；进一步，可基于排警决策情景对排警后的系统进行模拟仿真，考察警情是否能得到排除。理论上，如排警决策的实施无法使系统回到安全（无警）的状态，应该采取进一步的措施。而在实际操作中，可采取的措施往往受到社会经济发展以及时间、空间上的限制，此时需对排警的结果进行详细的分析和讨论，并提出对今后决策的展望。

7 标准实施的环境效益与经济技术分析

《水环境承载力预警技术导则》的发布与推广应用，将提升国家与地方、流域与区域水环境监管决策、水污染控制与水环境治理产业的发展水平，以及流域或区域水环境规划与水系统建设能力，为促进我国水环境精准管理提供技术支撑作用。此外，若通过将流域或区域水环境承载力预警技术纳入国家、地方与流域水污染防治年度计划制订过程中，根据水环境承载力预警结果，在双向调控理念指导下，从社会经济发展规模结构与用水规模结构优化调控、增容与减排“两手抓、两手硬”手段、确保生态基流的水质水量联合调度技术以及人工湿地与河道生态修复等水生态干预措施等方面，提出排警方案，最大限度地将人类生活活动与生产活动控制在水环境承载力范围之内，减缓流域或区域水环境承载力超载程度，促进流域或区域水系统持续、健康、安全发展。

通过发布《水环境承载力预警技术导则》，进行宣传培训，对技术进行产业化推广，提升我国流域或区域水环境承载力预警理念的技术创新能力与市场竞争力。不仅可以提升我国流域或区域水环境监管与水环境规划水平，促进水系统健康、安全、持续发展，还将创造可观的直接与间接经济效益和社会效益。

8 标准实施建议

8.1 明确流域（区域）水环境承载力具体问题，构建科学合理的预警指标体系

应针对研究区的具体水环境问题，在明确水环境承载力预警概念内涵与警义基础上，从水环境承载力承载状态（人类活动给水系统带来的压力超过水系统自身承载力的程度）角度出发，兼顾组成水系统的水资源、水环境，构建科学合理的、可以客观表征水环境承载力预警的水环境承载力预警指标体系。

8.2 建立健全预警指标的监测与发布机制，确保水环境承载力预警的时效性

警情指标及基准指标的时效性是影响预警准确性的关键，需通过信息化手段、相关管理部门联合调度等机制健全预警指标的监测，并制定及时发布的方案等，确保预警指标对水环境承载力承载状态及时、有效的预测及警报。

9 其他需要说明的事项

无

参考文献

白辉，刘雅玲，陈岩，等，2016. 层次分析法与向量模法在水环境承载力评价中的应用 —— 以胶州市为例[J]. 环境保护科学，42（4）：60-65.

曹若馨，张可欣，曾维华，2021. 基于 BP 神经网络的水环境承载力预警研究 —— 以北运河为例[J]. 环境科学学报，41（5）：2005-2017.

车秀珍，王越，袁博，2015. 深圳建立资源环境承载力监测预警机制探析[J]. 特区经济，（10）：29-30.

陈晨，2018. 长兴县水资源承载力预警方法研究[D]. 扬州：扬州大学.

陈文婷，夏青，苏婧，等，2021. 基于时差相关分析与模糊神经网络的白洋淀流域水环境承载力评价预警[J]. 环境工程，40（6）：261-271.

陈晓雨婧，2019. 甘肃省资源环境承载力评估预警研究[D]. 北京：中央民族大学.

崔丹，陈馨，曾维华，2018. 水环境承载力中长期预警研究 —— 以昆明市为例[J]. 中国环境科学，38（3）：1174-1184.

崔东文，2018. 水循环算法-投影寻踪模型在水环境承载力评价中的应用 —— 以文山州为例[J]. 三峡大学学报自然科学版，40（4）：15-21.

崔凤军，1998. 城市水环境承载力及其实证研究[J]. 自然资源学报，（1）：58-62.

崔海升，2014. 基于系统动力学模型的哈尔滨市水资源承载力预测研究[D]. 哈尔滨：哈尔滨工业大学.

戴靓，陈东湘，吴绍华，等，2012. 水资源约束下江苏省城镇开发安全预警[J]. 自然资源学报，27（12）：2039-2047.

丁菊莺，宋秋波，2019. 水资源承载能力监测预警机制建设初探 —— 以海河流域为例[J]. 海河水利，（3）：1-5.

段雪琴，赖旭，韩振超，等，2019. 资源环境承载力监测预警长效机制制度化研究[J]. 资源节约与环保，（11）：140-141.

樊杰，王亚飞，汤青，等，2015. 全国资源环境承载能力监测预警（2014 版）学术思路与总体技术流程[J]. 地理科学，35（1）：1-10.

樊杰，周侃，王亚飞，2017. 全国资源环境承载能力预警（2016 版）的基点和技术方法进展[J]. 地理科学进展，36（3）：266-276.

高丽云，2014. 河源市江东新区水环境容量及污染防治对策研究[D]. 成都：西南交通大学.

高伟，刘永，和树庄，2018. 基于 SD 模型的流域分质水资源承载力预警研究[J]. 北京大学学报（自然科学版），54（3）：673-679.

高小超，2012. 环鄱阳湖区城市化进程中的水环境质量预警研究[D]. 南昌：南昌大学.

高彦春，1997. 区域水资源供、需协调评价的初步研究[J]. 地理学报，32（2）：164-167.

郭怀成，唐剑武，1995. 城市水环境与社会经济可持续发展对策研究[J]. 环境科学学报，（3）：363-369.

韩奇，谢东海，陈秋波，2006. 社会经济-水安全 SD 预警模型的构建[J]. 热带农业科学，（1）：31-34，84.

胡荣祥，徐海波，任小松，等，2012. BP 神经网络在城市水环境承载力预测中的应用[J]. 人民黄河，（8）：79-81.

胡学峰，2006. 天津市水环境生态安全评价与预警研究[D]. 天津：天津师范大学.

黄海凤，林春绵，姜理英，等，2004. 丽水市大溪水环境承载力及对策研究[J]. 浙江工业大学学报，32（2）：157-162.

黄睿智，2018. 南宁市水环境承载力评价[J]. 科技和产业，18（3）：45-49.

贾振邦，赵智杰，李继超，等，1995. 本溪市水环境承载力及指标体系[J]. 环境保护科学，21（3）：8-11.

贾紫牧，曾维华，王慧慧，等，2018. 流域水环境承载力综合评价分区研究 —— 以湟水流域小峡桥断面上游为例[J]. 生态经济，34（4）：169-174，203.

蒋晓辉，黄强，惠泱河，等，2001. 陕西关中地区水环境承载力研究[J]. 环境科学学报，21（3）：312-317.

金菊良，陈梦璐，郦建强，等，2018. 水资源承载力预警研究进展[J]. 水科学进展，29（4）：131-144.

寇文杰，林健，陈忠荣，等，2012. 内梅罗指数法在水质评价中存在问题及修正[J]. 南水北调与水利科技，10（4）：39-41，47.

雷宏军，刘鑫，陈豪，等，2008. 郑州市水环境承载力研究[J]. 中国农村水利水电，（7）：15-19.

李海辰，王志强，廖卫红，等，2016. 中国水资源承载能力监测预警机制设计[J]. 中国人口·资源与环境，（S1）：316-319.

李如忠，2006. 基于指标体系的区域水环境动态承载力评价研究[J]. 中国农村水利水电，（9）：42-46.

李雨欣，薛东前，宋永永，2021. 中国水资源承载力时空变化与趋势预警[J]. 长江流域资源与环境，30（7）：1574-1584.

梁静，吕晓燕，于鲁冀，等，2017. 基于环境容量的水环境承载力评价与预测 —— 以郑州市为例[J]. 环境工程，35（11）：159-162，167.

梁雪强，2003. 南宁市水环境承载力变化趋势的研究[C]//广西环境科学学会 2002—2003 年度学术论文集. 南宁：广西壮族自治区科学技术协会.

廖文根，2002. 水环境承载能力及其评价体系探讨[J]. 中国水力水电科学研究院学报，6（1）：1-8.

刘臣辉，申雨桐，周明耀，等，2013. 水环境承载力约束下的城市经济规模量化研究[J]. 自然资源学报，28（11）：1903-1910.

刘丹，王烜，曾维华，等，2019. 基于 ARMA 模型的水环境承载力超载预警研究[J]. 水资源保护，35（1）：

52-55，69.
鲁佳慧，唐德善，2019. 基于PSR和物元可拓模型的水资源承载力预警研究[J]. 水利水电技术，50（1）：62-68.
罗子云，2010. 水环境承载力方法研究[J]. 环境科学与管理，35（8）：31-33.
马涵玉，黄川友，殷彤，等，2017. 系统动力学模型在成都市水生态承载力评估方面的应用[J]. 南水北调与水利科技，15（4）：101-110.
苗东升，1990. 系统科学原理[M]. 北京：中国人民大学出版社.
缪萍萍，石维，张浩，等，2017. 河北省城市水环境承载力预警机制研究[C]// 2017（第五届）中国水生态大会论文集：66-71.
牛文元，1989. 现代地理空间决策[J]. 地理环境研究，（1）：26-34.
牛文元，1999. 可持续发展：21世纪中国发展战略的必然选择[J]. 中国科技论坛，（5）：14-16.
牛文元，2002. 可持续发展之路 —— 中国十年[J]. 中国科学院院刊，（6）：413-418.
牛文元，2007. 全面协调可持续发展[J]. 地理教育，（1）：4-7.
牛文元，2012. 可持续发展理论的内涵认知 —— 纪念联合国里约环发大会20周年[J]. 中国人口·资源与环境，22（5）：9-14.
牛文元，康晓光，王毅，1994. 中国式持续发展战略的初步构想[J]. 管理世界，（1）：195-203.
片冈直树，林超，2005. 日本的河川水权、用水顺序及水环境保护简述[J]. 水利经济，23（4）：8-9.
任永泰，李丽，2011. 哈尔滨市水资源预警模型研究（Ⅰ）—— 基于时差相关分析法的区域水资源预警指标体系构建[J]. 东北农业大学学报，42（8）：136-141.
史毅超，唐德善，孟令爽，等，2018. 基于改进可变模糊方法的区域水资源承载力预警模型[J]. 水电能源科学，36（1）：36-39.
谭立波，许东，2014. 辽河流域水环境预警研究[J]. 中国农学通报，30（35）：154-157.
唐剑武，叶文虎，1998. 环境承载力的本质及其定量化初步研究[J]. 中国环境科学，18（3）：227-230.
唐文秀，2010. 汾河流域水环境承载力的研究[D]. 西安：西安理工大学.
王浩，陈敏建，秦大庸，等，2000. 西北地区水资源合理配置和承载能力研究[R]. 北京：中国水利水电科学研究院.
王浩，胡鹏，2020. 水循环视角下的黄河流域生态保护关键问题[J]. 水利学报，（9）：1009-1014.
王浩，贾仰文，2016. 变化中的流域“自然-社会”二元水循环理论与研究方法[J]. 水利学报，47（10）：1219-1226.
王浩，王成明，王建华，等，2004. 二元年径流演化模式及其在无定河流域的应用[J]. 中国科学E辑：技术科学，S1：42-48.
王俭，孙铁珩，李培军，等，2005. 环境承载力研究进展[J]. 应用生态学报，16（4）：768-772.
王金南，于雷，万军，等，2013. 长江三角洲地区城市水环境承载力评估[J]. 中国环境科学，33（6）：

1147-1151.

王丽婧，李小宝，郑丙辉，等，2016. 基于过程控制的流域水环境安全预警模型及其应用[C]//中国环境科学学会学术年会论文集（第一卷）：51-59.

王留锁，2018. 基于多目标优化模型的水环境承载力提升对策 —— 以阜新市清河门区为例[J]. 环境保护与循环经济，38（6）：12-16.

王妍，曾维华，吴舜泽，等，2011. 环境与经济形势的景气分析研究[J]. 中国环境科学，31（9）：1571-1577.

王艳艳，毕星，2013. 沿海区域承载力预警及对策 —— 以天津市为例[J]. 河南科学，31（11）：1986-1991.

解钰茜，吴昊，崔丹，等，2019. 基于景气指数法的中国环境承载力预警[J]. 中国环境科学，39（1）：442-450.

徐建新，张巧利，雷宏军，等，2013. 基于情景分析的城市湖泊流域社会经济优化发展研究[J]. 环境工程技术学报，（2）：138-146.

徐美，2013. 湖南省土地生态安全预警及调控研究[D]. 长沙：湖南师范大学.

徐美，刘春腊，2020. 湖南省资源环境承载力预警评价与警情趋势分析[J]. 经济地理，40（1）：187-196.

徐雪飞，曹若馨，曾维华，等，2023. 面向控制单元的北运河水环境承载力预警研究[J]. 环境科学学报，43（7）：413-426.

徐志青，刘雪瑜，袁鹏，等，2019. 南京市水环境承载力动态变化研究[J]. 环境科学研究，32（4）：557-564.

薛洪岩，2020. 水环境承载力预警研究 —— 以武汉市为例[D]. 武汉：华中师范大学.

薛敏，高伟，2021. 水资源输入型城市水环境承载力预警模型构建与应用 —— 以昆明市为例[J]. 水利科技与经济，27（6）：17-25.

闫云平，2013. 西藏景区旅游承载力评估与生态安全预警系统设计与实现[D]. 北京：中国地质大学.

杨丽花，佟连军，2013. 基于 BP 神经网络模型的松花江流域（吉林省段）水环境承载力研究[J]. 干旱区资源与环境，（9）：138-143.

杨渺，甘泉，叶宏，等，2017. 四川省资源环境承载力预警模型构建[J]. 四川环境，36（1）：144-151.

游进军，王浩，牛存稳，等，2016. 多维调控模式下的水资源高效利用概念解析[J]. 华北水利水电大学学报（自然科学版），37（6）：1-6.

袁进春，1986. 环境管理信息系统的研究现状和发展趋势[J]. 环境科学，8（5）：75.

袁明，2010. 区域水资源短缺预警模型的构建及实证研究[D]. 扬州：扬州大学.

曾琳，张天柱，曾思育，等，2013. 资源环境承载力约束下云贵地区的产业结构调整[J]. 环境保护，41（18）.

曾维华，解钰茜，王东，等，2020. 流域水环境承载力预警技术方法体系[J]. 环境保护，48（19）：9-16.

曾维华，王华东，薛纪渝，等，1991. 人口、资源与环境协调发展关键问题之一 —— 环境承载力研究[J].

中国人口·资源与环境，（2）：33-37.

曾维华，薛英岚，贾紫牧，2017. 水环境承载力评价技术方法体系建设与实证研究[J]. 环境保护，45（24）：17-24.

曾维华，杨月梅，2008. 环境承载力不确定性多目标优化模型及其应用 —— 以北京市通州区区域战略环境影响评价为例[J]. 中国环境科学，28（7）：667-672.

张国庆，2018. 辽宁省水资源承载力预警模型研究[J]. 水利规划与设计，（8）：75-78，130.

张静，曾维华，吴舜泽，等，2016. 一种新的区域环境承载力评价预警方法及应用[J]. 生态经济，32（2）：19-22，43.

张乐勤，2019. 基于 TOPIS 最优的资源环境承载能力预警判别与趋势预测[J]. 河南大学学报（自然科学版），49（2）：38-48.

张姗姗，张落成，董雅文，等，2017. 基于水环境承载力评价的产业选择 —— 以扬州市北部沿湖地区为例[J]. 生态学报，37（17）：5853-5860.

赵然杭，曹升乐，高辉国，2005. 城市水环境承载力与可持续发展策略研究[J]. 山东大学学报工学版，35（2）：90-94.

郑治国，张新明，2010. 基于 SD 的区域水环境承载力分析与研究[J]. 水环境评价与研究，13（1）：33-35.

支小军，杨书奇，2020. 资源环境承载力预警研究进展评述[J]. 新疆农垦经济，（3）：80-86.

周晋军，王浩，刘家宏，等，2020. 城市耗水的“自然-社会”二元属性及季节性特征研究 —— 以北京市为例[J]. 水利学报，51（11）：1325-1334.

周伟，袁国华，罗世兴，2015. 广西陆海统筹中资源环境承载力监测预警思路[J]. 中国国土资源经济，28（10）：8-12.

朱宇兵，2009. 广西北部湾经济区环境承载力预警系统研究[J]. 东南亚纵横，（7）：61-64.

Bouma J，Stoorvogel J，Alphen B J V，et al.，1999. Pedology，precision agriculture，and the changing paradigm of agricultural research[J]. Soil Science Society of America Journal，63（6）：1763-1768.

Ding L，Chen K L，Cheng S G，et al.，2015. Water ecological carrying capacity of urban lakes in the context of rapid urbanization：a case study of East Lake in Wuhan[J]. Physics and Chemistry of the Earth，（89-90）：104-113.

Ding X W，Zhang J J，Jiang G H，et al.，2017. Early warning and forecasting system of water quality safety for drinking water source areas in Three Gorges Reservoir Area，China[J]. Water，9（7）.

Dokas I M，Karras D A，Panagiotakopoulos D C，2009. Fault tree analysis and fuzzy expert systems：Early warning and emergency response of landfill operations[J]. Environmental Modelling and Software，24（1）：8-25.

Faruk D O，2010. A hybrid neural network and ARIMA model for water quality time series prediction[J].

Engineering Applications of Artificial Intelligence，23（4）：586-594.

Huang K，Tang H P，Guo H L，2011. A Watershed's Environmental-Economic Optimization and Management Framework Based on Environmental Carrying Capacity[C]//Advanced Materials Research，291：1786-1789.

Imani M，Hasan M M，Bittencourt L F，et al.，2021. A novel machine learning application：water quality resilience prediction model [J]. Science of the Total Environment，768：144459.

Jin T，Cai S B，Jiang D X，et al.，2019. A data-driven model for real-time water quality prediction and early warning by an integration method [J]. Environmental Science and Pollution Research，26（29）：30374-30385.

Katwijk M M V，Welle M E W V，Lucassen E C H E，et al.，2011. Early warning indicators for river nutrient and sediment loads in tropical seagrass beds：A benchmark from a near-pristine archipelago in Indonesia[J]. Marine Pollution Bulletin，62（7）：1512-1520.

Knedlik T，2014. The impact of preferences on early warning systems — The case of the European Commission's Scoreboard[J]. European Journal of Political Economy，34：157-166.

Küçükarslan N，Erdoğan A，Güven A，et al.，2004. Early Warning Environmental Radiation Monitoring System[M]//Radiation Safety Problems in the Caspian Region. Dordrecht：Springer.

Li Y，Hu C，Sun Y，et al.，2011. System dynamics based simulation and forecast of the water resource carrying capacity of Liaoning Coastal Economic Zone[C]//EPLWW3S 2011：2011 International Conference on Ecological Protection of Lakes-wetlands-watershed and Application of 3S Technology：544-547.

Plate E J，2008. Early warning and flood forecasting for large rivers with the lower Mekong as example[J]. Journal of Hydro-environment Research，1（2）：80-94.

Printer G G，1999. The Danube accident emergency warning system[J]. Water Science and Technology，40（10）：27-33.

Puzicha H，1994. Evaluation and avoidance of false alarm by controlling Rhine water with continuously working biotests[J]. Water Science and Technology，29（3）：207-209.

Rijsberman M A，van de Ven F H M，2000. Different approaches to assessment of design and management of sustainable urban water systems[J]. Environmental Impact Assessment Review，20（3）：333-345.

Shi C Y，Zhang Z，2021. A prediction method of regional water resources carrying capacity based on artificial neural network [J]. Earth Sciences Research Journal，25（2）：169-177.

Sim H P，Burn D H，Tolsontolson B A，2009. Probabilistic design of a riverine early warning source water monitoring system[J]. Canadian Journal of Civil Engineering，36（6）：1095-1106.

Wang W Y，Zeng W H，2013. Optimizing the regional industrial structure based on the environmental carrying capacity：an inexact fuzzy multi-objective programming model[J]. Sustainability，5（12）：5391-5415.

White G F，1973. Natural hazards research[J]. London：Methuen & Co. Ltd：193-216.

Xu X F，Xu Z H，Peng L M，et al.，2010. Water resources carrying capacity forecast of Jining based on non-linear dynamics model[C]//2010 International Conference on Energy，Environment and Development（ICEED2010）：1742-1747.

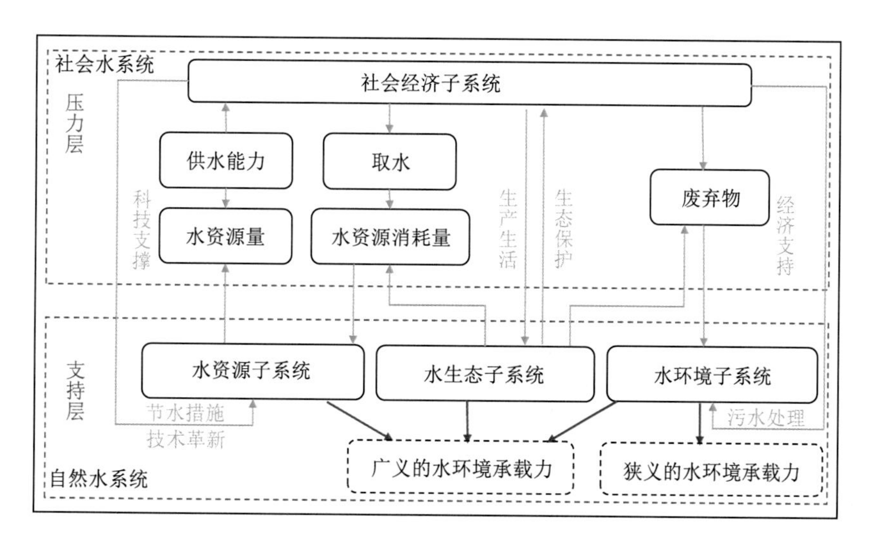

图 2-1　水系统承载关系示意图

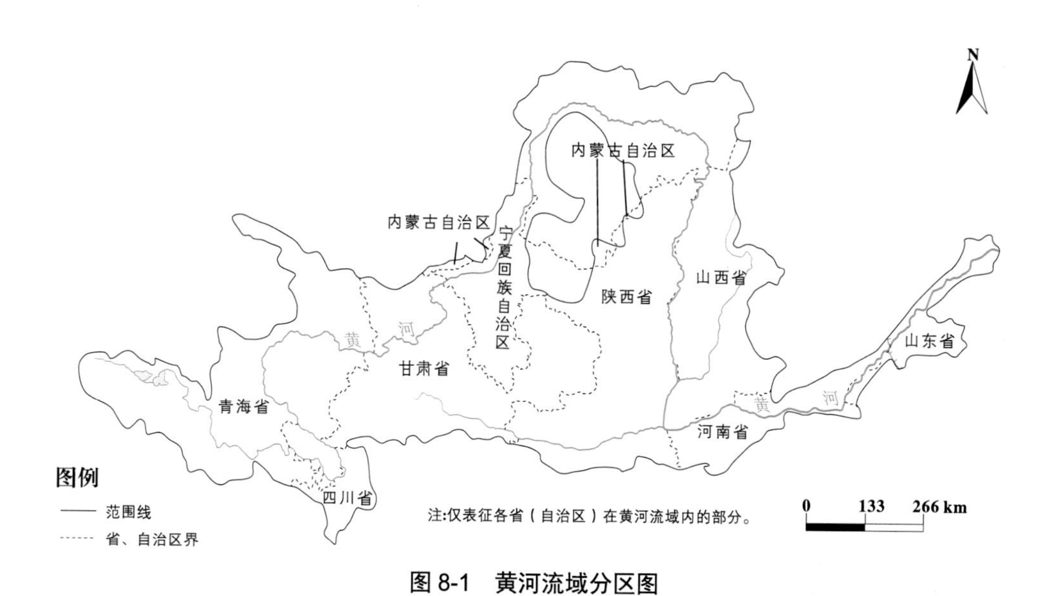

图 8-1　黄河流域分区图

图 8-2　黄河流域人口密度空间分布

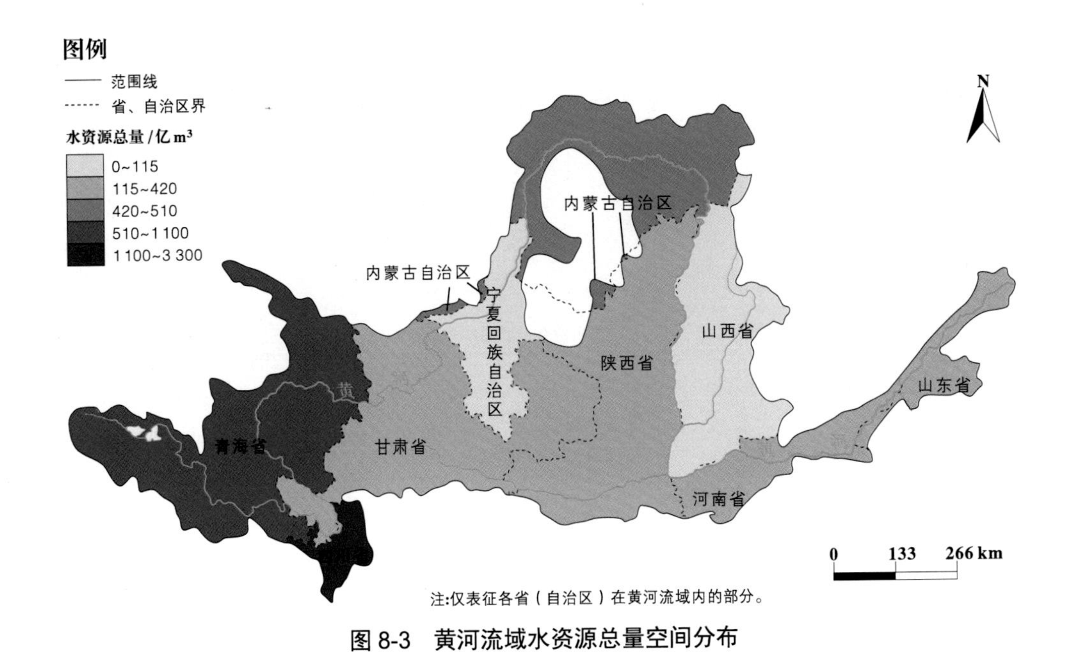

图 8-3　黄河流域水资源总量空间分布

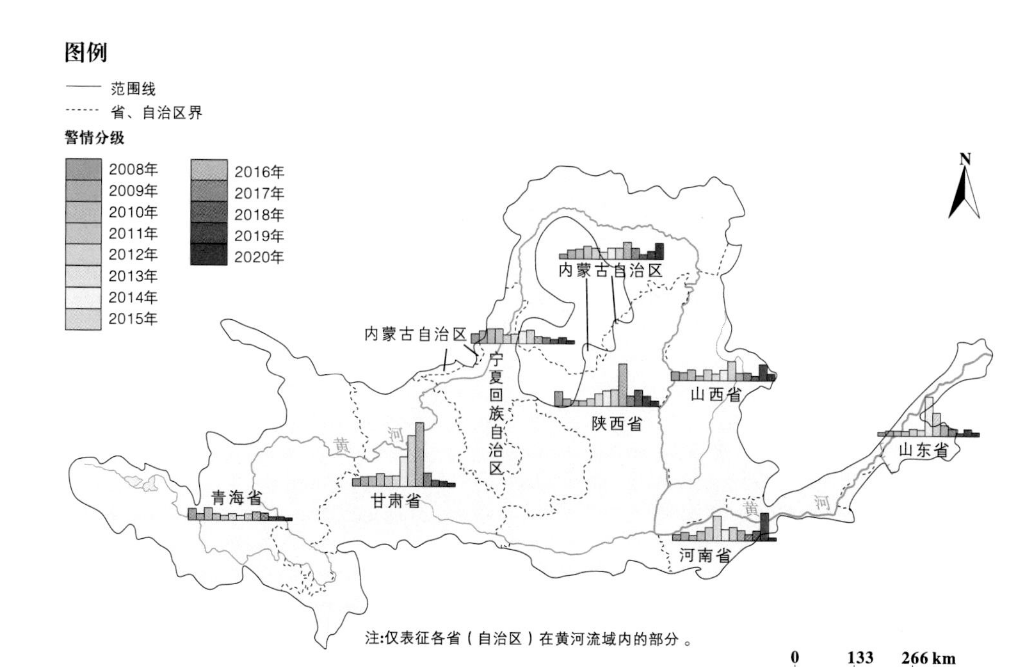

图 8-8 黄河流域各省（自治区）综合警情指数波动图

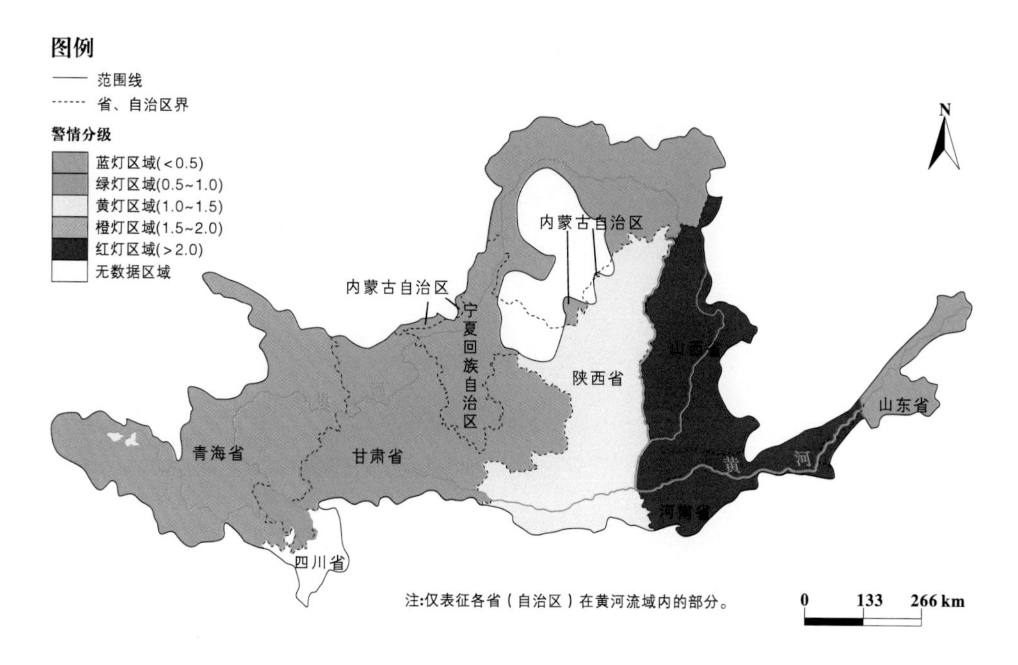

图 8-9 2019 年黄河流域各省（自治区）景气信号灯分布图

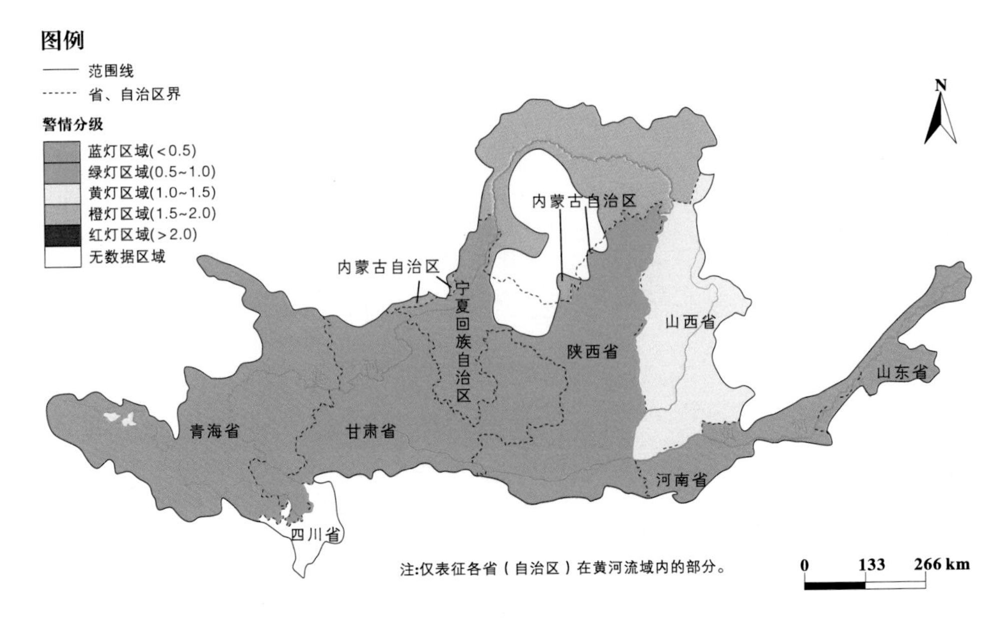

图 8-10　2020 年黄河流域各省（自治区）景气信号灯分布图

图 9-1　北运河流域分区图

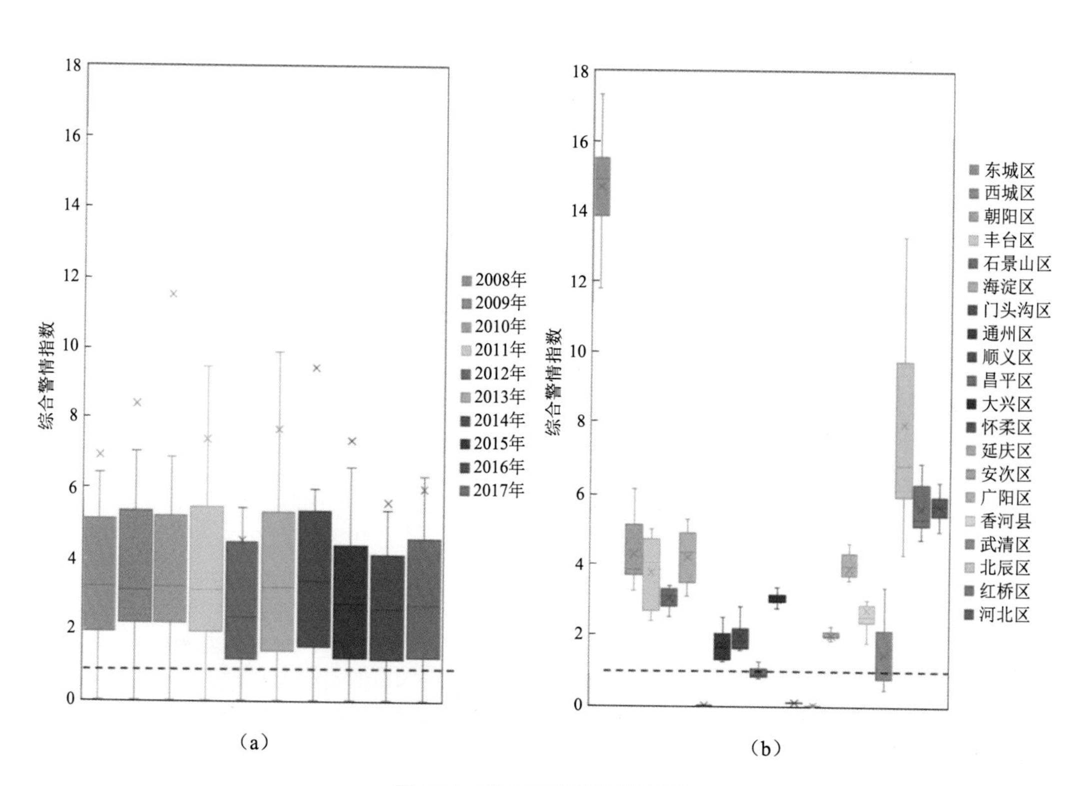

图 9-5　综合警情指数箱线图

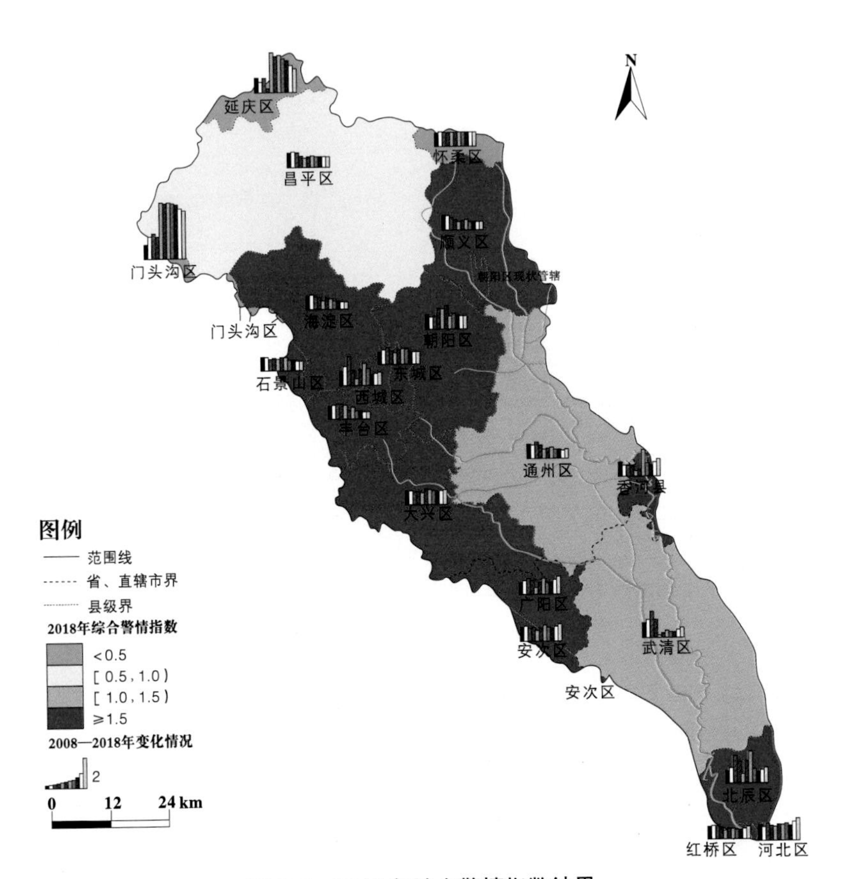

图 9-7　2018 年综合警情指数结果

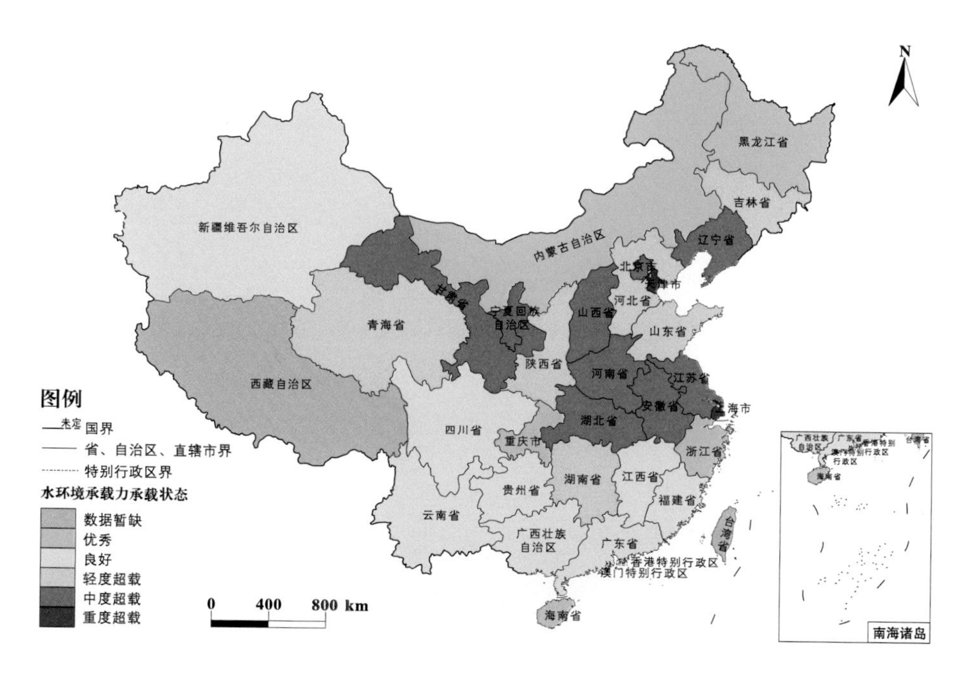

图 10-4　2018 年水环境承载力承载状态预警结果

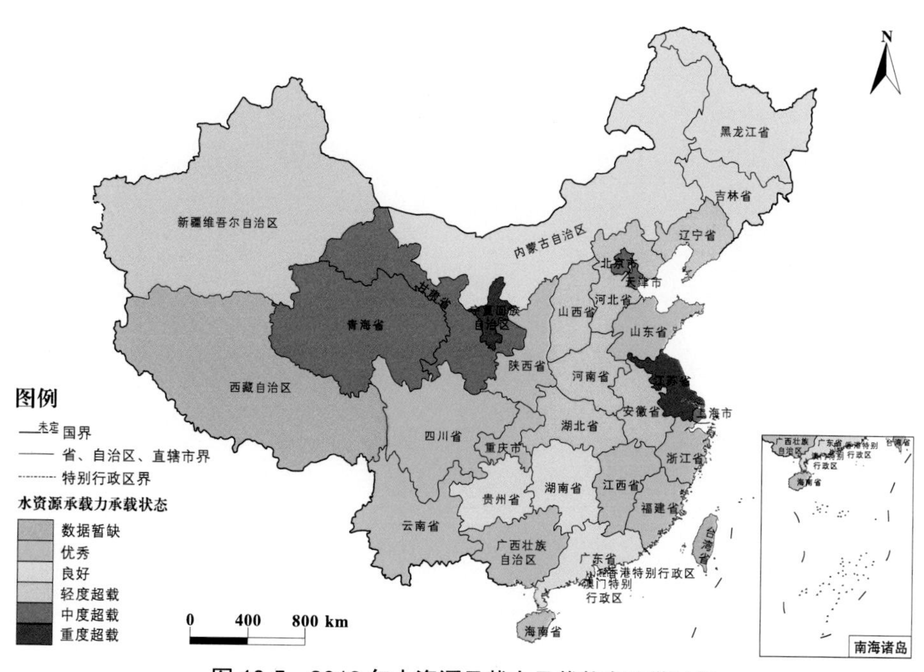

图 10-5　2018 年水资源承载力承载状态预警结果

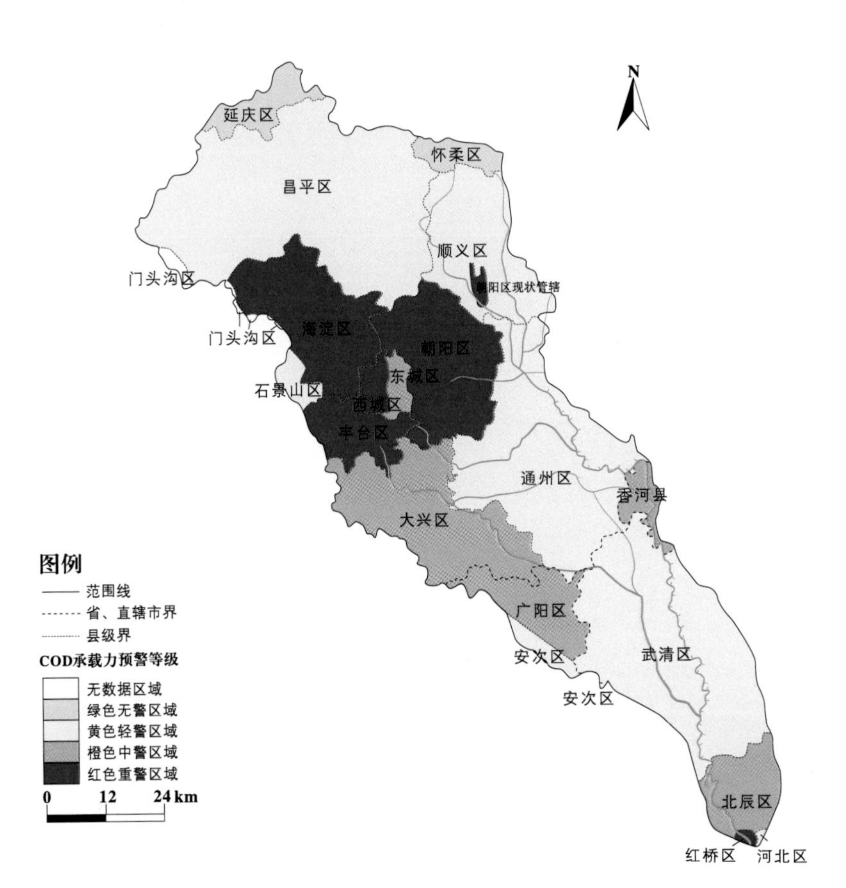

图 11-24　2018 年北运河流域 COD 承载力预警结果

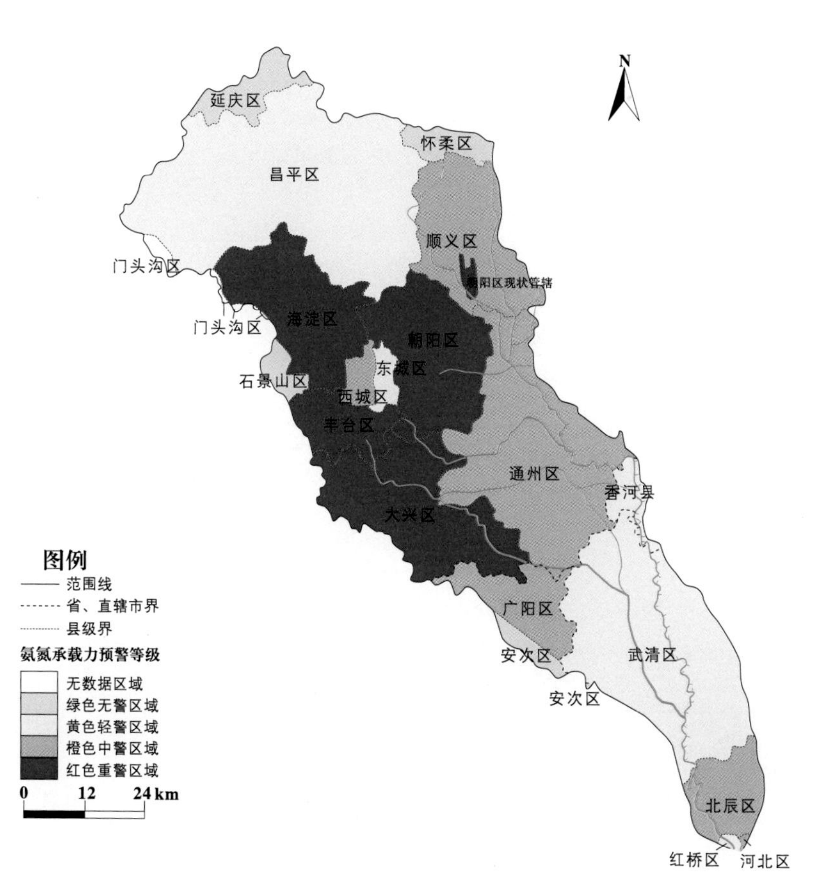

图 11-26　2018 年北运河流域氨氮承载力预警结果

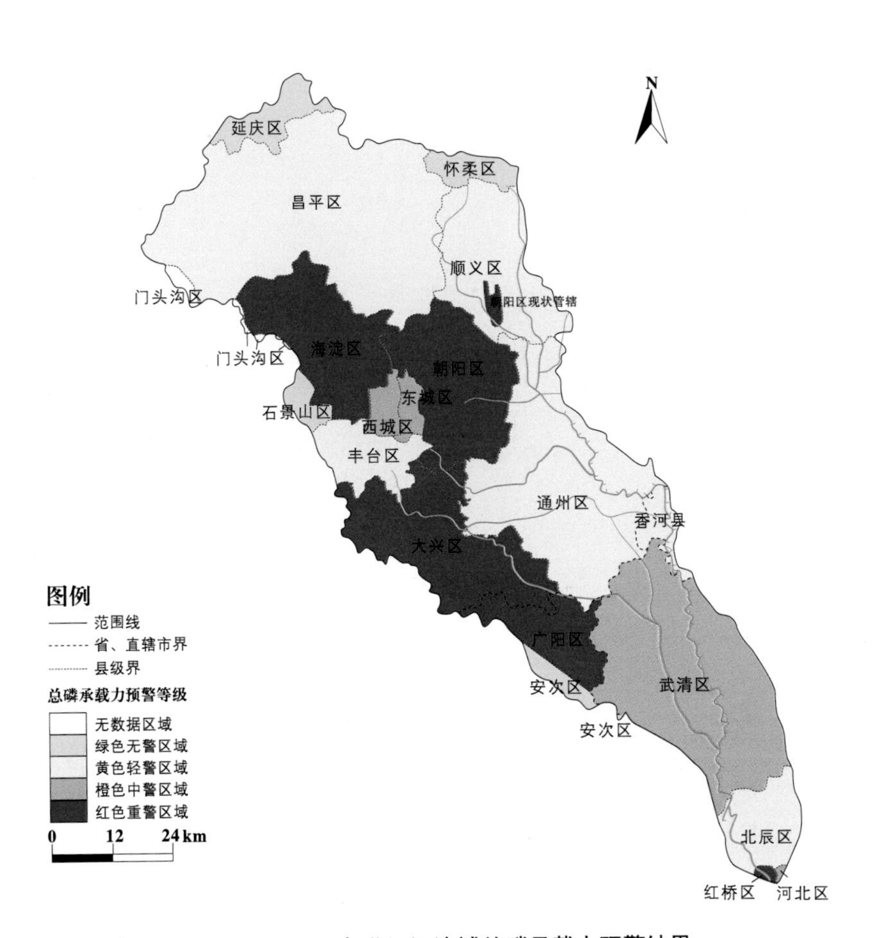

图 11-28　2018 年北运河流域总磷承载力预警结果

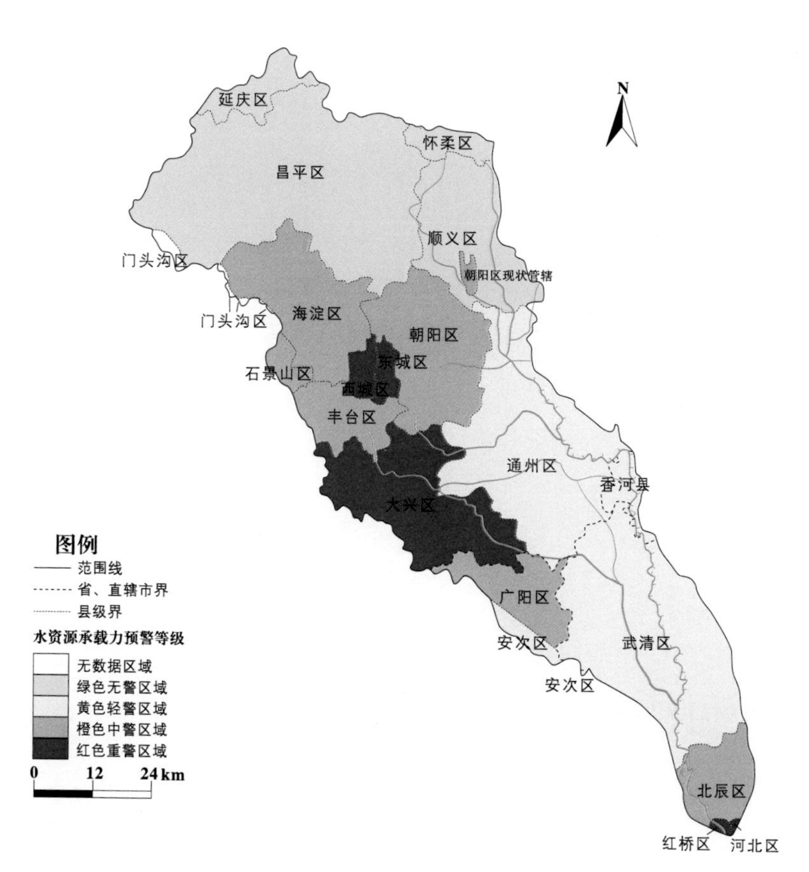

图 11-30 2018 年北运河流域水资源承载力预警结果

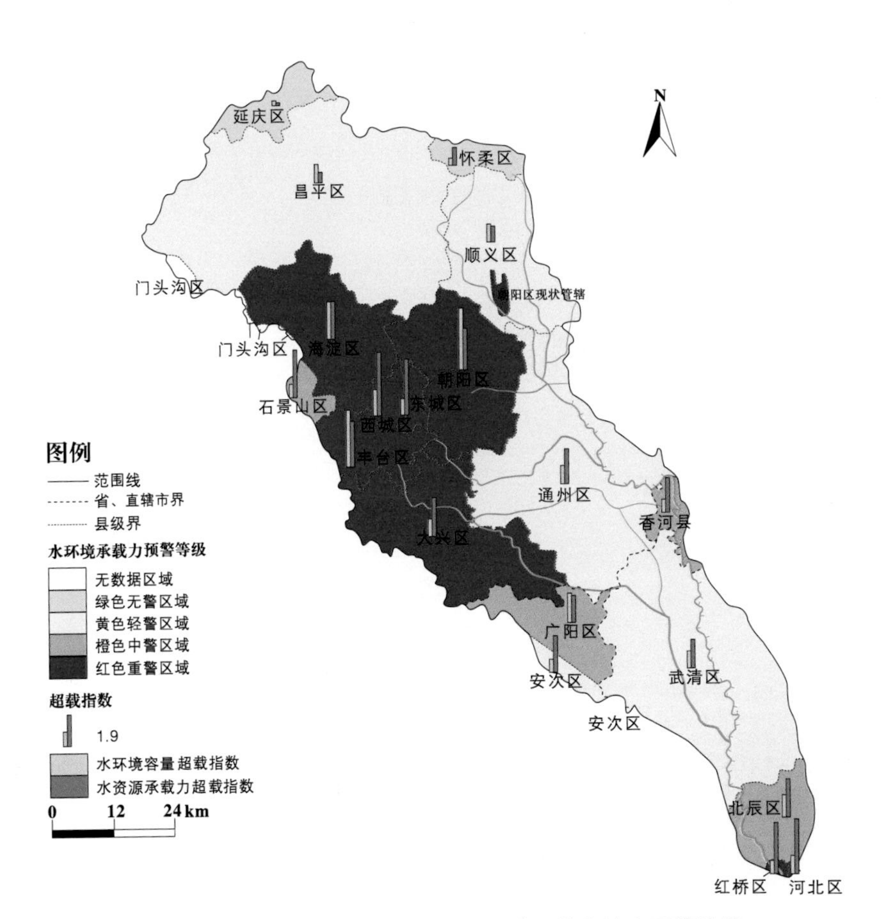

图 11-31　2018 年北运河流域水环境承载力综合预警结果